互联网基础资源技术与应用发展态势（2021—2023）

中国互联网络信息中心

曾 宇 主 编

胡安磊 李洪涛 副主编

电子工业出版社

Publishing House of Electronics Industry

北京·BEIJING

内 容 简 介

CNNIC 是我国的国家互联网络信息中心，专注于我国互联网基础资源的政策研究、运营管理、技术研发和应用推广。本书汇集了 2021—2023 年度互联网基础资源领域的重要研究成果，包括前瞻篇、综述篇、技术发展篇、动态趋势与产业应用篇和国际组织动态篇等 5 个部分共 26 篇文章，内容既涵盖了互联网基础资源重要技术现状和发展态势、全球域名运行态势、我国域名服务安全状况、IPv6 发展情况、互联网基础技术演进等传统互联网基础资源研究领域，也包括了确定性网络、算力网络、下一代 DNS、网络标识、域名滥用治理等与互联网基础资源相关的新兴热点领域和发展动向，对我国域名行业发展状况、CN 域名争议仲裁进行了汇总分析，汇集了 APNIC、DNS-OARC 等相关组织近几年的主要工作和动态，对相关领域的基本情况、研究热点、发展趋势进行了较为深入的分析研判，可为互联网领域的管理者、研究者和从业人员提供较为全面的参考借鉴。

图书在版编目（CIP）数据

互联网基础资源技术与应用发展态势. 2021—2023 / 曾宇主编. — 北京：电子工业出版社，2024.2
ISBN 978-7-121-47281-7

Ⅰ.①互… Ⅱ.①曾… Ⅲ.①互联网络—研究—中国—2021-2023 Ⅳ.①TP393.4

中国国家版本馆 CIP 数据核字（2024）第 023642 号

责任编辑：朱雨萌　　　　特约编辑：王纲
印　　刷：天津千鹤文化传播有限公司
装　　订：天津千鹤文化传播有限公司
出版发行：电子工业出版社
　　　　　北京市海淀区万寿路 173 信箱　　邮编：100036
开　　本：787×1 092　1/16　印张：24.75　字数：670 千字
版　　次：2024 年 2 月第 1 版
印　　次：2024 年 2 月第 1 次印刷
定　　价：149.00 元

凡所购买电子工业出版社图书有缺损问题，请向购买书店调换。若书店售缺，请与本社发行部联系，联系及邮购电话：（010）88254888，88258888。

质量投诉请发邮件至 zlts@phei.com.cn，盗版侵权举报请发邮件至 dbqq@phei.com.cn。

本书咨询联系方式：zhuyumeng@phei.com.cn。

指导委员会：

主　任：周宏仁

指导委员会委员：（按姓氏笔画排序）

云晓春　毛　伟　刘九如　刘韵洁　李肯立　李晓东　张　辉
张云泉　郑纬民　徐　愈　黄澄清　鲁春丛　曾　宇　谢高岗

编写委员会：

主　编：曾宇

副主编：胡安磊　李洪涛

编　委：（按姓氏笔画排序）

王　伟　王常青　延志伟　刘　颖　孙　钊　杨　学　李炬嵘
李振宇　李振斌　冷　峰　张海阔　张新跃　周　旭　高喜伟
董科军　谢人超

序言 1

自 20 世纪 90 年代初期互联网在全球普及应用以来,互联网的快速发展和深化应用已经持续了近 30 年。在 21 世纪的第一个十年中,"固定互联网"向"移动互联网"的发展,影响巨大,令人印象深刻。在新一轮科技革命和产业变革带来的信息通信技术加速演进,特别是智能手机的发明和发展的加持之下,信息通信技术与经济社会融合的程度不断加深,成为 21 世纪经济社会发展和转型的重要驱动力量。这几年,互联网正在加速由"地表(地球表面)"向"外太空"拓展,"空间互联网"成为当前互联网发展的热点和重点,其目标则是彻底解决地球上乃至外层空间中,互联网无处不在的可连接性问题。

"空间互联网"是互联网由地表向太空的延伸,不仅仅表现为互联网连接范围的扩大或网络空间与宇宙空间的重叠,更是互联网质的跃升,是网络通信的又一次颠覆性技术创新和伟大的技术变革。"空间互联网"对人类的影响极为深远,因而受到全球广泛的重视和关注。毫无疑问,"地表互联网"和"空间互联网"将互联互通,融合为一个一体化的网络整体,重塑人类社会的信息通信格局;其与智能技术和智能经济的融合,则有可能将人类由信息时代带入智能时代,成为 21 世纪重大的经济社会变革之一。国家信息基础设施和全球信息基础设施的概念需要创新和重新定义,网络空间及外层空间的国际治理也将面临新的、巨大的挑战。

互联网基础资源是互联网发展和稳定运行的基础要素,对空间互联网而言,亦是如此。然而,随着空间互联网的发展及其与地表互联网的融合和一体化,互联网基础资源的概念将发生很大的变化,被赋予全新的内涵,并需要重新定义和规划其发展。空间互联网时代带来的这个重大变化,值得我国互联网基础资源领域的专家、学者和工程技术人员高度重视和研究。

我国对加快建设新型基础设施,应对互联网向外太空发展的趋势十分重视。2021 年 3 月公布的我国《国民经济和社会发展第十四个五年规划和 2035 年远景目标纲要》指出,要"建设高速泛在、天地一体、集成互联、安全高效的信息基础设施,增强数据感知、传输、存储和运算能力"。显然,空间互联网是我国建设现代化基础设施体系的一个重要组成部分。

《互联网基础资源技术与应用发展态势(2021—2023)》,是中国互联网络信息中心(CNNIC)反映互联网基础资源领域技术和应用不断发展,持续推进相关研究形成的年度出版物。本书秉承科学性、先进性、全面性和实用性的设计思路,将主要内容划分为前瞻篇、综述篇、技术发展篇、动态趋势与产业应用篇、国际组织动态篇,包括:全球域名服务和安全,网络标识和公钥基础设施等技术发展趋势,产业市场应用情况,国际化域名组织发展动态、进展和成果等重要内容。同时,本书在全面、系统研究和分析的基础上,就基础资源数据要素化、去中心化社交网络等技术发展热点展开了深入的探讨和研究。本书广邀业内专家贡献研究成果,不仅涉猎面广、内容丰富,总结、回顾了近年来互联网基础资源行业的发展,而且面向实践、指导性强,探讨了下一步相关研究工作的新起点和新方向。本书为感兴趣的读者提供了较为全面的相关技术参考,可读性很强,相信我国互联网各细分行业领域的研究者和开发者均可从中把握业内动态,有所裨益。

互联网基础资源是我国现代化基础设施体系中的重要一环，是一项不断发展和拓展的系统性工程。30 年来，固定互联网向移动互联网，再向空间互联网的发展，足以佐证这一点。CNNIC 作为我国互联网基础资源的建设者、运行者和管理者，长期承担着国家互联网基础资源的技术研发、发展建设、安全保障、运行管理和服务工作，为我国互联网的不断发展和安全稳定运行提供了坚实的技术支撑。面对空间互联网带来的新机遇和新挑战，我衷心希望本书能够进一步鼓励和促进更多的互联网相关行业机构、专家和学者对于互联网基础资源建设和发展的关注和参与，广泛合作、协同创新，共同谱写新时代我国互联网和网络空间发展的新华章。

原国家信息化专家咨询委员会常务副主任

序言 2

当前，新一轮科技革命正在全球范围内开启一场具有全局性、战略性、革命性意义的时代转型。从高速信息公路到空天地一体的信息网络，卫星互联网已成为重要战略资源。作为未来信息通信产业发展的关键领域，卫星互联网日益重要的市场价值和空间频率、轨道资源正受到广泛关注，这为传统互联网基础资源建设注入了新活力。与传统地基互联网相比，卫星互联网在安全性与稳定性方面具有更大优势，成为互联网基础资源的重要补充和有效延伸，极大地拓展了网络覆盖范围和应用场景。目前，地球上超过 70% 的地理空间、约 30 亿人口尚未实现互联网覆盖。我国受限于国土面积广阔、地形地势复杂等因素，部分偏远地区和海洋区域还未形成全域无死角信号覆盖。在这一背景下，卫星互联网成为连接全球互联网市场空白区域的最佳选择，是未来万物互联、空天地泛在网络发展的重要载体和平台，也是数字经济高质量发展的新引擎。

作为天基互联网的布局重点，卫星互联网已成为世界各国互联网整体发展战略中不可或缺的重要组成部分。从资源有限性来看，空间无线电频率资源是具有排他性的有限自然资源；从发展趋势来看，卫星互联网在军事、民用、商业及科研等领域的战略价值和应用价值日益凸显。美国以卫星互联网为重点的天基互联网建设正在与地基网络融合，以构建空天地海一体化网络体系。

近年来，随着国内多个近地轨道卫星星座计划相继启动，我国卫星互联网产业进入快速发展期。大力发展卫星互联网，是立足国家战略全局、推动经济高质量发展的重要动能，是提升我国在太空领域、互联网领域国际地位的重大举措。从保持我国 5G 技术优势地位和 6G 技术前瞻布局来看，大力发展卫星互联网都是必然选择。对于推动互联网高质量普惠共享，促进天基互联网体系与地基网络融合发展，有以下几点思考与建议。

第一，加强科技创新引领，把握世界科技发展大趋势。充分利用新基建为卫星互联网发展带来的新机遇和更广阔的发展空间，统筹卫星互联网需求牵引与技术驱动各方面力量，实现天地一体系统化、资源要素集约化、创新力量规模化；持续开展关键技术攻关，提升自主知识产权数量及质量，加速科研技术成果转化应用。

第二，加强统筹规划，构建天网与地网融合发展生态。加强顶层设计，从天地一体化角度设计卫星通信网络架构，增强空间资产规模化部署的科学性、前瞻性、创造性，合理保护太空资产，构建天地一体化网络安全保障体系。大力推进面向未来产业的新型基础设施建设，全面优化卫星互联网建设环境，增强卫星互联网与其他地面新基建领域的融合能力，提升互联网综合服务能力和水平。

第三，加强务实交流，促进国内大协作与国际大合作。统筹协调国企、民企各方力量，打造多主体、多产业参与的卫星互联网技术产业生态链，夯实卫星互联网大规模组网的可靠根基，凝聚多方参与主体力量与优势，促进民间资本积极参与卫星互联网技术与产业发展建设。加强网络空间国际合作，促进区域间在星链部署、轨道频谱、空间资产等方面的技术交流和信息共享，共商共建太空行为规范，协同解决国际太空治理风险与挑战，构建更加安全稳定的卫星互联网生态。

第四，加强协同攻关，推进标准体系和应用服务研究。完善卫星互联网应用服务管理机制，以地面网络与卫星网络融合发展满足不同部署场景和多样化业务需求。加快卫星互联网技术标准研究，构建天地融合网络标准体系，出台申报、部署、使用卫星网络的指导意见和标准规范，实现关键技术标准兼容共享。

让我们携手推进卫星互联网天地一体化发展，进一步夯实我国未来互联网基础资源高质量发展的重要根基。

原国有重点大型企业监事会主席
国家航天局前局长

目　录

动态趋势与产业应用篇

国际组织动态篇

附录

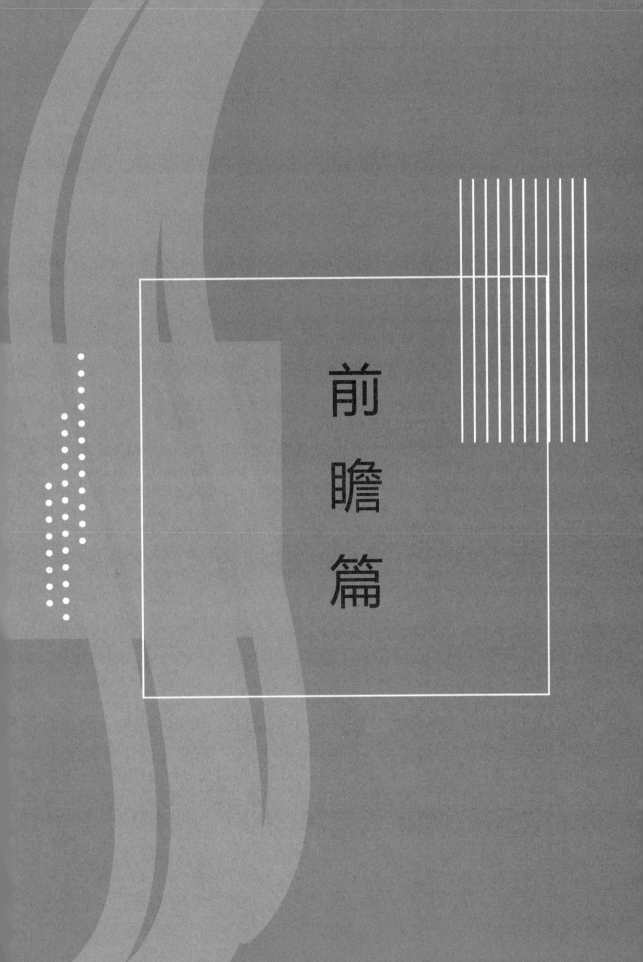

前瞻篇

确定性网络是数字经济的重要基础

刘韵洁

随着互联网与实体经济深度融合，工业互联网、人工智能、大数据等数字技术正不断渗透到实体经济领域，催生出"数字经济"这类新的经济形态。通过互联网新技术，数字经济对传统产业进行全方位、全链条的改造，进而提高全要素生产率，对经济发展起到放大、叠加、倍增的作用。建设数字经济已被正式纳入《国民经济和社会发展第十四个五年规划和2035年远景目标纲要》，这凸显了发展数字经济对于催生新兴产业、助推实体经济提质增效的重大战略意义。

从网络技术的角度来看，传统"尽力而为"的网络架构难以满足未来数字经济产业对网络差异化服务、确定性和低时延的需求。为此，学术界和产业界开始聚焦确定性网络技术研究，以满足未来业务（如工业互联网和远程手术等）对网络时延、抖动、丢包等服务质量的需求。通过近年来在理论研究和实践验证方面的不断探索，以 FlexE（Flexible Ethernet，灵活以太网）、TSN（Time-Sensitive Networking，时效性网络）、DetNet（Deterministic Networking，确定性网络）等为核心的确定性网络技术体系已逐渐成形。然而，从宏观发展的角度来看，确定性网络技术仍存在核心技术体系架构不明确、应用场景及发展路线不清晰、行业落地应用不充分、生态建设较为滞后等问题。本文阐述了未来网络的发展趋势，分析了当前未来网络关键技术的研究进展，并给出了未来网络在数字经济中的应用思考。本文重点强调，当下我们需要抓住未来网络发展的重大机遇，突破确定性网络核心技术，在全球引领整个信息产业技术发展。

一、未来网络的发展需求与趋势

数字经济已成为未来产业变革的重大机遇，数字经济是继农业经济、工业经济之后的主要经济形态，是中国经济在第四次工业革命中实现换道超车的宝贵机遇，对实现高质量发展和中华民族伟大复兴具有非常重要的战略意义。《2021—2022 全球计算力指数评估报告》显示，计算力指数平均每提高 1 个点，对数字经济会有 3.5%的贡献，对 GDP 将有 1.8%的推动。

我国高度重视数字经济发展，发展数字经济已成为国家重大战略，现代信息网络已成为主要载体，将为我国数字经济发展提供基础支撑。随着网络时代的不断演进，网络业务需求也发生翻天覆地的变化，新业务的涌现推动计算与网络走向新变革。2000 年，中国正式步入互联网时代，电子邮箱、门户网站等一系列非实时业务只需要网络完成简单的通信传输，对网络时延、带宽、算力要求较低。2010 年，3G、4G 的落地推动移动网络业务快速发展，中国进入了移动互联网时代，今日头条、微信、网易音乐等各种移动 App 应运而生，对网络性能提出了更高要求，网络时延达到百 ms 级，网络带宽达到 100Mbit/s。2020 年至今，工业互联网、远程医疗、AR/VR、车联网等新技术的兴起，推动我国向数字经济产业互联网时代迈进，同时也对网络提出超高要求，如超低时延（1ms）、超大带宽（1Tbit/s）、海量连接（百亿级）、超强算力（>29000 GFLOPS/人），而计算密集、时延敏感是产业互联网时代新型网络业务的两个核心特征。

回顾互联网时代的演进过程和网络业务发展路径，面对新业务、新需求、新挑战，网络架构迫切需要做出变革。下面总结了在未来网络发展进程中所面临的几个重大需求。

1. 人工智能（Artificial Intelligence，AI）大模型并行训练需求

AI 大模型逐步走向通用，AI 的潜力成为近年 AI 领域的热门方向。大模型的参数规模达到万亿个、10 万亿个级别，ChatGPT 超大规模模型训练需要大规模算力，以具有 60 亿个参数的大型模型 GPT-3 为例，它的训练使用了微软专门建设的 AI 计算系统，由 1 万个 V100 GPU 组成，其中每个 GPU 服务器的网络性能达到 400Gbit/s，而且 GPT-3 的 I/O 性能接近 100Gbit/s，对应的网络需要 4*HDR 200G 网络支持和 4 张 200G IB 网卡。因此，我们亟须通过算力协同和并行计算来应对外国的芯片封锁等行为。广域算力资源互联共享需要解决并行协同计算来提升算能，远程使用算力资源需要提升传输效率、节约传输成本，这些都需要确定性网络提供支撑。美国微软 Azure 70%以上的流量都使用 RDMA 协议，并在 2023 年初步实现 80km 广域 RDMA 互联。然而，非确定性 RDMA 在 2%丢包率需求下表现不佳，TCP/IP 吞吐率降低 37%，RoCE 吞吐率降为 0。总之，构建"无损确定性广域传输能力"已成为算力广域高效传输互联的重要基础。

2. 能源互联网确定性需求

2020 年，我国能源行业产生的二氧化碳排放量占总排放量的 72.7%，电力行业二氧化碳排放量占能源行业二氧化碳排放总量的 40%左右，电力行业的碳达峰、碳中和进度将直接影响"双碳"目标实现进程。由于电力系统中的控制命令和传感数据对网络传输的实时性、确定性、可靠性有严苛的要求，能源系统也制定了相关的标准，需要确定性网络来支撑这些标准的实施。美国能源部 TSQKD 项目（2018—2021）基于 TSN（时间敏感网络）及 QKD（量子密钥分发）技术研究安全可靠的确定性电力及工控通信网络，基于 TSN 的微电网测试床，可以实现在混传流条件下各种电力电子控制器 100ns 左右的同步控制脉冲。实践证明，确定性网络确实能够有效解决传输的服务质量问题，实现带宽、路径、时延、抖动的端到端精准可控，满足碳达峰、碳中和应用需求。

3. 工业互联网确定性需求

确定性网络赋能工业制造升级已成为大型企业发展的关键，传统"尽力而为"的网络已无法满足宝武集团云化 PLC、中石油、中石化等新业务 200μs 以内的时延、抖动保障需求。IEC 61499 标准常用于分布式工业控制系统，而基于 IEC 61499 系统建模和确定性 IP 网络成为下一代智能工业控制重要支撑，提供虚拟化运行环境，使任意设备都可作为控制器使用；PLC 云化要求网络实现 100μs 以下抖动、低时延、高可靠性工业智能控制；智慧煤矿场景中的工业高清视觉、海量数据采集、远程控制、人员和设备定位、音视频通信等技术要求达到小于 20ms 的时延。云边端协同远程控制已成为 IEC 61499、IEC 61131 体系架构的重要变革

方向，是解决目前工业核心技术被国外垄断、通信协议"七国八制"的关键。

4. 元宇宙、数字孪生确定性需求

面向元宇宙、8K、AR/VR 等新业务需求，需要提供更高的传输速率、更低的时延、更低的丢包率，以及更灵活的业务部署能力。时延、算力、泛在缓存需求和随时随地接入处理是元宇宙对网络性能的主要需求。①时延需求：元宇宙中实现 XR 和触感业务协同、全息感知通信等技术的目标愿景是实现 1ms 端到端时延；②算力需求：元宇宙相关技术的实现依靠超强算力，其中 AR/VR 要求达到 3900 EFLOPS，区块链要求达到 5500 EFLOPS，AI 要求达到 16000 EFLOPS，以处理连续长周期、突发短周期智能服务；③泛在缓存需求：元宇宙中的内容预测及分发、视觉和触觉回放等功能要求实现全网泛在缓存，以配合业务计算处理；④随时随地接入处理：元宇宙用户可以随时接入网络并确保移动性 QoE，业务可以即时响应计算处理并提供 QoS 保障。

此外，AI 促进了计算和存储的云化，随着计算能力和存储性能的提高，网络压力凸显，节点间网络通信时延占比在 50%以上，成为存储性能瓶颈。"东数西存""东数西训"等业务需要满足算力节点间跨广域算力传输需求，亟须解决 RDMA 跨广域问题。传统以太网丢包对 RoCE 吞吐率影响大，只有将丢包率降到十万分之一以下才能保证 RoCE 吞吐率不受影响，设计一个新型 RDMA 广域传输协议是实现算力跨广域传输的重要需求。

近年来，国内外企业、标准组织、产业联盟积极研究 TSN、DetNet 等确定性网络技术。IETF 在 2015 年 10 月成立了 DetNet 工作小组，侧重于为 L3 上的数据提供确定性时延、丢包、抖动及高可靠性；3GPP 于 R16、R17 阶段开始支持 IEEE TSN 协议的 5G 网络系统，确立了 5G 网络系统的确定性机制并进行标准化；在 3GPP R18 标准中，将实现 5G 网络与 DetNet 网络的互联互通。国内的工业互联网产业联盟启动了"时间敏感网络产业链名录活动"；华为联合 30 多家单位成立了 5G 确定性网络产业联盟；中国信息通信研究院联合国内多家网络相关单位共同组建了网络 5.0 产业和技术创新联盟，开展了 DIP 技术研究。确定性网络已成为未来网络产业发展的核心，是我国在网络领域实现"换道超车"的重要契机。

二、未来网络关键技术研究进展

为顺应未来网络发展趋势，确定性网络成为新的研究焦点。远程医疗、新能源、交通系统、交易系统等应用场景，如果没有确定性网络作为支撑，其既定的产业愿景就难以很好地实现。为了解决这些问题，我们在未来网络关键技术研究方面展开进一步探索，下面详细介绍一些关键技术研究进展。

（一）"确保所需"的服务定制网络体系架构

针对当前互联网从"消费型"向"生产型"的转变需求，我们提出了从"尽力而为"到"确保所需"的服务定制网络（Service Customized Network，SCN）技术体系，以解决网络架构问题，基于传统网络架构在服务、定制和网络三方面做出创新：①服务——从"以网络为

中心"到"以应用为中心";②定制——从"可管不可控"到"全网可管控";③网络——从"封闭僵化不确定"到"开放弹性可预期"。相应地，SCN 的分层架构包括"新型网络承载""网络操作系统"和"云网超融合"三大平面，具有支撑产业互联网发展所需的智能、安全、柔性、可定制等特性。

这种"确保所需"的网络体系架构能够突破面向服务的未来网络体系架构与基础理论，解决传统互联网 TCP/IP 协议僵化和不可控问题，攻克确定性网络系列核心问题，实现互联网核心技术的自主可控，掌握发展主动权。

（二）广域确定性网络基础理论技术突破

在大规模广域网中，端到端网络时延可分为局域时延、广域时延及对端局域时延三部分，针对突发流多、负载大和汇聚点过多造成的长尾时延问题，我们设计了新的广域确定性网络基础理论，突破大规模广域网确定性网络技术，实现"微秒级"确定性保障服务能力；面向端到端业务需求，构建 5G+TSN+DetNet+MEC 的端到端确定性算力网络。

骨干抖动控制技术是应用广域网确定性网络的关键，但该技术在落实过程中存在三大核心难题：①广域网不可将线路传输时延看作 0，TSN 等局域队列机制无法工作；②广域网接入业务流量带宽、时延、抖动需求各不相同，需要解决流量归一化适配问题；③广域网中存在海量设备，拓扑变化复杂，需要解决流量路由与时隙调度问题。针对上述难题，我们也给出了相应的解决方案：①针对难题一，采用基于时隙的端到端传输机制建立数据面确定性队列模型，支持 TSN 等局域队列机制的正常使用；②针对难题二，通过基于离散阵形的高精度抖动控制机制来解决异构并发业务流量接入问题；③针对难题三，提出在线时隙映射与调度算法来实现高效率业务流量调度。

（三）确定性网络大网级网络操作系统和网络设备

为了加速新的网络架构和网络基础理论的落地实施，我们发布了全球首个大网级网络操作系统（CNOS，司络），并攻关确定性网络设备和系统，推动确定性网络技术的部署。

1. 确定性网络大网级网络操作系统

CNOS 是首个由中国主导的大网级网络操作系统，首次提出基于服务网格（Service Mesh）的微服务化网络操作系统架构，突破异构设备统一驱动框架、容灾高可靠等关键技术。该系统具有全局状态实时采集、业务按需服务、资源智能调度三大功能，以及全维度场景、强兼容、高性能等特点，可实现基于微服务的功能动态扩展，具备分钟级链路开通、毫秒级故障倒换、端到端逐跳可控等能力，支持兼容厂商设备和白盒化设备。截至目前，该系统在全球近 400 个城市 1100 多个节点的大规模骨干网中已稳定运行 5 年以上，并成功应用于工业互联网等重大领域。

2. 攻关确定性网络设备与系统

有了控制全局调度的"大脑"，硬件设计也不容忽视，需要加强硬件设备开发，以配合操作系统的落地使用。为有效推动确定性网络技术的部署和落地，我们研制了骨干确定性大网控制器、TSN 交换机控制器，制定了 TSN 跨域互联、5G 确定性等技术方案，最终经中国信息通信研究院权威测试，可实现最大时延、抖动小于 20μs。首先，我们设计了可编程确定性周期队列（PCSQ），它的核心机制包括基于时间片高精度轮转出队机制、节点内出入队协同机制、节点间周期映射机制和全局周期标签规划机制。其次，我们研制了支持 20μs 抖动控制的 100GE 确定性转发业务板，实现了 SRv6 标签扩展、频率同步、时隙测量与标定等功能，落地应用至山东构建 5600km 确定性区域网络。

（四）确定性网络在未来网络试验设施项目中验证成功

未来网络承担了国家大科学装置——未来网络试验设施（CENI）的建设工作。CENI 是我国通信与信息领域首个大科学工程。该设施于 2019 年启动建设，建设周期为 5 年，将建成一个开放、易使用、可持续发展的大规模通用试验设施，为研究新型网络体系架构提供简单、高效、低成本的试验验证环境，支撑我国网络科学与网络空间技术研究在关键设备、网络操作系统、路由控制技术、网络虚拟化技术、安全可信机制、创新业务系统等方面取得突破。

基于全新的网络架构，未来网络试验设施已具备按需定制服务能力、确定性服务能力、多云互联服务能力、智驱安全防护能力四大关键能力，能够为企业提供低时延、低抖动、高可靠的网络接入服务，可以更好地满足产业互联网对网络性能的苛刻要求。

2022 年 8 月，基于未来网络试验设施，我们在全球率先实现广域确定性网络大规模部署验证，已覆盖省会、计划单列等 35 个城市，首次实现华为、新华三异构厂家设备的组网，并得出结论：在非确定性路径下，随着背景流量大小不同，业务流量有较大波动；而在确定性路径下，无论背景流量多大，均能提供稳定的流量带宽和时延保障。

（五）国内首个泛边界异构大规模多云交换平台

依托 CENI，我们构建了业界首个泛边界异构大规模多云交换平台，已实现与阿里云、腾讯云、华为云、天翼云、微软云、AWS 云、OpenStack、VMware 等各大公有云、私有云互通，覆盖全国 40 多个 PoP 点。我们还与中国电信开展合作共建，共同成立联合实验室，以提供多云技术服务，中国电信出资构建的"云网开放赋能平台"也已完成首批技术服务合同签订。为积极推动多云产业生态构建，我们联合中国信息通信研究院在 2021 年工业和信息化部工业互联网网络创新大会上向业界正式发布了"工业互联网多云融合计划"。

（六）全球首个云原生算网操作系统

我们还研发了全球首个云原生算网操作系统，解决了算力资源和网络资源统一调度问题，可跨多方算网资源，在广域范围内实现应用与流量的按需调度；可跨核心、边缘、端侧实现"计算+网络"的一体化交付，可为 VR/AR、车联网、元宇宙等新型业务提供一站式算网服务。

面向云原生的算网架构体系、基于算网资源感知的最优任务调度策略和面向多元异构服务器的服务编排策略是该操作系统的三大重要组成部分。从业务角度来看，该操作系统又具备三大核心能力和四大平台能力。三大核心能力包括：①广域服务互联——负载均衡全自动、带宽时延可定制和访问控制泛边界；②多方资源供给——多算多网一体化、用户方案随心选及链上交易可溯源；③全局应用分发——算网联合声明、全维策略可定义和移动随行自漂移。四大平台能力包括：①算网资源——注册与定价；②应用分发——策略与部署；③服务互联——标识与策略；④链上存证——交易与账单。

类比计算机系统资源灵活按需调配模式，基于云原生算网操作系统，实现对算力、网络资源的高效控制与调度。

三、未来网络在数字经济中的应用思考

随着数字经济的快速发展，未来网络的应用正成为推动经济增长和社会发展的重要力量。无论是云计算、物联网、人工智能还是区块链等新兴技术，都离不开网络的支撑和连接。未来网络的应用将对各行各业产生深远影响，从传统产业到新兴产业，从大企业到小微企业，都将受益于数字化和网络化转型。然而，未来网络的应用也面临着一系列挑战和问题，如网络安全、数据隐私和数字鸿沟等。因此，我们需要对未来网络在数字经济中的应用进行深入思考，以更好地把握机遇、应对挑战，推动数字经济的可持续发展。

（一）确定性网络支撑"东数西算"八大枢纽互联

所谓"东数西算"，是指将东部地区日益增长的算力需求投放到西部地区，对数据进行存储、传输、计算等运作，有利于带动西部地区经济增长和数据产业的集约化发展。"东数西算"的主要策略就是重复利用西部地区的绿色能源，如太阳能、风能、水能。如何使东部用户高效且低成本地使用西部网络是互联网所面临的关键问题。确定性网络具备大通量、小抖动、低时延、高可靠的特点，是解决该问题的一个理想方案。

基于 CENI 算网操作系统构建抗攻击能力强、传输效率高、可定制成本低的算力网络新总线，连接"东数西算"八大算力枢纽，为"东数西算"重大工程的整体安全、可靠、高效运行提供有力支撑。结合远距 RDMA 技术，CENI 从数据传输源头提供确定性传输保障，并大幅提升同等带宽下的吞吐能力。

（二）工业互联网

工业互联网应用场景广泛，目前已延伸至 40 个国民经济大类，涉及原材料、装备、消费品、电子等制造业各大领域，以及采矿、电力、建筑等实体经济重点产业，形成了千姿百态的融合应用实践。智慧工厂、智慧办公、智慧煤矿等新应用也衍生出了更多新业务场景，而这些场景也对网络提出了更高层次的需求。

以智慧工厂应用中的生产车间场景为例，该场景中的数控机床、PDA 扫码枪和工业平板等自动化工艺设备，以及自动导航车辆（AGV）、无人叉车和巡检机器人等物料自动储运设备，通过内置的无线通信模组或部署的网关设备接入无线网络，实现设备连接无线化，大幅

降低网线部署成本，缩短生产线调整时间。无线网络与多接入边缘计算（MEC）系统结合，部署车间柔性生产制造应用，满足工厂在柔性生产制造过程中对实时控制、数据集成与互操作、安全与隐私保护等方面的关键需求，支持生产线根据生产要求进行快速重构，实现同一条生产线根据市场对不同产品的需求进行快速配置优化。因此，为生产车间场景提供的无线网络需要满足以下要求：网络不中断，有容错机制，能够实现无线零漫游；有较低的网络时延（小于 50ms）和低丢包率（小于 0.5%），网络设备能够对抗恶劣的工业环境。而传统互联网技术难以满足严苛的性能需求，亟须引入新的网络架构。

我国有 87.8%的工业、制造业分布在长三角一带，基于确定性网络技术和 CENI，建设智能、柔性、安全、可定制的长三角一体化网络，满足江苏省、国家工业互联网、能源互联网、专用场景、车联网等重大科研试验与产业示范应用需求，实现核心技术创新引领与实体经济深度融合，赋能垂直行业。

（三）服务国家"碳中和"和"碳达峰"目标

在当前的能源环境下，为了应对全球气候变化和实现可持续发展目标，国家提出了"碳中和"和"碳达峰"目标。为了有效实现上述目标，我国已经建设了"一网一中心一平台"的综合能源服务平台，它在能源管理和节能减排方面发挥着重要的作用。

综合能源服务平台的建设实现了省、市、县、园区和用能单位五级管理，通过"一网一中心一平台"的架构，为能源管理提供全面支持。该平台基于确定性网络的能源大数据中心实现了电力系统能源数据的秒级监测，通过该平台，企业可以优化基本电费申报方式，从而节约基本电费支出 10%以上。这一功能的实现不仅提高了能源监测的精确性，也为企业节能减排提供了技术支持。

综合能源服务平台通过提供多个业务模块和功能，涵盖了工业制造、建筑园区和政府监管场景，为供能侧、用能侧、市场侧、监管侧和服务侧提供了综合能源精准服务。

该平台的核心功能包括能源数据监测与分析、能源利用优化、节能减排管理、能源市场监管和综合能源服务等。通过能源数据监测与分析，用户可以实时了解能源消耗情况，发现能源浪费和低效用能的问题，并根据数据分析结果采取相应的优化措施。通过节能减排管理提供能源节约方面的指导和支持，帮助企业制订和实施节能减排方案，提高能源效率，降低碳排放量。

综合能源服务平台的应用不仅有助于实现国家"碳中和"和"碳达峰"目标，也为各个行业和企业提供了更好的能源管理和节能减排的机会。综合能源服务平台的建设和应用，使能源管理和节能减排变得更加精准和高效。通过数据的监测、分析和优化，企业可以实现能源消耗的最佳配置，提高能源利用效率，降低能源成本。同时，该平台的应用也为政府提供了更全面的能源监管手段，可以促进能源可持续发展和环境保护。

（四）服务卫星互联网重大战略

在服务卫星互联网重大战略方面，我们采取了一系列创新性举措。

首先，我们采用高低轨多级协同架构来提高卫星网络的性能和容量。这种架构将高低轨道卫星相互配合，可以增强网络可靠性，扩大网络覆盖范围。通过合理的设计和优化，我们可以构建更高效的卫星通信系统。

其次，我们研发了一套高动态服务质量保障机制，以应对卫星网络中的高速移动和复杂信道条件。在高动态环境下，网络的稳定性和可靠性是至关重要的。通过研究和创新，我们开发出适应高动态环境的服务质量保障机制，确保网络能够在各种复杂情况下正常运行。

再次，为了应对可能的毁坏和攻击，我们研发了一套高抗毁的空间组网协议。在面临破坏性事件时，这套协议可以保证卫星网络能够正常运行。采用先进的加密技术和安全协议，可以提高网络的抗毁能力，确保网络安全运行。

最后，我们设计了高效的星地大规模天线，以扩大卫星网络的容量和覆盖范围。通过优化天线设计和布局，实现更高效的信号传输和接收，提高网络的性能，扩大网络覆盖范围。这将有助于满足日益增长的数据传输需求。空间超大容量太赫兹是该设计的另一个亮点。

总体来说，为了实现服务卫星互联网的重大战略目标，我们联合国内相关科研单位，研制完成能够实现卫星组网与控制的卫星网络控制系统，并且研制高度仿真的卫星网络半实物仿真平台，推动卫星互联网技术的发展和应用。同时，我们还牵头制定相关标准，以促进卫星互联网技术的规范化和标准化。

四、总结

确定性网络有望解决传统互联网拥塞无序的问题，推动互联网从"尽力而为"到"确保所需"的技术体系变革。建议抓住全球未来网络发展的重大机遇，突破确定性网络核心技术，在全球引领整个信息产业技术发展。建设确定性网络相关产业生态，实现核心标准、芯片、设备的自主可控，在"东数西算"、远程医疗、"碳达峰"等场景中实现应用。

（根据在 2023 年 6 月 3 日中国互联网络信息中心举办的"未来互联网发展研讨会"上的发言整理）

算 力 网 络

郑纬民

算力是数字经济的主要生产力，是数字经济的底座，和高铁、5G 一样对国民经济具有强大的推动作用。算力赋能数字经济就是提高算力的利用率和质量，从而促进经济数字化的创新与发展。

随着国内各地的基础设施不断完善和计算机数量日益增加，一个自然的想法是将这些计算机连接起来组成算力网络，进行统一管理和统一使用。这涉及两个关键因素：一个是算力，另一个是网络。

算力就是计算的能力。当前主要有三大类算力：第一类是 HPC 算力（超算算力），即超级计算机算力；第二类是 AI 算力（智算算力），专用于处理人工智能问题；第三类是数据中心算力（基础算力），即数据中心所拥有和能够提供的计算能力。

一、HPC 算力

HPC 算力在某种程度上是一个国家综合实力的体现，它能处理最困难的计算问题。

我国的超级计算机是我们向外界展示综合国力的一张名片。在过去的十年里，我国在顶尖超级计算机系统的研制和部署数量上，一直处于国际领先地位，在应用领域也取得了显著成就。2014—2021 年，我国共有 3 个项目入选国际超级计算最高奖项——"戈登·贝尔"奖（ACM Gordon Bell）。2018 年，习近平总书记在两院院士会议上提到，搭载国产芯片的"神威·太湖之光"获得了高性能计算应用最高奖"戈登·贝尔"奖，这表明我们在超级计算应用方面取得了重大突破。在 2022 年 TOP 500 最快计算机排名中，我国上榜 162 台，排名世界第一。

目前，我国已经建立了 13 个国家级超算中心，包括北京、上海、广州、天津等地的超算中心，形成了庞大的计算规模。

虽然我国超级计算机技术发展迅速，但超算的应用有待改进，还有很长的路要走。超级计算机在理论峰值上具有世界领先的计算能力，但其实际运算速度只能达到理论峰值的10%～20%，要解决这一世界性难题，我们要在软件上实现突破，制造出另一台"超级计算机"——超算软件，提升计算机的实际运算速度。

二、AI 算力

AI 算力是专用于人工智能计算的算力。人工智能计算机是近年来新兴起的一种概念。

2020 年 4 月，国家发展和改革委员会明确将人工智能纳入新基建，人工智能作为新基建，同高铁、5G 信号塔、高速公路这些传统基建一样需要大量的资金投入，其资金应主要用于建设能处理人工智能问题的计算机。

为解决 HPC 计算机在处理人工智能问题方面的低性能问题，人工智能计算机应运而生，因其在解决人工智能问题方面的出色表现，AI 算力得到飞速发展。

AI 应用主要分成三大类。一是图像检测，如人脸识别，这类应用对推动国民经济发展和保障国家安全具有强大支撑作用。二是决策类应用，主要用于辅助决策者做出决策。以上两类 AI 应用对算力的要求不高，不需要大型计算机支撑也可以落地实施。三是自然语言处理，主要指自然语言处理的大模型，如 ChatGPT，此类大模型的"大"主要反映在参数数量上。从 2019 年 GPT-2 的 15 亿个参数增长到 2020 年 GPT-3 的 1700 亿个参数，参数越多，训练所需的计算机规模越大、效果也越好，更趋近于人类的思维。因此，自然语言处理的应用需要大型计算机的支撑。

近年来，人工智能产业发展迅速，规模越发庞大，国内有超 30 个城市在陆续建设人工智能超算中心。与此同时，我国的人工智能产业面临的风险也日益凸显：一是我国人工智能企业面临着来自美国的巨大的"卡脖子"风险。为限制我国人工智能技术的发展，美国将华为、海康威视、科大讯飞、大华等领先的人工智能企业列入了实体清单；二是在人工智能服务器芯片市场上，我国所占的市场份额相当有限。以 2021 年为例，我国人工智能服务器芯片的总出货量为 100 万片，而国产芯片的出货量不足 5 万片，来自美国英伟达的芯片占据了约 95% 的市场份额；三是我国当前市场上使用的人工智能算法开发框架 90% 以上来自美国。

三、数据中心算力

当前，我国各地涌现出大量的数据中心，每个数据中心内部配备了数十万台甚至上百万台计算机。这些计算机的算力通过云计算出租机器、出租软件等方式得以充分利用，目前已成为一项极为重要的算力资源。

四、算力网络

上述三种算力的计算机呈现出融合趋势。首先，科学人工智能的出现使得 HPC 程序中包含了深度学习软件；其次，深度学习软件需要人工智能计算机作为支撑；最后，数据处理需要数据中心计算机来完成。因此，在不久的将来，三种算力的计算机很可能会实现整合。

算力网络旨在通过网络将全国各个计算中心连接起来，形成一台"庞大的计算机"，但这一目标的实现还面临许多困难与挑战，就此提出三点建设建议。

（1）**并网建设**。要将全国的计算中心连接起来，一个必要的前提条件是高带宽、低时延。当前，国内各计算中心之间还没有建立联系，这给大数据传输带来了极大的不便。例如，要将 4TB 原始数据从北京传输到无锡，即使使用目前最快的网络，并且保证网络无故障，传输时间也将高达 5 天，费用更是大幅度高于实体快递。因此，当前需要提高算力传输效率，通过并网实现高带宽、低时延的算力互联，使各城市间能够以较低的价格进行数据快速传输。

（2）**统一的资源管理调度软件**。将全国的计算中心连接起来组成一台"大计算机"后，需要进行调度管理，以保证各类软件在任一计算中心均可运行。当前，国内各计算中心的基础设施多为异构，只有通过统一的资源管理调度软件才能实现算力互通。

（3）**更多的服务软件**。当前，国内的计算机多以出租机器的形式使用，导致计算机利用率普遍偏低，内蒙古、宁夏、甘肃、贵阳等地的计算机利用率更是不超过 30%。与之相反，国内的机器类服务需求却居高不下，如数据灾备。因此，需要研制更多的服务软件，使国内的计算机得到更有效的利用。

（根据在 2023 年 6 月 3 日中国互联网络信息中心举办的"未来互联网发展研讨会"
上的发言整理）

DNS 3.0 时代——去中心化、服务泛在化、解析智能化、量子安全化

曾 宇

2023 年是 DNS 诞生 40 周年，自 1969 年美国国防部启动 ARPANET 项目至今，互联网已走过了 50 多年的历程。20 世纪 70～80 年代互联网的发展奠定了全球化发展基础。1973 年，Robert E. Kahn 和 Vinton G. Cerf 合作为 ARPANET 开发了新的互联协议——TCP/IP。随后，以 TCP/IP 为代表的基础性技术大爆发，DNS、电子邮件、FTP、BBS 等应用相继出现。1983 年，Paul Mockapetris 提出 DNS。1985 年 1 月 1 日，世界上第一个域名 "nordu.net" 诞生，成为 DNS 正式服务全球网络的起点。

20 世纪 90 年代，伴随万维网的诞生，互联网进入 Web 1.0 时代。1991 年，Tim Berners-Lee 提出 HTML 标签技术，随后出现第一个网页。1993 年，浏览器问世，当年全球主机数量达 200 多万台。1994 年，美国网景公司诞生。1995 年，美国雅虎公司诞生，亚马逊网站上线。1994 年 4 月 20 日，我国全功能接入国际互联网。浏览器、门户网站和电子商务等应用在 20 世纪 90 年代掀起互联网商业化浪潮，推动互联网走向大众。

进入 21 世纪，随着智能手机的全面应用，互联网发展进入移动互联网时代。2004 年，社交媒体应用出现，Facebook、YouTube 相继被推出。2007 年，苹果手机开启移动互联网浪潮。2008 年 6 月底，我国网民人数达 2.53 亿人，首次居世界第一。2012 年，全球 IPv6 全面启动。进入 21 世纪 10 年代，我国互联网企业如阿里巴巴、百度、腾讯等强力崛起，我国成为互联网大国。在此期间，互联网深度渗透到社交、消费、医疗、健康、教育等各个领域，推动全球数字经济蓬勃发展，互联网迈向 Web 2.0 时代。

当前，伴随 5G 全面商用，物联网、工业互联网、元宇宙、Web 3.0 等各种新型网络技术、平台与应用不断涌现，推动人类社会迈入万物感知、万物互联和万物智能新时代。可穿戴设备、智能家电、自动驾驶汽车、智能机器人等设备与应用的发展促使数以百亿计的新设备接入网络。据 Gartner 公司预测，到 2025 年，全球物联网设备基数将达到 754 亿台，复合增长率达 17%。全时空、跨领域、多场景泛在化连接无处不在，万物感知、万物互联和万物智能新时代（全联网时代）正在加速到来。

一、DNS 1.0 时期——稳定、安全、可用

全球 DNS 至今已稳定运行 40 年，在互联网持续发展过程中发挥着关键性、基础性支撑作用。当前，DNS 已发展为全球部署的分布式系统，技术协议和标准成熟，基础设施规模庞大，体系复杂。至 2022 年 12 月，全球根服务器及镜像共计 1645 个，日解析量约为 1000 亿

次；全球 CN 解析服务平台共 42 个，日解析量约为 100 亿次，我国日递归解析量约为 10 万亿次。全球权威服务器数量在 100 万台左右，递归服务器数量超过 1000 万台。至 2022 年 12 月，全球国家和地区顶级域名（ccTLD）为 316 个，通用顶级域名（gTLD）为 1245 个。至 2022 年底，全球域名保有量为 3.5 亿个，我国域名保有量为 3440 万个，位居全球第二，其中 CN 域名为 2010 万个，连续 7 年位居全球第一。

DNS 1.0 时期是 1983 年至 21 世纪 10 年代初期，主要任务是建立 DNS 基础协议、功能与框架，打造稳定、好用的 DNS。这一时期，DNS 发展的主要技术特征是实现稳定、安全、可用的 DNS。这一时期的代表性协议包括 1987 年发布的 RFC1034、RFC1035 协议，这两个协议是域名系统的核心标准，规范了 DNS 命名规则、数据格式、通信协议、部署机制等。随后，用于名字注册管理的 EPP 协议（RFC4930）和用于名字注册信息查询的 WHOIS 协议（RFC3912）、RDAP 协议（RFC7482）等也相继发布。

DNS 1.0 时期的发展以建立 DNS 基本技术体系和互联网治理框架为主要目标。1985 年 1 月 1 日，世界上第一个域名 "nordu.net" 诞生。1987 年 11 月，RFC1034、RFC1035 两项标准协议发布，为 DNS 的发展奠定了基础。1997 年 8 月，DNS 全球 13 个根节点基本完成部署。1998 年 9 月，ICANN 成立，正式承担 IP 地域分配、顶级域名管理、根服务器管理等职责。伴随万维网的出现，域名量快速增长。1997 年，COM 域名注册总量突破 100 万个。2000 年，域名注册总量突破 1000 万个。2008 年 4 月，IETF 成立 IDN 工作组，国际化域名开始被引入 DNS。2008 年 7 月，我国互联网网民数量达 2.53 亿人，首次跃居世界第一。2010 年，ICANN 基本完成了国家顶级域名和通用顶级域名的建设。2012 年，ICANN 正式开启新的通用顶级域名申请。至此，DNS 基本技术体系和互联网治理框架构建完成。

二、DNS 2.0 时期——安全、高效、隐私保护

DNS 2.0 时期是 21 世纪 10 年代初期至 20 年代初期，主要任务是打造安全、高效的 DNS，其基本特征是实现安全、高效和隐私保护。

这一时期，在安全方面，DNS 的数据安全、隐私保护等技术成为热点，一些新的 DNS 安全技术协议、标准不断被提出。2005 年，DNS 安全需求介绍（RFC4033）提出。2010 年 7 月，DNSSEC 在根节点完成部署。2011 年，基于 DNS 的身份认证协议（RFC6394）提出。2013 年，定义 CAA 资源记录类型的协议（RFC6844）发布。2014 年 10 月，IETF 成立 DPIRVE 工作组，聚焦 DNS 隐私保护问题，研究相关技术提升 DNS 机密性。2016 年 5 月，DoT 协议（RFC7858）发布。2018 年 10 月，DoH 协议（RFC8484）发布。据统计，2021—2022 年，支持 DoH 的 DNS 域名解析系统增长了 4.8 倍。随后，基于 DoH 和 DoT 相关协议的 DNS 域名解析系统部署出现了大幅增长。2020 年，ODoH 协议（RFC9230）发布。2022 年，DoQ 协议（RFC9250）发布。同年，ICANN 发布 KINDNS 框架规划，这个框架规划要求部署多元化 DNS 解析软件包，同时要求解析平台、架构多元化，进一步强调隐私保护。

这一时期，DNS 新技术、新产品不断涌现，使得 DNS 解析性能大幅提升。2010 年 9 月，英特尔公司基于 BSD 开源许可协议正式发布 DPDK（数据平面开发套件）源代码软件包，为基于 DPDK 实现 DNS 解析加速提供了技术基础。2014 年，eBPF 技术被纳入 Linux 内核

并得到迅速发展，其通过在内核态中直接处理网络数据包大幅提升网络性能，为高性能 DNS 提供了技术基础。2018 年 9 月，CNNIC 发布了"网域"系列 DNS 域名解析和防护产品，ZDNS 发布了"红枫"系列域名解析产品，相关产品解析性能与 DNS 领域应用最广泛的 Bind 开源软件相比提升百倍以上。2021 年 5 月，QUIC 协议作为 RFC9000 正式发布。QUIC 协议在传输性能、传输安全、可扩展性等方面提升明显，其避免了队首阻塞和连接迁移，相比 TCP 和 TLS 协议具有更低的通信时延；此外，还优化了拥塞控制，相比 UDP 协议具有更高的可靠性。2022 年 5 月，DoQ 协议正式发布，其能以最小时延实现 DNS 隐私传输。基于 DoQ 的连接比 DoH 或 DoT 更稳定。每个 DoQ 连接平均可支撑 30 个 DNS 域名解析查询，而 DoT 连接平均仅支撑 9 个 DNS 域名解析查询，DoH 则为 14 个。

三、DNS 3.0 时期——去中心化、服务泛在化、量子安全化、解析智能化

随着卫星互联网、量子计算、Web 3.0 等新技术、新应用、新场景的不断涌现，连接数量呈现指数级增长，空天地海广域覆盖的泛在连接出现，不同物理特征的网络环境和业务模型的多样化为 DNS 技术创新带来了新机遇。连接泛在化、网络特征多元化和服务模型多元化，这些都要求 DNS 以支撑万物互联、万物智联为主要任务。由此，DNS 的发展也呈现出去中心化、服务泛在化、量子安全化、解析智能化等诸多特征。

（一）去中心化

在架构层面，边缘计算让网络、计算、存储、应用等从中心向边缘分发，就近提供智能边缘服务，由此推动智能边缘解析技术与架构的兴起。在 DNS 根区数据管理方面，当前根区数据管理存在单边管理和管理封闭等问题，使得一个国家面临被根服务器及其镜像服务器拒绝提供解析服务而造成该国网络用户无法上网的风险。2012 年以来，包括欧盟在 2012 年提出的 ORSN（Open Root Server Network）计划、2016 年 Google 提出的 RFC7706 本地根计划及我国学者提出的 IPv6 域名根服务器扩展方案等，均希望从根本上解决主权国家对 IANA（The Internet Assigned Numbers Authority，互联网数字分配机构）中心化根服务体系的依赖。CNNIC 在 2019 年首届中国互联网基础资源大会上提出了基于"共治链""共治根"的 DNS 根区数据管理和根服务器解析架构，旨在推动构建无中心化、各方参与、平等开放、用户透明、可兼容演进、高效可扩展、可监管的新型根域名和权威域名解析系统架构。

去中心化域名是实现 Web 3.0 用户数字身份标识的重要技术路径，传统的域名、路由验证等无法满足 Web 3.0 去中心化需求。Web 3.0 需要域名作为分布式应用、虚拟货币钱包、智能合约存储地址等要素的网络标识，自然要求域名脱离现有中心化管控模式。在当前的 Web 3.0 现实技术方案中，接入层基于去中心化域名系统（如 ENS、Handshake 等）进行寻址，通过服务代理（如 Infura 等）接入控制层。当前，Web 3.0 技术与应用迅猛发展，也带动多域名空间（包括 ENS、Handshake、Unstoppable 等）迅猛发展。截至 2023 年 6 月，ENS、Handshake、Unstoppable 等多域名空间顶级域名注册数量已经达到 1800 万个左右。目前，已有超 400 个以太坊项目支持 ENS 解析。Web 3.0 将推动去中心化 DNS 系统打破以 ICANN、

域名注册局、域名注册商为主的域名生态格局，形成以项目平台为主体的新型生态，传统的域名注册商、域名注册局在 Web 3.0 时代或被逐步淘汰。

（二）服务泛在化

量子网络、6G、卫星互联网全时空、跨领域、多场景泛在化连接无处不在，万物感知、万物互联和万物智能的新时代正在到来。空天地、人机物融合，万物互联催生新模式，对 DNS 也提出新的要求。移动互联网络计算与事务处理模式要求 DNS 实现网络基础架构无关、高效消息传递、自动联网、多点并联、高效路由等；数据网络计算与事务处理模式要求 DNS 实现内容寻址、多标识融合等；空天地网络计算与事务处理模式要求采用高效空天地一体化 DNS 解析服务架构取代传统基于云和端的 DNS 解析架构，传统基于云和端的 DNS 解析架构在延迟效率方面不能满足高效空天地一体化 DNS 需求，同时开放的卫星通道会导致通信更容易遭受 SNDL（先获取后解密）网络安全攻击。

（三）量子安全化

传统密码学正面临来自量子计算的新威胁，美国国土安全部（DHS）和美国国家标准与技术研究院（NIST）在其"2021 关于后量子密码的常见问题"中指出，采用 6000 个稳定量子比特的计算机可以轻松破解现有公钥系统；IBM 预期在 2025 年推出 4000 量子比特的计算机，因此 DNSSEC、DoH、DoT 等安全机制都将面临来自量子计算机的现实威胁和挑战。ICANN 认为，未来十年或者更长时间，量子计算会对 DNSSEC 现有密码算法产生威胁。

当前，一些研究机构正应用后量子密码算法加强 DNSSEC 安全，以应对未来可能遭受的量子计算机攻击。美国 Verisign 公司正在开展基于哈希的抗量子密码算法在 DNSSEC 协议中的应用工作；荷兰 SIDN、NLnet 实验室等对 Falcon（猎鹰）、Rainbow 等 PQC 算法进行 DNSSEC 签名验签性能评估；柏林科技大学等在 PowerDNS 权威和递归软件的 DNSSEC 功能中集成了采用 Falcon 算法的签名方案。

（四）解析智能化

面对万物互联数以百亿计的物理设备和极为丰富的服务场景，传统标识解析将在服务发现、精准化、适应性、智能解析方面不断发展。在服务发现方面，RFC8765 提出了"DNS 主动推送"方法，提供了 DNS 服务器的消息订阅，在多链路、低功耗网络上实现了基于 DNS 的服务发现。在适应性方面，RFC8490 提出了一种具有连接和状态管理功能的 DNS 机制，能更好地适应基于连接的 DNS 消息订阅等应用场景。在智能解析方面，基于用户、域名、流量、链路等全方位大数据分析结果，实现智能化、高精度、多线路精准解析调度，返回最优解析结果，如阿里云解析能够基于用户、域名、运营商和区域做到智能化、高精度、多线路精准解析调度。RFC7871 支持在 DNS 报文中携带客户端地址信息。近年来，泛 DNS 智能解析技术兴起。2022 年，华为提出网络感知型 DNS 相关 RFC 草案，在 DNS 请求中携带对服务质量的需求信息，DNS 应答携带的网络策略可由应用写入 IPv6+选项字段传递给网络设备，从而实现基于应用需求的报文传输路径选择优化。

随着 DNS 3.0 的不断发展，未来将有更多的新特征、新应用不断涌现。

建议从如下四方面入手，统筹发展与安全，积极推动 DNS 技术应用深入发展。一是推动卫星互联网、量子计算等与 Web 3.0 融合发展，加强多域名空间技术研究，构建可兼容传统和新型 DNS 系统的多元融合域名空间。二是依托"网域链""共治根"等去中心化域名管理和解析服务平台，打造多方共治、平等开放、可监管的去中心化域名解析服务系统。三是加强国际交流合作，推动建立区域性国际组织，抢抓 DNS 3.0 发展初期技术标准制定机遇，积极参与制定通用标准。四是科学制定去中心化 DNS 应用监管政策和规则，加强对 DAO、DeFi 等 Web 3.0 应用的审查和监测，确保应用符合规范和标准；加强全球监管机构间合作，共同应对去中心化应用跨境业务流动性风险。

当前，DNS 已经从 1.0 发展到 3.0，未来还将不断迭代演进，全行业应统筹发展与安全，防范和化解风险，积极推动 DNS 技术应用深入发展，构建支撑万物互联、万物智联的下一代 DNS 系统。

（根据在 2023 年 8 月 3 日"第二届下一代 DNS 发展论坛"上的发言整理）

打造下一代DNS，重塑网络根基

毛 伟

互联网域名系统国家地方联合工程研究中心

一、DNS：支撑互联网运行的重要根基和"导航系统"

从互联网体系架构出发，可以简单地把互联网分为三层，即物理设施层、基础资源层和应用层。

物理设施层包括基础网络、传输设备、互联设备、接入系统等，如同信息高速公路。应用层是互联网的各种应用，包括电子商务、电子政务、网络游戏、视频通信等，它们犹如跑在高速公路上的汽车。这两层之间还有一个基础资源层，包括域名系统（DNS）和路由系统，二者组成互联网的寻址解析系统，如同道路交通中的导航系统，互联网"导航系统"一旦失效就会断网。由于根服务器、顶级域名等互联网关键基础设施就在这一层，所以也可以把这一层看作"网络根基"。

如果把互联网看作一棵枝繁叶茂的大树，那么域名系统就是树根。作为互联网关键基础设施，域名系统是支撑互联网运行的重要根基和"导航系统"，对实现互联互通具有重要作用。

二、DNS面临"三大挑战"和"两大机遇"

当前，DNS这个"导航系统"遇到三大挑战：断根、断服、断供。断根是指国家域名被关停，拒绝我国用户对根服务器的访问。全球共有13台根服务器，主要位于美国、欧洲等国家和地区，目前在我国部署的均为镜像根服务器。断服是指通过顶级域名管理权阻断我国机构域名的全球互联互通，全球约有1500个顶级域名，我国境内拥有管理权的不足3%。断供是指停止向我国提供域名基础软件和装备，我国运行的域名系统软件及设备有数千万套，超过90%使用的都是国外域名软件。当前，国际局势变幻莫测，DNS遇到的三大挑战不容忽视，我国需要更安全的网络根基。

《"十三五"国家信息化规划》提出，"保障在根及重点顶级域服务系统异常状态下我国大陆境内域名服务体系的正常运行"，"强化安全监管、综合防护的技术手段支撑，提升我国域名体系的网络安全和应急处置能力"。中共中央办公厅、国务院办公厅印发的《推进互联网协议第六版（IPv6）规模部署行动计划》指出，"升级改造域名系统。加快互联网域名系统（DNS）的全面改造，构建域名注册、解析、管理全链条 IPv6 支持能力，开展面向 IPv6 的新型根域名服务体系的创新与试验。"工业和信息化部发布的《"十四五"信息通信行业发展规划》和《"十四五"软件和信息技术服务业发展规划》也分别指出，"全面增强互联网基础管理，加强网络寻址管理，有序引入互联网域名根镜像服务器"，"着力增强大规模网络攻击防御能力，加强公共域名服务安全，保障能力建设，防范遏制重特大网络安全事件"。

与此同时，处于"中间层"的 DNS 也迎来了"上下所需"的两大机遇。

其一，信息网络基础设施升级需要 DNS"向下"对接升级。

一方面，以芯片、操作系统为主的基础硬件、基础软件等核心基础设施正处于信创升级阶段，DNS 需要对接融合和升级改造；另一方面，网络技术升级发展，5G、IPv6、物联网、工业互联网、卫星互联网等部署推进，需要 DNS 同步升级。

其二，深化数字化转型、发展数字经济需要 DNS 技术"向上"创新突破。

《"十四五"数字经济发展规划》提出，稳步构建智能高效的融合基础设施，提升基础设施网络化、智能化、服务化、协同化水平。这些要求的实现离不开强有力的 DNS 底层支撑。我国在工业数字化、农业数字化、数字政府、数字金融、智慧能源、智慧城市等领域均已取得数字化建设的阶段性成果，数字技术全面融入百姓生活和我国经济建设。深化数字化转型、推动数字经济高质量发展，需要更智能的调度能力、更快速的网络感知能力、更安全的网络防护体系，尤其是大数据、人工智能、区块链等新一代信息技术的深化应用离不开强有力的 DNS 支撑。在各行业领域和智慧城市的整体建设过程中，同样需要网络化、智能化"底座"，这些都需要 DNS 技术的创新突破。

为了应对断根、断服、断供三大挑战，迎接信息网络基础设施升级和发展数字经济两大机遇，需要发展下一代 DNS，重塑网络根基。下一代 DNS 将从互联网"导航系统"发展成为支撑数字经济发展的重要网络根基，"向下"对接信息网络基础设施的升级，"向上"更好地支撑各行业数字化转型和数字经济发展。

三、从"DNS"到"下一代 DNS"

关于下一代 DNS 的具体内涵，可以从以下三个维度来理解。

D（Domain）是网络空间。域名系统是互联网治理的重要抓手，是构建网络空间命运共同体的重要元素。

N（Name）是互联网关键基础资源。以域名、IP 地址、网络自治域号（AS 号）等为代表的互联网关键基础资源，是支撑网络发展和创新的载体，没有互联网关键基础资源就无法联网。互联网关键基础资源的占有量和质可以用来衡量国家和企业的"网络规模"及其在全球互联网中的"管理权重"。

S（System）是软硬件系统，它是网络核心技术的根基。

下一代 DNS 与 DNS 的具体区别如表 1 所示。

表 1　下一代 DNS 与 DNS 的具体区别

	DNS	下一代 DNS	意义
D——网络空间，构建网络空间命运共同体	● 中心化技术架构 ● 单边治理结构	全球互联网 去中心化：采用区块链技术、新型根技术等，推动根服务器技术升级 互联互通、共享共治：构建更加公平合理、开放包容、安全稳定、富有生机活力的网络空间 行业和企业 整体规划、统一标准：建立符合发展战略、规则清晰、流程明确的企业域名使用标准及规范	为推动全球互联网治理体系发展贡献中国智慧、中国方案；做好域名数字基建，服务数字化转型
N——互联网关键基础资源，掌握网络关键基础资源	● 顶级域名主要分布在国外 ● 重点顶级域名管理权由国外控制	资源申请 把握发展机遇，积极申请顶级域名、IPv6 地址等互联网关键基础资源，支撑网络发展 国家管理权 大力发展我国境内的顶级域名和 IPv6 升级，推进数字化转型	提升国际互联网治理话语权，助力中国品牌国际化
S——软硬件系统，筑牢网络核心技术根基	● 简单解析，从名字到 IP 转换	数据赋能、全面感知、可靠传输、智能分析、精准决策 更安全：自主技术、国密算法、威胁管控、数据可信、隐私保护等 更高效：高性能、低时延、云化、弹性扩缩容、自动编排等 更智能：大数据分析、智能枢纽、全局负载、算力调度等	构建自主可控、承载万物互联的智能网络中枢

（一）网络空间

以前互联网治理采用中心化技术架构和单边治理结构。下一代 DNS 推动去中心化模式，通过采用区块链技术、新型根技术等，推动根服务器的扩展和技术升级，实现网络空间的互联互通、共享共治，构建更加公平合理、开放包容、安全稳定、富有生机活力的网络空间。对于企业和机构而言，通过网络空间治理，可以实现整体规划、统一标准，建立符合企业发展战略、规则清晰、流程明确的企业域名使用标准。

（二）互联网关键基础资源

以前顶级域名主要分布在国外，重点顶级域名管理权由国外控制。对于下一代 DNS，一是要推动顶级域名申请，把握发展机遇，获得更多资源；二是要争取顶级域名的国家管理权，大力发展我国境内的顶级域名，重视顶级域名作为数字化转型重要载体的作用，重视其对数字经济发展的支撑作用。

（三）软硬件系统

随着以大数据、人工智能为代表的新一代信息技术的推广应用，域名系统也逐渐发展为数据赋能、全面感知、可靠传输、智能分析、精准决策的下一代 DNS，向更安全、更高效、更智能全面升级。

更安全：通过自主技术、国密算法、威胁管控、数据可信、隐私保护等实现域名解析安全，同时与操作系统、芯片等基础设施无缝衔接，共同打造自主可控的网络底座。

更高效：以高性能、低时延、云化、弹性扩缩容、自动编排等特点，满足高并发量下的高效调度需求。

更智能：通过大数据分析、智能枢纽、全局负载、算力调度等能力，满足万物互联时代的终端调度需求。

综上所述，下一代 DNS 是自主可控、承载万物互联的智能网络中枢，是支撑网络强国和数字中国建设的重要网络根基。

四、下一代 DNS 技术趋势

下一代 DNS 的解析能力发生了变化，从单一解析向可定制、可订阅、云化升级发展。

可定制： 软件定义 DNS（Soft-Defined DNS）使 DNS 能以更灵活、可扩展、可编程的方式进行部署和配置，实现 DNS 解析服务的"可定制"，为上层业务系统提供更智能的寻址服务。

可订阅： 有状态 DNS（DNS Stateful Operations）可将 DNS 查询变成一种面向连接的主动推送机制，缩短 DNS 查询时延，减小网络负载，实现 DNS 解析服务的"可订阅"，为业务系统提供更实时、更可控的寻址服务。

云化升级： 在物理机、单体架构的传统应用中，DNS 扮演着最传统的寻址角色，以分布式集群、统一管理为特点；应用云化后，以虚拟机、分布式架构为特点，DNS 云服务化，服务可度量，可快速扩缩容，可独立服务不同的应用；应用步入云原生化后，微服务架构的应用更灵活，云原生更依赖 DNS 来调度微服务，DNS 成为应用对外发布的枢纽，也是云原生体系下微服务单元服务发现和服务注册的中心。

随着有状态 DNS、软件定义 DNS、DNS 云化升级等技术的发展，下一代 DNS 正变得更智能，应用也更广泛。

五、下一代 DNS 实现路径

当前，我国要抓住机遇发展下一代 DNS，全面重塑网络根基，让下一代 DNS 成为支撑数字经济发展的重要网络根基。

（1）积极参与国际互联网治理和标准制定，为全球互联网发展贡献中国智慧。

要面向"技术标准"和"治理体系"构建网络空间命运共同体，广泛参与域名系统生态国际机构（ICANN、IETF 等）的社群工作，做到"有贡献、有声音、有地位"。中国机构尤其是互联网技术企业，应积极投身网络空间治理，参与标准制定，"发出中国声音，给出中国方案"，为全球互联网发展贡献中国智慧，推动"互联互通、共享共治"的理念在相关国际技术标准、管理规则中形成生动实践。

在网络空间治理方面，"有为才有位"。截至目前，中国已经成为 IETF 互联网国际标准

RFC 发布数量第二多的国家，尤其是在 IPv6 相关 RFC 的制定上影响广泛。例如，2022 年，华为贡献的 IETF RFC 标准新增数量位居全球第一，累计数量位居全球第二。中国移动贡献的 IETF RFC 标准数量已跃居全球运营商第一。新一代互联网从业者应继续深耕网络根基技术，推动构建网络空间命运共同体，以中国力量做出中国贡献。

（2）提升数字资产战略意识，助力企业品牌国际化。

在互联网发展早期，我国拥有的 IP 地址数量甚至比不上美国的一所大学，而如今，我国的 IPv4 和 IPv6 地址数量均位居全球第二。但在域名资源尤其是顶级域名的占有率上，我国还远远落后于一些发达国家。

要提升互联网入口安全意识和数字资产战略意识。要掌握网络关键基础资源，倡导使用由我国管理的国家顶级域名；积极推动普及 IDN TLD 中文域名应用，彰显中华文化；鼓励有条件的企业抓住开放机遇，申请新顶级域名（New gTLD）。

（3）加强基础技术研究，实现互联网关键技术创新突破。

要攻克互联网核心技术、关键技术，提升自主创新能力，从根本上为数字经济发展筑牢安全、高效、智能的网络根基。互联网基础技术研究的核心是软硬件技术及解决方案。要推动在信创生态体系下，网络关键技术与国产芯片、操作系统等生态融合；要支持包括"红枫"系统在内的优秀自主域名基础软件持续创新和应用，以更安全、更高效、更智能的下一代 DNS 支撑我国数字经济高质量发展。

总体而言，下一代 DNS 是自主可控、承载万物互联的智能网络中枢，是支撑网络强国、数字中国建设的重要网络根基。需求牵引技术进步，把中国的网络问题解决了，就能够引领世界，为国际互联网大家庭做出贡献。

关于互联网基础技术演进的思考

李晓东　李　颖　魏久麒　郑　浩　符玉梵

中国科学院计算技术研究所、清华大学互联网治理研究中心、伏羲智库

近年来，数字经济蓬勃发展，已成为继农业经济和工业经济之后的新经济形态，是当今经济增长的主要引擎之一。2016 年，二十国集团峰会发布的《G20 数字经济发展与合作倡议》明确指出，数字化的知识和信息是数字经济的关键生产要素，现代化信息网络是数字经济的重要载体。互联网作为计算机网络与网络间连接形成的全球化网络，构建了全球范围计算机之间的"信息桥梁"，是数字化数据传输和交换的基础。而数字化数据的传输和交换，即数据经济关键要素的流通，是数字经济发展的必要条件。互联网在数字经济发展中的作用至关重要。互联网基础技术，作为构建在互联网物理设施之上、支撑互联网业务应用、实现互联互通的关键技术，面临着新的挑战。

一、互联网基础技术的演进：数据互操作技术

（一）互联网新阶段发展趋势分析

1. 数据与应用解耦需要数据互操作

互联网产生于信息化进程，伴随信息化不同阶段的推进而发展并得以应用。数据与应用之间关系的演变是信息化发展的主要特征之一，其对互联网技术的发展产生了重要影响。

在数字化阶段，互联网技术还没有出现和普及，数据和应用只能存储在用户本地，用户对数据具有完全的控制权。1946 年，世界上第一台通用计算机在美国宾夕法尼亚大学诞生，标志着数字化阶段的开端。数字技术的不断创新加速了数字化的发展，孕育了第一批信息技术企业，其中不乏微软和苹果这样逐渐成长为科技巨头的公司。数字化阶段前期发展的特点是"本地化"，数据和应用存储在用户本地，用户对数据具有完全的控制权。然而，随着数据产生速率的持续提升和应用模式的不断创新，数据交换成为基本需求，直接推动了互联网的诞生。

在网络化阶段，互联网服务的发展催生了数据和应用均在网络云端的新模式。网络化阶段始于 20 世纪 90 年代，以互联网和信息通信为代表的网络技术作为该阶段的发展基石，逐渐形成了开放共享与互联互通的发展理念。互联网的发展满足了数字化阶段对数据交换的需求，催生了基于信息交换的新型商业模式。谷歌、网景、雅虎等信息服务公司应运而生，研发出以搜索引擎、浏览器和门户网站为代表的信息服务应用。随着互联网接入的普及和信息

交换需求的演化，互联网进入了快速发展期。Meta、阿里巴巴、优步等平台型互联网公司抓住时代红利快速崛起，积累了海量用户和数据。互联网服务为人们的生活带来了极大的便利，同时产生了数据和应用均在网络云端的新服务模式，该模式导致用户数据完全由互联网服务提供者掌握，用户失去了对数据的控制权，数据安全和隐私问题逐渐凸显。

在智能化阶段，对挖掘数据价值的需求和对数据隐私与权属问题的担忧，推动"数据与应用解耦"的新模式出现。网络化阶段已经积累和正在加速产生的海量数据作为新型生产资料，面向交叉融合领域的智能技术作为新型生产力，在数据跨域共享与交换的新型生产关系的推动下，将推动对数据价值的深度挖掘。然而，平台型公司对数据的控制引发了用户对自身隐私和数据权属的担忧，用户无法通过自身产生的数据获得合法收益也引起了人们对数据价值分配的考虑。因此，智能化阶段的数据和应用的关系需要被重新定义，"数据与应用解耦"的模式成为未来信息化进程的必然趋势，也将对未来互联网技术发展和应用生态产生重要影响。在"数据与应用解耦"的模式中，隐私数据和重要数据应以相关方可选择、可信任、可控制的方式存储于相关方自定义或应用服务提供方的物理存储介质中。应用服务提供方不可再任意使用全量隐私数据和重要数据，而是在经过相关方许可的前提下，"按需使用"数据来提供应用服务。同时，通过建立数据价值分配机制，使相关方可以依靠数据获取收益。"数据与应用解耦"模式迫使互联网应用和数据之间交叉访问，传统模式下应用与数据的一对一关系将演变为多对多关系，大幅提升互操作的复杂度，数据之间的互操作将成为互联网未来发展关切的重点。

2. 价值互联网支撑数据跨域互操作

互联网作为现代化信息网络，是解决数字化数据交换需求的产物，互操作是其重要课题。随着网络化规模的增大和互联网数据的累积，其核心需求从早期的数据交换、信息共享逐步演变为促成社会经济发展的知识构建，推动互联网从数据互联网、信息互联网发展至如今的价值互联网，推动 TCP/IP、BGP、DNS 等用于构建支撑跨域互联互通的互联网基础设施的关键技术——互联网基础技术的形成，逐步解决从网络粒度、网站粒度到如今的数据粒度的互操作问题。

在数据互联网阶段，罗伯特·卡恩（Robert E. Kahn）和温顿·瑟夫（Vinton G. Cerf）于1973 年提出 TCP/IP 协议，解决了在不可靠网络上的可靠数据包传输的关键问题，实现了主机间的互操作。1969 年，阿帕网已实现同构网络内主机互联和通信，但随着越来越多的主机加入，出现了难以定位目标主机、传输错误率高、网络运行效率低等问题。因此，如何规范数据包格式、统一通信协议的规范，实现机器粒度的互操作，满足全球范围内、异构网络间的可靠数据传输的迫切需求，成为互联网早期需要解决的关键问题。TCP/IP 是解决在不可靠的异构网络上实现可靠数据传输的关键技术和协议，该协议套件可实现在不可靠的网络中将数据包从一台机器可靠地传输到另一台机器。TCP/IP 有效地减少了网络连接和传输过程中的错误，提升了网络运行效率，逐渐发展成为不同网络中主机可靠互联的通用规范，奠定了其作为数据互联网阶段基础技术的地位。

在信息互联网阶段，蒂姆·伯纳斯·李（Tim Berners Lee）发明的 HTML 解决了在非结构化网络上结构化描述数据的关键问题，结合域名技术，实现了网站间的互操作。随着互联网接入规模的扩大，利用互联网完成信息交互的需求逐渐凸显。然而，缺乏信息获取入口和信息共享途径，导致难以实现多方的高效信息交互。因此，探索新的协议和规范，促进互联网中广泛的信息交互，成为互联网的新发展方向。HTML 是解决信息交互问题的关键技术和标准。HTML 实现了以结构化的信息描述方式来表述非结构化的网络数据，实现了跨平台的信息组织、展示与检索。在信息互联网阶段，域名系统逐步发展成为服务于互联网信息交换的关键基础设施，域名技术成为互联网基础技术之一。域名作为可映射到主机地址的具有语义性的全球唯一标识，被广泛用在统一资源标识符中，从而实现对互联网资源的定位。

在价值互联网阶段，区块链技术是解决在不可信的网络上可信交换数据问题的关键技术，是实现数岛间互操作的技术底座。不可信的网络中的数据交换因对数据的保护不当导致数据侵权、数据安全等问题频发，引发数据所有者对数据交换的担忧和对数据的过度保护需求，加剧了数据孤岛现象。尽管国内外已通过颁布法律法规为数据保护提供基础制度保障，如欧盟颁布的《通用数据保护条例》和国内的《数据安全法》《个人信息保护法》等，但技术保障仍然缺失，如何设计新的技术协议，连通数据孤岛，以实现互联网中跨域数据的互操作，有效保护数据所有权及安全、隐私，以实现不可信的网络中的可信数据交换，成为价值互联网阶段需要解决的关键问题。中本聪于 2008 年提出的区块链技术是满足可信数据交换需求的一种技术实现。区块链由去中心化的网络节点共同维护，不同节点对区块链中的数据和事务形成共识，记录在不可篡改的区块链账本中。为支撑去中心化的应用实现，2014 年启动的以太坊项目提出了智能合约，以支持用图灵完备的编程语言将不同应用编写成智能合约，区块链节点独立运行智能合约并对结果形成共识，保障过程可信。该特性促使大量基于区块链的应用涌现，最典型的包括基于区块链的电子存证系统、物流溯源系统等应用。区块链为建立信任，在分布式账本中记录上层应用中的数据交换过程，并通过共识技术保证分布式账本的一致性、正确性和不可篡改，构成支撑价值互联网中的可信化要求的基础技术。在数据与应用解耦的发展趋势下，可信数据互操作的需求进一步增加，这要求当前的互联网基础技术进行迭代式创新，融合区块链技术构建 P2P 可信平台，构建支撑应用与数据跨域互联交换的新型基础设施和关键资源服务体系。

（二）数据互操作技术需要解决的问题

互联网数据互操作贯穿从采集、传输、存储到计算、应用、消亡的数据全生命周期。目前在数据跨域互操作过程中存在三方面需求：如何在保障数据安全可信的前提下实现数据的可发现、可访问、可交换。其中，可发现是指数据使用者如何能在互联网上发现满足自己需求的目标数据，并且能够获取到目标数据的确切数据地址；可访问是指如何让数据使用者在经过允许后访问目标数据，确保被授权后的合法访问；可交换是指如何让各方数据操作主体安全地进行数据交换，避免数据泄露、数据篡改、数据违规等安全问题。为满足上述需求，数据互操作技术需要构建统一的数据标识体系、数据确权体系、身份认证体系、访问授权体系、分类分级体系和算法管理体系，解决与标识确权、认证授权、安全交换相关的六个方面的问题。

- 针对数据孤岛问题，构建统一标准的数据标识体系，为全球数据建立唯一标识索引，形成数据所有者和使用者之间共享和交换数据信息的纽带，使产生的数据能被发现、需要的数据能被找到。
- 针对数据共享激励不足问题，构建统一标准的数据确权体系，明确数据权属，进而保护数据所有者的获益权，使之有充足的动力去分享数据来获取应得的利益。
- 针对数据使用壁垒严重问题，构建统一标准的身份认证体系，确保身份的唯一性和不可伪造性，保证数据互操作各方身份的真实可信，为数据的跨域使用提供分布式身份认证能力，打破因无法认证操作者而拒绝数据跨域使用的现状。

- 针对数据滥用问题，构建统一标准的访问授权体系，保障数据相关者对数据访问的可控，确保只有经过授权的数据使用者才可以访问和使用数据，避免数据侵权进一步引发数据泄露。

- 针对数据安全违规严重问题，构建统一标准的分类分级体系，以依据核心数据、重要数据、一般数据构成的分级框架和公共个人维度、公共管理维度、信息传播维度、行业领域维度的分类规则，形成具体可操作、可执行的数据分类分级标准，保障数据跨域互操作过程的合规性。

- 针对数据隐私泄露严重问题，构建统一标准的算法管理体系，对可信算法进行统一管理和认证，以结合现有的隐私保护技术，在不离域的前提下实现数据的价值释放。

未来，支撑全生命周期数据跨域的互操作技术需要提供标识确权、认证授权、安全交换三个方面的功能，这样才能有效解决可发现、可访问、可交换这三个在数据跨域互联互通过程中存在的关键问题，贯彻数据治理"共权、共享、共赢"的基本原则，形成构建数字经济发展和数字文明建设的关键基础设施的技术底座。

二、数据互操作技术的实现：从 DNS 到 DIS

（一）从名字标识到数据标识

互联网基础技术的发展历史，是以标识为基础的服务体系的演进历史。互联网的关键标识资源是满足不同历史阶段互操作需求的产物。从最初以地址标识为基础的路由系统到以名字标识为基础的域名系统，满足了互联网对于主机互操作和网站互操作的需求，完成了支撑数据交换、信息交换的历史要求。而随着信息化进程的发展，数据跨域互联互通成为当今互联网的核心需求。在数据与应用解耦的新型模式下，如何充分尊重数据权属，实现在不可信的网络中的可信数据交换，是当今互联网所面临的巨大挑战。而传统的互联网基础技术已难以满足当前的价值交换的要求，一种以泛在标识为基础的数据标识体系的产生成为必然。

数据互操作的基础是数据标识体系，需要提供一种统一开放的分布式标识体系来为互联网级别的数据交换提供标识注册和解析服务。统一资源定位符（URL）作为当前访问互联网数据资源的标准方式，可以定位跨域数据资源，但其分配与使用受域名所有者的严格控制。在当前互联网的服务模式下，域名所有者通常为服务提供商，这使得 URL 所标识数据的控制权实际掌握在服务提供商而非用户手中。目前应用比较广泛的标识系统有 DNS、Handle、OID 等，如表 1 所示。其中，DNS 作为当前应用和部署范围最广的标识系统，不局限于提供域名和 IP 地址的映射服务，已逐步扩展为通用的标识服务，具备支持服务发现、主机地理位置获取、支撑邮件安全保障等多样化互联网服务的能力。Handle 基于扁平化的管理结构和权限控制来提供安全的标识管理体系，目前已在数字出版、知识产权、工业互联网等领域被广泛应用。除 Handle 外，OID、Ecode 等标识系统在工业互联网领域也得到了广泛应用。然而，已有标识系统无法完全满足数据互操作的功能需求，而重新构建一套标识系统又存在部署和应用的难题。因此，如何基于已有标识系统进行功能创新，从而构建一个服务于数据交换的基础设施级的分布式标识系统是数据互操作技术需要解决的问题。

表 1　常见标识系统

名称	发起人/单位	时间	标识主体	解析架构	解析结果	安全机制
DNS	Paul Mockapetris	1980s	网站/服务	层级式，树状	IP 地址	DNSSEC
OID	ISO/IEC、ITU-T	1980s	物理/逻辑对象	oid-res.org，依赖 DNS	URL 或 IP 地址	DNSSEC
Handle	Robert Kahn	1994 年	数字对象	两层：GHR+LHS	自定义属性	权限控制机制、身份认证机制
UID	东京大学	2003 年	物理、逻辑对象及其关系	两层	URL	将安全功能划分为 7 个等级，满足差异化需求
Ecode	中国物品编码中心	2011 年	任何物联网对象	iotroot.com，依赖 DNS	URL 或 IP 地址	DNSSEC，编码自认证

基于已有互联网基础技术，并遵循一套通用开放的架构及协议规范演进，是数据互操作技术的关键实现路径。DNS 作为目前互联网的核心标识系统，在全球广泛部署且具备通用标识的服务能力。域名是目前互联网关键资源的核心连接点，如图 1 所示，它基于对 IP 地址、PKI 身份证书、邮箱地址等资源的关联和映射，将全球的网站连接在一起，成为全球互联网的中枢神经系统。DNS 不局限于提供域名和 IP 地址的映射服务，已逐步扩展为通用的标识服务，具备支持如服务发现、主机地理位置获取、支撑邮件安全保障等多样化的互联网服务的能力。为实现向后兼容的互联网基础技术发展，实现全球数据连接，构建数字经济的中枢神经系统，从 DNS 到 DIS（Data Identifier System/Data Interoperating System，数据标识系统/数据互操作系统）的演进成为必然趋势。数据互操作系统基于 DNS 构建的底层标识体系，既可以解决其对于标识系统的需求，又能实现从 DNS 到 DIS 的兼容演进，这既是互联网基础技术创新的趋势，也是数据治理落地实施的保障，更是数字经济发展对底层逻辑数字基础设施的要求。

（二）从数据中台到数据中枢

跨域数据互联互通的传统模式是数据中台模式，其特点是存在一个中心平台来收集原始数据以满足数据流通的需求。然而，数据的离域收集会使数据面临不可控的安全风险，引发数据所有者对自身数据安全与权益的担忧，不利于安全可信的数据交换生态的构建。数据互操作系统作为连接应用与数据的枢纽，需要支撑跨域数据互联互通的模式从"数据中台"发展为"数据中枢"，以保障数据交换过程的安全可信。如图 2 所示，数据互操作系统需要通过跨域数据标识索引、确权授权的方式来实现跨域数据的互联互通，革新传统的数据中心集中收集、存储数据的互联互通方式，将数据的管理支配权归还给数据所有者，进而为数据与应用解耦后的数据高效利用夯实基础。

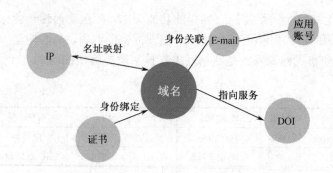

图1 域名在互联网关键资源中的核心作用

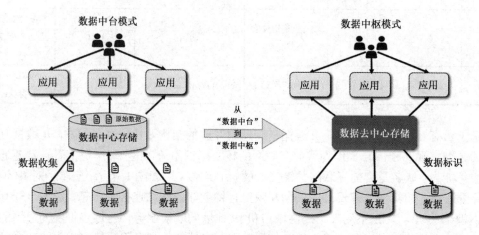

图2 从"数据中台"到"数据中枢"

（三）从域内互通到跨域互通

随着互联网数据的不断累积和应用规模的壮大，隶属于同一个主体的控制域内的数据互操作已经得到了积极探索。然而，这些技术各不相同，无法互通，难以满足当前跨域数据互操作的需求。因此，未来仍需要探索形成新的数据互操作技术体系。

从满足可发现需求的相关技术来看，传统存在于系统内部的基于数据库实现的检索技术，难以在不收集原始数据的前提下实现数据发现，无法满足数据互操作中的跨域互通要求，数据互操作系统需要一种分布式可信数据发现体系。数据发现的核心是建立描述资源的元数据与数据标识的关联关系，并通过分布式节点提供可靠可信的服务。RDF（Resource Description Framework）作为一种用于描述资源的标记语言，是探索跨域数据互通中的数据发现的先进技术。RDF 是构建语义网的关键技术，通常使用<主体，属性，属性值>三元组结构表示资源，对数据的结构化组织有利于数据的使用和重用。SPARQL 是为 RDF 开发的一种查询语言和数据获取协议，提供数据发现的功能。互联开放数据（Linked Open Data，LOD）项目基于语义网的 RDF 标准，提供了一个开放的环境，用户可以在其中创建、连接和使用互联网海量数据，并通过已知的链接数据知识库如 Wikidata、DBpedia 等，找到链接这些数据的数据集以实现数据发现，旨在推动在互联网数据之间建立连接并可访问的愿景。然而，语义网所支持的数据发现仅局限于 Web 生态，缺乏更广泛领域的数据发现能力。为满足数据互操作的功能需求，仍需要进一步研究和探索一种分布式可信数据发现体系。

从满足可访问需求的相关技术来看，传统认证和授权技术已经呈现出从单域可用到域内互通再到跨域互通的发展趋势，但仍需要进一步完善。传统用户名和密码的身份管理方式通常用于中心化的身份体系中，由中央集权化的权威机构掌握身份信息，身份不互通；当其应用于跨域数据互联互通时，因集中存储的局限性将造成身份数据管理困难，难以使用。而用于解决跨域身份互通问题的联邦身份体系，如单点登录技术，尽管连通了多个系统的用户身份，但用户的身份信息仍不是由自己所控制的，而是被身份信息寡头所垄断。此外，联邦身份体系下身份信息的跨域流通被限制在联邦内部，不同联邦之间仍不具备身份互联互通的能力。因此，出现了以 OpenID 为代表的以用户为中心的身份体系，为不同的系统提供统一的身份管理服务，从而实现多个系统的身份互通，但身份仍依赖单一的身份服务提供商，身份认证结果不公开透明，面临伪造身份的风险。为实现用户拥有自主身份和任意第三方可认证的身份的目标，去中心化的身份体系通过基于公私钥的密码学算法和分布式账本创建分散信任的环境，可以提供可信身份及认证方法，让用户真正拥有身份主权，可以管理自己的身份，具有单独控制和完全可移植身份的能力。因此，相较于传统的基于用户名和密码的集中式身份管理及联邦身份体系，一种基于公私钥和分布式账本的通用去中心化身份体系，具备提供全球唯一且不可伪造的身份标识，确保身份标识及相关身份数据信息为用户可控，以及身份认证过程透明可信的能力，是满足数据互操作的功能需求的基本选择。在授权技术方面，OAuth 协议是一个用于解决第三方授权问题的开放授权协议，其授权服务与资源服务紧耦合，由同一个服务提供商管理，用户难以对分散在不同服务商的资源进行统一的授权管理。UMA（User-Managed Access）致力于解决该问题，旨在基于 OAuth 协议为用户提供一个统一的授权管理服务，使用户可以通过一个统一入口对分散的数据资源进行授权管理。但 UMA 仍属于中心化的授权服务，存在单点失效和信任问题。SPKI（Simple Public Key Infrastructure）是一种应用于授权的分布式公钥证书标准，用户可以通过颁发授权证书来进行授权。但 SPKI 存在证书管理等效率问题。WAC（Web Access Control）是另一种去中心化的授权服务。WAC 为分散的资源设置访问控制列表，并与数据资源共同存储在用户可控的本地，可供外部获取。WAC 支持跨域的资源授权和访问，但授权过程完全由数据所有者控制，缺乏可信记录。因此，如何以统一的身份标识和数据标识为基础，提供数据的统一授权信息管理，确保授权信息为用户自主可控且可查证，以控制对数据的授权后访问并记录，仍是数据互操作技术需要解决的问题。同时，数据、身份和使用需求的多样性增加了资源描述的难度，导致授权策略制定复杂化，如何实现合理高效的授权也成为下一步数据互操作中授权体系需要完成的挑战。

从满足可交换需求的相关技术来看，数据互操作系统需要一个规范化的安全交换机制来保障数据传输环节的数据安全与合规，但该领域尚处于初步探索阶段。现有互联网数据安全交换平台主要基于网闸等物理隔离设备，通过添加上层数据安全检测、访问控制等功能而构建。然而，数据互操作系统不触碰原始数据，因此安全交换机制的核心是基于数据分类分级标准和算法合法合规标准，确保数据交换使用过程中数据和算法的安全。目前，数据分类分级标准仍不清晰。尽管《网络安全标准实践指南——网络数据分类分级指引》提出了分级框架及分类规则，但仍缺少明确的、具体可操作、可执行的分类分级标准，致使仍未有通用、获得广泛认可和实施的数据分类分级技术方案。近年来，已有许多企业在隐私计算方面进行探索，特别是在以数据驱动为核心的金融、互联网、医疗、政务等具有强烈的跨机构、跨行业应用需求的领域，目前已产生如微众银行开源的联邦学习平台 FATE、华控清交研发的联邦学习平台 PrivPy、蚂蚁集团的 MORSE 链等众多的隐私计算平台。然而，各个隐私计算平台的算法相互独立，由平台独立管理，因采用的技术原理和实现方案不同，缺少规范化的接口和协议用于算法的统一管理。部分国内隐私计算平台已经开启互联互通的尝试，行业标准化工作也在推进过程中。总体来说，目前数据分类分级标准和隐私算法管理规范仍处于探索的初级阶段。完善数据互操作系统安全交换机制仍需要业内共同努力，以更好地利用隐私计算、安全加密等技术保障数据合法合规地跨域流通。

三、数据互操作技术的未来：数据基础设施

数据互操作技术充分保护数据权属、安全和隐私，是推动跨域数据互联互通的新型互联网基础技术，也是盘活数据要素、释放数据价值的综合解决方案，在数字经济发展范式的构建中发挥着至关重要的作用。数字经济的发展具有层次性结构，数字经济建立在传统经济形态和基础设施之上，并向上承载数字文明的发展。数字经济的发展离不开互联网三大模块的支撑：承载数据采集、传输、存储、计算等功能的物理数字基础设施，承载数据治理规则、基于数据互操作技术构建的逻辑数字基础设施（数据互操作系统），以及涵盖数字政府、数字医疗、数字生态等数字经济各个方面的数字化发展应用。其中，数据互操作技术作为连接数字化发展应用和物理数字基础设施的中枢，遵循数据与应用解耦模式，充分尊重数据所有权和持有权，并通过内化数据治理规则保证数据互操作流程的安全合规。

然而，数据互操作技术的未来发展仍面临诸多挑战。为助推数据互操作生态蓬勃发展，推动未来数字经济发展，加强同行业和跨行业、学术界与产业界等多方协同合作，协力驱动技术、标准、政策等共同发展，是以数字化数据为要素的数字经济高质量、可持续发展的主要方式。

一是组建技术社区，针对产业内的实际需求，推动标识、身份认证、访问控制、密码学及隐私增强等理论研究；加大产学研合作力度，提升技术落地能力；开放开源框架及平台，降低研究门槛，增大研究力量。

二是促进标准制定，积极组织业内专家研讨，推动适用于跨域数据交换和共享的标准制定，并在行业内达成共识，以促进数据互操作技术的进一步研究和发展，研制数据互操作系统，构建数据基础设施。

三是完善政策法规，鼓励联合政策、法律及技术专家，明确数据互操作系统中的各方权利定义，丰富已有的《数据安全法》《个人信息保护法》等相关法律法规体系，补充明确各项条例。

在当前难得一遇的战略机遇叠加的特殊发展时期，要紧抓互联网基础技术演进脉络和发展规律，探索互联网基础技术新变革，形成以数据互操作系统为基础的数据基础设施，支撑我国成为经济和社会发展数字化转型的领先者。

综 述 篇

万物互联时代互联网基础资源发展趋势

曾 宇　张海阔　左 鹏　贺 明

中国互联网络信息中心

一、引言

（一）全球互联网加速迈入万物互联时代

当前，新一轮科技革命和产业变革加速演进，伴随 5G、物联网等技术发展，人、机、物等在空天地一体化网络全面接入。社会的数字化、网络化、智能化进程加速，正大步迈入万物感知、万物互联和万物智能的"全联网"时代。在通信方面，截至 2022 年 12 月，我国累计建成并开通 5G 基站 231.2 万个，总量占全球 60% 以上[1]，应用场景覆盖工业、电力、港口等诸多领域，并稳步向 6G 迈进。产业界普遍认为，6G 流量密度将达到 $0.1\sim10\text{Gbps/m}^2$，连接密度将达到 0.1 亿～1 亿个设备$/\text{km}^3$；同时，控制面时延将小于 1ms，用户面时延将小于 0.1ms[2]。在网络方面，据 Gartner 相关数据，预计到 2025 年，全球物联网设备将达到 754 亿台，年复合增长率达 17%；可穿戴设备、智能家电、自动驾驶汽车、智能机器人等设备与应用的发展将促使数以百亿计的新设备接入网络。据 GSMA 移动智库统计，中国已成为全球最大的物联网市场，在全球网络连接中占比超 50%。泛在物理空间内覆盖各领域、各环节生产要素的全面接入和高效智能互联，将推动全球互联网向全联网加速演进，同时也对互联网基础资源技术提出更高要求，带来新的发展机遇。

（二）互联网基础资源是数字经济发展的重要基石

互联网基础资源主要指提供关键互联网服务的重要基础资源，包括标识解析、IP、路由等及相应的服务系统和支撑服务系统的底层基础设施，它们是保障数字经济稳定发展的重要基石。截至 2022 年 12 月，全球根服务器及镜像共计 1604 个，日解析量约为 1000 亿次，我国根镜像共计 21 个，日解析量约为 100 亿次；全球权威服务器数量为 100 万左右，递归服务器数量超过 1000 万台，我国递归服务器数量超过 150 万台，日解析量约为 10 万亿次；全球国家和地区顶级域名（ccTLD）数量为 316 个，通用顶级域名（gTLD）数量为 1275 个；至 2022 年底，全球域名保有量约为 3.5 亿个，我国域名保有量约为 3440 万个，其中".CN"域名有 2000 余万个[1]。据国家 IPv6 发展监测平台统计，2022 年 12 月，我国 IPv6 互联网活跃用户占比达到 69.3%,移动网络 IPv6 流量接近一半,标志着我国推进 IPv6 规模部署及应用工作取得重大进展;同时,万物互联驱动"IPv6+"创新发展[3],引领 IPv6 向智能化大踏步迈进。

二、全球互联网基础资源最新发展趋势

(一)趋势一:空天地连接泛在化

1. 全球 6G 网络部署计划加速

6G 网络将实现人、机、物在陆海空天全时空尺度的泛在连接,构建高效化、智能化、一体化网络,并预计在 2030 年前实现商业化部署。美国方面,2020 年,美国电信行业解决方案联盟牵头组建"6G 联盟",建立 6G 战略路线图,旨在确立美国 6G 时代领导地位,并通过卫星互联网优势扭转其 5G 发展缓慢局面。欧洲方面,欧盟正统一战线,多国合力推进 6G 研发。2021 年,欧盟旗舰 6G 研究项目"Hexa-X"正式启动,汇集了西门子、诺基亚、爱立信等 25 家企业和科研机构;此外,英国、芬兰、瑞典等国家还积极与马来西亚、韩国等亚洲国家开展 6G 研究合作,达成合作协议[4]。

我国也在 6G 网络上全面发力,将以 2030 年 6G 商用化为目标,抢占 6G 网络核心技术优势,延续 5G 时代市场领先地位,稳步推进相关研究开发。我国在"十四五"规划纲要中明确提出要前瞻布局 6G 网络技术并且先后成立国家 6G 技术研发推进工作组和总体专家组、IMT-2030(6G)推进组,发布了《6G 总体愿景与潜在关键技术白皮书》[5],全面加速推进 6G 相关政策、技术及服务研发。

2. 量子网络核心技术不断突破

量子网络利用量子隐形传态或量子纠缠交换技术等将用户、量子计算机、量子传感器等节点连为一体,是实现万物互联时代网络信息安全传输的重要载体。

在战略方面,美国和英国已全面推进量子计算等关键技术规划及实施。美国相继发布《量子计算网络安全防范法案》《关于加强国家量子计划咨询委员会的行政命令》《关于促进美国在量子计算方面的领导地位同时减少脆弱密码系统风险的国家安全备忘录》,旨在应对量子计算的持续普及,保护政府信息安全。自 2018 年 12 月美国《国家量子倡议法案》实施至 2022 年 8 月《芯片与科学法案》通过,美国联邦政府对量子科技的研发投入每年以 25.65% 的速度递增。英国发布《国家量子战略》,支持人工智能、量子计算和机器人技术,并计划投入 25 亿英镑支持量子领域基础研究和国家量子计算中心建设。欧盟长期关注量子密码、量子中继传输、量子存储等基础研究。法国于 2021 年启动《量子技术国家战略》,宣布 5 年内投资 18 亿欧元来促进国立科研机构和企业的量子联合研发。德国于 2021 年制定《量子计算路线图》,启动慕尼黑量子谷研究集群计划。日本、韩国、澳大利亚等国家都在量子科技领域做出了相关规划和布局,提升国家竞争力。

在技术方面，2020 年，美国石溪大学牵头联合多家机构合作，建立了一个 80 英里（约 128.7 千米）的量子网络试验平台[6]；2021 年，荷兰科学家首次实现三节点量子网络，成为量子互联网里程碑[7]；同年，我国实现了 4600 千米的量子保密通信网络，并为超过 150 名用户提供服务；量子计算机当前也形成了超导系统、离子阱、量子光学、量子自旋系统等多种技术实现路径，目前最有前景的物理平台由超导系统提供。

3. 空天地、人机物融合的万物互联催生新模式

在空天地连接泛在化、人机物融合万物互联的背景下，新的技术模式不断涌现，如移动互联网络计算与事务处理模式、空天地网络计算与事务处理模式、数据网络计算与事务处理模式等。在这些全新的计算与事务处理模式下，互联网基础资源面临全新的需求和挑战，在移动性、高效率、安全性、网络基础架构无关和智能化等方面持续演进。在移动性方面，互联网基础资源需要具备自动联网、多点并联、连接保持等特性，以提供更强的移动性和灵活性，可以在不同设备和不同场所之间进行无缝切换。在高效率方面，高效路由、高效解析、全域数据高效同步等是快速处理万物互联时代海量数据，并能够实时响应和分析的必要支撑。在安全性方面，互联网基础资源需要具备更加先进的安全技术和防御策略，如防止数据外泄、数据篡改、通信窃听、隐私暴露等，以确保个人及相关主体的数据和隐私得到最大程度保护。在网络基础架构无关方面，互联网基础资源需要对不同的网络架构和技术具备更强的兼容性，实现网络兼容、标识兼容，提升标准化程度和可扩展性，实现更加泛在和普适的应用支撑服务。在智能化方面，互联网基础资源需要具备更强的智能化和个性化服务能力，结合人工智能和大数据分析等技术，在自适应、智能解析、智能管理等方面持续优化。

（二）趋势二：资源管理去中心化

1. 边缘计算加速网络架构向去中心化演进

边缘计算是一种分布式计算模式，它将计算、存储和网络服务等资源放置在离终端设备更近的边缘节点上。这种架构模式可以让数据和应用尽可能靠近用户，缩短数据在网络中的传输时延，提高数据处理和应用响应的速度。据相关统计，全球边缘计算市场规模在 2020 年达到 40 亿美元，预计到 2026 年将达到 178 亿美元的规模，实现 27% 的年复合增长率[8]。边缘计算架构的设计思想与去中心化网络的思想非常契合，为互联网基础资源管理架构的升级和发展提供了新的思路和方向。基于边缘计算的网络架构，互联网基础资源的管理和控制不再依赖中心节点，边缘节点可以完成一定的计算和存储任务，形成一个分布式的计算和存储网络，从而实现互联网基础资源的分布式管理和控制，降低中心节点的单点故障风险，提高网络的可靠性和稳定性。同时，边缘节点和中心节点之间可以协同联动，实现整个网络的高效运行和管理。

2. 域名根区数据去中心化管理成为关注焦点

长期以来，域名根区数据中心化管理的问题一直是业界关注焦点。由于 DNS 根是域名解析的起点，中心式域名管理体系对主权国家互联网的正常运行始终存在威胁。据报道，伊拉克、利比亚等的国家顶级域名曾经先后被从原根域名解析服务器中抹掉数天[9]。在俄乌冲

突中，乌克兰也曾致信互联网名称与数字地址分配机构（ICANN）要求撤销俄罗斯国家顶级域名，切断俄罗斯与全球互联网的连接。虽然 ICANN 拒绝了乌克兰的请求，但 ICANN 的注册地在美国加利福尼亚州，受美国加利福尼亚州法律管辖，加利福尼亚州法律是否会影响国家和地区顶级域名（ccTLD），以及如何影响，目前尚无定论。

目前，互联网域名系统的中心式分层服务架构不仅对域名监管与安全防护的支撑能力不足，更重要的是单边受控、管理封闭的根域名系统无法支撑我国网络空间主权理念。为此，CNNIC 有关团队提出并研制了"双链双根"（基于"共治链""共治根"的新型域名解析系统和基于"网域链""标识根"的互联网基础资源管理服务平台）技术架构与系统平台，重新构建互联网基础资源管理信任体系，这是标识系统管理去中心化的典型技术与应用解决方案，不仅符合我国网络空间安全理念，也符合国际社群多利益相关方治网模式，是支撑互联网基础资源领域多方共治应用的关键基础设施。

3. 去中心化标识与 Web 3.0 融合发展趋势显现

Web 3.0 概念最早于 2014 年提出，但由于缺乏技术和场景支撑而未能成形。近两年，区块链、数字货币、元宇宙等新技术应用的暴发，点燃了各方对 Web 3.0 的热情。Web 3.0 的核心是基于区块链等去中心化技术，使用户摆脱对互联网平台的依赖，真正成为网络资源的拥有者，获得身份、数据、算法的自主权，让价值所有权回到创造者手中，形成"可读可写可拥有"的价值互联网。

去中心化标识是 Web 3.0 的基本诉求，Web 3.0 促进互联网基础资源技术向去中心化演进。以用户为中心的 Web 3.0 要求用户对其数字身份具有掌控权，去中心化域名是实现 Web 3.0 用户数字身份标识的重要技术路径。当前，Handshake、ENS、Unstoppable Domains 等多种去中心化域名系统相继兴起，已形成与传统 DNS 完全平行的多域名空间，且域名注册量增长惊人。Handshake 自 2020 年诞生至今，顶级域名（TLD）数量已暴涨至 1050 余万个，并预计在 2050 年达到 1 亿个；而同期 ICANN 的 TLD 一直维持在 1500 个左右[10]。2022 年 4 月，ICANN 首席技术官办公室对多域名空间问题进行了探讨，倡导大家回归单域名空间，但响应者寥寥。以 ICANN 为中心的集中化管理模式遭受巨大冲击，多域名空间可能在未来塑造弱中心化或多中心化的新型管理格局。

（三）趋势三：应用服务智能化

1. 标识解析主动适应智能化场景

随着 5G、物联网、车联网等新技术兴起，新应用场景不断涌现，促进互联网外延泛化，对网络服务效率提出更高要求，以标识解析为基础的服务发现协议正面临精度和效率的双重挑战。未来将有数千亿台物联网设备具有 5G 或 6G 连接性，为其提供设备发现和寻址的智能化标识解析服务将成为全新需求。IETF 已开始进行一些关键协议的开发，以 DNS-SD（DNS Service Discovery）为代表的新协议允许所有实体在对等体中相互组播来快速发现本地设备和服务，在多链路网络和低功耗网络之上实现基于 DNS 的服务发现功能，改造单播 DNS 来实现可扩展的服务发现机制成为共识。

同时，为满足低时延、高可靠等特定专用场景需求，"有状态 DNS"应运而生，其突破了 RFC1035 所定义的通用型 DNS 架构，把 DNS 查询变成一种可靠的面向连接的通信机制。RFC8490（DNS Stateful Operations）提出 DNS 服务从"发散"向"收敛"的改变，实现具有连接和状态管理的 DNS 服务[11]，为建立不同网络边界内的 DNS 模型提供了可参考的解决方案，提高了 DNS 面向 5G、工业互联网等不同网络环境、不同应用场景的适用性。基于此机制，"DNS 主动推送"方法被提出，使 DNS 客户端可向 DNS 服务器订阅信息，用户能实现对服务变化的实时感知。

2．IPv6 加速向智能化方向发展

随着 5G 和云计算的蓬勃发展，网络需要支持的节点和连接数量扩大到了前所未有的规模。IPv6 拥有巨大的地址空间，其规模化部署解决了 IPv4 地址短缺的问题，为万物互联奠定了实践基础。万物互联时代，连接模型更加灵活，各种业务对 SLA 的要求更加多样化，严格的时延、抖动、丢包等综合指标必不可少，与此同时，新场景、新需求驱动 IPv6 网络向智能化迈进。2020 年，推进 IPv6 规模部署专家委员会提出"IPv6+"概念。"IPv6+"指面向 5G 和云时代发展起来的 IPv6 技术创新体系，包括以 SRv6、网络切片、IFIT、BIERv6 等为代表的关键技术。《"十四五"信息通信行业发展规划》指出，要在金融、能源、交通、教育、政务等重点行业开展"IPv6+"创新技术试点及规模应用，增强 IPv6 网络对产业数字化转型升级的支撑能力。

"IPv6+"创新促进多种感知网络发展。推进 IPv6 规模部署专家委员会在《"IPv6+"技术创新愿景与展望白皮书》中指出[3]，"IPv6+"技术演进可分为三个阶段："IPv6+1.0"通过技术体系创新，基于 SRv6 技术构建网络开发可编程能力；"IPv6+2.0"通过智能运维创新，基于网络切片等技术提升用户体验；"IPv6+3.0"通过商业模式创新，基于应用感知网络（APN）等技术实现业务定制。应用感知网络利用"IPv6+"的可编程空间，将应用信息携带在 IPv6 数据报文中传递给网络，使网络能够感知应用需求，从而为其提供精确 SLA 保障。目前，应用感知网络已经获得产业认可，IETF 成立了 APN 兴趣组并发布了多项标准草案，通过多种形式构建开源生态。同时，算力感知网络（CAN）技术也在 IETF 获得发展，CAN 利用"IPv6+"的可编程性进行算网信息的协同，实现算力和网络的联合优化调度。

DNS 解析智能化是支撑各种感知网络的有效途径。应用感知网络、算力感知网络带动了 DNS 相关领域的发展，推动 DNS 解析技术不断向智能化演进。传统 DNS 智能解析是指在 CDN 等网络中，DNS 服务基于源 IP 等用户位置信息对网络服务进行就近调度。在 APN、CAN 等网络中，DNS 服务可感知应用对网络的需求，选择合适的服务 IP 及网络策略返回给用户，实现基于应用感知和算力感知的智能化解析。2022 年，华为提出网络感知 DNS[12]，允许应用在 DNS 请求中携带对服务质量的需求信息，从而实现基于应用需求的报文路由优化。这种面向"IPv6+"感知网络的新型解析技术开启了 DNS 泛智能解析时代，推动域名服务智能化向更广范围、更深层次发展。

（四）趋势四：标识解析高效化

1．域名解析架构呈现边缘化、扁平化发展趋势

传统 DNS 囿于树状结构及从上至下的分层模型，边缘解析服务需要从云端根服务器获

取数据，云边间远距离、复杂的查询过程影响了解析性能。为提升解析性能，2015 年 11 月，IETF 发布 RFC7706（后更新为 RFC8806），提出根解析本地化技术，用于实现在边缘解析服务器缓存根区文件。该技术已逐渐成为提升边缘解析性能的重要手段，推动了根解析本地化、边缘化技术的应用部署。2020 年 9 月，欧洲电信标准化协会提出了面向分布式 MEC（Multi-Acess Edge Cumputing）的边缘 DNS 服务方案[13]，使得边缘解析可应用于 5G、边缘计算、工业互联网等重要领域，是提升标识解析性能的有效技术途径之一。

同时，伴随 DoH、DoT 等技术的提出和应用，传统域名系统的"客户端—递归—权威"三层解析架构正向扁平化（"客户端—权威"两层）发展。阿里云、腾讯云较早推出了基于 HTTPDNS 的"移动解析"云服务产品，其用户包括微信、中国铁路等众多主流移动客户端。Google、Cloudflare 等大型公共递归服务提供商也纷纷上线 DoH 服务。未来，集安全和高效于一体的两层扁平化解析架构将成为互联网基础资源行业的发展趋势之一。

2. 内核云原生成为提升域名解析性能的热点技术

2014 年，Linux 内核（3.15 版本）集成 eBPF（extended Berkeley Packet Filter），高性能内核云原生技术成为应用热点。2018 年，Linux 采用基于 eBPF 的 Bpfilter 替代沿用了十余年的内核网络框架 Netfilter，将云原生技术的覆盖领域从用户空间扩展到内核空间。eBPF 集高性能、容器化等特性于一体，构建了 Linux 内核中安全且高效的类虚拟机和云原生机制，一经推出便迅速受到业界的追捧，Google、Facebook 等行业巨头纷纷跟进。

在域名行业，国内外机构也积极探索 eBPF 的应用。2021 年，捷克网络信息中心（CZNIC）在 DNS-OARC 会议上介绍了基于 XDP 的域名解析加速技术方案，并公布了其测试结果，内核云原生技术在互联网基础资源领域的应用，引起了业界的广泛关注。XDP 是一种高性能数据包处理技术，借助内核云原生 eBPF 技术绕过网络协议栈，大幅提升网络数据包处理能力。据 CZNIC 的 Knot 软件测试结果，XDP 可将 DNS 的处理性能提升到单机千万级 QPS。CNNIC 相关团队在"网域"产品的研发中也采用了基于 eBPF 的内核云原生技术，设计了高性能解析方案，并具有更为广泛的适用性。

3. 依托新型通信协议提升域名解析效率

2022 年 5 月，基于 QUIC 的 DNS 协议 RFC9250 发布，DoQ 成为正式标准。QUIC 是 2013 年由 Google 提出的一种新型传输协议，后由 IETF 于 2021 年发布为正式标准（RFC9000），目前被视为传统 TCP 协议最可能的继任者。与 TCP 协议相比，QUIC 协议更简单，有更高的传输速率和稳定性。DoQ 协议在传输效率上，融合了 TLS 1.3 协议中的 0-RTT 功能，在建立连接的第一个数据包中即可携带有效的业务载荷，实现了低时延的快速握手；同时，在一条 QUIC 连接内，通过将不同 DNS 查询/应答事务映射到互不依赖的数据流中实现独立传输，解决了 TCP 存在的队头阻塞问题，实现了无队头阻塞的多路复用。在可靠性上，针对不同业务、不同用户、不同网络特征能够进行拥塞算法的自适应调整，实现了可自定义的拥塞控制；同时，放弃了 TCP 的五元组而使用全局唯一的连接 ID 来标识连接，使 QUIC 连接可以无缝迁移到新网络，实现了用户无感知的连接迁移。

在成为正式标准前，DoQ 协议就已备受关注，AdGuard 公司从 2020 年 12 月就开始提供 DoQ 服务，NextDNS 等公司相继跟进。据 APNIC 统计，2021 年 8 月至 2022 年 1 月，支持 DoQ 的公共解析器数量增长了 46%[14]。根据 APNIC 的测试结果，DoQ 相较 DoH、DoT 握手协商时间更短，允许用户更快地建立网络连接。AdGuard 公司认为，基于"连接迁移"等关键特性，DoQ 的性能优势在 5G、卫星互联网等场景中将更加显著。

（五）趋势五：数网资源融合化

1. 标识架构向融合化演进

在网络发展需求层面，物联网、车联网、工业互联网、云计算、边缘计算等新型应用与网络形态层出不穷，与之对应的标识解析需求也各有不同，要求标识系统面向大带宽、低时延、高可靠性、高移动性、智能化场景，具备灵活性与开放性。典型的 DoH、DoT、DoQ 等协议使标识系统更好地满足网络在安全、高效、扩展性方面的多样化需求。在标识服务平台层面，软硬件基础设施呈现多元化发展趋势。在硬件平台方面，从 x86 主导的架构向 ARM、RISC-V 等异构平台发展[15]；在高性能数据平面处理方面，网络处理卸载（如 eBPF、智能网卡等）、在网计算（如可编程交换机）等技术快速发展；在云计算、边缘计算方面，运行环境从单台计算机系统向多用户虚拟云平台（VM、容器等）演进；在标识服务软件方面，构建承载多元化需求的标识体系是未来网络的建设重点。在软件层面，应实现适应不同网络协议、应用场景、技术架构、产品形态的虚拟化异构集群平台。在硬件层面，应基于模块化设计，建立灵活可扩展的通用硬件平台，满足未来网络在协议、软件、算法等各层面的快速迭代需求。

2. 标识体系向多元化发展

传统互联网标识体系以域名系统为核心，承担着域名与 IP 地址映射的任务，而其他标识体系则在互联之外的其他领域各自发挥作用，例如，Handle 主要用于出版物标识，OID（Object Identifier）主要用于医疗、金融等领域。随着 5G、工业互联网等快速发展，智能终端、制造设备、便携式装备及各类传感器等海量人机物实体被纳入泛在网络数字空间。人机物无障碍互联互通的前提是赋予每个实体数字标签与身份，实现万物数字化，传统网络标识的内涵与外延得到极大丰富，从一元走向多元，形成集 DNS、Handle、OID 等多种标识于一体的融合体系。以工业互联网为例，其标识解析体系国家顶级节点与 Handle、OID、GS1 等不同标识解析体系根节点实现对接，在全球范围内实现了标识解析服务的互联互通[16]。构建多元化标识体系是下一代网络标识体系建设的重中之重。下一代网络标识体系作为各领域、各环节、全要素信息互联互通的关键枢纽，应具备面向不同生产要素的标识能力，实现产业间不同标识协议、技术系统的互联互通，并构建多方参与的共治管理模式。

3. 算力基础设施将以建立融合型服务平台为核心任务

智能计算平台作为新型算力基础设施，其算力需求随人工智能等技术发展呈指数级增长，推动智能计算与云计算、量子计算融合发展。当前，超级计算机、智能计算、量子计算等已成为全球重点布局的技术领域。美国在超级计算机领域实力雄厚，其 Frontier 是全球第一款 E 级（Exascale Computing）超级计算机；同时，美国也在量子计算领域积极布局，计划建立多个量子计算中心。欧盟成立了高性能计算联合执行体，支持新一代超级计算技术和系统的研究和创新。在万物互联时代，云计算、大数据、人工智能等新技术与其他产业加速融合，数据、算力已成为推动万物互联发展的新底座和支撑数字经济向纵深发展的新动能。

（六）趋势六：安全防护自主化

1. ICANN 努力推动域名安全技术规范落地实施

2022 年 1 月，ICANN 发布了"域名系统安全和域名查询安全的知识共享与梯度化规范"（KINDNS）行动措施。KINDNS 是一个框架计划，侧重于推动 DNS 安全最佳方案的规范性实施与落地。KINDNS 的相关规范中提到，权威服务的 DNS 软件包必须具有多样性，且特定区域的权威服务必须在多样化的基础设施上运行；出于隐私安全考虑，应启用加密机制，如 DoH 和 DoT 等；必须使用基于加密的系统访问控制和身份认证。传统标识体系的多元异构、基于 DoH 和 DoT 等的隐私保护、基于密码学的访问控制与身份认证，已从发展趋势变为执行规范，加之新型安全加固技术的提出，将有效提升现有 DNS 的可用性、保密性、完整性，这与我国在网络安全与数据安全方面的要求相一致，也为保障国家域名等标识服务安全提供了新思路。下一代标识体系应遵循类似的规范，形成符合自身发展特点的安全框架与技术。

2. 业界各方积极应对 6G、量子计算等新技术安全挑战

在 6G 网络方面，其技术体系的迭代演进和开放融合发展引入大量不确定性风险，海量要素的泛在互联在抗攻击方面具有天然的脆弱性。针对上述问题，欧盟在 2021 年启动的 6G 项目"Hexa-X"中提出要确保 6G 通信的机密性和完整性；Next G 联盟于 2023 年 2 月发布《6G 发展路线图》，提到通过后量子密码学、人工智能等技术加强 6G 通信安全与隐私保障。

在量子计算方面，算法上，著名的 Shor、Grover 量子算法威胁 RSA、DH、ECDSA、DES、AES 等主流算法安全；算力上，美国国土安全部和美国国家标准与技术研究院（NIST）指出，大约 6000 个稳定量子比特的量子计算机可破解现有公钥系统，而 IBM 已于 2022 年发布 433 量子比特的处理器"Osprey"，并计划在 2025 年推出 4000 量子比特的量子计算机系统。为应对上述风险，NIST 于 2022 年公布了第一批 4 种抗量子密码标准算法，后由美国众议院正式通过了《量子计算网络安全防范法案》，以保证量子网络时代政府信息系统安全。德国科研人员已尝试在域名解析软件中集成后量子算法，以强化域名安全。

在卫星互联网方面，星地、星星间链路将成为新攻击渠道，如通过入侵地面站操纵卫星实施攻击，利用星间链路开放网络协议弱点截获并篡改通信数据，干扰与欺骗定位导航系统等。美国早在特朗普时期就已签署 5 号、7 号"太空政策指令"，旨在加强以卫星互联网为核心的太空网络安全。拜登政府也在多个场合从战略高度先后多次提及太空网络安全问题。

3. 多措并举持续化解域名服务现实安全风险

域名服务安全形势依然严峻。据网络安全公司 EfficientIP 发布的《2022 年全球 DNS 威胁报告》统计[17]，近 90% 的受访机构遭受过 DNS 攻击，DNS 钓鱼、恶意软件、DDoS 攻击占比分别高达 51%、38%、30%（彼此间有交叠）。在公共产业安全方面，DDoS、零日漏洞、

DNS 隐蔽信道、DGA（域名生成算法）等攻击使服务大面积瘫痪，或者生成僵尸网络、注入勒索软件，危害金融、能源、医疗等重要系统安全。在个人信息安全方面，通过中间人攻击、缓存投毒、错误数据滥用、注册仿冒域名等手段实施域名劫持、钓鱼，泄露、窃取用户隐私数据。在服务内容安全方面，不法内容服务商利用域名从事盗版、色情等违法活动，部分域名服务商为有害域名提供解析。

目前针对域名服务安全已有不少新型防御技术，如采用深度学习算法智能识别、清洗攻击流量，防范 DDoS、DNS 隐蔽信道、DGA 攻击等，通过部署 DNSSEC、DoH、DoT 缓解域名劫持，运用大数据技术过滤有害域名，应用零信任策略解决零日漏洞等风险。同时，世界各国高度重视域名服务安全问题。俄罗斯独立网络 RuNet 是解决服务对外依赖的典型战略举措。美国国家安全局于 2021 年发布加密域名系统使用指南，建议企业应用 DoH、DoT 实施保护。2022 年 9 月，美国网络安全与基础设施安全局发布《2023—2025 年战略规划》，厘清了美国关键基础设施安全风险，并提出了防御与评估方法。欧盟于 2022 年初发布欧洲域名服务基础设施 DNS4EU 提案，旨在通过部署欧洲自己的公共域名服务基础设施，摆脱对非欧洲域名解析服务的依赖。

三、发展建议

（一）统筹推进大型数字基础设施建设

大型数字基础设施包括网络基础设施、信息服务基础设施、科技创新支撑类基础设施等，如以 5G、6G、卫星互联网、新一代通信网络、未来网络等为代表的网络基础设施，以云计算中心、大数据中心、工业互联网服务平台、物联网服务平台、互联网企业应用服务平台等为代表的信息服务基础设施，以超级计算中心等为代表的科技创新支撑类基础设施，支撑社会治理和社会公共服务的重要信息基础设施，以及支撑关键行业信息化应用的重要信息基础设施等。这些大型数字基础设施属于资本密集、技术密集、能源密集型领域，生命周期只有 5 年左右[18]，需要专业的技术人才、完善的配套基础设施和丰富的应用支撑，应提升其应用水平和设备利用率。统筹推进大规模融合计算平台、算力网络和边缘计算融合，大力发展基于云的算力网络，充分发挥云计算算力资源灵活调度的优势，大力发展边缘计算，提供智能边缘服务。

（二）体系化推进互联网基础资源领域核心技术突破

从"微观""中观""宏观"生态三个方面推动互联网基础资源领域核心技术突破，加快量子芯片、路由器、交换机、存储器等的研制，推进面向万物互联需求的全联网专用芯片与操作系统研发[19]。加强对新型网络架构的研究，探索建立多元异构的多网融合架构，构建可定制、可重构、可演进的柔性融合网络。开展全联网标识解析架构与系统研究，提供安全、可控、高效、智能、泛在、基础设施无关的标识解析服务。依托"共治链""网域链"等新型去中心化域名管理平台，实现可支撑空天地、人机物万物互联的互联网基础资源管理系统，构建多方共治、平等开放、自主可控的互联网基础资源管理体系。加快"全球互联网基础资源库""互联网基础资源大脑"等工程建设，研究面向全联网的新型数据交换体系，实现数据跨领域、跨产业、跨平台流转、交互与融合，最大限度释放数据价值。

（三）构建新型互联网基础资源管理信任体系

基于区块链等去中心化技术构建新型互联网基础资源管理信任体系，有效实现共建、共治、共享。在去中心化的新型资源管理体系下，参与各方可以通过智能合约和共识机制实现资源的分配和管理，消除了传统互联网基础资源管理中心化、信息不对称等问题。大力挖掘和推广基于区块链的去中心化互联网基础资源管理信任体系应用，提供泛在普适、高效安全的互联网基础资源数据价值融合服务。基于"网域链"技术平台，在标识管理方面，建立标识联盟链，提供物联网标识根数据管理与解析服务；在路由管理方面，建立路由服务链，提供基于 IP 地址/AS 分配的可信分配管理和路由服务；在域名滥用治理方面，建立域名滥用治理链，提供支持多方管理、去中心化的域名治理机制。

（四）推动构建尊重网络空间主权、共同参与治理的网络空间新格局

网络空间的全球性要求各国共同参与网络空间的治理，而不是只由少数几个大国来主导，技术创新则是推动网络空间发展和治理的重要力量。应基于人工智能、全联网、区块链等新一代信息技术，打造全新的互联网治理模式、体系和机制，推动互联网治理更加透明、公平、平等。通过去中心化技术的应用，在保障网络安全的前提下，让互联网成为一个更加自由、开放、平等和创新的空间，如在 DNS 根区数据管理方面，可基于"共治链"的"共治根"解析架构，实现无中心化管理、各方参与、平等开放、可监管的互联网治理平台。加强国际合作和协商，制定共同规则和标准，促进网络空间的有序发展和治理。积极参与全球互联网治理、数字治理，在构建网络空间命运共同体的理念下，积极参与有关组织、标准、规则的建设和制定，大力建设数字丝绸之路，加快企业"走出去"步伐，提升我国数字经济国际影响力，把握全球互联网治理、数字治理的话语权和主动权。

（五）加快互联网新型基础设施建设，以融合型数字基础设施服务区域经济

新发展

基于未来信息技术发展趋势，加快互联网新型基础设施研制、实验验证、前瞻部署应用和统筹规划。2022 年，我国数字经济规模超过 50 万亿元，占 GDP 比重超过 40%，主要依托传统互联网形成独特发展优势，发展量子网络对确保我国数字经济持续高质量发展具有重要意义，应加快量子网络规模实验验证部署[18]。加快研制面向万物互联的新型数据交换网络和交换中心，建设特定应用专有网络，带动产业链上下游业务深度协作并进。推进区域融合

创新中心服务平台建设，构建垂直创新服务模式，服务区域经济发展。要高度重视融合型数字基础设施平台的建设，如集大数据中心、超算中心、智能计算中心、云计算中心等于一体的融合型数字基础设施平台，为行业融合创新服务提供强有力支撑，并基于融合型数字基础设施构建融合创新网络。

参考文献

[1]   中国互联网络信息中心. 第 51 次中国互联网络发展状况统计报告[R]. 2023.3.

[2]   中国移动. 中国移动 6G 网络架构技术白皮书（2022 年）[R]. 2021.5.

[3]   中国信息通信研究院. "IPv6+" 技术创新愿景与展望白皮书[R]. 2022.

[4]   赛迪智库. 6G 全球进展与发展展望白皮书[R]. 2021.5.

[5]   方家喜. 关键技术研发提速，业界畅想 6G 产业链图景[N]. 经济参考报，2023-3-15.

[6]   GABRIEL POPKIN. The internet goes quantum[J]. science, 2021, 6(372): 1026-1029.

[7]   S.L.N. Hermans, M. Pompili, H.K.C. Beukers, et al. Qubit teleportation between non-neighbouring nodes in a quantum network[J]. Nature, 2022(605): 663-668.

[8]   Research and Markets. 2021—2026 年全球边缘计算市场报告：边缘计算全球市场轨迹与分析[R]. 2021.12.

[9]   方滨兴. 从 "国家网络主权" 谈基于国家联盟的自治根域名解析体系[J]. 信息安全与通信保密，2014，000（12）：35-38.

[10]   TOM Barrett. Decentralized domain names: what are they and how do they work?[C]. Middle east DNS forum. 2022.

[11]   IETF. DNS Stateful Operation: RFC8490[Z]. 2019.3.

[12]   SONG Haoyu, et al. The a rchitecture of network-aware domain name system (DNS) draft-song-network-aware-dns-03[Z]. 2023.9.

[13]   MASAKI Suzuki, et al. Enhanced DNS Support towards distributed MEC environment[M]. ETSI. 2020.

[14]   MIKE Kosek. A first look at DNS over QUIC[J]. APNIC, 2022.3.

[15]   中国电子学会，等. 中国信创产业发展白皮书（2021）[R]. 2021.2.

[16]   工业互联网产业联盟. 工业互联网体系架构 2.0[R]. 2019.8.

[17]   EfficientIP. 2022 年全球 DNS 威胁报告[R]. 2022.5.

[18]   曾宇. 从互联网统计数据看我国互联网行业发展成就及趋势[J]. 中国网信，2022（10）.

[19]   曾宇. 加快互联网基础资源领域核心技术突破 保障我国数字经济新发展[C]//中国廊坊 "中国数字经济大会"，2020.9.

"IPv6+"技术创新体系与标准进展

李振斌　　范大卫

华为技术有限公司

一、引言

（一）5G 和云的发展带来了新的 IPv6 创新机会

随着 5G 的兴起和不断发展，人与人的通信进一步延伸到物与物、人与物的智能互联，使网络技术进入更加广阔的行业和领域，进而涌现出丰富多样的垂直行业业务，如车联网、工业控制、环境监测、移动医疗等。随着应用领域的持续扩展，网络需要支持的节点和连接数量将扩大到前所未有的规模。IPv6 可以提供海量的地址空间和无处不在的连接，从而满足 5G 及垂直行业对网络规模和连接数量的需求。此外，各种垂直行业的业务存在极大的差异，为了满足垂直行业对网络的差异化需求，IPv6 本身所具有的灵活性和可扩展性，为垂直行业的业务创新提供了必要的技术支持。

目前，互联网协议的核心标准组织 IETF 已停止在新的协议标准中对 IPv4 兼容的要求，并将全力支持 IPv6[1]标准的优化和完善，这为 IPv6 的进一步广泛部署和应用铺平了道路。

（二）"IPv6+"的起源

5G 改变了连接的属性。5G 在连接的服务质量方面有更高、更苛刻的要求，包括网络切片、确定性时延等，这也意味着对连接的属性有更高的要求，需要改变连接的属性，在网络的转发面上封装更多的属性信息。IPv6 的扩展头机制可以灵活扩展，能够很好地达成这个目标。云改变了连接的范围。随着云的发展，第一个变化是网络功能的虚拟化，NFV 等技术的发展使得以前基于物理设备实现的网络功能也可以基于虚拟机和云来实现，因为这个变化，网络设备的位置也变得非常灵活，这就需要在物理设备之间、云上的设备之间及云上和云下的设备之间建立连接。第二个变化是云计算的引入使处理基于 IP 业务的应用的位置变得非常灵活，应用服务可能由位于多个不同地方的服务实例共同处理。因为处理基于 IP 业务的应用服务实例的位置不再是固定的，所以对于网络连接也有了更高的要求，其应能够灵活地建立连接，满足服务处理的位置变化诉求。云打破了物理世界和虚拟世界的边界，为了能够更加灵活地建立连接，需要回到 IP 技术的本源，基于 IPv6 建立连接，满足连接范围变化的需求。

在过去 20 多年里，地址空间需求并没能强烈地驱动 IPv6 的部署，因为地址空间不足而发展 IPv6 并没有带来 IPv6 新应用，IPv6 的应用 IPv4 同样可以支持，因此驱动力有限。现在，IPv6 创新的目标是通过 IPv6 的扩展，能够支持 5G 和云的新应用，这些是真正的属于IPv6 自己的应用，是 IPv6 创新发展的新机遇。为了区别于过去 20 多年 IPv6 的发展阶段，把面向 5G 和云的新的 IPv6 发展阶段称为"IPv6+"。

（三）"IPv6+"的内涵和发展阶段

"IPv6+"的技术内涵包括以 SRv6 网络编程、网络切片（VPN+）、随路网络测量（IFIT）、新型组播（BIERv6）、业务链（SFC）、确定性网络（DetNet）和感知应用的网络（APN）等为代表的一系列协议和技术创新。

为了更好地引导技术创新和产业发展，根据应用需求和软硬件产业的成熟度将 IPv6+创新发展分为 3 个阶段。

"IPv6+1.0"的重点是 SRv6 基础能力，即把历史上 MPLS 成功的三大业务特性继承下来，包括 VPN、流量工程（Traffic Engineering，TE）和 FRR，同时借助 IPv6 的优势进行简化，如更好建立跨域连接，方便端到端业务部署等。

"IPv6+2.0"的重点是面向 5G 和云计算发展新的网络服务。这些新兴网络服务包括网络切片、随路网络测量、无状态组播、确定性时延、SFC 等。SRv6 压缩也是一个重点，在一些场景中，SRv6 报文头过长会严重影响有效载荷效率和转发性能，因此要发展 SRv6 报文头压缩技术来解决这些问题。

"IPv6+3.0"的重点是发展感知应用的网络技术。为了能够更好地实现应用和网络融合，需要引入 APN 技术，通过感知应用信息提供精细化的网络服务，从而更好地提升网络的价值。

二、"IPv6+"标准全景图

（一）"IPv6+"相关标准组织

与"IPv6+"相关的标准组织主要包括 IETF、ETSI 和 CCSA。这 3 个标准组织有各自的侧重点，负责"IPv6+"标准在不同平面的延展。同时，三者又相互协调，共同构建"IPv6+"标准的制定和推广平台。

IETF（Internet Engineering Task Force，互联网工程任务组）是互联网协议规范的核心标准组织，与"IPv6+"相关的领域主要有 INT（Internet Area，互联网域）、RTG（Routing Area，路由域）和 OPS（Operations and Management，运维管理域），相关的工作组主要包括 6MAN（IPv6 Maintenance）、SPRING（Source Packet Routing in Networking）和 V6OPS（IPv6 Operations）等。其中，6MAN 工作组负责 IPv6 相关标准的制定，SPRING 工作组负责 SRv6 相关标准的制定，V6OPS 工作组负责 IPv6 部署与运维相关标准的制定。

ETSI（European Telecommunications Standards Institute，欧洲电信标准协会）是欧洲地区

性信息和通信技术（ICT）标准化组织，主要负责与网络架构和部署相关的规范制定。其中，与"IPv6+"相关的工作组是 IP6 ISG（Industry Specification Group）。

CCSA（China Communication Standards Association，中国通信标准化协会）是中国的通信行业标准组织，负责中国通信领域行业标准的制定。其中，TC3 的 WG1 和 WG2 为负责"IPv6+"框架和协议扩展规范制定的主要工作组。当前，CCSA 还成立了国家标准 IPv6 工作组，制定终端 IPv6 技术要求和多个垂直行业（政务、油气、水利、金融、工业互联网等业务场景）"IPv6+"网络部署要求，固化垂直行业"IPv6+"创新经验，将"IPv6+"网络部署要求向全国推广，加快创新部署，统一网络模型，降低部署成本。

（二）"IPv6+"在各标准组织的标准布局

"IPv6+"在内容上包括基于 IPv6 扩展和增强的多个创新技术方案，在标准上对应一个协议族，在各标准组织形成了一个有机结合的协议标准体系。"IPv6+"涵盖的技术标准在各标准组织的分布如表 1 所示。

表 1 "IPv6+"涵盖的技术标准在各标准组织的分布

技术课题		IETF	CCSA
IPv6+1.0	SRv6	需求、框架、协议扩展	框架、协议扩展
IPv6+2.0	VPN+	架构、管理模型、数据面扩展、控制面协议扩展	架构、管理接口、数据面/控制面扩展
	IFIT	框架、协议扩展	需求、框架、协议扩展
	BIERv6	需求、封装、协议扩展	封装、协议扩展
	SFC	需求、封装、协议扩展	
	DetNet	需求、架构、数据面、控制面	
	G-SRv6	需求、封装、协议扩展	封装、协议扩展
IPv6+3.0	APN6/CAR	需求、框架、协议扩展	框架、协议扩展

"IPv6+"创新的技术标准制定工作目前正在 IETF 和 CCSA 同步开展。由于国内在 5G 和云等新兴领域的先行先试，国内标准得到了快速发展，因此未来"IPv6+"在 CCSA 的标准进展可能会快于 IETF 的国际标准进展。

除了 IETF 和 CCSA，ETSI 也针对"IPv6+"创新开展了与架构和部署相关的标准制定工作。其中，IPv6 ISG 发布了包含 IPv6 实践、演进及"IPv6+"创新的技术白皮书，ENI ISG 立项了"IPv6+2.0"中 IFIT 的技术需求和框架。

三、"IPv6+1.0"：SRv6 基础能力

"IPv6+1.0"的重点是在 IPv6 的基础上引入 SRv6 网络编程能力，基于 SRv6 在 IPv6 网络中提供 VPN、TE、FRR 等特性。

SRv6 基础能力的标准布局如图 1 所示。

SRv6 网络编程的框架在 IETF 标准 RFC8986[2]中定义，主要描述了 SRv6 网络编程概念和 SRv6 功能集。SRv6 的报文头格式在 IETF 标准 RFC8754[3]中定义，主要描述了 SRv6 报文头的封装格式定义。这两项标准的发布是 SRv6 标准成熟的重要标志和里程碑。

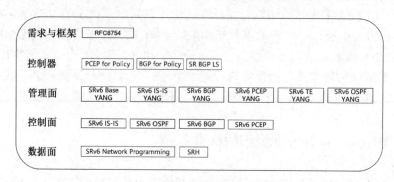

图 1　SRv6 基础能力的标准布局

SRv6 的基础协议扩展包括如下草案。

- draft-ietf-lsr-isis-srv6-extensions[4]：该草案定义了为支持 SRv6 对 ISIS 所进行的协议扩展，包括 SRv6 Capabilities sub-TLV（指示节点是否具有支持 SRv6 的能力）、SR Algorithm TLV（指示所支持的算法）、SRv6 MSD（指示节点/链路支持的最大 SID 栈深）、SRv6 Locator TLV 和 End SID/End.X 等 SID sub-TLV、SRv6 SID Structure sub-sub-TLV 等。
- draft-ietf-lsr-ospfv3-srv6-extensions[5]：该草案定义了为支持 SRv6 对 OSPFv3 所进行的协议扩展，与 ISIS 扩展支持 SRv6 类似，包括 SRv6 Capabilities sub-TLV（指示节点是否具有支持 SRv6 的能力）、SR Algorithm TLV（指示所支持的算法）、SRv6 MSD（指示节点/链路支持的最大 SID 栈深）、SRv6 Locator LSA 和 End SID/End.X 等 SID sub-TLV、SRv6 SID Structure sub-sub-TLV 等。

SRv6 流量工程的协议扩展包括如下标准和草案。

- RFC9256[6]：该标准系统介绍了 SR Policy 的框架、概念、标识、信息模型、引流实现及保护场景应用等，并引入了 Candidate Path 和相应的 BSID 等概念。该标准同时适用于 SR-MPLS 和 SRv6 两种数据面。
- draft-ietf-idr-bgpls-srv6-ext[7]：该草案定义了为支持 SRv6 对 BGP-LS 所进行的协议扩展。通过 BGP-LS 对 SRv6 网络节点、链路、前缀、SID 等相关属性信息的收集和传递，可以实现对同一域甚至多域网络拓扑的可视化，从而可以更好地进行 SRv6 网络编程。
- draft-ietf-idr-segment-routing-te-policy[8]：该草案定义了 BGP 用于支持 SR Policy 所进行的协议扩展。具体地，定义了一个新的 BGP SAFI 和 NLRI 用于发布 SR Policy 的 Candidate Path 信息，描述了 SR Policy 的具体编码（Encoding）及相关发布、接收和错误处理操作（Operations）。该草案同时适用于 SR-MPLS 和 SRv6 两种数据面。
- draft-ietf-pce-segment-routing-policy-cp[9]：相对于 BGP，该草案定义了 PCEP 用于支持 SR Policy 所进行的协议扩展，构建 SR Policy Association Group 将多个 Candidate Path 指向一个 SR Policy。该草案同时适用于 SR-MPLS 和 SRv6 两种数据面。

SRv6 VPN 在 IETF 标准 RFC9252[10]中定义，主要描述了为支持 VPN 业务对 BGP 协议所进行的扩展，包括支持基于 SRv6 的 BGP 业务（L3VPN、EVPN、Internet Services）的具体流程和消息。

SRv6 的网络可靠性方案包括如下草案。

- draft-ietf-rtgwg-segment-routing-ti-lfa[11]：该草案定义了 SRv6 TI-LFA 保护方案，旨在为 SR 框架下的节点和链路 Segment 提供保护，可以在任何 IGP 网络中提供有保障的覆盖。
- draft-ietf-rtgwg-srv6-egress-protection：该草案描述了 SRv6 路径或隧道尾节点快速保护方案的机制和所需 IGP 协议扩展，包括 ISIS 和 OSPF。
- draft-chen-rtgwg-srv6-midpoint-protection：该草案定义了 SRv6 Midpoint 保护方案，使发生故障的 Endpoint 的直接邻居执行该 Endpoint 的功能，将 IPv6 目的地址换成另一个 Endpoint，并基于这个新的目的地址选择下一跳。

SRv6 YANG 模型主要在如下草案中定义。

- draft-ietf-spring-srv6-yang[12]：该草案定义了 SRv6 Base YANG 模型。
- draft-ietf-spring-sr-policy-yang：该草案定义了 SR Policy YANG 模型。
- draft-raza-bess-srv6-services-yang：该草案定义了 SRv6 Service YANG 模型。
- draft-ietf-lsr-isis-srv6-yang：该草案定义了 SRv6 ISIS YANG 模型。
- draft-ietf-lsr-ospf-srv6-yang：该草案定义了 SRv6 OSPF YANG 模型。
- draft-ietf-pce-pcep-srv6-yang：该草案定义了 SRv6 PCEP YANG 模型。

四、"IPv6+2.0" 标准布局：5G 与云计算新业务使能

"IPv6+2.0" 在 "IPv6+1.0" 提供网络编程能力的基础上，针对 5G 与云时代的新业务与新功能需求，进一步扩展了一系列技术创新，并在标准上进行了布局。

（一）网络切片与 "VPN+"

"VPN+"（Enhanced VPN）定义了一种分层网络架构及其中各层的关键技术，基于 VPN 和 TE 等技术，结合必要的扩展以提供增强的 VPN 服务，从而满足 5G 和云的各种应用场景下有严格服务质量要求和保证的业务需求。5G 网络切片是 "VPN+" 的典型应用场景之一。

"VPN+" 的标准布局如图 2 所示。

"VPN+" 框架在 IETF 草案 draft-ietf-teas-enhanced-vpn[13]中定义，主要描述了实现 "VPN+" 业务的分层网络架构及各层的关键技术，并指出了对现有技术所要进行的扩展。

"VPN+" 特别考虑了承载网切片的扩展性，并提出了创新的解决方案，这些方案的原理在 IETF 草案 draft-ietf-teas-nrp-scalability[14]中进行了描述，主要对海量与大规模承载网切片场景下 "VPN+" 方案在控制面与数据面的扩展性进行了分析，并提出了优化扩展性的方案建议。

"VPN+" 的数据面方案主要有两种，一种是基于 SR/SRv6 的数据面封装，通过扩展 SR SID/SRv6 Locator 的含义，指示报文对应的网络切片的拓扑、功能，以及为切片分配的资源；

另一种是扩展 IPv6 报文头携带全局网络切片标识，用于指示报文所对应的网络切片的资源。具体包含如下草案。

- draft-ietf-spring-resource-aware-segments[15]：扩展 SR SID 用于标识为报文处理预留的网络资源。

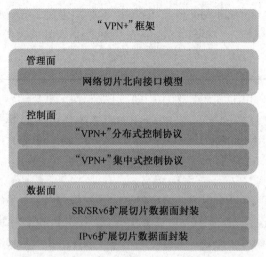

图 2 "VPN+"的标准布局

- draft-ietf-spring-sr-for-enhanced-vpn[16]：定义基于 SR/SRv6 SID/Locator 扩展的"VPN+"数据面封装和处理流程。
- draft-ietf-6man-enhanced-vpn-vtn-id[17]：定义基于 IPv6 报文头扩展的"VPN+"数据面封装和处理流程。

"VPN+"控制面协议扩展方案考虑了两类网络切片需求场景，即基本功能需求和可扩展功能需求。对于第一类需求，基于对现有控制面技术（如多拓扑和灵活算法）的少量扩展满足基本的承载网切片控制面功能，这类方案相对容易实现，但灵活性和扩展性会受限制；对于第二类需求，基于对各种控制面技术和属性的组合与扩展，提供满足承载网切片灵活定制和海量、大规模切片需求的控制面能力。具体包含如下草案。

- draft-ietf-lsr-isis-sr-vtn-mt[18]：基于多拓扑的"VPN+IGP"协议扩展，用于在网络设备之间分发切片拓扑与资源等属性信息。
- draft-ietf-idr-bgpls-sr-vtn-mt[19]：基于多拓扑的"VPN+BGP-LS"协议扩展，用于向控制器上报网络切片的拓扑与资源等属性信息。
- draft-zhu-lsr-isis-sr-vtn-flexalgo[20]：基于灵活算法的"VPN+IGP"协议扩展，用于在网络设备之间分发切片拓扑与资源等属性信息。
- draft-zhu-idr-bgpls-sr-vtn-flexalgo[21]：基于灵活算法的"VPN+BGP-LS"协议扩展，用于向控制器上报网络切片的拓扑与资源等属性信息。
- draft-dong-lsr-sr-enhanced-vpn[22]：支持灵活、海量切片的"VPN+IGP"协议扩展，用于在网络设备之间分发切片拓扑与资源等属性信息。
- draft-dong-idr-bgpls-sr-enhanced-vpn[23]：支持灵活、海量切片的"VPN+BGP-LS"协议扩展，用于向控制器上报网络切片的拓扑与资源等属性信息。

"VPN+"的管理面通过网络切片北向接口模型，使承载网切片使用者可以下发网络切片的需求信息，并收集网络切片的能力和状态信息；网络切片控制器通过网络切片的配置模型，完成网络切片的创建和生命周期管理。这两个模型分别对应如下 IETF 草案。

- draft-ietf-teas-ietf-network-slice-nbi-yang[24]：定义网络切片的业务模型。
- draft-wd-teas-nrp-yang[25]：定义网络切片的配置模型。

（二）随路网络测量与 IFIT

随路网络测量是数据面的 Telemetry 使用的一种关键技术，可以提供数据面逐个分组报文的信息。随路网络测量并不会发送主动探测报文，而是在用户报文中携带 OAM 的指令。在报文转发过程中，OAM 信息跟随报文一起转发，完成测量。IFIT 提供了随路网络测量的架构和方案，支持多种数据面，通过智能选流、高效数据上送、动态网络探针等技术，融合隧道封装，使得在实际网络中部署随路网络测量成为可能。

IFIT 的标准布局如图 3 所示。

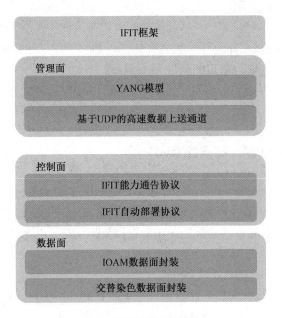

图 3　IFIT 的标准布局

IFIT 框架在 IETF 草案 draft-song-opsawg-ifit-framework[26]中定义，描述了一个运营商可以部署的自动化 Telemetry 架构。在该架构下，通过智能选流、动态探针、上送压缩等技术解决大型网络部署时遇到的诸多挑战。IFIT 架构"Reactive In-situ Flow Information Telemetry"已由 ETSI 发布。

IFIT 的数据面包括如下 IETF 标准和草案。

- RFC9197[27]：定义 Passport 模式的 IOAM 数据面封装。在该模式下，网络节点收到 IOAM 指令，并根据指令抓取和报文相关的信息，然后直接将信息记录在数据报文中，直到报文到达尾节点，将信息上送给分析器。该标准于 2022 年 5 月发布。
- draft-ietf-ippm-ioam-direct-export[28]：定义 Postcard 模式的 IOAM 数据面封装。在该模式下，网络节点收到 IOAM 指令，并根据指令抓取和报文相关的信息，然后直接将信息上送给分析器。

- draft-ietf-6man-ipv6-alt-mark[29]：定义交替染色数据面封装。基于 RFC8321 报文染色技术，通过对 IPv6 报文扩展头部特定字段的交替染色及各节点设备报文统计周期上报控制器，实现报文丢弃、转发时延及抖动的高精度可视，提供对网络实际流量进行直接测量的能力。该草案已被 IESG 宣布为提案标准（Proposed Standard）。
- draft-ietf-ippm-rfc8889bis[30]：定义多点交替染色方法解决 RFC8889 中的歧义。
- draft-ietf-ippm-rfc8321bis[31]：定义交替染色方法解决 RFC8321 中的歧义。

IFIT 的控制面协议扩展主要用于信息能力通告和 SR Policy 的 IFIT 能力使能，主要包含如下 IETF 草案。

- draft-ietf-idr-sr-policy-ifit[32]：IFIT 自动部署，通过对 SR Policy 的扩展，为不同的 SR 隧道配置 IFIT 能力，使进入对应隧道的流自动触发 SLA 的测量。
- draft-ietf-idr-bgp-ifit-capabilities[33]：通过对 BGP 协议的扩展定义 IFIT 能力通告。
- draft-ietf-pce-pcep-ifit[34]：通过 PCEP 协议自动将 IFIT 配置在 LSP 上，或者通过 SR Policy 下发随流检测的模板。

IFIT 的管理面协议扩展包括对 IFIT 功能的配置和对数据的高速上送，主要包含如下草案。

- draft-ietf-ippm-ioam-yang[35]：IOAM YANG 模型定义了 IOAM 的配置接口，支持通过 NETCONF 协议对指定的流应用 IOAM。
- draft-ietf-netconf-udp-notif[36]：提供一种基于 UDP 的订阅和发布机制，支持大量流信息的高速上送。

（三）新型组播与 MSR6/BIERv6

MSR6（Multicast Source Routing over IPv6）/BIERv6（Bit Indexed Explicit Replication using IPv6 data plane，基于 IPv6 的位索引显示复制）是利用 IPv6 扩展头、IPv6 地址可达性及其可编程空间，以 Native IPv6 的方式实现的 BIER 组播架构，能提供更好的组播部署能力和扩展支持后续 Native IPv6 特性的能力。

MSR6/BIERv6 在 IETF 的标准布局如下。

- MSR6/BIERv6 的需求和设计在 IETF 草案 draft-liu-msr6-use-cases[37]和 draft-cheng-spring-ipv6-msr-design-consideration[38]中定义，主要描述无状态组播在 IPv6 网络中承载的场景和技术需求。
- MSR6/BIERv6 的封装格式在 IETF 草案 draft-lx-msr6-rgb-segment[39]中定义，主要定义了 BIERv6 类型的 IPv6 Detonation Options Header 用于携带 BIER Header，并使用特定的 IPv6 Address 指示 BIERv6 转发。

（四）业务链

业务链（Service Function Chaining，SFC）是一种网络业务，一般指数据分组要经过的一组业务功能（Service Function，SF）的处理。一条业务链一般包含多个 SF，这些 SF 一般是增值服务，如防火墙等。基于 SRv6，可以将 SF 相关的 SID 插入 SID List 中，从而支持业务链。目前，基于 SR 的 SFC 的标准化工作主要由 IETF 进行，具体包括如下几方面。

（1）SFC 数据面方案：SFC 数据面之前主要有基于 PBR 与 NSH 的实现方式，随着 SR-MPLS/SRv6 的出现，基于 SR 实现的 SFC 数据面成为当前的研究和标准化热点。目前，基于 SR 的 SFC 数据面的标准化已接近成熟，相关草案已被接收为工作组草案。具体介绍如下。

- draft-ietf-spring-sr-service-programming[40]：该草案定义了 SRv6 SFC 的数据面扩展，主要定义了 SR-aware SFC 的 SR-MPLS 和 SRv6 SID，以及 SF 不支持 SR 时所需的 SR Proxy SID。这些 SID 称为 Service SID，可以被编码到 SID List 中，用于指定一条业务链。基于 SR，可以在头节点指定 SFC 的转发路径，而无须像 NSH 那样在每一个节点维护逐流的转发状态，因此称之为无状态的 SFC（Stateless SFC）。无状态的 SFC 减少了中间节点的状态，使部署 SFC 更简单。
- draft-ietf-spring-nsh-sr[41]：该草案定义了 SR 与 NSH 结合实现 SFC 的两种方法。第一种是将 SR 作为 NSH 的底层传输隧道的方法。在这种方法中，SFC 的业务层转发路由依然由 NSH 指定，而每一个 NSH 节点之间的传输隧道可以为 SR 隧道。第二种是在头节点基于 SR 完整描述 SFC 转发路径，并通过 NSH 实现 SFF 与 SF 之间流量转发的方法。这两种方法是 SFC 业务从 NSH 数据面升级到 SR/SRv6 数据面的可选过渡方案。

（2）SFC 控制面方案：SFC 控制面需要基于已有的 BGP/BGP-LS 甚至 IGP 进行扩展，目前业界主要针对基于 NSH 数据面和基于 SR/SRv6 数据面的 SFC 设计控制面方案，主要标准和草案如下。

- draft-ietf-idr-bgp-ls-sr-service-segments[42]：该草案定义了 SR based SFC 的 BGP-LS 控制面扩展，主要扩展了对应的 NLRI 携带 SF 相关的信息。节点在上报 SID 给控制器时，通过给对应的 SID 增加 Service Function 信息绑定该 SID 到指定的 SF。控制器基于上报的 Service SID 可以实现 SFC 的业务编排。
- RFC9015[43]：该标准定义了基于 NSH 的 SFC 控制面扩展，主要定义了一种新的 BGP 地址族，用于携带 NSH 的路由信息。该地址族包含 SF 实例路由信息和 SF 路径路由信息，可用于 SFC 转发节点构建对应的 SF 路由表。该标准于 2021 年 6 月发布。
- draft-li-spring-sr-sfc-control-plane-framework[44]：该草案整理了 SR based SFC 的控制面扩展工作，介绍了 BGP/BGP-LS/IS-IS/OSPF 等相关内容。目前，基于 NSH 的 SFC 控制面可以基于 BGP 的扩展文档 RFC9015 实现；基于 SR 的 SFC 控制面可以基于 draft-ietf-idr-bgp-ls-sr-service-segments 实现。由于支持 SFC 的节点一般为业务节点，所以当前 SFC 控制面主流方案都基于 BGP 扩展。

（五）确定性网络

确定性网络（Deterministic Networking，DetNet）是一种提供可承诺 SLA 保证的网络技术，它能够综合统计复用和时分复用的技术优势，保证高价值业务流能提供有界时延、低抖动、零分组丢失的确定性网络服务。

目前 DetNet 的标准化工作主要由 IETF 进行，具体如下。

- DetNet 架构在 RFC8655[45]中被定义，主要描述实现确定性网络所需的技术方法，包括数据面的资源预留、显式路径及业务保护等。

● DetNet 的 SRv6 有界时延数据面方案在 draft-geng-spring-sr-enhanced-detnet[46]中定义，主要描述有界时延所需的数据面扩展。

● DetNet 的 SRv6 多发选收的数据面方案在 draft-ietf-spring-sr-redundancy-protection[47]中定义，主要描述在 SRv6 中实现确定性网络所需的数据面扩展，包括定义新的 SRH Optional TLV 等。

● Detnet 控制面架构和方案在 draft-ietf-detnet-controller-plane-framework[48]中定义，主要描述实现 DetNet 的控制面架构设计和技术选项。

（六）SRv6 压缩与 G–SRv6

由于 SRv6 的 SID 为 128bit 的 IPv6 地址，所以当 SID 数目过多时，报头开销就相对可观，影响了硬件处理效率和报文传输效率。G-SRv6（Generalized SRv6）通过定义新的 SID 类型指示压缩 SID 的携带，从而在不改变 SRH 封装格式的情况下，支持在 SRH 中携带 128bit 的 SID 和 32bit 的压缩 SID。携带压缩 SID 可以显著减少 SRv6 的报头开销，提升传输效率，降低对硬件的要求。

IETF 的 G-SRv6 工作主要包含以下几个方面。

● G-SRv6 框架在 draft-cl-spring-generalized-srv6-np[49]中被定义。该草案提出了 G-SRv6 的架构设想与架构需求，并描述了 G-SRv6 支持将 SRv6 SID、压缩 SID、MPLS 甚至 IPv4 隧道信息封装到 SRH 中的方法。G-SRv6 架构包含 3 个方面：支持压缩 SRv6 SID 编程、支持 SR-MPLS SID 编程和支持 IPv4 隧道信息编程。

● G-SRv6 的数据面封装在 draft-lc-6man-generalized-srh[50]中被定义，该草案定义了 G-SRv6 的数据面封装 Generalized SRH，Generalized SRH 支持封装多种 SID，包括 SRv6 SID、MPLS SID 和 IPv4 隧道信息等内容。

● draft-cl-spring-generalized-srv6-for-cmpr[51]定义了 G-SRv6 用于 SRv6 压缩的解决方案，该方案通过定义高效的 SID 编码格式和 IPv6 目的地址更新方式，实现在无须改变 SRH 封装格式的情况下支持 SRv6 压缩。此外，G-SRv6 还支持与 SRv6 SID 灵活混编，因此可以很好地支持存量升级，支持 SRv6 网络平滑升级到支持压缩的 G-SRv6 网络。当前，G-SRv6 压缩方案已被接收到工作组草案 draft-ietf-spring-srv6-srh-compression[52]中，并且获得了行业共识，未来将会加速完成标准化工作。

五、"IPv6+3.0"：感知应用的网络

（一）感知应用的 IPv6 网络

感知应用的 IPv6 网络（Application-aware IPv6 Networking，APN6）作为"IPv6+3.0"的主体，在"IPv6+2.0"的基础上进一步实现网络能力与业务需求的无缝结合。利用 IPv6/SRv6 报文自身的可编程空间，将应用信息（应用标识和对网络性能的需求）随报文带入网络，以 Native 的方式使网络感知到应用及其需求，从而为其提供相应的 SLA 保障。

目前 IETF 针对 APN6 标准规范开展的工作主要包括如下几个方面。

- draft-li-apn-problem-statement-usecases[53]：梳理了当前网络在应用识别和精细差异化运营等方面面临的问题和挑战，澄清了对 APN 的需求，并对关键用例进行了描述，如感知应用的 SLA 保障、感知应用的网络切片、感知应用的确定性时延网络、感知应用的网络测量、感知应用的业务链等。
- draft-yang-apn-sd-wan-usecase[54]：分析了 APN 在 SD-WAN 场景下的实际用例，描述了 SD-WAN 场景下的用户体验和 SLA 保障，以及 APN6 的商业模型。
- draft-peng-apn-scope-gap-analysis[55]：分析了现有的应用信息标记技术的不足之处，如 MPLS Flow Label、IOAM Flow ID、SFC Service ID 等都只适用于特定的场景或数据面，而 APN 是一个通用标记，支持不同数据面的封装。
- draft-li-apn-framework[56]：定义了 APN 的整体框架和 APN6 中的关键元素，包括感知业务的应用、应用感知网络边缘封装节点、应用感知隧道映射节点、应用感知中间节点和应用感知尾节点。
- draft-li-apn-header[57]：定义了通用 APN Header 的格式，包含 APN ID、APN Parameter 等。
- draft-li-apn-ipv6-encap[58]：定义了 APN 中的应用信息在 IPv6 网络中的封装。
- draft-peng-apn-bgp-flowspec[59]：定义了利用 BGP Flowspec 分发 APN ID 的流匹配规则及对应的动作。
- draft-peng-apn-yang[60]：定义了 APN 相关的 YANG 模型。

APN6 Side Neeting：在 IETF 105 和 IETF 108 举办了 APN6 Side Meeting，针对 APN6 的需求澄清、框架和信息传递、用例等进行了宣讲和讨论，吸引了来自运营商、厂商、学术界等的广泛关注，共有 50 余位专家参会，与会专家对 APN6 的价值达成了一定的共识。

APN6 BoF：在 IETF 111 举办了 APN6 BoF，针对 APN6 的用例、Gap 分析、工作组的范围进行了宣讲和讨论，共有 230 位专家参会。会后在邮件列表中继续进行相关讨论。在 IETF 115 之前，APN 工作组正式成立，工作组 Charter 内容正在讨论和修改。

（二）感知算力的路由

感知算力的路由（CAR）通过把算力信息引入路由层，辅助路由层进行选路等决策。通过网络感知算力节点的状态信息，综合考虑网络状态和算力信息，实现算力的灵活调度。目前 IETF 针对 CAR 标准规范开展的工作主要包括以下几个方面。

- draft-liu-dyncast-ps-usecases[61]：梳理了新型分布式部署的应用（如 AR、VR、智能驾驶等）对实时调度的需求。
- draft-liu-dyncast-gap-reqs[62]：分析了现有调度方案的缺陷，提出了将算力信息引入路由层需要满足的要求，如算力的统一描述、算力信息更新的频次和影响范围、隐私的保护等。
- draft-zhang-computing-aware-sfc-usecase[63]：分析了结合 SFC 的算力信息和网络信息进行 SFC 选路的用例。
- draft-zhang-dyncast-computing-aware-sdwan-usecase[64]：分析了感知应用的算力信息进行 SD-WAN 调度和路由的用例。

CAN（Computing Aware Networking）在 IETF 113 举行了 BoF，针对感知算力的路由的用例和可能的解决方案进行了宣讲和讨论，吸引了 200 多位专家参与，会上就算力信息和网络信息联合调度的用例达成了共识，解决方案则需要进一步讨论。

六、结束语

目前，与"IPv6+"相关的标准制定工作正在 IETF、ETSI 和 CCSA 等各个标准组织中有条不紊地展开。在部分技术方向上，国内标准已经与国际标准形成了齐头并进的态势，特别是一些与新应用、新场景结合紧密的新方向，国内的标准创新已经走在业界前沿。

参考文献

[1]   DEERING S, HINDEN R. Internet protocol, version 6 (IPv6) specification: IETF RFC 8200[S]. 2017.

[2]   FILSFILS C, CAMARILLO P, LEDDY J, et al. Segment Routing over IPv6 (SRv6) Network Programming: IETF RFC 8986[S]. 2021.

[3]   FILSFILS C, DUKES E, PREVIDI S, et al. IPv6 segment routing header (SRH): IETF RFC 8754[S]. 2020.

[4]   PSENAK P, FILSFILS C, BASHANDY A, et al. IS-IS Extension to Support Segment Routing over IPv6 Dataplane: draft-ietf-lsr-isis-srv6-extensions-18 (work in progress)[Z]. 2022.

[5]   LI Z, HU Z, CHENG D, et al. OSPFv3 Extensions for SRv6: draft-ietf-lsr-ospfv3-srv6-extensions-08 (work in progress)[Z]. 2022.

[6]   FILSFILS C, TALAULIKAR K, VOYER D, et al. Segment Routing Policy Architecture: RFC9256[S]. 2022.

[7]   DAWRA G, FILSFILS C, TALAULIKAR K, et al. BGP Link State Extensions for SRv6: draft-ietf-idr-bgpls-srv6-ext-10 (work in progress)[Z]. 2022.

[8]   PREVIDI S, FILSFILS C, TALAULIKAR K, et al. Advertising Segment Routing Policies in BGP: draft-ietf-idr-segment-routing-te-policy-20 (work in progress)[Z]. 2022.

[9]   KOLDYCHEV M, SIVABALAN S, BARTH C, et al. PCEP extension to support Segment Routing Policy Candidate Paths: draft-ietf-pce-segment-routing-policy-cp (work in progress)[Z]. 2022.

[10]   DAWRA G, FILSFILS C, RASZUK R, et al. BGP Overlay Services Based on Segment Routing over IPv6 (SRv6): RFC9252[Z]. 2022.

[11]   LITKOWSKI S, BASHANDY A, FILSFILS C, et al. Topology Independent Fast Reroute using Segment Routing: draft-ietf-rtgwg-segment-routing-ti-lfa-08 (work in progress) [Z]. 2022.

[12] RAZA K, RAJAMANICKAM J, LIU X, et al. YANG data model for SRv6 base and static: draft-ietf-spring-srv6-yang-02 (work in progress)[Z]. 2022.

[13] DONG J, BRYANT S, LI Z, et al. A framework for enhanced virtual private networks (VPN+) services: draft-ietf-teas-enhanced-vpn-11 (work in progress)[Z]. 2022.

[14] DONG J, LI Z, GONG L, et al. Scalability Considerations for Network Resource Partition: draft-ietf-teas-nrp-scalability (work in progress)[Z]. 2022.

[15] DONG J, BRYANT S, MIYASAKA T, et al. Introducing Resource Awareness to SR Segments: draft-ietf-spring-resource-aware-segments-06 (work in progress)[Z]. 2022.

[16] DONG J, BRYANT S, MIYASAKA T, et al. Segment routing for resource guaranteed virtual networks: draft-ietf-spring-sr-for-enhanced-vpn-04 (work in progress)[Z]. 2022.

[17] DONG J, LI Z, XIE C, et al. Carrying virtual transport network (VTN) identifier in IPv6 extension header for enhanced VPN: draft-ietf-6man-enhanced-vpn-vtn-id-02 (work in progress)[Z]. 2022.

[18] XIE C, MA C, DONG J, et al. Using IS-IS multi-topology (MT) for segment routing based virtual transport network: draft-ietf-lsr-isis-sr-vtn-mt-03 (work in progress)[Z]. 2022.

[19] XIE C, LI C, DONG J, et al. BGP-LS with multi-topology for segment routing based virtual transport networks: draft-ietf-idr-bgpls-sr-vtn-mt-01 (work in progress)[Z]. 2022.

[20] ZHU Y, DONG J, HU Z. Using Flex-Algo for segment routing based VTN: draft-zhu-lsr-isis-sr-vtn-flexalgo-05 (work in progress)[Z]. 2022.

[21] ZHU Y, DONG J, HU Z. BGP-LS with Flex-Algo for segment routing based virtual transport networks: draft-zhu-idr-bgpls-sr-vtn-flexalgo-01 (work in progress)[Z]. 2021.

[22] DONG J, HU Z, LI Z, et al. IGP extensions for segment routing based enhanced VPN: draft-dong-lsr-sr-enhanced-vpn-08 (work in progress)[Z]. 2022.

[23] DONG J, HU Z, LI Z, et al. BGP-LS extensions for segment routing based enhanced VPN: draft-dong-idr-bgpls-sr-enhanced-vpn-04 (work in progress)[Z]. 2022.

[24] BO W, DHODY D, HAN L, et al. A Yang data model for transport slice: draft-ietf-teas-ietf-network-slice-nbi-yang-02 (work in progress)[Z]. 2022.

[25] BO W, DHODY D, BOUCADAIR M, et al. A YANG Data Model for Network Resource Partitions (NRPs): draft-wd-teas-nrp-yang-02 (work in progress)[Z]. 2022.

[26] SONG H, QIN F, CHEN H, et al. A framework for in-situ flow information telemetry: draft-song-opsawg-ifit-framework-18 (work in progress)[Z]. 2022.

[27] BROCKNERS F, BHANDARI S, MIZRAHI T, et al. Data fields for in-situ operations, administration, and maintenance (IOAM): IETF RFC 9197[S]. 2022.

[28] SONG H, GAFNI B, BROCKNERS F, et al. In-situ OAM direct exporting: draft-ietf-ippm-ioam-direct-export-11 (work in progress)[Z]. 2022.

[29] FIOCCOLA G, ZHOU T, COCIGLIO M, et al. IPv6 application of the alternate marking method: draft-ietf-6man-ipv6-alt-mark-17 (work in progress)[Z]. 2022.

[30] FIOCCOLA G, COCIGLIO M, SAPIO A, et al. Multipoint alternate-marking clustered method: draft-ietf-ippm-rfc8889bis-03 (work in progress)[Z]. 2022.

[31] FIOCCOLA G, COCIGLIO M, MIRSKY G, et al. Alternate-marking method: draft-ietf-

ippm-rfc8321bis-03 (work in progress)[Z]. 2022.

[32] QIN F, YUAN H, YANG S, et al. BGP SR policy extensions to enable IFIT: draft-ietf-idr-sr-policy-ifit-04 (work in progress)[Z]. 2022.

[33] FIOCCOLA G, PANG R, WANG S, et al. BGP extension for advertising in-situ flow information telemetry (IFIT) capabilities: draft-ietf-idr-bgp-ifit-capabilities-01 (work in progress)[Z]. 2022.

[34] YUAN H, WANG X, YANG P, et al. Path computation element communication protocol (PCEP) extensions to enable IFIT: draft-ietf-pce-pcep-ifit-01 (work in progress)[Z]. 2022.

[35] ZHOU T, GUICHARD J, BROCKNERS F, et al. A YANG data model for in-situ OAM: raft-ietf-ippm-ioam-yang-04 (work in progress)[Z]. 2022.

[36] ZHENG G, ZHOU T, GRAF T, et al. UDP-based transport for configured subscriptions: draft-ietf-netconf-udp-notif-08 (work in progress)[Z]. 2022.

[37] LIU Y, YANG F, WANG A, et al. MSR6 (Multicast Source Routing over IPv6) Use Cases: draft-liu-msr6-use-cases (work in progress)[Z]. 2022.

[38] CHENG W, MISHRA G, LI Z, et al. Design Consideration of IPv6 Multicast Source Routing (MSR6): draft-cheng-spring-ipv6-msr-design-consideration (work in progress)[Z]. 2022.

[39] LIU Y, XIE J, GENG X, et al. RGB (Replication through Global Bitstring) Segment for Multicast Source Routing over IPv6: draft-lx-msr6-rgb-segment (work in progress)[Z]. 2022.

[40] CLAD F, XU X, FILSFILS C, et al. Service programming with segment routing: draft-ietf-spring-sr-service-programming-06 (work in progress)[Z]. 2022.

[41] GUICHARD J, TANTSURA J. Integration of network service header (NSH) and segment routing for service function chaining (SFC): draft-ietf-spring-nsh-sr-11 (work in progress)[Z]. 2022.

[42] DAWRA G, FILSFILS C, TALAULIKAR K, et al. BGP-LS advertisement of segment routing service segments: draft-dawra-idr-bgp-ls-sr-service-segments-06 (work in progress)[Z]. 2022.

[43] FARREL A, DRAKE J, ROSEN E, et al. BGP control plane for the network service header in service function chaining: IETF RFC 9015[S]. 2021.

[44] LI C, SAWAF A, HU R, et al. A framework for constructing service chaining systems based on segment routing: draft-li-spring-sr-sfc-control-plane-framework-06. 2022.

[45] FINN N, THUBERT P, VARGA B, et al. Deterministic Networking Architecture: RFC 8655[S]. 2019.

[46] GENG X, LI Z, ZHOU T, et al. Segment Routing for Enhanced DetNet: draft-geng-spring-sr-enhanced-detnet (work in progress)[Z]. 2022.

[47] GENG X, CHEN M, YANG F, et al. SRv6 for Redundancy Protection: draft-ietf-spring-sr-redundancy-protection (work in progress)[Z]. 2022.

[48] MAILS A, GENG X, CHEN M, et al. Deterministic Networking (DetNet) Controller Plane Framework: draft-ietf-detnet-controller-plane-framework (work in progress)[Z]. 2022.

[49] CHENG W, LI Z, LI C, et al. Generalized SRv6 Network Programming: draft-cl-spring-generalized-srv6-np-03 (work in progress)[Z]. 2021.

[50] LI Z, LI C, CHENG W, et al. Generalized Segment Routing Header: draft-lc-6man-generalized-srh-03 (work in progress)[Z]. 2021.

[51] CHENG W, LI Z, LI C, et al. Generalized SRv6 Network Programming for SRv6 Compression: draft-cl-spring-generalized-srv6-for-cmpr-05 (work in progress)[Z]. 2022.

[52] CHENG W, FILSFILS C, LI Z, et al. Compressed SRv6 Segment List Encoding in SRH: draft-ietf-spring-srv6-srh-compression-02 (work in progress)[Z]. 2022

[53] LI Z, PENG S, VOYER D, et al. Problem statement and use cases of application-aware networking (APN): draft-li-apn-problem-statement-usecases (work in progress)[Z]. 2022.

[54] YANG F, CHENG W, PENG S, et al. Usage scenarios of Application-aware Networking (APN) for SD-WAN: draft-yang-apn-sd-wan-usecase (work in progress)[Z]. 2022

[55] PENG S, LI Z, MISHRA G, et al. APN scope and gap analysis: draft -peng-apn-scope-gap-analysis (work in progress)[Z]. 2022

[56] LI Z, PENG S, VOYER D, et al. Application-aware networking (APN) framework: draft-li-apn-framework (work in progress)[Z]. 2022.

[57] LI Z, PENG S, ZHANG S, et al. Application-aware Networking (APN) Header: draft-li-apn-header (work in progress)[Z]. 2022

[58] LI Z, PENG S, XIE C, et al. Application-aware IPv6 Networking (APN6) Encapsulation: draft-li-apn-ipv6-encap (work in progress)[Z]. 2022

[59] PENG S, LI Z, FANG S, CUI Y, et al. Dissemination of BGP Flow Specification Rules for APN: draft-peng-apn-bgp-flowspec (work in progress)[Z]. 2022

[60] PENG S, LI Z, et al. A YANG Model for Application-aware Networking (APN): draft-peng-apn-yang (work in progress)[Z]. 2022

[61] LIU P, EARDLEY P, TROSSEN D, et al. Dynamic-Anycast (Dyncast) Problem Statement and Use Cases: draft-liu-dyncast-ps-usecases (work in progress)[Z]. 2022

[62] LIU P, JIANG T, EARDLEY P, et al. Dynamic-Anycast (Dyncast) Gap analysis and Requirements: draft-liu-dyncast-gap-reqs (work in progress)[Z]. 2022

[63] ZHANG S, CHEN X. Use Cases of Computing-aware Service Function Chaining (SFC): draft-zhang-computing-aware-sfc-usecase (work in progress)[Z]. 2022

[64] ZAHNG S, LI J, LI C, et al. Use Cases for Computing-aware Software-Defined Wide Area Network (SD-WAN): draft-zhang-dyncast-computing-aware-sdwan-usecase (work in progress) [Z]. 2022

互联网基础资源标识技术综述

谢人超

北京邮电大学

一、引言

近些年，互联网与实体经济深度融合，赋能物联网、工业互联网等新技术快速发展，智慧城市、虚拟现实、工业智能化生产等新型应用不断涌现，可穿戴设备、工业机器、传感器等数量呈爆炸式增长[1]。互联网资源是各种新型互联网应用的基础，互联网资源包括物理资源（如网络服务器、存储设备等）和虚拟资源（如信息资源、网络服务等）。有效的资源标识与寻址技术是充分利用互联网各类资源的基石[2]。通过资源标识与寻址机制，互联网资源可以被抽象表征，从而为应用屏蔽底层资源差异，进一步支撑互联网资源管理调度，支撑可信、可溯源的资源管理架构，为上层应用和用户提供安全、可靠、无差别的应用环境。目前，互联网采用域名系统（Domain Name System，DNS）作为标识解析基础设施。DNS采用简单、高效的树型结构及分级授权的机制，分步完成主机名到IP地址的解析，提高了查询和管理的效率，从而实现互联网服务可用性、网络连接性和资源共享性[3]。

然而，随着新兴技术的发展，互联网所承载的主流业务从面向连接的服务转变为面向内容的服务，更多类型的应用和资源涌现，未来网络由消费型向生产型转变，导致传统的DNS解析服务在标识主体、解析方式、安全性、服务质量等方面均面临严峻的挑战，具体可归结为以下五点。

（1）通信主体改变。与传统互联网不同，为支撑智慧城市、虚拟现实、工业智能化生产等新型应用，未来互联网通信主体发生了重要改变，从以固定主机为中心演化至以人、机、物、服务、内容为中心，解析结果由IP地址转换为数字对象。然而，现有DNS服务单一，对资源描述能力不强，无法对物品、传感器、服务等进行标识。此外，未来互联网多样化业务对网络能力要求极为不同，因此为互联网业务提供定制化的端到端网络资源共享服务是未来互联网必备的能力。然而，当前DNS解析主要应用于域名权威解析，实现从域名到IP地址的映射，在报文格式和字符集方面有一定的限制，无法实现全部互联网资源标识与寻址[4]，难以满足未来互联网多样化、差异化需求。

（2）碎片化资源分布式动态标识寻址要求。在未来互联网中，节点通常呈动态分布，如用户的手机会随着用户的移动而发生位置变化，城市车联网也会随着汽车移动而发生拓扑改变。这导致未来网络中分散的网络资源碎片化，难以被有效整合和利用。因此，传统域名技术通过查找主机表定位主机地址，然后进行主机间通信的方式已经远远不能满足未来互联网在分布式寻址和移动性方面的要求。

（3）海量数据与超低时延要求。未来互联网将进一步赋能物联网、工业互联网等新型场景，数据资源量将大大超过现有互联网，截至 2022 年，中国工业互联网中全要素资源的标识注册总量已超过千亿。然而，现有 DNS 采用中心化、层次化树型结构，面对海量数据时存在单点负载过重、服务拥塞的问题，无法满足未来互联网海量资源超低时延解析要求。此外，传统 DNS 主机表的更新和维护也大大增加了网络传输的负载和管理的复杂程度[4]。

（4）安全与隐私保护。未来产业互联网连接产业上下游，打破了以往相对明晰的责任边界，会产生更大范围、更复杂的影响，给安全防护带来了巨大挑战[5]。此外，产业互联网服务与企业生产、人员安全密切相关，从而对安全有更高要求。然而，现有 DNS 协议在设计之初并未考虑太多安全因素，协议本身存在的脆弱性使得 DNS 面临各种威胁[6]，如缓存投毒、中间人攻击等。并且，如上文所述，未来互联网通信主体多样，许多传统 DNS 防护机制均采用基于 IP 地址的访问控制，无法满足工业、车联网、远程控制、机械制造、远程医疗等领域对隐私保护与安全的需求。

（5）公平对等。未来互联网标识解析服务的提供应是公平对等的，即应为每个用户提供中立、同等的服务。然而，DNS 采用层次化树型结构，可能导致解析服务被特殊权力机构控制，使企业蒙受无谓的损失，无法满足构建公平对等良性解析生态的需求。

由于 DNS 的设计模式与未来互联网需求之间存在矛盾，仅依靠 DNS 不足以支持对海量、多样化通信主体进行对等、安全、低时延解析，因此，面向未来互联网的全要素资源标识解析体系研究已在全球范围内推进，并已取得部分成果。同时，标识解析体系是未来网络架构中的重要组成部分，是支撑全要素资源互联互通的神经中枢，在产业界存在巨大商业前景，关系到各国核心利益，已引起各国高度重视，并启动一系列项目和研究计划。近些年，我国出台了一系列政策文件，包括《国务院关于深化"互联网+先进制造业"发展工业互联网的指导意见》《工业互联网发展行动计划（2018—2020 年）》《工业互联网创新发展行动计划（2021—2023 年》《工业和信息化部办公厅关于推动工业互联网加快发展的通知》等均对标识解析体系的建设进行了部署，涵盖各级标识解析节点建设、标识解析产业生态培育和标识应用创新发展。

我国标识解析架构主要包括国际根节点、国家顶级节点、二级节点和递归节点四层，每层节点保存不同信息。其中，国际根节点归属管理层，负责保存顶层信息；国家顶级节点部署在北京、上海、广州、武汉、重庆，负责对接国际根节点和对内统筹，兼容多种现存标识解析体系；二级节点负责面向行业提供标识注册和解析服务；递归节点负责通过缓存等手段提升解析网络服务性能。在工业和信息化部的指导与各地方政府的支持推动下，我国标识解析体系建设已步入快车道。截至 2022 年 4 月上旬，实际上线标识服务节点近 190 个，标识注册总量突破 1100 亿，日解析量超过 9000 万次，二级节点已达 180 个，辐射范围覆盖 27个省（区、市）、34 个行业，接入企业节点近 11 万家，北京、广州、上海、武汉、重庆五大国家顶级节点持续运行、迅猛发展，南京灾备节点加速建设，初步形成分层授权、"东西南北中"的一体化格局，标识应用创新和应用场景不断丰富。

本文首先讨论互联网资源标识解析体系设计原则与关键技术，然后对现有体系进行概述，讨论其关键技术实现、相关研究与应用，并对所述体系进行对比分析，之后阐述学术界对新型标识解析方案的探索，最后讨论标识解析体系研究面临的挑战与未来研究方向。

二、互联网资源标识技术概述

（一）互联网资源标识解析体系设计原则

与消费互联网和传统物联网不同，未来互联网的通信主体多样，对性能要求更高，传统 DNS 解析服务无法满足需求，为切合未来互联网特点与要求，其资源标识解析体系设计须遵循以下五项原则。

1. 支持多源异构通信主体

首先，未来互联网的通信主体来自不同的国家和企业，资源所有者纷繁复杂且实时变化，同时涵盖范围更广，包括车辆、网元、传感器、物料、设备、服务、功能、操作员等，具有更高的复杂性和多源异构性；其次，目前互联网多标准、多协议、多命名格式共存，给对象的检索与理解带来巨大挑战。因此，未来互联网资源标识解析体系应能支持多类型主体命名，兼容现存的异构命名方式与解析方式，满足多源异构数据互联互通，保证多种命名格式与检索协议均能无缝加入该体系。

2. 复杂环境下标识解析服务的安全保证

未来互联网资源标识技术赋能物联网、工业互联网，支撑智慧城市、虚拟现实、工业智能化生产等新型应用，连接数以万计的资产，所以对多维度数据接入、时延、网络安全、高效传输、确定性等都提出了更高的要求[7]。因此，未来互联网标识解析体系应能保障服务提供者与用户的安全，包括身份认证、鉴权、隐私保护等，保证身份可信、操作可信、解析过程中商业信息不被暴露。

3. 多组织参与的公平对等保证

未来互联网资源标识解析服务应保证公平对等。传统 DNS 采用层次化树型结构，存在节点被特殊权力机构绑架、断网停服的风险。一旦解析服务无法正常提供，企业将面临停产、停业等问题，造成巨额损失。因此，需要设计对等、多利益主体共管的标识解析体系，构建公平、良性的解析生态。

4. 多协议、高并发、差异化需求场景下的有效性保证

未来互联网资源标识解析服务应具备有效性。一方面，未来互联网承载的车联网、工业互联网等对时延、效率等要求更高；另一方面，大量数据检索势必面临高并发、差异化需求、多命名格式映射、多协议转换等问题，可能会对检索服务性能产生影响。因此，需要设计合理的标识方案与解析机制，保证标识解析服务稳定高效。

5. 提供协议层面与系统层面的可扩展性

未来互联网资源标识解析服务应具备可扩展性。在设计架构时应具备一定的前瞻性，可

根据实际需求进行扩充，保证该体系在未来海量数据及新增标识方案场景下依旧能满足需求。首先，在协议层面，该体系应能无缝添加其他新型标识解析协议子域。其次，在系统层面，应保证命名空间可容纳未来海量数据接入；并且保证系统扩展时，新增节点对现有服务没有影响或影响很小；同时保证，即使进行大规模扩展，增加至成千上万个服务节点，该系统依然十分有效。

（二）互联网资源标识解析体系中的关键技术

根据上述设计原则，应提供多项关键技术对未来互联网资源标识解析体系进行技术支持，包括标识方案、标识分配机制、注册机制、解析机制、数据管理机制与安全防护方案等。不过，未来互联网资源标识解析体系研究尚不成熟，部分关键技术有待进一步研究，所以根据该领域服务需求与研究现状，本文着重对标识方案、解析机制与安全防护三方面进行介绍，并对其支撑作用进行讨论。

1. 标识方案

互联网标识通过定义编码格式对基础资源进行唯一、无歧义命名，为感知物理世界、信息检索提供支持，助力开展各类相关应用。现有标识方案分为层次标识与扁平标识两种。层次标识往往由多个包含语义信息的字符串级联而成，具备全局性、可记忆性，但缺乏安全性，如域名[8]。层次标识自动支持内容分配、多播、移动性等，并且可充分利用长尾效应，实现请求聚合，从而减轻路由器负担。然而，层次标识的语义性在一定程度上限制了标识的生命周期。例如，现存的多个方案将资源所有者信息纳入其层次标识，导致资源所有者更改时该标识失效。

扁平标识通常通过哈希运算得到，由一系列无规律的数字或字符串组成，具备全局性、安全性，但缺乏语义信息。扁平标识具有较好的稳定性与唯一性，支持自我认证，往往具有固定长度，在路由匹配时有更快的查询速度。扁平标识的缺陷在于命名空间有界，且无法实现名称聚合，路由表规模较大，制约网络路由的可扩展性。此外，扁平标识不具有可读性，不利于人类获取其背后的信息，且资源内容改变或哈希算法升级均会导致原标识失效，进而影响内容的检索与查询。

2. 解析机制

解析机制负责定义资源的检索过程。根据解析架构的不同，现有解析方案可分为层次解析与扁平解析。层次解析采用树型结构，每个解析节点负责一个域，该结构简单、可扩展性强、利于部署。但缺陷在于各节点权限不同，根节点权限最高，父节点权限高于子节点权限，父节点可屏蔽所有子节点服务。

扁平解析往往采用 DHT 技术实现，各解析节点进行 P2P 组网，解析条目根据 DHT 算法存储路由。该架构中每个解析节点的管理权限相同，各解析节点无权篡改和丢弃其他节点的解析请求，可避免解析服务被其他权力机构绑架，便于构建分权、对等、自治的解析生态。然而，扁平解析的效率显著低于层次解析，且其分布式解析架构不存在中心节点，不利于数据收集，难以对解析数据进行挖掘和分析。

3. 安全防护

安全防护负责解析过程中的隐私保护与安全保障，主要包括身份安全、数据安全与行为安全[9]。其中，身份安全用于保证用户侧与服务侧身份真实性；数据安全一方面用于保证大量数据在公共网络的传输过程中不被窃取与篡改，另一方面用于保证数据存储安全，即数据不被暴露；行为安全通过各种访问控制技术保证对数据进行合法操作。

三、国内外标识解析体系介绍

目前国内外已存在多种标识解析体系，其演进路径可分为两类，一类是基于 DNS 的改良路径，该路径通过对现有 DNS 架构进行扩充，提供面向互联网全要素资源的标识解析服务，如由美国麻省理工学院提出的产品电子代码（Electronic Product Code，EPC）[10]、国际标准化组织（ISO/IEC）和国际电信联盟（ITU-T）联合制定的对象标识符（Object Identifier，OID）[11,12]、我国自主研发的物联网统一标识（Entity Code for IoT，Ecode）[13][14]与国家物联网标识管理公共服务平台（National Common Identification Management Service Platform for IoT，NIoT）[15-18]等；另一类是与 DNS 无关的革新路径，即针对未来互联网场景提出一套全新的标识解析体系[19]，如 DONA 基金会维护的 Handle 标识解析技术[20-22]、东京大学提出的泛在标识（Ubiquitous ID，UID）技术[23][24]及一系列其他学术研究。现有标识解析体系如图 1 所示。

改良路径便于实现，只需要在现有 DNS 架构上进行扩展便可提供解析服务，设计简单且部署较快，但不能完全匹配工业要求，且解析服务十分臃肿。革新路径则针对未来互联网特殊需求提出新型架构，弥补现有 DNS 缺陷，更契合未来互联网场景。然而，革新路径难以利用现有基础设施，需要重新部署，成本较高、周期较长。本文重点介绍四个典型体系，包括基于改良路径的 OID 与 Ecode，以及基于革新路径的 Handle 与 UID，每个体系分别从概述、关键技术、相关研究与应用三个方面进行详细探讨。

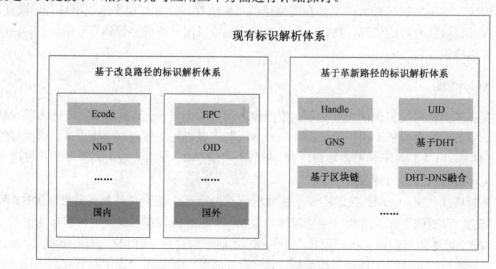

图 1　现有标识解析体系

（一）基于改良路径的标识解析体系

改良路径对现有 DNS 架构进行扩充，覆盖在 DNS 服务之上，解析服务依赖 DNS 资源记录，安全防护依托 DNS 安全保障措施，较少提出新的安全保障机制。

1. OID

1）概述

OID 由 ISO/IEC 与 ITU-T 于 20 世纪 80 年代联合提出，旨在识别物联网环境中的各种对象和服务。OID 采用分层树型结构，其编码由一系列数字、字符或符号组成，支持对任何类型的对象（包括用户、网络元件、网络服务及其他物理或逻辑对象等）进行全球无歧义命名，且一旦命名，该名称将终生有效[11]。ISO/IEC 与 ITU-T 通过研制 ISO/IEC 29168、ISO/IEC 29177、ISO/IEC 9834、ISO/IEC 8824 等系列国际标准，针对 OID 的命名规则、分配方案、传输编码、解析管理体系等内容进行规范，设计正式、精确、无歧义的机制来标识、解析、管理对象[25]。截至 2019 年 4 月，OID 已覆盖全球 206 个国家和地区。目前，国际 OID 数据库中已注册 1408431 个顶层 OID 标识符。

该体系通过将 OID 树映射为 DNS 树的一部分来提供 OID 服务，具有人类可读、分层灵活、可扩展性强、跨异构系统、支持对各类对象唯一永久标识、便于部署等优势，且该体系拥有无界命名空间，可支持全球任意对象标识[26]。此外，该体系支持域内自主管理，权限机构可自由地添加新节点。OID 独立于网络技术，不受底层设备影响，可兼容其他现有标识机制，具备很好的应用基础和发展前景，目前已在医疗、信息安全、物流等领域广泛应用。

2）关键技术

（1）标识方案。

OID 采用分层树型结构，国际根节点下连 ITU-T、ISO 与联合 ISO-ITU-T 三个分支，支持对用户、网络元件、服务、有形资产、无形数据（如目录结构）等任意对象进行标识。OID 采用层次标识方案，其编码规则规定了根节点与标识节点之间的路径，如图 2 所示。

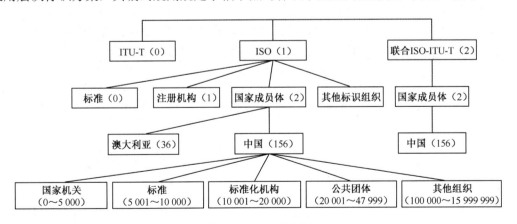

图 2 OID 架构图[27]

OID 提供了三种常用标识方案，分别是传统标记法、点标记法与 OID 国际化资源标识符（OID Internationalized Resource Identifier, OID-IRI），其中点标记法与 OID-IRI 应用最广，标识方案对比如表 1 所示。

① 传统标记法。该标识方案于 1986 年提出，以"{"开始，以"}"结束，各子命名空间由文字和数字共同组成，并用空格分隔，具体有三种实现方式：第一，仅由数字组成，该方式贴近机器编码，检索较快，但不够人性化，目前很少使用；第二，由文字和数字共同组成，在文字后用数字插入说明，该方式兼顾了人类可读性与机器检索效率，但存在信息冗余，牺牲了标识的有效性；第三，由文字和数字共同组成，该方式对少数顶层命名空间不要求数字说明，对底层命名空间强制要求数字说明，该方式的性能介于上述两种方式之间。

② 点标记法。该标识方案由 IETF 首次引入并沿用至今，其编码结构规范，只由数字组成，使用点标记符对不同命名空间进行分隔[28]，标识符是由从树根到叶子全部路径上的节点顺序组合而成的字符串。点标记法可读性差，但检索快且较为安全。

③ OID-IRI。该标识方案是 ITU-T X.680|ISO/IEC 8824-1 中定义的一种 ASN.1 类型，于20 世纪 90 年代提出并沿用至今。OID-IRI 由一系列 Unicode 标签组成，并使用斜线进行分隔。该标识方案具有通用、可读的优势，且允许域内自主定义标识，较为灵活，但安全性较弱。

表 1 OID 标识方案对比

标识方案	分隔方式	标识组成	示例	特点
传统标记法	空格	文字、附加数字说明	● {2 1} ● {joint-iso-itu-t(2) asn(1)} ● {joint-iso-itu-t asn(1)}	● 贴近机器编码、检索快 ● 可读、有效性差 ● 性能介于另外两种方案之间
点标记法	点	数字	1.3.6.1.6.3	不可读、检索快、较为安全
OID-IRI	斜线	Unicode	/Joint-ISO-ITU-T/ASN1	可读、检索快、安全性弱

（2）解析机制。

OID 解析采用递归查询方式、分层树型架构，OID 解析系统（OID Resolution System，ORS）负责提供解析服务，目前可同时兼容点标记法与 OID-IRI 两种标识方案。ORS 依托DNS 解析服务，通过 DNS 的完全合格域名（Fully Qualified Domain Name，FQDN）与名称权威指针（Naming Authority Pointer，NAPTR）资源记录完成解析操作。NAPTR 资源记录是DNS 记录的一种，用于记录 URN、URL 和普通域名的映射关系。OID 解析架构由应用程序、ORS 客户端、DNS 客户端、DNS 服务器四个子系统组成，如图 3 所示。

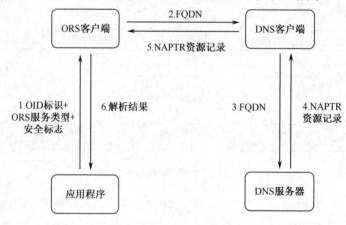

图 3 OID 解析架构

① 应用程序。该子系统负责向 ORS 客户端发送 OID 解析请求，该解析请求由 OID 标识、ORS 服务类型与安全标志组成，其中 ORS 服务类型是用于标识 ORS 服务的字符串，在 NAPTR 资源记录中使用。

② ORS 客户端。该子系统通过功能接口与应用程序和 DNS 客户端通信，接收应用程序发送的 OID 解析请求。该子系统有两个主要功能：收到应用程序的请求后，该子系统将 OID 标识转换为 FQDN，并向 DNS 客户端发送 DNS 解析请求，以获取该 FQDN 的 NAPTR 资源记录；收到 DNS 客户端的回复后，ORS 客户端处理该 NAPTR 资源记录，并向应用程序返回零个或多个信息与 DNS 响应代码。

③ DNS 客户端。该子系统负责接收 ORS 客户端发送的 DNS 解析请求，并将该请求转发至 DNS 服务器，以获取相应 FQDN 的 NAPTR 资源记录。

④ DNS 服务器。该子系统负责响应 DNS 客户端的请求，返回相应 NAPTR 资源记录或错误信息。

相较于其他解析架构，OID 解析具备分层灵活、可扩展性强、可利用现有网络基础设施、便于部署等优势。然而，OID 解析需要依托 DNS，所以 DNS 本身的升级、替代或故障均会导致 OID 无法提供服务；OID 解析继承了 DNS 单点故障、单点失效、负载过重和易被特殊权力机构绑架等问题；OID 是 DNS 在一切对象和资源上的扩展，而 DNS 是支撑互联网正常运行的重要基础系统，任何针对 DNS 的扩展都应格外谨慎；此外，DNS 已经面临负担过重的问题，基于 OID 的未来互联网将使得大量请求涌入 DNS 服务，导致 DNS 过载，对 DNS 的正常运行造成影响。

（3）安全防护。

OID 安全防护主要依托 DNS 的安全保障机制，ORS 客户端根据 ORS 请求中的安全标志决定是否使用 DNS 安全扩展（Domain Name System Security Extensions，DNSSEC），除此之外，并无其他安全机制。DNSSEC 是 IETF 提供的一系列 DNS 安全认证机制，通过哈希运算和公钥技术形成信息摘要和数字签名，从而提供来源鉴定和信息完整性检验功能[29]。当安全标志为 1 时，OID 解析过程支持 DNSSEC，要求 DNS 服务器对返回的 NAPTR 资源记录签名，若无签名，DNS 客户端将返回给 ORS 客户端一个错误代码，并且没有任何信息返回至应用程序。

OID 未提出额外的安全保障机制，仅允许用户选择性使用 DNSSEC 提供安全防护。该防护机制中的数字签名验证可保证解析参与者身份安全，信息摘要校验可保证数据不被篡改，但无法保证数据在传输过程中不被泄露，且该机制未提供行为安全防护，无法保证用户对数据操作的合法性。

3）相关研究与应用

（1）相关研究。

目前关于 OID 的研究主要分为 OID 优化和 OID 部署两方面。

针对 OID 优化，文献[30]提出了一种面向物联网场景的基于 OID 的解析架构，该架构支持服务组概念。一个服务组由多个特定服务组成，保证事件触发时特定服务集合能被并发调用。例如，该方案支持火灾发生时同时通知 110、119，以及开启逃生系统等。该架构采用两层注册和迭代解析，通过对服务进行标识、捆绑与动态更新，将组标识符解析为特定服务集合以实现并发请求。该方案由 ORS、组服务解析服务器（Group Service Resolution Server，GRS）和服务注册（Service Registry，SR）三个核心组件组成。其中，ORS 为 OID 原生解析功能；GRS 用于管理组服务，并与特定服务连接；SR 为本地解析系统，由服务提供者维护，用于管理特定服务信息。该方案利用 OID 标识服务组，支持服务请求同时发出，可以满足更低时延要求。

在 OID 部署的研究方案中，主要研究内容为如何使其兼容异构标识方案。Jung E 等[31]提出了一种面向物联网的基于 OID 架构的标识方案，该方案利用本地标识符和 OID 前缀构成虚拟标识层（Virtual Identifier Layer，VIL），通过 VIL 实现异构标识互操作。解析时，首先将解析请求路由到 ORS，再重定向到相应解析服务器响应解析请求。该方案可有效解决物联网异构标识符兼容和互操作问题。文献[32]提出了一种基于 OID 的异构标识集成解析架构，该方案中由 ID 注册表管理本地标识，ID 注册表在 ORS 中注册、申请 OID 标识。解析时，首先将解析请求路由到 ORS，再根据 ORS 中的映射数据重定向到本地 ID 注册表。上述两种方案均对现有标识进行覆盖，同时支持新标识创建，不影响现存标识解析架构的操作流程、结构与拓扑等，在时延和开销上更为有效。

（2）相关应用。

目前 OID 技术已在 ISO、ITU 标准中大量采用，应用于信息安全、电子医疗、网络管理、自动识别、传感网络等计算机、通信、信息处理相关领域[25]。随着互联网的不断发展，海量异构数据进一步涌入，对工业网络提出了新的要求。OID 凭借其面向多种对象、高效、灵活、兼容、可扩展等优势，在 RFID、传感器、二维码等领域得到广泛应用，具备良好的应用基础和发展前景。

2. Ecode

1）概述

Ecode 由中国物品编码中心于 2011 年提出，具有我国自主知识产权，拥有完整的编码方案和统一的数据结构，适用于任何物联网对象。Ecode 定义了编码规则、解析架构和解析服务要求，由 Ecode 编码、数据标识、中间件、解析系统、信息查询和发现服务、安全机制等部分组成。Ecode 采用一物一码唯一标识，在感知层，Ecode 中间件可兼容二维码、条形码等异构接入；在应用层，Ecode 能兼容其他编码方案，如 Handle、OID 等。目前，Ecode 已被广泛应用于我国工业生产各个领域，为实现产品追溯查询、防伪验证、产品营销等提供有力支撑。

中国物品编码中心于 2015 年研制了我国首个物联网国家标准 GB/T 31866，该标准规定了物联网对象统一编码规则，目前已在我国物联网内广泛使用[13]。随着物联网技术的发展，Ecode 标识体系逐步建立。基于国家物联网产业化专项任务要求，近些年又有一系列核心标准发布，用于满足物联网标识应用需求、规范 Ecode 编码的注册和申请流程，保证 Ecode 编码唯一性、编码数据和注册信息的可靠性。目前，其他相关标准也在抓紧制定中，这对促进物联网产业发展有着重要意义。

2）关键技术

（1）标识方案。

Ecode 为三段式层次编码，由版本（Version，V）、编码体系标识（Numbering System Identifier，NSI）和主码（Master Data Code，MD）构成，根据 MD 是否包含语义信息又可分为标头编码结构和通用编码结构两种标识方案，如表 2 所示。

表 2　Ecode 标识方案对比

标识方案	编码结构	命名空间	解析方式	标识对象
标头编码结构	V+NSI+MD，MD 包含语义信息	部分版本采用有界命名空间，部分版本采用无界命名空间	标识结构解析	针对未编码对象
通用编码结构	V+NSI+MD，MD 不包含语义信息	有界命名空间	通用结构解析	针对已在其他体系中注册的对象

其中，V 负责描述 Ecode 标识的版本，不同版本对应的编码长度不同；NSI 为标识体系代码，指明该标识的注册体系，如 Ecode、OID、Handle 等，用于实现异构标识体系兼容。NSI 的长度由 V 决定，由我国物联网统一编码管理机构分配；MD 的长度及其数据结构由 NSI 决定，由某一编码体系的管理机构自行管理和维护。其中，标头编码的 MD 包含厂商、项目、校验等语义信息，通用编码的 MD 无语义信息。针对未编码对象，可采用标头编码结构；针对已在其他体系中注册的对象，可采用通用编码结构进行映射，实现对其他标识方式的兼容。此外，针对上述两种标识方案，Ecode 提供了标识结构解析与通用结构解析两种不同的解析方式。

Ecode 采用层次编码结构，其编码由多段数字组成，具备全局性与安全性。Ecode 编码中包含版本、编码体系、厂商等信息，这意味着厂商、项目等信息的更新会导致其原编码失效，缩短了标识的生命周期。此外，由于 Ecode 标识方案中部分版本为定长编码，所以检索较快，但可扩展性较差。

（2）解析机制。

Ecode 采用迭代解析方式，同样需要依托 DNS，通过 NAPTR 资源记录提供解析服务。Ecode 解析架构由应用客户端、编码体系解析服务器、编码数据结构解析服务器和主码解析服务器四部分组成[14]，如图 4 所示。

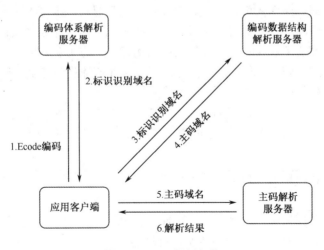

图 4　Ecode 解析架构

① 应用客户端。该组件分别向编码体系解析服务器、编码数据结构解析服务器与主码解析服务器发送解析请求，以获取编码所属体系、数据结构与标识解析结果。

② 编码体系解析服务器。该组件接收应用客户端发送的编码体系解析请求，该请求包

含 Ecode 编码等信息。该组件负责将 V、NSI、MD 从收到的 Ecode 编码中分离，并转化为标识识别域名，转换规则为 NSI.V.iotroot.com，然后将转换结果返回给应用客户端。

③ 编码数据结构解析服务器。该组件接收应用客户端发送的编码数据结构解析请求，该请求包含标识识别域名、MD 等信息。该组件以 NAPTR 资源记录格式存储标识识别域名到主码域名的转换规则，并通过转换规则将标识识别域名转换为主码域名，再将转换结果返回给应用客户端。

④ 主码解析服务器。该组件接收应用客户端发送的主码解析请求，该请求包含主码域名等信息。该组件通过查询 A/AAAA 记录或 NAPTR 资源记录得到该 Ecode 编码对应的解析结果，并将解析结果返回给应用客户端，完成解析响应。

根据 Ecode 编码类型的不同，Ecode 有标识结构解析与通用结构解析两种解析方式。标识结构解析中，应用客户端依次迭代查询编码体系解析服务器、编码数据结构解析服务器与主码解析服务器，逐步解析至最终结果；通用结构编码解析中，应用客户端仅依次查询编码体系解析服务器与主码解析服务器，编码体系解析服务器首先根据 V 与 NSI 判断出该编码的编码体系，如 Handle 解析系统中主码解析服务器根据其编码体系查找 Handle 的入口地址，再将解析请求重定向到 Handle 入口。

（3）安全防护。

Ecode 除使用传统安全技术与 DNS 防护方案外，其编码具备自认证功能，通过若干位校验码确保编码的准确性、完整性与真实性。近些年，Ecode 安全防护方案在逐步完善。2019 年 4 月，中国物品编码中心推出了《物联网标识体系 Ecode 标识系统安全机制》标准征求意见稿，用来规定物联网标识体系中 Ecode 系统的一般要求、编码数据安全、鉴别与授权、访问控制、交互安全、安全评估和管理要求等内容。

3）相关研究与应用

关于 Ecode 的研究主要着眼于部署，现有学术研究成果较少。黄永霞等[33]设计了一种基于 Ecode 的冷链物流单品追溯系统，该系统由信息采集层、信息存储层、信息解析层与用户服务层组成，将产品、操作人员、温度、湿度等相关信息写入 RFID 标签，并通过阅读器回传至本地数据库，借助 Ecode 中间件完成用户解析请求。李凯迪等[34]提出了一种基于 Ecode 的新型管理架构，通过在 Ecode 云平台和企业间构建第三方平台，解决企业间应用异构与互操作问题。同时，李凯迪等[34]基于该架构提出了平台注册流程与企业注册流程，完成多企业 Ecode 管理，提供多企业数据共享与互操作能力。

目前，Ecode 已被广泛应用于我国茶叶、红酒、农产品、成品粮、工业装备、原产地认证等领域，为实现产品追溯查询、防伪验证、生产营销、全生命周期管理等提供支撑。

（二）基于革新路径的标识解析体系

基于革新路径的标识解析体系不使用 DNS 服务，而是提出一套全新的标识解析体系。本部分将对 Handle、UID 两种典型的体系进行概述。

1. Handle

1）概述

Handle 是全球范围分布式通用标识服务系统，由互联网之父 Robert Kahn 于 1994 年提出，旨在提供高效、可扩展、安全的全局标识解析服务。Handle 于 2005 年加入下一代网络研究，并成为 GENI 项目中数字对象注册表的一个组成部分[35]，目前由 DONA 基金会负责运营、管理、维护和协调。Handle 是出现最早、应用最广的全球数字对象唯一标识符系统，提供名字对属性的绑定服务，可用于标识数字对象、服务和其他网络资源。Handle 包含一组开放协议、命名空间和协议的参考实现，定义了编码规则、后台解析系统和全球分布式管理架构[15]。

Handle 采用分层服务模型，无单根节点，顶层为数个平行的全局 Handle 注册表（Global Handle Registry，GHR），GHR 间数据时时同步、平等互通，下层为本地 Handle 服务（Local Handle Service，LHS），如图 5 所示。

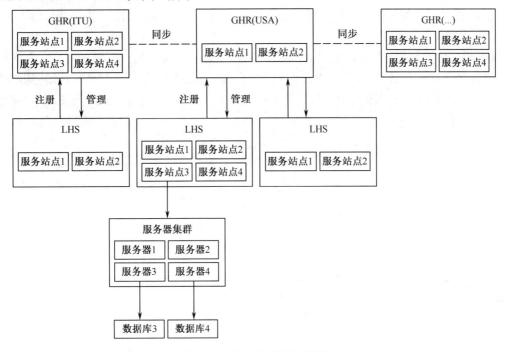

图 5　Handle 分层服务模型

GHR 与 LHS 同构，均由一个或多个平行的服务站点组成，每个站点都是该服务中其他站点的复制品，每个服务站点又由多个 Handle 服务器组成。虽然每个站点都是平行的，但它们可以由不同数目的 Handle 服务器组成，所有 Handle 请求最终被均匀定向到 Handle 服务器上。GHR 与 LHS 的区别在于提供的服务不同，GHR 负责全局管理服务、分配前缀、授权命名空间；LHS 负责管理本地命名空间、定义本地命名空间的编码方式，其前缀和地址必须在 GHR 中注册。

Handle 从一开始就被设计为通用命名服务，可容纳大量实体，允许通过公共网络进行分布式管理，顶层节点平等互通，支持用户自定义编码，适用于未来互联网资源标识寻址场景。此外，Handle 还具备唯一性、永久性、多个实例、多个属性、可扩展性强、兼容其他标识等优点，目前已得到产学研界的日益重视和广泛应用。

2）关键技术

（1）标识方案。

Handle 采用层次标识方案，每个 Handle 标识均由前缀和后缀两部分组成，前缀为其命名机构，后缀为命名机构下的唯一本地名称，两者用"/"分隔：<Handle> :: = <Handle Naming Authority>/<Handle Local Name>。

命名机构为 Handle 标识的创建和管理者，由多个非空的子命名机构组成，子命名机构间用"."分隔，共同形成树型分层结构；后缀由命名机构自行定义，只需保证在本地命名空间内唯一便可确保其在系统中是全局唯一的。例如，"20.500.12357/BUPT_FNL"的命名机构是"20.500.12357"，本地名称是"BUPT_FNL"。

Handle 全局命名空间可以看作多个本地命名空间的超集，每个本地命名空间具有唯一的前缀，任何本地命名空间都可通过申请前缀加入全局命名空间，并且其本地标识及值的绑定关系在加入 Handle 系统后仍保持不变，只需将本地名称与前缀的组合作为全局标识，就可进行全局引用，有助于打破信息孤岛、便于企业加入各自的信息系统、兼容其他标识方案。

（2）解析机制。

Handle 提供标识到值的绑定服务，每个 Handle 标识可解析为一组值的集合，每个值可以是物品简介、信息摘要、URL 或其他自定义信息。Handle 采用迭代解析方式、层次解析架构，共分为 GHR 与 LHS 两层，其完整解析架构由 Handle 客户端、GHR 与 LHS 三部分组成，如图 6 所示。

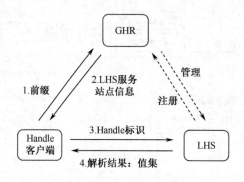

图 6　Handle 解析架构

① Handle 客户端。该组件负责向 GHR 发送标识前缀，以获取前缀所属 LHS 服务站点信息；向 LHS 服务站点发送完整标识，以获取解析结果。

② GHR。该组件负责接收和响应 Handle 客户端发送的前缀解析请求，通过查询注册信息，检索到该前缀相应的 LHS 服务站点，并将服务站点信息返回给 Handle 客户端。

③ LHS。该组件负责接收和响应 Handle 客户端发送的标识解析请求，通过查询本地数据库，检索到该标识对应的值集，并将解析结果返回给 Handle 客户端。

为提升解析性能，Handle 客户端可选择缓存 GHR 返回的 LHS 服务站点信息，并将其用于后续查询，根据缓存的服务信息，Handle 客户端可直接将请求发送至相应的 LHS 服务站点，无须询问 GHR。Handle 对顶层进行了平行化改进，不再为单根架构，可部分缓解 DNS 集中式管理带来的问题。Handle 允许已注册 LHS 自定义命名空间和解析机制，支持无缝添加其他协议子域，便于兼容其他标识解析体系。

（3）安全防护。

Handle 不依托 DNS 服务，它设计了一套全新的应用层解析系统与原生安全防护方案，主要工作包含以下三个部分[21]。

① 管理员与权限设计。Handle 为每个 Handle 标识设置一个或多个管理员，任何管理操

作只能由拥有权限的 Handle 管理员执行，在响应任何 Handle 管理请求之前都需要对管理员进行身份验证与权限认证。Handle 管理员可拥有添加、删除或修改 Handle 值等权限。

② 客户端身份安全与操作合法。客户端可发起解析和管理两类请求，均要进行客户端身份验证。若客户端发起解析请求，Handle 服务器则根据权限对客户端进行差异化解析；若客户端发起管理请求，Handle 服务器则根据质询响应协议对客户端进行身份验证，如图 7 所示。

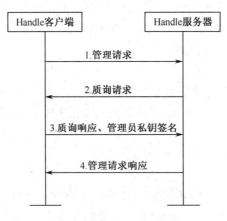

图 7　质询响应协议流程

客户端首先向服务器发送一个管理请求；其次服务器向客户端发送质询请求来对客户端进行身份验证；接下来，客户端进行质询响应，并用其管理员私钥进行签名；最后服务器验证其签名，保证客户端身份合法。若验证失败，则通知客户端，否则，服务器将进一步检查该管理员是否具有相应管理权限。若有，则服务器执行该管理操作并向客户端报告成功，否则返回拒绝信息。

③ 服务器身份安全。客户端可以要求服务器使用私钥对其响应进行签名，从而对服务器进行身份验证。

除此之外，Handle 还具有分布式数据管理能力，兼容分布式、集中式、云存储等不同存储方式，保障用户数据主权，具备比 DNS 更强的内容保护机制和抗攻击能力。Handle 定义了权限认证机制，支持数据、访问权限、用户身份等自主管理，保证身份安全、数据安全与行为安全，具备较高的安全性与可靠性。

3）相关研究与应用

（1）相关研究。

目前关于该体系的研究主要着眼于 Handle 是否能够满足新型网络架构需求，保证在未来网络体系架构下其数字对象标识符依旧可用。Wannenwetsch 等[36]设计了一种面向对等网络（Peer-to-Peer，P2P）与命名数据网络（Named Data Networking，NDN）的基于 Handle 的永久标识符，通过结合 Handle、磁力链接（Magnet URI Scheme）、分布式哈希表（Distributed Hash Table，DHT）、NDN 等技术，提供位置无关的数据解析服务。注册时，该系统将磁力链接嵌入 Handle，并将映射数据分布式存储在 DHT 网络或 NDN 内，而非传统的数据中心中；解析时，Handle 解析结果为磁力链接而不再是传统的信息存储服务器 URL，客户端可根据磁力链接将解析请求发送到相应的服务器上，由于磁力链接通过数字指纹而非文件位置或名称识别文件，所以可实现位置无关的解析服务。Schmitt 等[37]提出了一种面向 NDN 的 Handle 解析架构，该架构将 Handle 解析请求封装为 NDN 兴趣包，将 Handle 解析响应封装为 NDN 数据包，以便在 NDN 中传输，并且通过 Handle 网关实现 NDN 与 Handle 解析系统的连接，同时完成 NDN 包与 Handle 请求的转换。Karakannas 等[38]提出了一种映射架构，该架构可实现 URN、Handle 等永久标识符在 NDN 中传输。在该方案中，兴趣包内 NDN 名称由解析组件的 NDN 名称与待解析永久标识符共同组成。通过递归或迭代解析，兴趣包内解析组件 NDN 名称将依次被修改为根服务器名称、永久标识符类型服务器名称、权威服务器名称，保证其在 NDN 中顺利传输并提供永久标识符解析服务。虽然都通过构建兴趣包与数据包实现 Handle 解析请求在 NDN 中传输，但与文献[36]不同的是，文献[38]中解析服务器部署在 NDN 内部，无须设置 Handle 网关。

（2）相关应用。

Handle 既能与国际接轨，又可确保企业自主可控，目前已被成功应用在数字图书馆、产品溯源、智能供应链等领域，为打破信息孤岛、降低成本、保证生产高效协同等提供支持。

2. UID

1）概述

UID 是一种用于泛在计算的环境感知技术，支持对象及对象间关系描述，UID 中心于 2003 年在东京大学建立，得到了日本政府及企业的大力支持。截至目前，全球已有 500 多家公司和组织参与发布了 UID 标准与泛在计算系统的工业开放标准规范[40]。UID 通过泛在标识编码（Ubiquitous Code，ucode）标识客观实体、空间、地址、概念等物理或逻辑对象，并通过 ucode 关系模型在 ucode 间建立关联[23]。

ucode 关系模型由 ucode 关系单元组成，图 8 展示了 ucode 关系单元的结构，每个 ucode 关系单元由主体 ucode、关系 ucode 和客体 ucode 三部分组成，用于指明两个 ucode 或 ucode 与未分配标识对象之间的关系。为描述多实体、复杂环境信息，UID 进一步将多个 ucode 关系单元拼接成 ucode 关系图，如图 9 所示。

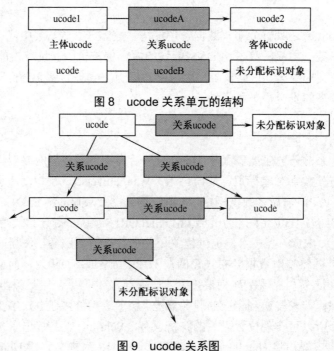

图 8　ucode 关系单元的结构

图 9　ucode 关系图

ucode 相关技术于 2012 年 10 月被写入 ITU-T 国际标准，可保证任意对象经由互联网进行识别和通信，是实现泛在计算、物联网和 M2M 计算范式的重要技术。目前，一系列基于 ucode 技术的建议书正在加速研制中，用于提供对象及其位置识别、环境理解、对象跨应用、跨组织信息交互等功能，保证最佳控制自动执行而无须人工干预，助力泛在计算任务自动执行。该技术适用于工业场景，有望用于建筑物管理、食品和医疗产品追溯、工厂设施处置、旅游信息服务及公共资产管理等应用领域。

2）关键技术

（1）标识方案。

ucode 为层次、固定长度编码，由一系列无意义数字串拼接而成，其基本长度为 128 位，并且支持长度扩展，ucode 编码长度可以扩展为 128 位的整数倍，如 256 位、384 位、512 位等。ucode 命名空间采用分层结构进行管理，由顶级域和二级域两层组成[24]。每个 ucode 编码由版本号、顶级域代码、类代码、二级域代码和标识码 5 个字段组成，图 10 展示了 128 位 ucode 编码结构。

图 10　128 位 ucode 编码结构[24]

其中，版本号占 4 位，用于指明 ucode 版本；顶级域代码占 16 位，用于指明该 ucode 的顶级域管理者；类代码占 4 位，其最高位用于指明该 ucode 是否对编码长度进行了扩展，后 3 位用于指明二级域代码和标识码之间的边界；二级域代码长度存在多种类型，由类代码指定，用于指明该 ucode 的二级域管理者，二级域管理者由顶级域管理者分配；标识码长度存在多种类型，由类代码指定，负责对对象进行唯一标识。

相较于其他标识方案，ucode 标识主体多样，涉及实体、概念、地点、关系等对象，可满足工业场景多样化需求。然而，ucode 并未提供兼容其他标识体系的方案，不具备兼容性；此外，ucode 采用固定长度编码方式，其命名空间受限，难以满足海量数据标识需求。

（2）解析机制。

ucode 关系图用于描述多个对象间的关系，存储于 ucode 关系数据库内。ucode 解析系统负责接收 ucode 编码，并根据该编码在 ucode 关系数据库内检索 ucode 关系图，实现环境识别。ucode 采用递归解析方式，其解析架构由 ucode 关系数据库节点、ucode 关系数据库前端、ucode 关系词汇引擎和 ucode 信息服务 4 个核心组件组成[24]，如图 11 所示。

① ucode 关系数据库前端。该组件部署在 ucode 基础设施系统内，负责接收 ucode 解析请求，然后向分布式 ucode 关系数据库节点请求相关的 ucode 关系单元，并基于这些关系单元构建 ucode 关系图，之后基于 ucode 关系词汇引擎对该 ucode 环境信息进行描述。

② ucode 关系数据库节点。该组件部署在 ucode 基础设施系统内，是 ucode 关系数据库中的一个独立节点，负责参与 ucode 关系单元的分布式存储。

③ ucode 关系词汇引擎。该组件部署在应用程序内，不同的应用程序拥有不同的 ucode 关系词汇引擎。该组件负责对 ucode 关系数据库前端生成的 ucode 关系图提供语义理解和搜索逻辑。例如，从 ucode 关系图中提取位置信息就是一种特定于应用程序的 ucode 关系词汇引擎。

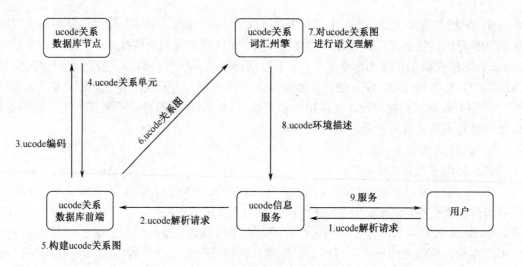

图 11　ucode 解析架构

④ ucode 信息服务。该组件部署在应用程序内，根据 ucode 关系图的搜索结果为用户提供服务。

与其他解析方案不同，ucode 解析结果为相关环境信息，应用程序根据其特定需求和搜索逻辑从环境信息中筛选出需要的内容，对象描述更为全面。不过，该体系在解析过程中需要向多个分布式节点收集 ucode 关系单元，解析效率较低。

（3）安全防护。

除使用传统安全防护技术外，为满足不同应用对安全的差异化需求，UID 体系根据安全及隐私保护程度将安全功能从低到高划分为数据损坏探测功能、抗物理复制及伪造功能、接入控制功能、防篡改功能、支持与未知节点进行安全通信、支持基于时间的资源管理、支持内部程序和安全信息更新 7 个等级。

① 数据损坏探测功能：如果 ucode 标签由于物理损坏或干扰等导致部分数据采集时造成数据缺失或损坏，UID 系统可以立刻检测到，以保证数据的准确性与完整性。

② 抗物理复制及伪造功能：该功能可保证 ucode 编码在物理上难以复制或伪造，实现数据安全。

③ 接入控制功能：该功能通过权限定义、接入控制等技术，禁止未经授权的第三方应用识别 ucode，同时禁止其访问 ucode 相关的环境信息、状态和方法，保证行为安全。

④ 防篡改功能：该功能负责将 ucode 的访问控制管理信息存储在标签内，且保证不能被非法读取或篡改，实现数据安全。

⑤ 支持与未知节点进行安全通信：该功能负责保证即使与未预先共享私钥的未知节点通信，也可以建立安全的数据交换通道，保证数据传输安全。

⑥ 支持基于时间的资源管理：该功能负责对数据、安全信息、操作等设置有效期，有效期过后，所有相关的数据访问和操作都将停止，保证行为安全。

⑦ 支持内部程序和安全信息更新：该功能负责保证防护系统处于最佳状态，对软件定时更新固件和安装安全补丁。

UID 体系通过实现数据损坏探测、抗复制和伪造、防篡改、与未知节点安全通信等功能，保证数据安全；又通过设计接入控制、支持基于时间的资源管理等，保证行为安全。通过设计上述 7 项安全防护功能，UID 体系为应用提供了细粒度、灵活的安全保护方案，满足用户对安全的差异化需求。

3）相关研究与应用

（1）相关研究。

目前关于 UID 的研究主要分为 UID 优化和 UID 部署两方面。

针对 UID 优化，Hirotsugu 等[41]基于区块链技术设计去中心化 ucode 编码分配方案，以解决 UID 层次化结构带来的问题。该方案利用 ucode 编码中的顶级域代码字段定义 ucode 分配方式，保证用户可通过预约、拍卖等方式获得 ucode 编码。该方案便于实现，可应用于现有 ucode 系统，可有效解决目前 ucode 由于层次架构带来的问题；并且，该方案通过采用区块链技术保证其标识分配过程公开透明且难以被特殊机构控制。

在 UID 部署的研究方案中，主要着眼于如何在物联网中结合其他技术部署 OID，从而解决物联网中的异构、互操作等问题。Takeshi 等[42]基于 UID 技术与受限制的应用协议（Constrained Application Protocol，CoAP）提出 UID-CoAP 联合架构，该架构可实现在通用嵌入式节点上托管物联网服务。其中，CoAP 用于资源受限节点间通信，UID 技术负责描述实现物联网服务需要的知识和数据，该方案给出了一种将 UID 技术运用在物联网嵌入式系统中的新方法。Jussi 等[43]基于 UID 技术提出了一种面向物联网的泛在计算互操作架构，该架构为各异构子空间建立信息服务器中介，再由信息服务器中介向 ucode 解析服务器注册。解析时，ucode 解析服务器首先将 ucode 编码解析为信息服务器中介地址，再通过查询信息服务器将请求定向到特定的信息服务器上，从而完成解析服务，该方案可有效解决物联网泛在计算中的互操作问题。

（2）相关应用。

ucode 技术主要应用于日本实时操作系统内核（The Real-time Operating System Nucleus，TRON）项目，负责为任意场所和物品植入 IC 电子标签，并分配唯一的 ucode 编码。目前 UID 系统已经从研究阶段转向商用阶段，用于支持日本东京都厅导游信息服务、观光巴士信息服务、上野动物园导游信息服务等。

（三）分析与总结

表 3 从分类、标识主体及特点、解析方式、解析架构、解析结果、安全防护和应用领域等方面对上述标识解析体系进行了综述，并以 DNS 作为参照。从标识主体与解析结果来看，DNS 服务僵硬，无法满足未来互联网需求。OID、Ecode 两种体系均依托 DNS 服务，虽然对其标识主体和解析结果做了扩充，但仍无法满足未来互联网所承载的多样化应用的差异化需求。相比之下，基于革新路径的体系服务更为灵活，支持用户自定义与环境描述，可以更好地运用在工业网络中。从标识特点看，除 UID 外，其他体系均提供不定长编码，这意味着 UID 能对标识进行更快的查询和匹配，但其有界命名空间将会成为发展的瓶颈。从解析架构看，上述体系均采用层次结构，存在服务绑架风险，不过 Handle 在其顶层做了平行化处理，可在一定程度上解决层次结构的问题。从安全防护看，Handle 的安全与隐私保护设计最为全面，该体系通过公私钥技术、质询响应协议等，可较好地保证身份安全、数据安全与行为安全。

表3　现有标识解析体系对比

条目	分类	发起者	标识主体	标识特点	解析方式	解析架构	解析结果	安全防护	应用领域
DNS	无	Paul Mockapetris	主机	字符串编码，编码不定长，无界命名空间	递归、迭代	树状，单根	IP 地址	DNSSEC	消费互联网
OID	改良路径	ISO/IEC、ITU-T	任何类型的物理或逻辑对象	字符串编码，编码不定长，无界命名空间	递归	树状，单根	URL 或 IP 地址	通过安全标志决定是否使用 DNSSEC	电子认证证书、医疗卫生领域、金融领域、食品追溯领域等[25]
Ecode	改良路径	中国物品编码中心	任何物联网对象	纯数字编码；部分版本编码定长，部分版本编码不定长；部分版本为有界命名空间，部分版本为无界命名空间	迭代	树状，单根	URL 或 IP 地址	使用传统安全技术与DNS防护方案，编码支持自认证	茶叶、红酒、农产品、成品粮、工业装备、原产地认证等
Handle	革新路径	Robert Kahn	数字对象	字符串编码，编码不定长，无界命名空间	迭代	两层，多根	自定义解析结果	权限设计保证行为安全，质询响应协议保证用户身份安全、操作合法，公私钥技术保证服务器身份安全	美国国防部数字图书馆项目、数字对象唯一标识符项目等[39]
UID	革新路径	东京大学	物理、逻辑对象及其关系	纯数字编码，编码定长，有界命名空间	递归	两层	环境描述	安全功能划分为7个等级，可满足对安全的差异化需求	泛在计算、TRON 项目

（四）其他标识解析方案

本部分将对新型标识解析方案研究成果进行梳理。根据技术方法，可将研究成果分为基于 DHT、基于 DHT 与 DNS 和基于区块链三种；根据是否用于改进现有系统，可将研究成果分为改进方案与新型方案两种。改进方案往往未设计标识，仅对解析架构进行改进；新型方案往往同时提出标识方案与解析机制。

1. 基于 DHT 的新型标识解析方案

DHT 是一种不需要中心服务器的分布式存储方法，通过某种协议将数据分散地存储在多个节点上，可有效解决集中式架构单一故障带来的服务瘫痪。同时，DHT 通过哈希运算进行存储查询，可保证用户隐私与数据安全，目前已被广泛应用于优化和构建标识解析系统。Cox 等[44]提出了一种基于 DHT 的域名系统，该系统继承了 DHT 的容错性与负载均衡性，可解决 DNS 面临的许多管理问题。Fabian 等[45]针对 DNS 健壮性不足、配置复杂、安全性较弱等问题，提出了一种基于 DHT 的服务架构用以替代对象命名服务，该方案可在一定程度上提高用户隐私保护强度。Matthias 等[46]提出了一种兼容 DNS 体系、抗特殊权力机构控制、对等、完全分布式、支持隐私保护的标识解析架构。该架构利用属性加密与简单分布式安全基础设施，用证书替换 DNS 可信根，映射数据通过 DHT 方式发布，实现安全、分布的标识解析服务。Rhaiem 等[47]提出了一种基于多级 DHT 算法的标识解析系统，该系统将标识及其映射数据存储在多级 DHT 网络中，并由 DHT 节点提供解析服务。

2. 基于 DHT 与 DNS 的新型标识解析方案

DNS 层次架构具有高效、可聚合等优势，DHT 拥有对等、安全等好处，已有部分学者着眼于联合二者构建混合标识解析系统。Doi 等[48]综合 DHT 与 DNS 的优势，提出了一种 DHT-DNS 混合域名系统，该系统将 DHT 命名空间挂载在 DNS 树下，由 DHT 节点充当权威域名服务器。当解析请求到来时，该系统将解析请求解析为某个 DHT 节点，完成解析服务。Yan 等[49]提出了一种基于 DHT 与 DNS 的新型标识解析方案。该方案使用哈希串标识对象，用于解决异构标识兼容问题，同时采用 0-1 二叉树构建解析架构，每个哈希串都可映射为该二叉树的一个叶节点。该方案综合了 DNS 与 DHT 的优势，能实现异构标识接入、对等、高效的标识解析服务。

3. 基于区块链的新型标识解析方案

区块链由 Satoshi Nakamoto 于 2008 年提出，是通过多点实现数据分享、同步和复制的去中心化数据存储技术，具备无中心、防篡改、安全等优势，可应用于标识解析系统的改进与构建。文献[50]提出了一种基于区块链的改进域名系统，该系统通过将域名存储在比特币内实现 DNS 服务，具有去中心、安全、抗审查、支持隐私保护等优势。Ali 等[51][52]提出了一种基于区块链与 DHT 的新型解析系统，该系统通过哈希串实现映射数据检索，自下向上分别由区块链、虚拟链和 DHT 网络三部分组成。其中，区块链负责存储各域名及其对应哈希串的变化；虚拟链负责读取底层区块链交易记录并进行抽象，按照域名存储其哈希串变化；DHT 负责存储哈希串及其对应的 IP 地址。注册时，映射数据存储在 DHT 网络内，域名与哈希串存储在区块链内；解析时，客户端首先将域名发送至虚拟链，读取该域名对应的哈希串，然后根据哈希串在 DHT 网络中检索，完成解析服务。

四、未来挑战与研究展望

虽然目前国内外互联网资源标识解析技术已取得部分成果，但在架构、性能、安全等层面仍存在尚未解决的难题，有待进一步研究，具体如下。

（一）架构层面

（1）多种标识解析体系兼容问题。现存 Handle、OID、Ecode 等多种标识解析体系，给互联网基础资源的互联互通和使用带来了巨大的麻烦，如何构建异构兼容的标识解析体系，实现对多类业务、服务、数据的衔接与融合是亟须解决的问题。针对兼容问题，目前有两种解决方案，第一种是令原体系数据在新体系内重新注册，实现新体系兼容原体系。这种方案准确率较高，但资源开销巨大。第二种是不进行重新注册，只在新体系入口处训练分类器，对体系类别进行智能识别。例如，NIoT 在其系统中构建异构标识识别功能[16]，通过识别算法确认输入标识对应的标识类型。这种方案开销较小，但对算法设计要求很高。

（2）基于多标识解析体系的协同式服务。现存多种标识方案，包括条形码、二维码、RFID、URN、域名、IP 地址等，分别用于标识物料、传感器、工业设备、人员等，存在多个信息孤岛。为打破信息孤岛，实现生产信息的统一整合，如何基于多标识解析体系提供协同式服务是必须解决的问题，解决思路有以下两个：①利用各体系提供的服务接口，设计合理的信息交换机制，为用户提供跨应用、跨体系的服务；②对现有标识解析体系进行扩展，设计合理的架构和系统组成，实现各体系间数据和服务的互操作。

（3）解析节点权限不对等。现有标识解析体系多采用单根树型结构，该结构带来的服务节点权限不对等问题可能导致解析服务被特殊机构绑架，解析服务无法提供。尽管 Handle 在其顶层构建了多个根节点，但仍未从根本上改变解析架构。DHT 技术与区块链技术凭借其去中心化的分布式存储方式，有望成为解决该问题的备选方案。目前已有学者尝试基于 DHT 技术或区块链技术构建去中心化、对等解析架构[44][52]，保证各服务节点权限相同，解决单根结构带来的安全问题与解析瓶颈问题等。

（二）性能层面

（1）超低时延要求。未来网络由于承载工业生产、车联网、远程控制等业务，对解析时延和准确性有更高的要求。同时，未来网络中存在海量数据高并发接入、多命名格式与协议并存等现象，所以如何设计更有效的解析机制，保证在复杂工业环境下，实现快速的命名映射与协议转换，完成超低时延跨体系、跨协议的解析服务也是亟须解决的问题。

（2）可扩展性要求。互联网资源标识解析体系在标识主体、命名空间和协议上均有可扩展性要求[53]，给现有体系带来挑战。首先，如何设计合理的标识方案，保证标识主体可扩展，以满足未来多种主体标识需要是必须解决的问题；其次，如何保证命名空间足够大，以满足未来海量数据要求是亟须解决的问题；最后，如何设计合理的机制，保证设计的标识解析体系在协议层面可扩展，能无缝添加其他协议子域，实现未来其他协议和命名空间无障碍加入也值得进一步研究。

（三）安全层面

现有标识解析体系的安全与隐私保护方案不能满足工业需求。基于改良路径的体系继承了 DNS 存在的一系列问题，包括架构脆弱、易被缓存投毒、单点故障风险等。同时，此类体系多依托 DNS 安全防护方案，较少提出新的安全保障机制，而 DNS 安全防护方案并不完善，面临多种攻击风险，无法满足未来互联网需求。作为革新路径的代表，Handle 虽设计了一系列防护方案，但仅对用户设置了两级权限，数据权益保护粒度较粗，且同样无法解决缓存投毒、拒绝服务攻击等问题。此外，互联网资源标识解析服务存在大量跨信任域的访问控制，所以如何设计细粒度、动态化、轻量级、安全的跨域访问控制机制也是十分重要的研究内容。目前已有学者开始尝试使用区块链技术解决标识解析体系存在的安全与隐私保护问题[54][55]。

（四）其他挑战

（1）解析方式与结果僵化。现有体系解析方式与结果僵化，不能满足未来互联网需求，应从以下四个方面入手解决。

① 提供差异化解析服务。不同用户查询同一个标识，返回的结果应不同。

② 满足行业特殊需求。不同行业对解析服务的要求存在差异，如交通行业对时延要求更高，林业对成本更为敏感，解析系统应能针对不同行业提供不同性能的服务。

③ 自定义映射数据与解析结果。不同应用对解析结果的要求存在差异，解析结果可能是 URL、IP 地址、商品简介等，未来互联网解析系统应允许用户自定义映射数据，满足差异化需求。

④ 支持群组检索。现有解析技术只能根据标识进行粗粒度查询，无法根据对象属性或对象间相关性进行批量、群组检索。目前已有学者提出互联网资源标识寻址的信息聚合架构，以实现数据从多个分布式节点进行检索[56]。

（2）标识失效问题。如何为对象设计永久性标识是另一个需要解决的问题，永久性标识是服务稳定提供的基础，现有两种标识思路均难以实现永久性标识。第一种思路是根据对象所有者、管理者或其他属性设计包含语义的标识。基于这种思路的标识方案具备语义信息，对象所有者、管理者或其他属性等信息更改时会导致标识失效。另一种思路是对资源内容做哈希运算，并将哈希运算结果作为标识描述对象。基于这种思路的标识方案也无法解决标识失效问题，资源更新后同样会导致标识失效。因此，如何保证对象标识的永久性，从而提供稳定的网络服务有待未来进一步研究。

五、结束语

资源标识解析技术通过对资源进行抽象表征与解析寻址来支撑互联网应用。随着互联网的发展，对资源标识解析技术也不断提出新的需求。本文首先讨论了未来互联网资源标识解析体系设计原则与关键支撑技术；然后，对现有标识解析体系从概述、关键技术、相关研究与应用三个方面进行了综述，介绍了其核心原理与运行机制；之后，对新型标识解析方案研究成果进行了梳理；最后，讨论了该领域面临的挑战与未来发展方向。

参考文献

[1] 王媛媛. 智能制造发展的国际比较与中国抉择[D]. 福州：福建师范大学，2019.

[2] 田野，刘佳，申杰. 物联网标识技术发展与趋势[J]. 物联网学报，2018，2(2): 8-17.

[3] 毛伟，王艳峰，王峰. 新一代互联网资源标识与寻址技术[J]. 计算机应用研究，2004，(4): 233-235, 250.

[4] 毛伟. 互联网资源标识和寻址技术研究[D]. 北京：中国科学院研究生院（计算技术研究所），2006.

[5] 工业互联网产业联盟. 工业互联网安全框架[Z]. 2018.

[6] 闫伯儒. DNS 安全防护平台的研究与实现[D]. 哈尔滨：哈尔滨工业大学，2006.

[7] Sisinni E, Saifullah A, Han S, et al. Industrial internet of things: Challenges, opportunities, and directions[J]. IEEE Transactions on Industrial Informatics, 2018, 14(11): 4724-4734.

[8] Stiegler M. An introduction to petname systems[C]//In Advances in Financial Cryptography Volume 2. Ian Grigg. 2005.

[9] 刘阳. 工业互联网标识解析体系安全[Z]. 2019.

[10] EPCglobal Object Name Service(ONS)1.0.1[S]. 2008-05-29.

[11] ISO/IEC 29168-1:2011, Information technology—Open systems interconnection—Part 1: Object identifier resolution system[S]. 2011.

[12] ISO/IEC 29168-2:2011, Information technology—Open systems interconnection—Part 2: Procedures for the object identifier resolution system operational agency[S]. 2011.

[13] 中国物品编码中心. 物联网标识体系物品编码 Ecode[S]. 2015.

[14] 中国物品编码中心. 物联网标识体系 Ecode 解析规范[S]. 2018.

[15] Q/NIOT001-2016 Technical specification for national common identification management service platform for Internet of Things-Part 1: Vocabulary[S]. 2016-07-09.

[16] Q/NIOT002-2016 Technical specification for national common identification management service platform for Internet of Things-Part 2: Technical requirements of access[S]. 2016-07-09.

[17] Q_NIOT003-2016 Technical specification for national common identification management service platform for Internet of Things-Part 3: Technical requirements of sub-platform[S]. 2016-07-09.

[18] Q_NIOT004-2016 Technical specification for national common identification management service platform for Internet of Things-Part 4: Requirements of identification coding structure[S]. 2016-07-09.

[19] Yan Z, Li H, Zeadally S, et al. Is DNS Ready for Ubiquitous Internet of Things?[J]. IEEE Access, 2019, 7: 28835-28846.

[20] Sun S, Lannom L, Boesch B. RFC 3650: handle system overview[J]. IETF Standards, 2003.

[21] Sun S, Reilly S, Lannom L. RFC 3651: Handle system namespace and service definition[J]. 2003.

[22] Sun S, Reilly S, Lannom L, et al. Handle System Protocol (ver 2.1) Specification[J]. Internet Engineering Task Force (IETF) Request for Comments (RFC), RFC, 2003, 3652.

[23] Center U I. Ubiquitous ID Architecture[J]. 2006.

[24] Center U I. Ubiquitous Code: ucode[J]. 2009.

[25] 中国电子技术标准化研究院. 对象标识符（OID）白皮书[S]. 2015.

[26] O Dubuisson. Introduction to Object Identifiers (OID) and Registration Authorities[J]. France Telecom Orange. 2021.

[27] 马文静，吴东亚，王静，等. 物联网统一标识体系研究[J]. 信息技术与标准化，2013，7: 52-56.

[28] Mealling M. A URN namespace of object identifiers[J]. 2001.

[29] Larson M, Massey D, Rose S, et al. DNS security introduction and requirements[J]. 2005.

[30] ITU-T X.676, Object identifier-based resolution framework for IoT grouped services[S]. 2018.

[31] Jung E, Choi Y, Lee J S, et al. An OID-based identifier framework supporting the interoperability of heterogeneous identifiers[C]//2012 14th International Conference on Advanced Communication Technology (ICACT). IEEE, 2012: 304-308.

[32] ITU-T X. 675, OID-based resolution framework for heterogeneous identifiers and locators[S]. 2015.

[33] 黄永霞. 基于 Ecode 的冷链物流单品追溯系统设计[J]. 中国自动识别技术，2017(2): 57-64.

[34] 李凯迪. 基于 Ecode 单品标识的工厂智能仓储管理新模式[J]. 中国自动识别技术，2019(1): 51-54.

[35] CNRI. Current Applications of the Handle Syste[OL]. [2013-03-20].

[36] Wannenwetsch O, Majchrzak T A. On constructing persistent identifiers with persistent resolution targets[C]//2016 Federated Conference on Computer Science and Information Systems (FedCSIS). IEEE, 2016: 1031-1040.

[37] Schmitt O, Majchrzak T A, Bingert S. Experimental realization of a persistent identifier infrastructure stack for named data networking[C]//2015 IEEE International Conference on Networking, Architecture and Storage (NAS). IEEE, 2015: 33-38.

[38] Karakannas A, Zhao Z. Information centric networking for delivering big data with persistent identifiers[J]. University of Amsterdam, 2014.

[39] 李广建，黄岚. 数字对象唯一标识 Handle System[J]. 图书馆建设，2004(3): 20-23.

[40] Koshizuka N, Sakamura K. Ubiquitous ID: standards for ubiquitous computing and the internet of things[J]. IEEE Pervasive Computing, 2010(4): 98-101.

[41] Seike H, Hamada T, Sumitomo T, et al. Blockchain-Based Ubiquitous Code Ownership Management System without Hierarchical Structure[C]//2018 IEEE SmartWorld, Ubiquitous Intelligence & Computing, Advanced & Trusted Computing, Scalable Computing & Communications, Cloud & Big Data Computing, Internet of People and Smart City Innovation (SmartWorld/SCALCOM/UIC/ATC/CBDCom/IOP/SCI). IEEE, 2018: 271-276.

[42] Yashiro T, Kobayashi S, Koshizuka N, et al. An Internet of Things (IoT) architecture for embedded appliances[C]//2013 IEEE Region 10 Humanitarian Technology Conference. IEEE, 2013: 314-319.

[43] Kiljander J, D'elia A, Morandi F, et al. Semantic interoperability architecture for pervasive computing and internet of things[J]. IEEE access, 2014, 2: 856-873.

[44] Cox R, Muthitacharoen A, Morris R T. Serving DNS using a peer-to-peer lookup service[C]//International Workshop on Peer-To-Peer Systems. Springer, Berlin, Heidelberg, 2002: 155-165.

[45] Fabian B, Gunther O. Distributed ONS and its Impact on Privacy[C]//2007 IEEE International Conference on Communications. IEEE, 2007: 1223-1228.

[46] Matthias Wachs, Martin Schanzenbach, Christian Grotho. A Censorship-Resistant, Privacy-Enhancing and Fully Decentralized Name System, 2014.

[47] Rhaiem W B, Louati W, Zeghlache D. mhDHT: a scalable DHT-based name resolution system for the Future Internet[C]//2012 Third International Conference on The Network of the Future (NOF). IEEE, 2012: 1-5.

[48] Doi Y, Wakayama S, Ishiyama M, et al. On scalability of DHT-DNS hybrid naming system[C]//Asian Internet Engineering Conference. Springer, Berlin, Heidelberg, 2006: 16-30.

[49] Yan Z, Kong N, Tian Y, et al. A universal object name resolution scheme for IoT[C]//2013 IEEE International Conference on Green Computing and Communications and IEEE Internet of Things and IEEE Cyber, Physical and Social Computing. IEEE, 2013: 1120-1124.

[50] Namecoin[EB/OL]. https://Namecoin.info.

[51] Ali M, Nelson J, Shea R, et al. Blockstack: A global naming and storage system secured by blockchains[C]//2016 {USENIX} Annual Technical Conference ({USENIX}{ATC} 16). 2016: 181-194.

[52] Ali M, Nelson J, Shea R, et al. Blockstack: Design and implementation of a global naming system with blockchains[J]. Last visited on, 2016, 25(2).

[53] Vögler M, Schleicher J M, Inzinger C, et al. A scalable framework for provisioning large-scale IoT deployments[J]. ACM Transactions on Internet Technology (TOIT), 2016, 16(2): 11.

[54] Singh S, Singh N. Blockchain: Future of financial and cyber security[C]//2016 2nd International Conference on Contemporary Computing and Informatics (IC3I). IEEE, 2016: 463-467.

[55] Zheng Z, Xie S, Dai H N, et al. Blockchain challenges and opportunities: A survey[J]. International Journal of Web and Grid Services, 2018, 14(4): 352-375.

[56] Roussos G, Chartier P. Scalable id/locator resolution for the iot[C]//2011 International Conference on Internet of Things and 4th International Conference on Cyber, Physical and Social Computing. IEEE, 2011: 58-66.

DDoS 攻击态势分析与防御技术研究进展综述

刘　颖　张维庭　闫新成　周　娜　蒋志红

北京交通大学、中兴通讯股份有限公司

一、背景介绍

（一）DDoS 攻击总体趋势

随着信息技术的飞速发展与应用，网络安全的重要性越发凸显。作为攻击者最常用的攻击手段之一，DDoS（分布式拒绝服务）攻击具备原理简单、防御困难的特点，逐渐成为网络空间安全的重要威胁。值得庆幸的是，随着国家对网络安全的越发重视，2019 年后我国 DDoS 攻击态势有向好趋势。特别是在"净网 2020"等专项整治活动的打击下，2020 年后国内遭受的 DDoS 攻击次数及攻击流量呈现双回落趋势。从 2019 年与 2020 年的攻击流量和攻击次数来看，2020 年（截至 12 月），我国境内受到的 DDoS 攻击达 15.25 万余次，攻击总流量为 38.65 万 TB，与 2019 年同期相比，攻击次数减少了 16.16%，攻击总流量下降了 19.67%，如图 1 所示。根据腾讯安全相关数据，2021 年大型扫段攻击的出现使得攻击次数处于高位，并呈现出持续增长的趋势，但 2022 年 DDoS 攻击次数同比 2021 年还增长了 8%，成为 DDoS 攻击次数最多的一年，可见黑产威胁不容小觑。

从各月攻击次数来看，2020 年国内的 DDoS 攻击主要集中在上半年，其中 2 月占比最高，达到 14.5%。这与往年同月份相比不降反增，作为往年最"消停"的月份，2020 年 2 月却成为发生 DDoS 攻击的全年最高峰，如图 2 所示。这与新冠疫情的暴发脱不开干系。2020 年的新冠疫情对网络环境产生了一定影响，尤其在网络攻击方面。同时，人们的生产、教育、医疗等民生活动加速向线上转移。医疗行业受此影响较大，相关的网络基础设施和通信终端更是受攻击重灾区，与新冠疫情及冠状病毒相关的话题成为攻击者偏好的诱饵。与前两年一样，2021 年的 DDoS 攻击表现较为平稳，无大幅波动，但是这并不能代表 DDoS 攻击的长远发展态势，随着 5G 和物联网的规模化应用，未来很可能会再出现大规模的 DDoS 攻击。

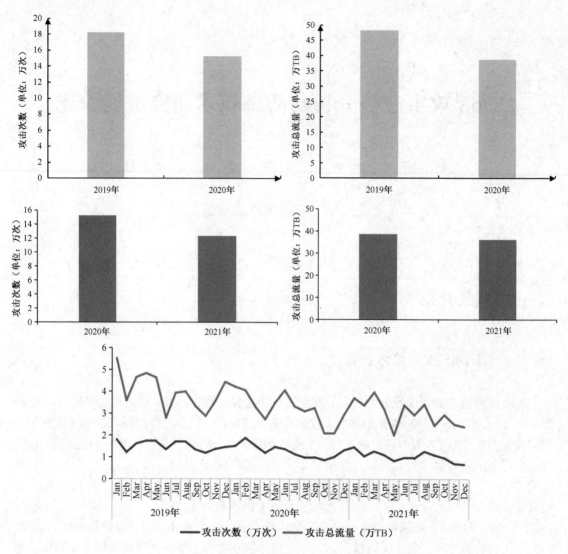

图 1　2019—2021 年 DDoS 攻击态势

数据来源：绿盟科技

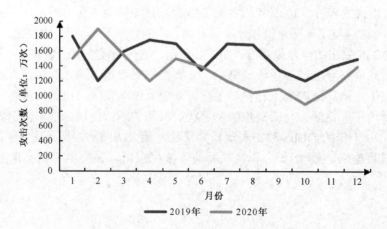

图 2　2019—2021 年 DDoS 攻击次数按月度统计

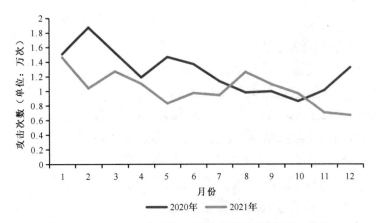

图 2   2019—2021 年 DDoS 攻击次数按月度统计（续）

数据来源：中国电信、绿盟科技

从攻击峰值分布来看，如图 3 所示，在 2020 年全部 DDoS 攻击中，18.16% 的攻击峰值在 5～10Gbit/s，在所有区间中占比最高。其中，100Gbit/s 以上的 DDoS 攻击共 16433 次，与 2019 年相比下降 29.4%；10Gbit/s 以上的 DDoS 攻击共 87165 次，与 2019 年相比下降 4.2%；1Gbit/s 以上的 DDoS 攻击共 140366 次，与 2019 年相比下降 9.0%。相比于 2019 年攻击峰值向 1～5Gbit/s 单侧分化，2020 年的攻击峰值在 5～10Gbit/s、10～20Gbit/s、20～50Gbit/s 区间的分布趋于平均，占全部攻击的 53.07%，5Gbit/s 以下的小规模攻击比例有所减少。

（二）DDoS 主流攻击类型分析

为进一步明确攻击者偏爱的攻击方式，首先需要对观测到的 DDoS 攻击流量的类型进行分析。因此，本节将从攻击次数与攻击流量占比两个方面进行对比。2021 年，DDoS 攻击的主要类型仍然是 SYN Flood、NTP Reflection Flood 和 UDP Flood，攻击次数远远超过其他攻击类型，占总攻击次数的 83.8%。已有数据表明，UDP Flood 攻击由于其简单易行的攻击方式及难以阻截的特点，在攻击次数与攻击流量占比中均占首位。值得注意的是，虽然目前攻击者主要的攻击方式是采用泛洪方案，但越来越多的新型网络应用导致了越来越多样化的反射攻击方式，未来针对 DDoS 攻击的防御需求将更加复杂且急迫。

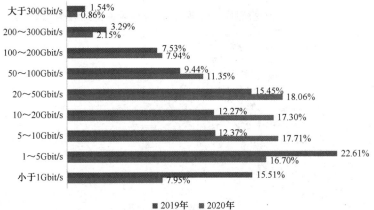

图 3   攻击峰值分布

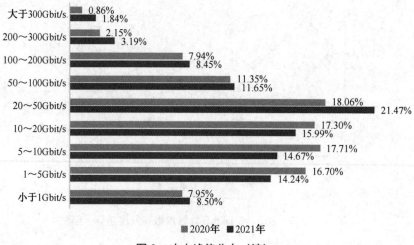

图3 攻击峰值分布（续）

数据来源：中国电信、绿盟科技

1. 不同类型的攻击次数占比分析

据绿盟科技威胁情报中心统计，2020年，主要的攻击类型为UDP Flood、SYN Flood和NTP Reflection Flood，三者的攻击次数占总攻击次数的56%。但是在2021年，SYN Flood攻击显著增加，攻击次数和攻击流量分别增加了31.7%和63.58%；UDP Flood攻击流量大幅减少，降幅达55.1%，如图4所示。

从混合型攻击事件来看，2020年混合多种类型的DDoS攻击事件的数量相较2019年有所增加。2021年混合多种类型的DDoS攻击事件的数量大幅增加，较2020年增长了80.8%。其中，采用两种类型的DDoS攻击的数量增长了104.6%，其他混合型攻击的数量较2020年有所减少。这进一步说明了攻击者发起的攻击变得更加多样化且具有动态性。

与上述统计类似，在阿里云出具的报告中，UDP Flood、SYN Flood、NTP Reflection Flood（NTP反射）三种攻击方式同样占据了前三名的位置。三者的攻击次数占总攻击次数的58.5%，如图5所示。其中，反射攻击仍在不断更新，从过去的NTP反射、SSDP反射到近两年出现的CLDAP反射、Memcached反射等。反射攻击本身并不难防护，但这些新的反射攻击方法需要DDoS技术相关的研发人员和运维人员不断更新防护技术与策略来应对。

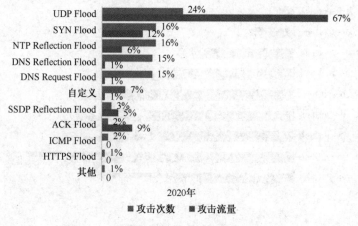

图4 不同类型的攻击次数和攻击流量占比

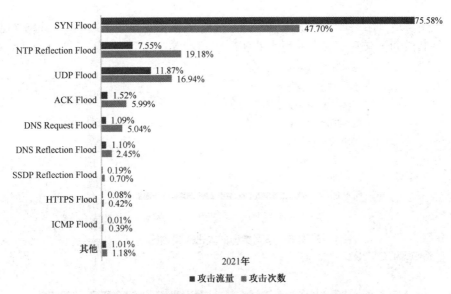

图 4　不同类型的攻击次数和攻击流量占比（续）

数据来源：绿盟科技

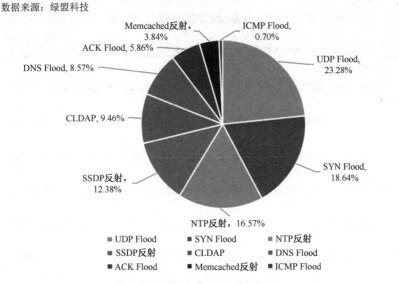

图 5　不同类型的攻击次数占比

数据来源：阿里云

在经历了 2017 年和 2018 年两个 DDoS 攻击大年后，2019 年和 2020 年似乎相对平静。但是，平静不意味着祥和，恶意攻击者正在暗中伺机而动。同时，伴随 HTTP 2.0 等新技术的发展，各种新型攻击手段也在暗流涌动。根据往年的攻防经验，未来可能会面临更大的攻击高峰。

2. 不同类型的攻击流量占比分析

在 2020 年统计的攻击流量数据中，主要的攻击类型为 UDP Flood 和 SYN Flood，攻击流量占比共计 79%，二者均属于大流量攻击。同时，在 100Gbit/s 以上的攻击中，UDP Flood 与 SYN Flood 的攻击流量占比更是高达近 90%，是现有大流量攻击中的主流，如图 6 和图 7 所示。得益于网络安全技术的进步，各网络提供商、服务提供商采取了越发完备的防御技术，这提升了攻击者达到阻碍服务目的的难度。大流量攻击虽然发起难度大，但其越来越强悍的攻击能力使其成为未来网络安全的巨大威胁。

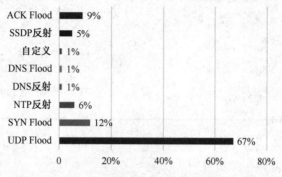

图 6　不同类型的攻击流量占比

数据来源：绿盟科技

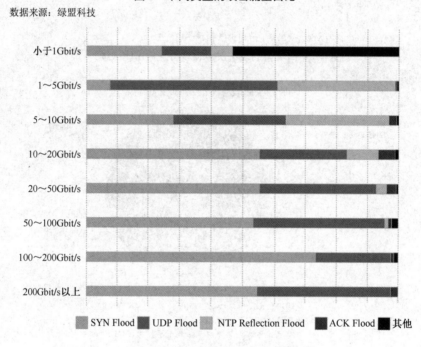

图 7　DDoS 攻击类型流量区间

数据来源：绿盟科技

二、基于地址假冒的 DDoS 攻击系统性分析

（一）地址假冒引发的各类典型攻击

根据上文对 DDoS 攻击态势的分析可以得出以下结论：对不同类型的 DDoS 攻击来说，地址的真实性对 DDoS 攻击的影响存在较大差异。RFC6959 中依据攻击者是否有能力访问源系统和目标系统将地址假冒攻击分为盲攻击和非盲攻击，如图 8 所示。

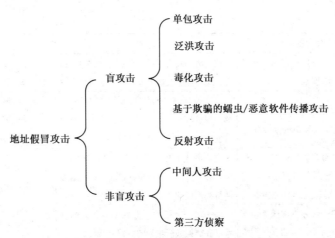

图 8　地址假冒攻击中的盲攻击与非盲攻击类型

为明确地址假冒攻击的危害程度，根据上文中的攻击占比将图 8 中的几种攻击重新分类为主流攻击和非主流攻击，如图 9 所示。应将主流攻击作为我们的研究重点。

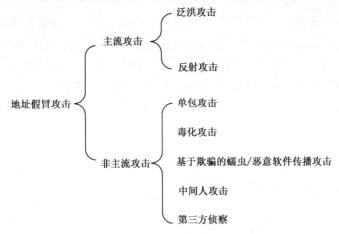

图 9　地址假冒攻击中的主流和非主流攻击类型

（二）地址假冒引发的各类典型攻击对比分析

针对地址假冒引发的各类典型攻击，包括泛洪攻击、反射攻击、单包攻击、毒化攻击、基于欺骗的蠕虫/恶意软件传播攻击、中间人攻击和第三方侦察，我们从攻击目的、发起方式、影响与危害三方面进行了对比分析，如表 1 所示。

表 1　地址假冒攻击对比分析

攻击类型	攻击目的	发起方式	影响与危害
泛洪攻击	迅速消耗对方资源，达到拒绝服务的目的	攻击者在短时间内向目标系统发送大量的虚假请求，从而耗尽对方资源	合法请求得不到应有的响应或系统崩溃
反射攻击	攻击者控制僵尸主机，使大量响应数据包涌向攻击目标	利用路由器、服务器等设施对伪造源地址的请求产生应答，从而反射攻击流量并隐藏攻击来源	目标网络因资源耗尽而无法响应合法请求，产生拒绝服务的效果

续表

攻击类型	攻击目的	发起方式	影响与危害
单包攻击	制造大量无用数据，导致目的主机网络拥塞	攻击者向目标系统发送有缺陷的 IP 报文，或者发送大量无用报文占用网络带宽	目标系统在处理有缺陷的 IP 报文时出错、崩溃
毒化攻击	冒充身份，使到达网关或主机的流量通过攻击进行转发	攻击者伪装成合法主机，将依赖原服务器的受害者重定向到其他地址，从而获取其他主机与被攻击者的通信数据	造成局域网中的其他主机断网。劫持局域网中其他主机或网关的流量，获取敏感信息等
基于欺骗的蠕虫/恶意软件传播攻击	传播自身功能的副本或某些部分到其他计算机系统中，完全控制、破坏 PC、网络及数据	攻击者主动搜索网络上存在缺陷的目标系统，并在其载荷里附加病毒，达到破坏目标系统的目的	占用被感染主机的系统资源，抢占网络带宽，造成网络严重堵塞
中间人攻击	拦截通信双方的通话并插入新的内容	攻击者与通信双方分别创建独立的联系，并交换其所收到的数据	监听并篡改数据
第三方侦察	收集攻击目标的信息	利用地址扫描或端口扫描的方式确定目标系统的薄弱环节，并制定有效的攻击方案	第三方侦察不会带来直接危害，但会暴露主机的各种信息，使后续的攻击变得非常简单

从以上总结可以看出，泛洪攻击和反射攻击这两种主流的地址假冒攻击最主要的危害是消耗各种网络资源，从而造成拒绝服务（DoS）攻击。DDoS 攻击是在 DoS 攻击基础上进行的大规模、大范围攻击，DoS 攻击只是单机和单机之间的攻击，而 DDoS 攻击是利用一批受控制的僵尸主机向一台服务器主机发起的攻击，其攻击的强度和造成的威胁要比 DoS 攻击严重很多，更具破坏性。因此，下文将从检测、溯源、防御三方面重点介绍几种典型的 DDoS 攻击防御技术。

三、DDoS 攻击防御技术分析

（一）基于特征熵的 DDoS 攻击检测

DDoS 攻击会导致网络流量的统计特征发生动态变化，因此可用基于熵值计算的方法实现异常检测，即利用成熟的流量统计模型周期性地监测经过转发设备的流量特征，通过计算生成合法流量的熵值模型。

（1）基于信息熵的检测：文献[1]用 NetFlow 流量采集信息作为测试数据，测试数据包括源/目的 IP 地址、源/目的端口号 4 个属性。将这 4 个属性的状态分布看成一组随机事件，先计算不同属性的信息熵，再设定阈值并判断入侵。文献[4]使用一种基于熵的算法来评估正常流和攻击流的数据包数量。这种方法的缺点是只使用流量的速率作为评判标准，高峰时段随着网络中流量的增加，会导致合法流量的误报。从上述方案可以看出，信息熵只能体现某一固定时间节点的网络状况，而对于网络流量的动态变化过程则不能很好体现。

（2）基于相对熵的检测：为了增强安全性，文献[5]提出使用位于控制器的代理进行异常检测。利用部署在控制器中的基于相对熵的流量代理，收集并处理流量的统计数据，构造一个集中的数据库。上述方案中基于相对熵的检测算法对 DDoS、Probe 等网络异常流量检测效果较好，算法复杂度较低。但是，相对熵无法表现不同攻击类型所具有的特征属性之间的内在联系，因此基于相对熵的检测算法在区分正常的突发性流量和攻击流量方面效果较差。

（3）基于联合熵的检测：文献[6]提出基于联合熵的评分系统（Joint Entropy Based Scoring System，JESS），旨在检测和缓解 DDoS 攻击。它分为三个不同的阶段：在初始阶段，SDN 设备或交换机将所有进入的数据包头部转发给控制器，由控制器计算在无攻击期间的联合熵；在预备阶段，若当前的联合熵超过控制器历史计算的联合熵阈值，则表示检测到攻击；在主动迁移阶段，交换机将可疑流量（与联合熵阈值差异最大的流量）发送至控制器，以便下发合适的流规则以进行缓解。为了更精确地计算阈值，文献[7]提出改进自适应阈值算法（MATA），使用指数加权移动平均（EWMA）技术计算阈值，与之前的自适应阈值算法（ATA）相比，将精度从 94.3%提高到 99.47%。

（4）联合机器学习与数据挖掘的检测：机器学习的方法精确度较高，但检测起来很复杂，无法定位受害主机所连接的交换机，同时控制器收集流量表的时间周期也会影响检测效果。文献[8]提出广义信息熵与 PSO-BP 神经网络相结合的方案。该方案采用将信息熵和神经网络相结合的算法，检测灵敏度高，稳健性好。文献[9]对初始聚类中心的选择进行优化，并将信息熵与改进 K-means 算法进行融合，自动确定聚类数量，输出稳定的聚类结果。上述方案将熵与机器学习、数据挖掘相结合，具有更好的模型可解释性，且计算复杂度相对较低，建模过程更为简单明了，从而节约计算机的算力，具有广阔的应用前景。

（二）基于机器学习的 DDoS 攻击检测

DDoS 攻击具有恶意数据流量庞大的特点，因此在大数据集上有着优秀分类能力的机器学习算法适用于 DDoS 攻击检测。基于机器学习的 DDoS 攻击检测技术通过提取网络中数据流的特征，从数据流中学习隐藏模式，再根据特征选取合适的机器学习算法，利用算法的可分类性来区分恶意流量和非恶意流量，然后实施相应的防御措施。

（1）基于监督学习的 DDoS 检测技术能有效降低计算和维护成本。文献[10]使用支持向量机（SVM）来检测试图向网络中注入 DDoS 恶意数据流的攻击者。使用两个或三个不复杂的特征作为支持向量机的输入，并将分类结果与其他基于机器学习的分类器（KNN、决策树）进行比较。文献[11]通过随机森林进行递归特征消除，计算特征的重要值，利用所获得的特征来检测攻击，缩小了训练规模。上述文献均使用公开的数据集 CICIDS 2017 进行训练。许多文献表明，使用监督学习算法训练出的 DDoS 攻击检测模型在测试集上往往不如在训练集上表现得好，而使用无监督学习算法训练可以在一定程度上缓解这一问题。

（2）基于无监督学习的 DDoS 检测技术能有效应对数据集无标签问题。文献[12]中使用 K-means 聚类来加强传统攻击检测，分别采用 5 个聚类簇和 8 个聚类簇进行检测，获得了较高的准确率。文献[13]在 NSL-KDD 数据集上对基于 K 均值和模糊 C 均值的聚类算法进行了评估，检测了 DoS、U2R 等多种攻击，但最终的准确率不到 50%。文献[12]和[13]使用同一数据集，准确率却相差甚远。

通过结果对比可以得出，采用 K-means 聚类处理的流量分类过程中，聚类形成的数量会影响最终的分类结果。聚类越多，准确率越高，但聚类增多会导致训练时间增长。基于无监督学习的 DDoS 攻击检测技术在面对庞大数据集、复杂攻击检测时还存在结果不理想的问题，因此需要一种可以处理大规模数据集的方法。

（3）基于集成学习的 DDoS 攻击检测技术结合了多种机器学习算法的优点，能有效应对大流量 DDoS 攻击。文献[14]利用集成学习的随机森林算法，构建了一个 DDoS 攻击检测系统。随机森林算法根据流量表项对正常报文和攻击报文进行分类。该检测系统检测 DDoS 攻击的平均准确率高，平均检测时间短。文献[15]使用集成学习的极端梯度增强（XGBoost）算法进行模型训练。XGBoost 分类器使用 TcpDump 收集的流报文数据集进行 DDoS 检测，并与其他分类器进行比较，该方法具有较高的检测准确率、较低的误报率、较快的检测速度和可扩展性。基于集成算法的 DDoS 检测技术可以有效提高攻击识别的时效性，降低误报率。但也存在缺点，例如，从一个分类器池中选择性能一致且无偏的分类器子集比较困难。

（三）基于规则的 DDoS 攻击检测

基于规则的 DDoS 攻击检测对网络中发生过的攻击事件进行记录，并根据这些记录创建和更新异常记录规则集。当检测到新的数据流时，将其与规则集相比较。若特征符合，则判断为恶意流量，采取相应的防御措施，从而达到防御 DDoS 攻击的目标。常见的基于规则的 DDoS 攻击检测技术有以下几种[16]。

（1）基于特征匹配的 DDoS 攻击检测技术利用攻击的行为特征进行检测，原理简单，可实时检测。文献[17]中分别针对 Smurf 攻击、TCP 泛洪、UDP 泛洪和 ICMP 泛洪制定规则。例如，Smurf 攻击的规则为攻击者以 ICMP 协议作为传输协议，同时目的 IP 地址为广播地址。著名的攻击检测工具 Snort 也采用了特征匹配的检测方式。文献[18]中描述了 Snort 的基本原理，预先使用 Snort 自定义的描述语言生成入侵规则库。通过对网络数据包的实时解析，与入侵规则库意义匹配，发现其中包含的攻击特征。

（2）基于状态转换的 DDoS 攻击检测技术将攻击看成一系列系统状态转换和相应的条件分析，检测模型与结果直观。状态转换最早在文献[19]中提出，使用高层状态转换图来表示和检测已知攻击模型。所有的攻击都可以看作从有限的特权开始，利用系统存在的漏洞逐步提升自己的权限，这种共性使得攻击特征可以使用系统状态转换的形式来表示。因此，若新行为发生时导致系统状态发生转换，则表明可能发生了攻击。

（3）基于专家系统的 DDoS 攻击检测技术由专家输入已有 DDoS 攻击模型的知识，使用知识库进行检测，计算成本低。文献[20]首次提出基于专家系统的规则攻击检测，虽然未被用于检测 DDoS 攻击，但它提出的包括表示主体行为的概要文件，以及从审计记录中获取关于此行为的知识和检测异常行为的规则模型，具有很重大的意义。后续的基于规则的 DDoS 攻击检测也是在本文的模型上发展而成的。文献[21]提出了一种用于入侵检测的分类专家系统，能够对大数据集进行高效处理，弥补了 KPCA 的不足。随着特征提取技术的发展，基于规则的 DDoS 攻击检测不再停留在简单的定性特征比对。专家规则库的建立逐渐与机器学习、统计等方法相结合，以提取更加有效且时效性强的特征。

（四）基于报文标记的 DDoS 攻击溯源

基于报文标记的 DDoS 攻击溯源包括报文标记与传输和攻击路径重构两个过程。概率包标记（Probabilistic Packet Marking，PPM）是其代表方法之一。PPM 的基本思想是，在受害者所在的网络运营商控制的域中,将特殊标记注入可用的数据包空间中,以便在其域内的所有路由器上都能传入数据包。在受害者端,可以根据接收到的标记数据包建立攻击树,并根据攻击树识别攻击源。PPM 具有实施较为简单、利用数据流携带位置(身份)信息、没有额外的路由器存储消耗、跨自治域的追踪溯源不需要 ISP 配合等优点。但是,PPM 也存在一定缺陷,研究人员针对 PPM 的不足提出了许多改进方法。

(1)存储空间和计算开销的优化。文献[22]提出的 AMS(Advanced Marking Scheme)方法将 IP 地址的 Hash 值而不是 IP 地址本身标记到数据包中,可以缩短数据的长度,还可以扩展到 DDoS 的溯源验证,但它仍是一种采取计算开销换取空间开销的手段。考虑到哈希冲突问题,以及路径重建需要提前准备地址哈希映射关系表,文献[23]和[24]提出了一种基于中国余数定理(Chinese Remainder Theorem,CRT)的数据包标记方案。该方案直接使用 CRT 的模余运算取得 IP 分片的特征值,可有效避免 Hash 碰撞的发生且只需 5 个有效的数据包就能承载一个节点信息,有效地降低了重构路径的计算开销。

(2)应用场景受限与 IP 协议受限的优化。针对 PPM 不适用于多攻击源,尤其是 DDoS 攻击追踪溯源的问题,文献[25]提出了确定包标记算法,专门针对 DDoS 攻击进行追踪溯源,具有效率高、消耗小的特点。针对 PPM 不支持 IPv6 协议的问题,文献[26]将边采样的三元组(start,end,distance)转换成 IPv6 版本,并将标记内容存储在 IPv6 数据包包头的 Hop-by-Hop Header 字段中进行传递。因为该字段足够大,无须对标记内容进一步分片,所以能够避免基于 IPv4 协议的版本带来的状态爆炸问题。

(3)安全性与稳健性的优化。针对 PPM 的安全性问题,可以通过认证和隐私保护的标记方法来预防恶意路由器伪造包标记信息干扰追踪,同时能减轻 ISP 对网络拓扑泄露的担忧。文献[27]提出时间戳密钥分发方案 TSKDS,并采用 HMAC-SHA1121 加密算法对标记信息进行加密。针对 PPM 标记信息传输稳健性较弱的问题,文献[28]提出了一种新的概率包标记方法 OPM,它将 PPM 中标记信息内容编码和传递功能进行解耦。在传递包标记信息时,通过充分利用外部流量携带内部流量的包标记信息来降低延迟,提高成功率。

(五)基于路由日志记录的 DDoS 攻击溯源

在 DDoS 攻击溯源技术中,路由日志可以记录流经该路由器的数据包的一些特征信息,这些信息是追查攻击者最直接、最有效的证据。当 DDoS 攻击发生时,受害主机向其上游路由器进行查询,路由器比对所记录的数据包信息,从被攻击端开始恢复攻击包所经过的路径,最终找到攻击源。

路由日志记录的数据包信息经历了从普通摘要到 Hash 摘要的发展过程。最早由文献[29]提出基于日志的 IP 追踪方法,该方法转发设备的存储开销过大。一直到基于数据包 Hash 摘要方法的提出,才为基于日志记录的追踪溯源方法带来了应用的可能。文献[30]和[31]中首次提出了经典的数据包 Hash 值日志记录方法——源路径隔离引擎(Source Path Isolation Engine,SPIE),它的主要思想是溯源路由器并不是存储完整的数据包的信息,而是选择性地记录包中的一些特征信息作为参数,并将这些参数作为哈希函数的输入值,从而得到数据包的摘要信息。每个路由器使用 Bloom 过滤器来记录这种摘要信息,在跟踪时通过查询路由器的日志记录来重构攻击路径。

但是，SPIE 依然存在诸多不足。学者们针对这些不足提出了多种改进方案，下面介绍几种有代表性的改进方案。

针对 SPIE 错误率较高的问题，研究人员大都通过增加日志记录的信息来降低错误率。文献[32]提出了一种改进的 SPIE 溯源方法，该方法将 TTL 字段当作数据包摘要输入参数的一部分，能有效避免 SPIE 出现的回溯错误。同时，要求溯源路由器对不同的网络接口单独保存摘要表，以此来提高溯源效率。

针对 SPIE 不支持 IPv6 协议的问题，大多数解决方案根据 IPv6 数据包格式重新修改了数据包摘要的计算方式。文献[33]和[34]通过对比 IPv6 和 IPv4 的报文结构，针对 IPv6 协议提出改进的 SPIE-IPv6 追踪溯源方法。该方法在计算 IPv6 数据包摘要时，包含数据包头、所有的扩展字段及载荷的前 20 字节，以此来区分各个数据包。

针对 SPIE 存储开销过高的问题，部分学者将路由日志记录与数据包标记方法相结合，提出了混合式追踪溯源方法，主要目标是降低中间路由器中的日志记录频率。在这种方法中，一些中间路由器仅执行标记操作，而其他路由器则同时执行记录和标记两项操作。文献[35]提出了 HIT 方法，该方法结合数据包标记思想，有效降低了单一日志记录方法的高存储需求，但没有高效利用有限的标记空间。文献[36]提出的 RIHT 方法和文献[37]提出的 HAHIT 方法，为了进一步减小路由器存储开销，在此基础上提出了一种双重 Hash 表日志记录方法。该方法的存储开销只和网络流量路径数量有关，而与数据包的数量无关，因而给路由器带来的存储开销是固定的。混合式追踪溯源方法结合了基于日志和基于包标记这两类追踪溯源方法的优点，能够以较低的网络带宽消耗、较低的路由器存储消耗和较少的标记数据包实现追踪溯源。

针对 SPIE 跨域适用性差的问题，学者们根据不同的场景需求提出了不同的改进方法。在跨自治域追踪溯源场景下，需要上级互联网服务提供商的配合。文献[38]提出一种跨自治域的追踪溯源方法——LDPM。该方法将确定包标记与路由日志记录方法相结合，使用转发设备编号和自治域编号来表示路径信息，不会泄露转发设备的 IP 地址，从而有效保证了网络拓扑结构等敏感信息不外泄。

（六）基于链路测试的 DDoS 攻击溯源

基于链路测试的 DDoS 攻击溯源主要通过检查路由器之间的网络连接来追踪 DDoS 攻击源。首先检查最靠近攻击目标的路由器上的传入链路，以找出哪个链路负载攻击者的流量，然后在上游路由器上重复该过程，直到找到攻击源。近年来，各种不同搜索机制的启发式算法相继出现，掀起了研究利用启发式算法搜索 DDoS 攻击路径的高潮。

（1）基于穷举的攻击路径搜索算法。2000 年，文献[39]首先提出了一种链路测试的方法。在大流量数据包的情况下，从被攻击目标出发，依次对被攻击目标的上游路由器进行 UDP 泛洪。若某条链路上存在攻击流量，由于泛洪流量的存在，将导致攻击流量丢包。根据这一现象，可以判断出某条链路上是否存在攻击流量，从而构造出攻击路径。该方法只能对单个攻击流量进行检测，若同时存在多个攻击流量，则很难区分不同的攻击流量。该方法还要求攻击数据包流量较大，并且一旦攻击结束，该方法就会失效。

（2）基于蚁群及其优化的攻击路径搜索算法。文献[40]和[41]延续了链路测试的思想，提出了一种基于蚁群的算法，即受害主机发出一些蚁群，这些蚁群根据链路负载的大小来选择路径，链路负载越大则越可能是流量攻击，因此蚁群选择该路径的概率越大。当所有蚁群到达所监控网络边缘时，根据蚁群所走过的路径，就可以构造出最有可能的攻击路径。文献[42]提出了一种基于蚁群优化（ACO）的 DDoS 攻击溯源方法。该方法先将较大的网络拓扑划分为一些小的社区，然后使用 ACO 算法在社区中搜索最优解，最后进行全局优化。将蚁群算法应用到 DDoS 攻击路径搜索中可以有效解决大型网络中的攻击溯源问题，但因为算法本身存在收敛速度慢、局部最优解等缺陷，导致其存在一定的溯源错误率而无法用于某些高性能需求场景。

（3）融合多种生物启发式算法的攻击路径搜索算法。文献[43]提出了一种整合蚁群优化和粒子群优化（PSO）的混合方法，以有效解决 IP 回溯问题。该方法通过将 ACO 使用的基于距离的搜索技术与 PSO 使用的基于粒子速度的搜索技术相结合，提高算法的收敛速度并进一步降低算法的计算复杂度。网络模拟仿真结果表明，该方法能够高效地检测出 DDoS 攻击路径，同时降低收敛时间和计算复杂度。

总体来看，融合多种生物启发式算法的攻击路径搜索算法可以有效避免蚁群算法存在的局部最优解问题，同时可以极大地降低算法收敛时间和复杂度，提高 DDoS 攻击溯源的准确性，未来具有更加广阔的发展前景。

（七）基于蜜网的 DDoS 攻击防御

蜜网是一种主动防御技术，通过部署诱导攻击者攻击的潜在目标，如漏洞主机、价值信息、请求服务等，诱导攻击者进行攻击并推测攻击意图、攻击手段等。蜜网是网络安全领域内的一项重要防护工具。然而，传统蜜网也存在一些问题。如何降低成本，提高系统流量控制能力、动态可变性与诱骗能力是蜜网领域的研究热点。

针对蜜罐仿真度与成本之间矛盾，文献[44]结合两种蜜罐的优点，提出了混合蜜罐（HH）的概念。在混合蜜罐中，多个前端（低交互蜜罐，LIH）用于模拟主机来吸引攻击者，多个后端（高交互蜜罐，HIH）用于与攻击者交互并收集信息。为了对蠕虫或自动攻击等互联网威胁进行早期预警和分析，文献[45]提出了基于混合蜜网的分布式混合监控模型，该模型可以在新的漏洞发生时对攻击进行分析和捕获。

针对传统蜜网架构在系统流量控制方面能力不足的问题，文献[46]借助 SDN 集中管理蜜罐，增强其数据控制能力，提出了一种基于 SDN 的智能蜜网，利用 SDN 强大的可编程性绕过攻击者的检测机制，并为蜜罐实现细粒度的数据控制。文献[47]设计并验证了一种名为 HoneyProxy 的创新型 SDN 蜜网。它采用反向代理的形式，对传入和传出的流量进行更好的控制，同时通过 SDN 控制器获取网络配置。HoneyProxy 在 SDN 控制器的帮助下全局监控所有流量，两者协作监测网络中的任何异常行为。目前，在 SDN 的信息安全研究中，关于蜜罐的研究仍处于起步阶段，且大多数研究都是针对高交互蜜罐的。

针对传统蜜网管理和研究成本相对较高的问题，文献[48]和[49]分别提出了改进蜜网和混合蜜网。改进蜜网是传统蜜网的扩展版本，其在传统架构的基础上采用虚拟化技术，添加虚拟蜜场，从而降低成本。但是，包括防火墙、IDS、IPS 和蜜网网关在内的网络系统都集中在一个物理设备中，蜜罐设备架构的操作管理较为复杂，导致性能较低。混合蜜网由传统蜜网和改进蜜网组成，包括防火墙、IDS 或 IPS 传感器、蜜网网关和虚拟蜜场在内的所有网络模块都位于同一虚拟系统中。该架构的优点是降低了成本，但性能方面仍存在问题。

针对反蜜罐技术的兴起和应用，应对方案的重点在于提升系统仿真能力和监控隐蔽能力，因此优化自身动态性、提升反识别能力成为蜜罐发展优化的方向。文献[50]提出基于 IDS 的动态蜜罐设计架构，利用 Nmap、P0f 和 Snort 等工具进行主动探测和被动指纹识别，用 Honeyd 进行网络仿真模拟，并使用一系列高交互蜜罐与网络重定向流量充分交互，使动态蜜罐引擎与上述组件通信，对 Honeyd 进行配置并产生输出，同时为管理员提供可配置接口。文献[51]提出对蜜罐进行动态管理并变更配置方法，根据收集的信息更改蜜罐自身配置信息，使蜜罐动态适应整个网络环境，根据不同网络情况自动调整配置，从而达到最佳状态。

（八）基于移动目标的 DDoS 攻击防御

针对当前网络固有的攻防不对称特性，为了平衡现有网络的攻防环境，美国网络安全与信息保障研发计划提出了应对新型网络攻击的新概念——移动目标防御（Moving Target Defense，MTD）[52]。由于 MTD 的性质，很难为传统网络提供一个框架来实现它。集中式架构能够提供这样的框架，因为它允许管理员配置和实现最优的移动策略。

1. 基于动态信息的数据层跳变

（1）地址跳变：当前网络 IP 地址的静态配置，使攻击者可以通过远程扫描准确、快速地识别目标，给现有网络带来了极大的安全隐患。文献[53]提出了一种数据层地址跳变机制，称为 OF-RHM。通过交换机实现虚拟地址到真实地址的透明跳变，以最小化的操作开销保证配置完整性。文献[54]采用交换机组件完成了 OF-RHM 的硬件测试。经评估，OF-RHM 系统可以成功抵御 DDoS 攻击。

（2）路由跳变：面对数据层的攻击行为，文献[55]使用可满足性模理论将路由跳变建模为约束补偿问题，并提出一种新的覆盖布局技术，以最大化路由跳变的有效性。更进一步，文献[56]通过可满足性模理论形式化规约路径跳变所需满足的约束，以防止路径跳变引起的瞬态问题，提出了基于最优路径跳变的网络移动目标防御技术。

针对数据层的 DDoS 攻击，信息动态跳变转移方法的目的是切断攻击者网络侦察和探测目标漏洞，阻碍攻击者访问目标节点。

2. 协作式控制面动态转移策略

（1）基于多控制器迁移的防御机制：为了抵御针对控制器的 DDoS 攻击，文献[57]利用多控制器架构进行模型设计，提出了基于多控制器迁移的移动目标防御机制，采用多控制器池解决饱和问题，并根据泛洪密度动态地将控制器连接到交换机上。该机制将受保护的系统分为控制器、MTD 策略管理器、基于路由映射规则的泛洪过滤设备和交换机。该机制可以有效抵御 DDoS 攻击，保护系统的可用性和可靠性。

（2）基于 CP 的动态防御机制：文献[58]研究了基于控制器的 DPID 伪造攻击，提出了一种基于 CP 的动态防御机制。该机制可以减少网络负载及网络攻击流量，并过滤掉合法流量，增加攻击者的攻击开销和攻击难度。

针对控制层的 DDoS 攻击，协作式控制面动态转移策略对于如何进行转移、何时进行转移进行了深度探讨，并在兼顾状态、攻防策略等情况下获得了最佳防御策略。

3. 基于安全应用的动态防御

（1）动态访问控制策略：传统网络中的应用程序极易受到攻击者的 DDoS 攻击，文献[59]在文献[60]的基础上，针对应用层可能遭受 DDoS 攻击这一情况，利用 STRIDE 威胁模型，通过分析基于客户访问行为的信任值及熵值区分攻击者与合法用户，以确定应用层相关应用程序的脆弱性问题，在允许它们访问服务器之前授权给每个客户端，网络元素本身根据流量信息和实时警报实施动态访问控制策略，以此动态、智能地保护网络资源。

（2）虚拟机迁移机制：针对应用层的虚拟机极易受到 DDoS 攻击这一安全问题，文献[61]提出了一种基于智能 MTD 的主被动结合的虚拟机迁移机制。该机制在资源浪费最小化的情况下不影响应用性能，大大优化了迁移频率，很好地减少了网络资源的浪费，同时限制了攻击效应。此外，该机制还根据候选虚拟机容量可用网络带宽及攻击历史记录中虚拟机的信誉计算出理想的迁移位置。

针对应用层的 DDoS 攻击，平台攻击面的动态转移技术通过动态修改应用软件，使其产生移动特性，从而使得攻击者难以实施具有针对性的攻击。

（九）基于区块链技术的 DDoS 攻击防御

当前，针对 DDoS 攻击防御方法的局限性，新兴的区块链技术已成为一种有前途且可行的 DDoS 防御技术。

（1）基于区块链构建去中心化的 DDoS 防御系统，有效应对资源耗尽型攻击。由于传统的网络安全是依靠中心节点提供服务的，所以很难抵御 DDoS 的一系列针对中心节点的攻击。文献[62]针对现有的大多数众包系统都依赖中央服务器，容易受到 DDoS 和 Sybil 攻击的问题，提出了一种基于区块链的去中心化众包框架，无须依靠任何第三方可信机构，使用户隐私得到保障，交易费用低，可扩展性好。文献[63]讨论了使用私有区块链来解决内容交付网络（CDN）的 DDoS 攻击缓解问题。该方案中的去中心化 CDN 能比现有的有限 CDN 提供更大的带宽，增加了中心节点数量，提高了节点的可靠性。但该方案的适用范围小，一般应用于内部网络。

上述基于区块链技术的 DDoS 攻击防御方案利用区块链架构去中心化的特性解决现有网络中心化的缺陷，弥补了现有网络集中式架构的不足。

（2）智能合约赋能跨多个网络域的信息共享。文献[64]提出使用 SDN 和智能合约，在域间和域内两个层面减缓 DDoS 攻击。该方案使用智能合约的概念来促进基于 SDN 的域之间的协作，并以去中心化的方式传递攻击信息。它兼顾了灵活性、效率、安全性和成本效益，因此成为缓解大规模 DDoS 攻击的有前途的方法之一。文献[65]利用 Merkle 哈希树和智能合约来实现"广告接收证明"属性，以此缓解 DDoS 攻击。该方案通过在智能合约内设计检测和惩罚规则来缓解攻击。

上述基于区块链和智能合约的 DDoS 攻击防御方案保障了跨域信息共享的数据完整性、不可篡改性和安全性等。虽然它们可能不会完全取代传统的信息共享机制，但它们代表了安全可验证和不可篡改的信息共享新范式。

（3）融合现有技术，构建 DDoS 攻击防御新思路。文献[66]将深度学习检测模块集成到智能合约中，用于检测 DDoS 攻击，将数据交换和验证时间减少到 1 毫秒以内。但该方案需要每个参与者都创建 4 种类型的智能合约加入协作式 DDoS 攻击缓解机制，因此该方案实现复杂，成本高。文献[67]将区块链技术与 SDN 网络架构相结合，提出了一种可扩展的主动解决方案，名为 ChainSecure。实验结果表明，该方案能够以高精度和低开销有效缓解攻击。

（十）基于过滤和限速的 DDoS 攻击防御

作为被动防御手段，基于过滤和限速的 DDoS 攻击防御机制在早期为互联网社区提供了简单有效的方法，对 DDoS 攻击起到了一定的限制和缓解作用。但是，这种被动防御机制存在明显的不足，可能对合法用户流量造成损失。

（1）过滤机制参照检测机制提供的攻击流特征，滤除到达受害主机的攻击业务。RFC2267最早提出了基于过滤机制来限制拒绝服务攻击[68]，其使用入口过滤的方法，禁止不符合入口过滤规则的攻击者通过伪造源地址发起攻击。该方案的提出显著减少了早期攻击者通过伪造源地址发起攻击的机会，但不能阻止源 IP 地址有效前缀的洪水攻击。文献[69]提出了基于路由的分布式数据包过滤（DPF），DPF 解决了两个互补的问题：一是主动过滤掉大量伪造的数据包流，从一开始就阻止攻击数据包；二是反向查找攻击源（IP 回溯）。该方案的缺点是受害主机必须先收到大量数据包，然后才能重建出正确的数据包路径。由于攻击者不能伪造 IP 数据包到达目的地所需的跳数，因此可以使用 IP 地址和它们到服务器的跳数之间的映射区分伪造的 IP 数据包和合法的 IP 数据包。文献[70]据此提出了基于跳数过滤（HCF）的规则，实验结果表明，HCF 可以识别近 90% 的伪造 IP 数据包。

（2）限速机制通过对恶意流进行速率限制来减轻攻击对受害者造成的负面影响。这种响应机制对攻击的抵抗并不特别强烈，常用于检测虚警率高的情况。文献[71]提出了一种基于 k 级最大—最小公平性的自适应速率限制算法，可以有效地保护服务器免受资源过载的影响，并提高合法用户流量到达目标服务器的能力。文献[72]提出了一种基于博弈论的速率限制方案以对抗 DDoS 攻击，该方案将 DDoS 攻击建模为非合作博弈。仿真结果表明，该方案对攻击数据包丢弃的概率显著大于对合法数据包丢弃的概率，特别是当合法流量与 DDoS 流量的比率接近 1 时。

四、DDoS 攻击防御新型方案对比分析

（一）源地址验证方案

对于复杂的互联网环境，仅凭单一的源地址有效性验证机制解决源地址欺骗问题是不现实的。因此，源地址验证架构（SAVA）需要在网络中多个位置部署源地址验证模块，相互协作，保障数据包源地址的有效性。

SAVA 基本原理如图 10 所示。考虑到因特网在运营商管理下呈现层次化结构，SAVA 同样采用层次化部署方案。具体来说，源地址有效性验证需要在三个层面上实施：首先是本地子网源地址有效性验证（第一跳，这里将接入网与本地子网视为同一概念），在数据从终端

流入网络时检查源地址的有效性，避免终端向网络中注入携带虚假地址的数据包；其次是考虑到局域网管理的困难性，需要在自治域（Autonomous System，AS）内提供源地址的校验方法，保证源 IP 地址前缀的有效性，避免不属于特定管理域的数据从某端口流入互联网；最后是不同 AS 之间的协作地址验证，由于它们不属于同一个管理者且拓扑关系不固定，因此需要考虑两个部署 SAVA 的 AS 直接相连、间接相连，以及与没有部署 SAVA 的 AS 相连等情况。在以上三个不同的网络位置部署源地址验证模块，可有效阻止攻击者通过伪造地址实施洪泛、反射、中间人等典型攻击。

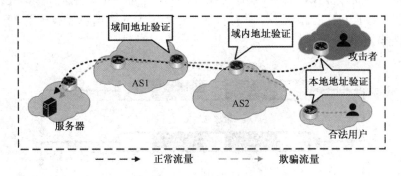

图 10　SAVA 基本原理

（二）身份位置分离映射方案

身份位置分离映射方案示意图如图 11 所示。为保证用户身份的真实性，终端在接入网络前必须在认证中心注册。认证中心根据身份信息为申请注册的用户分配一个接入标识并分配相应的权限。为保证标识分离映射机制的安全性，需要严格的鉴权和认证来保证用户身份的真实性。之后，接入路由器检查终端的接入标识是否在映射列表中，若在，则直接根据映射修改标识信息并转发数据；若不在，则在分离映射服务器的辅助下完成标识分离映射。接入网和核心网采用不同的标识空间。在这种情况下，终端用户仅知道自己的身份（即接入标识），而不知道自己的拓扑位置（即路由标识）；核心网中的路由器（接入路由器除外）仅知道终端用户的拓扑位置，而不知道终端用户的身份。因此，对数据包源地址的篡改将会导致数据包被直接丢弃。

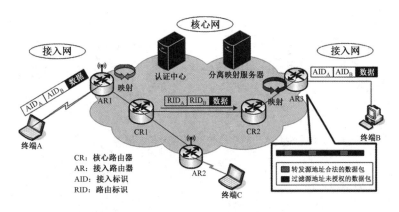

图 11　身份位置分离映射方案示意图

（三）基于权证的防御方案

在基于权证的防御方案中，发送方若要发送大量数据包，必须得到目标主机的许可。发送方先发送一个请求包，沿路的路由器在请求包中依次加入标记，这样请求包到达目标主机时就携带有沿路路由器的特征标记，即权证，若目标主机接受发送方的请求，则将该权证返回给发送方，这样就建立了发送方和接收方之间的特权通道，特权通道是有时间限制的，需要由接收方进行更新才能保持有效。发送方在接到应答之后，可以发送含有该权证的数据包，沿路路由器将对数据包进行检查[73]，只有特征标记相匹配的数据包才被转发。基于权证的防御方案整体架构如图 12 所示。

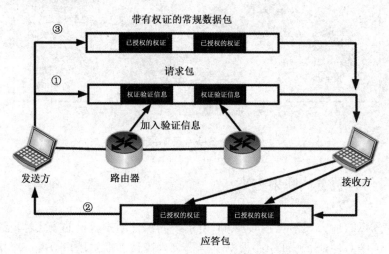

图 12 基于权证的防御方案整体架构

（四）拥塞监管反馈方案

拥塞监管反馈方案旨在建立拥塞监控与反馈控制的闭环机制，实现对 DDoS 攻击的缓解，以及对合法用户流量的保护。该方案的基本原理如图 13 所示，通过监控网络内发生拥塞的状况，生成相应的带宽控制策略，反馈给接入交换机，对造成拥塞的恶意发送方进行限速处置。

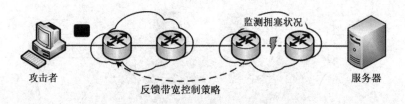

图 13 拥塞监管反馈方案基本原理

（五）方案对比分析

SAVA 设计并实现了一种包括接入、域内、域间三个层次的真实 IP 源地址寻址解决方案，该方案具有简单、松耦合、多重防御、支持增量和激励部署等特点。该方案可以防御基于源地址欺骗的 DDoS 攻击，如 Reflection 攻击等；能够实现真实地址访问，使得互联网中的流量更容易追踪，还可以实现为地址过滤服务方提供计费、管理和测量功能。身份位置分离映射方案基于接入地址和骨干地址、身份信息和位置信息分离的安全架构，不仅能保障身份的真实性，还能为各种接入网络的融合提供基础，提升用户的隐私性和安全性及网络的可控可管性。基于权证的防御方案将路径信息转化为路由器可识别的令牌，保证数据包来源的真实性，并为服务方提供拒绝颁发权证的权利，以防止可能的 DoS 攻击。该方案可在网内直接处理恶意流量，提升对各类攻击的响应速度。拥塞监管反馈方案不追究用户身份真实性，从网内资源分配的角度直接缓解 DDoS 攻击导致的拥塞，降低恶意流量的资源利用率，保障合法流量的最小传递。由此可见，上述方案各有侧重，在实际选择时需要考虑安全需求、应用场景及应用成本等。

针对以上方案，从源地址真实性、用户隐私、管控难度与对 DDoS 攻击的防御四个方面进行分析。

1. 源地址真实性

SAVA 方案本身是针对源地址欺骗问题提出的，它能够满足基本的真实源地址需求，但缺乏对地址注册安全保护的考虑。身份位置分离映射方案通过标识映射机制解耦用户的身份与位置，极大地增强了身份的真实性，但需要对网络内部大量的转发设备进行硬件修改，且存在较大计算与时延开销。在基于权证的防御方案中，权证由数据包经过的转发设备逐一填充生成，因此可以保证数据包从源头到目的地的路径真实性，但若在建立连接阶段未对请求包进行真实性验证，则无法保障地址真实性。拥塞监管反馈方案不考虑用户身份真实性，仅缓解网内潜在的攻击流量，因此存在攻击者通过伪造源地址侵占合法用户的数据传输资源的可能。

2. 用户隐私

传统网络的 IP 地址既代表位置也代表身份，这使得攻击者可以通过流量监听或中间人攻击等手段侵犯用户隐私（访问行为、拓扑位置等）。SAVA 方案仅保护地址真实性，未对数据包身份进行合理隐藏，从而难以避免地暴露用户隐私。基于权证的防御方案和拥塞监管反馈方案由于不涉及对数据包地址的考虑，因此更无法保护用户隐私。而身份位置分离映射方案在接入网与核心网采用不同的标识进行转发，并要求入网用户通过接入认证，使得单一攻击者仅能获得用户的身份或位置的单一信息，从而很好地保护了用户隐私。

3. 管控难度

SAVA 方案只需要对部分软件系统进行升级，其部署成本可能较低，适合对大型网络进行部署改进，但其在网络地址与用户管理方面缺乏必要的理论支持。身份位置分离映射方案基于认证中心与分离映射服务器对用户及网络具有更好的管理能力，增强了网络管理者对网络内部的管控权限。基于权证的防御方案需要修改通信的建立流程，需要对终端及转发设备的协议栈进行软件升级，并且网络难以干涉终端通信的建立过程，增大了网络的管控难度。拥塞监管反馈方案的管理仅在数据面进行，仅能管控网络内部的传输资源，而不增强对用户和网络安全层面的管控。

4. 对 DDoS 攻击的防御

SAVA 方案可以有效防止以虚假地址发起的各类 DDoS 攻击。然而，一旦本地子网的非法用户获得了合法身份，其发出的数据包就可以和合法数据包一样进入骨干网，因此其对以真实地址发起的 DDoS 攻击无能为力。在身份位置分离映射方案中，首先，对用户地址真实性的保障能够阻止以假冒地址发起的泛洪、反射等 DDoS 攻击。其次，接入认证中谜题机制的持续验证，在一定程度上限制了以真实地址发起 DDoS 攻击的攻击规模。最后，接入网与核心网的分离，有效阻止了面向核心网设备的拒绝服务攻击。基于权证的防御方案为 DDoS 攻击的网内防御提供了良好的基础，但必须在服务端部署精准的检测机制。若服务器或出口路由器具备感知攻击的能力，则可以通过拒绝颁发权证的方法在源端接入设备阻隔攻击。拥塞监管反馈方案仅考虑网络内的流量能够在面临攻击时公平地得到传输资源，未进行攻击探测或溯源，其能够缓解的攻击流量大小与类型更为有限，需要与其他相关技术结合以遏制攻击。

五、一种多维协同的智能防御方案

通过对上述防御技术与典型方案的研究对比可知，针对 DDoS 攻击的完整防御方案包含完善的攻击检测、精准的源头追溯及合理的攻击管控三个维度，某一维度的缺失往往会引发额外的安全问题。例如，SAVA 方案中缺少对以真实地址发起攻击的检测，因此即便拥有良好的溯源与防御能力，其对用真实源主机发起的 DDoS 攻击仍束手无策[74]。因此，本文提出一种多维协同的智能防御方案，以检测—溯源—防御为基本管控流程，根据场景可扩展性与业务安全性需求采用适宜的相关技术，如图 14 所示。

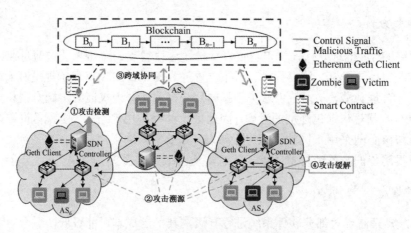

图 14　多维协同的智能防御方案

在多维协同的智能防御方案中，可在网络中的不同位置灵活部署相应的检测、溯源及防御机制，以实现对系统安全的高效、精准的防护。首先，针对网内 DDoS 攻击，该方案提出基于 Renyi 熵的轻量级检测算法，以快速探测注入网络中的异常流量。其次，在确定恶意流量后，该方案启用位于数据面的概率性包标记机制，实现对攻击源的追溯。在此基础上，生成攻击源关键信息摘要，完成基于区块链的攻击源信息的跨域共享，为后续攻击缓解奠定基础。最后，在多域部署基于深度强化学习的流量管控的防御策略，协同完成对 DDoS 攻击的缓解，保障合法业务的正常运行。

参考文献

[1]   中国电信，绿盟科技. DDoS 攻击态势报告[R]. 2020.

[2]   阿里云. 阿里云安全 DDoS 攻防态势观察[R]. 2021.

[3]   王海龙，杨岳湘. 基于信息熵的大规模网络流量异常检测[J]. 计算机工程，2007(18): 130-133.

[4]   Bavani K, Ramkumar M P, Selvan G S R E. Statistical approach based detection of distributed denial of service attack in a software defined network[C]// 2020 6th International Conference on Advanced Computing and Communication Systems (ICACCS), 2020: 380-385.

[5]   Rinaldi G, Adamsky F, Soua R, Baiocchi A, Engel T. Softwarization of SCADA: Lightweight statistical SDN-agents for anomaly detection[C]// 2019 10th International Conference on Networks of the Future (NoF), 2019: 102-109.

[6]   Kalkan K, Altay L, Gür G, Alagöz F. JESS: Joint entropy-based ddos defense scheme in SDN[J]. IEEE J Sel Areas Commun, 2018, 36(10): 2358-2372.

[7]   Oo N H, Htein Maw A. Effective detection and mitigation of SYN flooding attack in SDN[C]// 2019 19th International Symposium on Communications and Information Technologies (ISCIT), 2019: 300-305.

[8]   Zhenpeng, Yupeng, Wensheng, et al. DDoS Attack Detection Scheme Based on Entropy and PSO-BP Neural Network in SDN[J]. China Communications, 2019, 16(7): 12.

[9]   Yin C Y, Zhang S. Parallel implementing improved k-means applied for image retrieval and anomaly detection[J]. Multi-media Tools and Applications, 2017, 76(16): 16911-16927.

[10] S U Jan, S Ahmed, V Shakhov, I Koo. Toward a Lightweight Intrusion Detection System for the Internet of Things[J]. IEEE Access, 2019(7): 42450-42471.

[11] Ustebay S, Turgut Z, Aydin M A. Intrusion Detection System with Recursive Feature Elimination by Using Random Forest and Deep Learning Classifier[C]// International Conference on Big Data, Deep Learning and Fighting with Cyber Terrorism-IBIGDELFT 2018, 2018.

[12] D A Effendy, K Kusrini, S Sudarmawan. Classification of intrusion detection system (IDS) based on computer network[C]// 2017 2nd International conferences on Information Technology, Information Systems and Electrical Engineering (ICITISEE), 2017: 90-94.

[13] P S Bhattacharjee, A K Md Fujail, S A Begum. A Comparison of Intrusion Detection by K-Means and Fuzzy C-Means Clustering Algorithm Over the NSL-KDD Dataset[C]// 2017 IEEE International Conference on Computational Intelligence and Computing Research (ICCIC), 2017: 1-6.

[14] H Nurwarsito, M F Nadhif. DDoS Attack Early Detection and Mitigation System on SDN using Random Forest Algorithm and Ryu Framework[C]// 2021 8th International Conference on Computer and Communication Engineering (ICCCE), 2021: 178-183.

[15] Z Chen, F Jiang, Y Cheng, X Gu, W Liu, J Peng. XGBoost Classifier for DDoS Attack Detection and Analysis in SDN-Based Cloud[C]// 2018 IEEE International Conference on Big Data and Smart Computing (BigComp), 2018: 251-256.

[16] 严芬，王佳佳，赵金凤，殷新春. DDoS 攻击检测综述[J]. 计算机应用研究，2008(04): 966-969.

[17] M Khamruddin, C Rupa. A rule based DDoS detection and mitigation technique[C]// 2012 Nirma University International Conference on Engineering (NUiCONE), 2012: 1-5.

[18] Roesch M. Snort - Lightweight Intrusion Detection for Networks[J]. Proc usenix System Administration Conf, 1999: 229-238.

[19] Ilgun K. State Transition Analysis: A Rule-Based Intrusion Detection Approach[C]// Computer Security Applications Conference, 1992. Proceedings Eighth Annual. IEEE, 1995.

[20] Denning D E. An Intrusion-Detection Model[J]. IEEE Transactions on Software Engineering, 1987, 13(2): 222-232.

[21] H Yong, Z X Feng. Expert System Based Intrusion Detection System[C]// 2010 3rd International Conference on Information Management, Innovation Management and Industrial Engineering, 2010: 404-407.

[22] Song DXD, Perrig A. Advanced and authenticated marking schemes for IP traceback. In: Proc Of the IEEE INFOCOM 2001 Conf on Computer Communications. Piscataway: IEEE, 2001: 878-886.

[23] Wuu L C, Liu T J, Yang J Y. IP traceback based on Chinese remainder theorem. In: Alhajj RS, ed. Proc of the 6th lASTED Int'l Conf on Communications, Internet, and Information Technology. Calgary: ACTA Press, 2007: 214-219.

[24] Bhavani Y, Janaki V, Sridevi R. IP traceback through modified probabilistic packet marking algorithm using Chinese remainder theorem[J]. Ain Shams Engineering Journal, 2015, 6(2): 715-722.

[25] Xiang Y, Zhou W L, Guo M Y. Flexible deterministic packet marking: An IP traceback system to find the real source of attacks[J]. IEEE Trans on Parallel and Distributed Systems, 2009, 20(4): 567-580.

[26] Amin SO, Kang MS, Hong CS. A lightweight IP traceback mechanism on IPv6. In: Zhou X, Sokolsky O, Yan L, Jung E-S, Shao Z, Mu Y, Lee DC, KimDY, Jeong Y-S, Xu C-Z, eds. Proc of the Emerging Directions in Embedded and Ubiquitous Computing. Berlin: Springer-Verlag, 2006: 671-680.

[27] Kim H, Kim E, Kang S, Kim HK. NetWork forensic evidence generation and verification scheme(NFEGVS)[J]. Telecommunication Systems, 2015, 60(2): 261-273.

[28] Cheng L, Divakaran DM, Lim WY, Thing VLL. Opportunistic piggyback marking for IP Traceback[J]. IEEE Trans on Information Forensics and Security, 2016, 11(2): 273-288.

[29] Matsuda S, Baba T, Hayakawa A, et al. Design and implementation of unauthorized access

tracing system[C]// Proceedings 2002 Symposium on Applications and the Internet (SAINT 2002). IEEE, 2002: 74-81.

[30] Snoeren A C, Partridge C, Sanchez L A, et al. Hash-based IP traceback[J]. ACM SIGCOMM Computer Communication Review, 2001, 31(4): 3-14.

[31] Snoeren A C, Partridge C, Sanchez L A, et al. Single-packet IP traceback[J]. IEEE/ACM Transactions on networking, 2002, 10(6): 721-734.

[32] Hilgenstieler E, Duarte Jr E P, Mansfield-Keeni G, et al. Extensions to the source path isolation engine for precise and efficient log-based IP traceback[J]. Computers & Security, 2010, 29(4): 383-392.

[33] Strayer W T, Jones C E, Tchakountio F, et al. SPIE-IPv6: single IPv6 packet traceback[C]// 29th Annual IEEE International Conference on Local Computer Networks. IEEE, 2004: 118-125.

[34] Malik M, Dutta M. Implementation of single-packet hybrid IP traceback for IPv4 and IPv6 networks[J]. IET Information Security, 2018, 12(1): 1-6.

[35] Gong C, Sarac K. A more practical approach for single-packet IP traceback using packet logging and marking[J]. IEEE Transactions on Parallel and Distributed Systems, 2008, 19(10): 1310-1324.

[36] Yang M H, Yang M C. RIHT: a novel hybrid IP traceback scheme[J]. IEEE Transactions on Information Forensics and Security, 2012, 7(2): 789-797.

[37] Yang M H. Hybrid single-packet IP traceback with low storage and high accuracy[J]. The scientific world journal, 2014.

[38] Wang X, Xiao Y. IP traceback based on deterministic packet marking and logging[C]// 2009 International Conference on Scalable Computing and Communications; Eighth International Conference on Embedded Computing. IEEE, 2009: 178-182.

[39] Burch H. Tracing anonymous packets to their approximate source[C]// 14th Systems Administration Conference (LISA 2000), 2000.

[40] Lai G H, Chen C M, Jeng B C, et al. Ant-based IP traceback[J]. Expert Systems with Applications, 2008, 34(4): 3071-3080.

[41] M Hamedi-Hamzehkolaie, M J Shamani, M B Ghaznavi-Ghoushchi. Low rate DOS traceback based on sum of flows[C]// 6th International Symposium on Telecommunications (IST), 2012: 1142-1146.

[42] Anand J, Sivachandar K. Performance Analysis of ACO-based IP Traceback[J]. International Journal of Computer Applications, 2012, 59(1).

[43] Saini A, Ramakrishna C, Kumar S. A hybrid optimization algorithm based on ant colony and particle swarm algorithm to address IP traceback problem[M]// Cognitive Informatics and Soft Computing. Springer, Singapore, 2019: 429-439.

[44] M Bailey, E Cooke, D Watson, F Jahanian, N Provos. A hybrid honeypot architecture for scalable network monitoring. Technical Report CSE-TR-499-04 University of Michigan, 2004.

[45] K Chawda, A D Patel. Dynamic & hybrid honeypot model for scalable network

monitoring[C]// International Conference on Information Communication and Embedded Systems (ICICES2014), 2014: 1-5.

[46] Wonkyu HAN, et al. HoneyMix: toward SDN-based intelligent honeynet. Proceedings of the 2016 ACM International Workshop on Security in Software Defined Networks & Network Function Virtualization, 2016: 1-6.

[47] N Z S Kyung, W Han, N Tiwari, et al. HONEYPROXY: Design and Implementation of Next-Generation Honeynet via SDN[C]// IEEE Conference on Communications and Network Security (CNS), 2017.

[48] L Tian-Hua, Y Xiu-Shuang, M Shi-Wei. Core Functions Analysis and Example Deployment of Virtual Honeynet[C]// 2011 First International Conference on Robot Vision and Signal Processing, 2011: 212-215.

[49] Ritu Tiwari, Abhishek Jain. Improving Network Security and Design using Honeypots[C]// the CUBE International Information Technology Conference (CUBE'12), 2012: 847-852.

[50] KUWATLY I, SRAJ M, AL MASRI Z, et al. A dynamichoneypot design for intrusion detection[C]// The IEEE/ACS International Conference on Pervasive Services, Beirut, Lebanon, 2004: 95-104.

[51] SAEEDI A, KHOTANLOU H, NASSIRI M. A dynamicapproach for honeypot management[J]. International Journal of Information, Security and Systems Management, 2012, 1(2): 104-109.

[52] Y Zhou, G Cheng, Y Zhao, Z Chen, S Jiang. Toward Proactive and Efficient DDoS Mitigation in IIoT Systems: A Moving Target Defense Approach[J]. IEEE Transactions on Industrial Informatics, 2022, 18(4): 2734-2744.

[53] Jafarian J H, Al-Shaer E, Duan Q. Openflow random host mutation: transparent moving target defense using software defined networking[C]// Proceedings of the first workshop on Hot topics in software defined networks, 2012: 127-132.

[54] Corbett C, Uher J, Cook J, et al. Countering intelligent jamming with full protocol stack agility[J]. IEEE security & privacy, 2013, 12(2): 44-50.

[55] Duan Q, Al-Shaer E, Jafarian H. Efficient random route mutation considering flow and network constraints[C]// 2013 IEEE Conference on Communications and Network Security (CNS). IEEE, 2013: 260-268.

[56] 雷程, 马多贺, 张红旗, 等. 基于最优路径跳变的网络移动目标防御技术[J]. 通信学报, 2017, 38(3): 133-143.

[57] Ma D, Xu Z, Lin D. Defending blind DDoS attack on SDN based on moving target defense[C]// International Conference on Security and Privacy in Communication Networks. Springer, Cham, 2014: 463-480.

[58] Wu Z, Wei Q, Ren K, et al. A dynamic defense using client puzzle for identity-forgery attack on the south-bound of software defined networks[J]. KSII Transactions on Internet and Information Systems (TIIS), 2017, 11(2): 846-864.

[59] Jantila S, Chaipah K. A security analysis of a hybrid mechanism to defend DDoS attacks in SDN[J]. Procedia Computer Science, 2016, 86: 437-440.

[60]　Devi S R, Yogesh P. A hybrid approach to counter application layer DDoS attacks[J]. International Journal on Cryptography and Information Security (IJCIS), 2012, 2(2).

[61]　Debroy S, Calyam P, Nguyen M, et al. Frequency-minimal moving target defense using software-defined networking[C]// 2016 international conference on computing, networking and communications (ICNC). IEEE, 2016: 1-6.

[62]　M Li, et al. CrowdBC: A Blockchain-Based Decentralized Framework for Crowdsourcing[J]. IEEE Transactions on Parallel and Distributed Systems, 2019, 30(6): 1251-1266.

[63]　K Kim, Y You, M Park, K Lee. DDoS Mitigation: Decentralized CDN Using Private Blockchain[C]// 2018 Tenth International Conference on Ubiquitous and Future Networks (ICUFN), 2018: 693-696.

[64]　Z A El Houda, A Hafid, L Khoukhi. Co-IoT: A Collaborative DDoS Mitigation Scheme in IoT Environment Based on Blockchain Using SDN[C]// 2019 IEEE Global Communications Conference (GLOBECOM), 2019: 1-6.

[65]　M Li, J Weng, A Yang, J N Liu, X Lin. Toward Blockchain-Based Fair and Anonymous Ad Dissemination in Vehicular Networks[J]. IEEE Transactions on Vehicular Technology, 2019, 68(11): 11248-11259.

[66]　M Essaid, D Kim, S H Maeng, S Park, H T Ju. A Collaborative DDoS Mitigation Solution Based on Ethereum Smart Contract and RNN-LSTM[C]// 2019 20th Asia-Pacific Network Operations and Management Symposium (APNOMS), 2019: 1-6.

[67]　Z A El Houda, L Khoukhi, A Hafid. ChainSecure - A Scalable and Proactive Solution for Protecting Blockchain Applications Using SDN[C]// 2018 IEEE Global Communications Conference (GLOBECOM), 2018: 1-6.

[68]　P Ferguson, D Senie. RFC 2267 - Network Ingress Filtering: Defeating Denial of Service Attacks which employ IP Source Address Spoofing. Network Working Group, 1998.

[69]　K Park, H Lee. On the Effectiveness of Route-based Packet Filtering For Distributed DoS Attack Prevention in Power-law Internet[C]// ACM SIGCOMM 2001, 2001: 15-26.

[70]　C Jin, H Wang, K G Shin. Hop-count Filtering: An Effective Defense Against Spoofed DDoS Traffic[C]// the 10th ACM Conference on Computer and Communication Security (CCS 2003), 2003: 30-41.

[71]　D K Y Yau, J C S Lui, Feng Liang. Defending against distributed denial-of-service attacks with max-min fair server-centric router throttles[C]// IEEE 2002 Tenth IEEE International Workshop on Quality of Service (Cat. No.02EX564), 2002: 35-44.

[72]　T Zhihong, W Zhen, J Wei, Z Xin. A game theory based rate limiting scheme against Distributed Denial-of-Service attacks[C]// 2010 2nd IEEE International Conference on Information Management and Engineering, 2010: 444-448.

[73]　X H Ge, Y Yang. Editorial: special topic on energy consumption challenges and prospects on B5G communication systems[J]. ZTE Communications, 2020, 19(1): 1.

[74]　J H Yuan, P Z Fan, B M Bai, et al. Editorial: special topic on OTFS modulation for 6G and future high mobility communications[J]. ZTE Communications, 2021, 19(4): 1-2.

[75]　H Lu, X L Li, R C Xie, et al. Integrated architecture for networking and industrial internet identity[J]. ZTE Communications, 2020, 18(1): 24-35.

技术

发展篇

卫星互联网对互联网基础资源发展影响分析

曾　宇　　张海阔　　叶崛宇　　贺　明　　左　鹏

中国互联网络信息中心

卫星互联网是基于卫星通信向地面和空中终端提供宽带接入等通信服务的新型互联网，支撑下一代互联网万物互联和空天地泛在连接的发展需求。2023 年 1 月，"星链"终端在俄乌战场被缴获，坐实了卫星互联网被用于军事领域。乌军通过"星链"收集情报、传输信息、控制无人机，凸显了卫星互联网的战略意义和重要作用。互联网基础资源主要指域名、IP、路由等及其服务系统和支撑服务系统的底层基础设施等，不仅对地面互联网具有重要意义，也是卫星互联网发展的重要支撑。卫星互联网为互联网基础资源的发展带来新的机遇和挑战，应提前布局、积极应对，掌握主动权。

一、卫星互联网发展现状

当前，卫星互联网正与 6G 网络加速融合演进，力求面向端到端、全域全网提供质量可保障的通信服务，助力物联网、元宇宙、Web 3.0 等新技术和新场景在更广范围内落地应用。

（一）卫星互联网已成各国战略发展重点

美国方面，美国空军早在 2018 年就与 SpaceX 签署了价值 2870 万美元的合同，旨在"让美国空军可以利用通用的硬件元素，通过多个卫星互联网服务进行通信"；同年推出《国家航天战略》，通过部署多个卫星星座计划，推进低轨通信卫星组网工程建设，力争主导全球低轨宽带卫星市场[1]。从 2020 年起，美国空军对商业卫星通信提供者进行网络安全评级，以加强对军事网络的保护。特朗普还签署了 5 号、7 号"太空政策指令"，旨在加强以卫星互联网为核心的太空网络安全[2]。拜登政府也在多个场合从战略高度先后多次提及太空网络重要性，美国参议院分别于 2021 年和 2022 年提出《太空基础设施法案》和《卫星网络安全法》。同时，美国希望借助卫星互联网优势，与 6G 融合发展，扭转 5G 发展的落后局面，主导全球通信市场。

欧盟方面，2021 年 6 月，欧空局正式宣布启动欧盟新太空计划[3]；同年，欧空局获得自成立以来的最大一笔预算拨款，总额高达 148.8 亿欧元。2022 年 2 月，欧盟委员会宣布推进两项太空计划，一是共建欧盟卫星互联网，二是起草太空交通管理规则。其中，共建欧盟卫星互联网可以帮助欧盟加速建立本地宽带互联网，在传统网络服务商无法覆盖的地区提供网络连接服务，还能在灾难发生或地面网络出现重大故障时提供通信支持，投资总计 60 亿欧元[4]。2023 年 2 月，欧洲议会通过了欧洲议会和理事会制定的关于安全连接计划（IRIS2）的提案，旨在到 2027 年部署一个欧盟拥有的通信卫星群，通过减少对第三方的依赖来确保欧盟的主权和自主权，以及在地面网络缺失或中断的情况下提供关键通信服务。

我国同样高度重视卫星互联网建设。2019 年，工业和信息化部印发了《卫星网络国际申报简易程序规定（试行）》，意在加快卫星网络国际申报，简化申报程序，提升申报效率。《"十四五"规划和 2035 年远景目标纲要》明确提出要建设高速泛在、天地一体、集成互联、安全高效的信息基础设施。2021 年 12 月，国务院印发《"十四五"数字经济发展规划》，再次提出要加快布局卫星通信网络，推动卫星互联网建设。卫星互联网建设已上升为国家重要战略性工程。

（二）全球卫星互联网产业发展迅猛

据相关统计，截至 2022 年底，全球在轨航天器数量达到 7218 个，NewSpace Index 在发布的《卫星星座行业调查和趋势》中指出，截至 2023 年 1 月，全球在建、计划的卫星星座已多达 321 个。欧洲咨询公司（Euroconsult）2022 年 3 月发布的第六版《高通量卫星》报告指出，未来 5 年，全球高通量卫星提供的容量将以 45% 的年均复合增长率增长。根据美国卫星产业协会（SIA）统计数据，2019 年，全球卫星产业总收入为 2774 亿美元，卫星通信应用收入为 1496 亿美元，占卫星产业总规模的 54%；《通信学报》预测，2025 年，全球卫星互联网产值可达 5600 亿～8500 亿美元。

美国和欧洲在卫星互联网产业中仍占据主导地位。目前，美国已形成以 SpaceX、Astra、亚马逊、波音公司等为主要核心成员的强大卫星互联网发展团队。其中，SpaceX 的"星链"已成为世界第一大星座，已升空卫星数量突破 4100 颗，服务遍布七大洲，覆盖 50 余个国家。截至 2022 年底，全球用户数量已超过 100 万。英国太空互联网公司"一网（OneWeb）"拥有世界第二大规模的卫星星座，在轨卫星数量已达 540 颗。加拿大通信公司 Telesat 于 2022年开始部署星座，计划于 2023 年底发射 298 颗卫星，提供全球网络服务[5]。

我国卫星互联网产业稳步推进。"星链"计划推出一年左右，中国航天科技和航天科工集团就分别提出了"鸿雁星座"和"虹云工程"低轨卫星通信星座计划。其中，"鸿雁星座"由 300 颗低轨卫星及全球数据业务处理中心组成，"虹云工程"由 156 颗低轨卫星组成。随着 2020 年 4 月卫星互联网首次被纳入新基建范畴，卫星互联网的战略地位得到进一步加强；2021 年 4 月，国务院国有资产监督管理委员会发文宣布中国卫星网络集团有限公司（以下简称"中国星网"）成立，我国卫星互联网发展路线日渐清晰。中国星网将统筹规划推动中国卫星互联网行业全面快速发展，承担顶层设计、资源整合、科技攻关等任务，实现产业链创新、系统安全自主可控等目标。

（三）卫星互联网关键技术不断突破

美国和欧洲卫星互联网发展起步较早，关键技术及相关指标处于世界领先水平。以"星链"为例，卫星互联网服务的测速结果达到 301Mbit/s，实际通信下行速率达 220Mbit/s，远超当前全球互联网的一般网速；典型时延为 25～50 毫秒，已逐渐逼近地面网络水平。马斯克宣称，未来"星链"将能够提供 1Gbit/s 带宽的高速互联网服务。"星链"采用的"一箭多星"方式（目前已经达到 1 箭 60 星）和"火箭回收"技术，能在提高卫星部署速度的同时大幅降低发射成本。"星链"运用先进的相控阵波束成形、数字处理技术，使卫星载荷高效利用频谱资源，地面关口站产生高增益跟踪波束与多颗卫星进行通信，用户终端形成可跟踪、高定向、可控的波束实现星间快速切换；同时，应用激光星间链路实现无缝网络管理并保障服务连续性[6]。OneWeb 系统采用开放式架构，通过增加新卫星提升星座整体容量；推出机载、车载、固定安装等多种安装模式，将卫星调制解调器、地面移动网络、Wi-Fi 热点集于一体，采用热点覆盖形式为一定区域内的用户提供互联网接入服务。

我国不断加强对卫星互联网的技术攻关与研究，持续突破关键技术。在发射技术方面，2022 年 3 月，我国首次批量研制的银河航天 02 批量产卫星发射成功，该批卫星主要用于低轨互联网星座组网技术和服务能力验证，以及通信遥感技术融合试验，证明了我国具备建设卫星互联网巨型星座所必需的卫星低成本、批量研制及组网运营能力[7]。在通信技术方面，星间激光通信试验取得成功，2020 年 8 月，中国航天科工集团"行云二号"01 星、02 星搭载的激光通信载荷技术得到成功验证，实现了国内卫星物联网星座激光通信零的突破。在太赫兹波演进方面，2020 年 11 月，太原卫星发射中心成功发射全球第一颗 6G 试验卫星，搭载太赫兹卫星通信载荷并开展太赫兹载荷试验。

二、卫星互联网为互联网基础资源带来新机遇

（一）促进互联网基础资源在全球物联网中发挥更大作用

目前互联网基础资源主要应用于地面互联网，而现有地面互联网仅覆盖陆地面积的 20%。未来全球物联网的发展，不仅需要卫星互联网的全球覆盖能力，也需要互联网基础资源如新型标识、IPv6 等的支撑。

在万物互联需求驱动下，作为卫星互联网的一个重要分支，卫星物联网技术不断发展，可应用于森林、海洋、岛屿、荒漠及偏远地区等广袤区域的资源管理与监测，实现信息网络的全球覆盖。近年来，卫星物联网以 25%的复合年增长率快速发展。世界各国积极布局，美国 SpaceX 通过收购卫星物联网初创公司 Swarm，依托小型卫星集群为全球提供低成本卫星物联网服务，欧盟也开始部署物联网星座。我国以"行云工程"和"鸿雁星座"为代表的低轨卫星物联网星座计划稳步推进。2023 年 5 月"天启星座"卫星物联网系统亮相第八届"中国航天日"，其由 38 颗低轨卫星组网，可提供"空天地海、四位一体"的应用服务能力。

卫星物联网需要接入海量传感器实现空间覆盖与精细测量。美国权威卫星咨询公司 NSR 预测，未来将有上亿台设备接入卫星物联网，在卫星上广泛部署 IPv6 能有效满足卫星物联网的巨量地址空间需求。目前，美国"星链"已开始着手在卫星上支持 IPv6；欧洲航天局也准备在卫星网络中引入 IPv6，并制定发展线路图。我国地面 IPv6 已实现从"通路"到"通车"，全面进入"流量提升"时代，"IPv6+"创新技术推动万物互联向智能化发展，具备在卫星上部署 IPv6 的技术能力；并且相较传统地面网络，我国卫星网络尚处于建设初期，没有

历史包袱，基本无须考虑 IPv4 设备的兼容性问题，具备广泛部署应用 IPv6 的现实条件。同时，6LoWPAN、LoRaWAN 等支持 IPv6 的物联网技术为促进 IPv6 与卫星物联网融合发展奠定了良好基础。而卫星物联网将使 IPv6 应用范围延伸至森林、荒漠、海洋等更广阔的空间，并驱动 IPv6 在智能控制、灾害预警、能源探测、自然资源管理、生物多样性保护等更多场景落地。

（二）为全球域名解析服务应急保障机制提供新手段

当前，全球地缘政治冲突加剧，突发事件时有发生，在战争等极端冲突情况下，一旦我国地面网络被切断将导致域名服务在海外无法访问。域名服务是众多互联网服务的必要前提，域名服务的失效将导致互联网服务大规模失效。域名解析服务平台一般采用主从分布式架构，以 ".CN" 国家域名全球服务平台为例，目前位于世界各地不同数据中心的从节点依赖地面网络保持与国内主节点间的域名数据同步。一旦地面网络被切断，海外从节点就无法从国内主节点同步数据，可能导致重要机构网站在海外无法访问，影响外交联络、舆论宣传等事务的正常开展。

通过卫星互联网开展重点域名解析服务全球应急保障具有积极意义。卫星互联网具有全球覆盖、组网迅速等优势，具备提供全球性网络应急保障的能力。构建基于卫星互联网的域名服务应急机制，使得海外从节点能够依托卫星链路与国内地面主节点间进行域名数据传输，保障重点域名服务在海外也可正常运行。同时，考虑到长距离卫星传输及有限带宽资源可能造成的用户端域名解析超时，通过将重点域名数据与解析服务部署于卫星之上，就近为用户提供服务，也是提升卫星应急网络服务域名解析可用性的可行方案之一。

构建天地一体化国家域名应急体系十分必要。持续提升 ".CN" 国内主节点的容灾能力和抗毁性，时刻保证其绝对安全是实施应急保障的基本前提，也是国家域名安全建设的一项长期任务。通过卫星载荷软硬件搭载的方式实现轻量化 ".CN" 节点上天，在卫星网络上建立主节点的应急镜像，建立天基域名解析系统与地基域名应急节点的协同工作机制，形成星地多中心灾备体系，构建天地一体化国家域名应急体系，可显著提升全球范围内重点域名服务的抗极端风险能力。

（三）卫星互联网领域互联网基础资源技术迎来新赛道

当前，地面互联网相关技术体系较成熟，由于历史原因，我国起步较晚，在关键技术、安全防御等方面长期处于跟随状态。而在卫星互联网领域，域名、路由等互联网基础资源技术研究总体处于起步阶段，作为互联网大国，我国在卫星互联网的技术新赛道上拥有较大发展空间。

在关键技术上，卫星互联网存在较大创新空间。在域名解析方面，可构建高效端、边、网、云协同的属地化就近解析服务架构体系，聚焦研究卫星终端重点域名解析缓存、解析节点下沉至信关站的边缘解析、UPF（User Plane Function）路由引流至属地化内容源等创新技术，提高卫星互联网网络效率，降低网络时延，提升用户体验。在 IPv6 与卫星物联网融合方面，6LoWPAN、LoRaWAN 等 IPv6 物联网技术仍较多应用于地面网络，需要在现有地面物联网技术基础上，研究物联网设备与卫星的直连和组网技术，制定核心规范和标准；同时，大力推动 "IPv6+" 技术在卫星物联网中的应用，加速实现 SRv6 分段路由、网络切片、确定性转发等技术融合，构建天基应用感知网络，更好地支撑卫星物联网纷繁复杂的应用场景需求，实现 IPv6 在卫星物联网中的全面应用。

在安全防御上，面向域名等关键互联网基础资源的安全防护手段与技术体系尚未建立，亟须开展相关研究，填补空白。针对地面域名系统的 DDoS 攻击、重放攻击，在卫星互联网中更易发生，风险更为突出。空间通信平台在功耗、体积、计算、存储等方面严重受限，很容易受到 DDoS 攻击。攻击者可以用无线设备模仿卫星终端，或者入侵并控制合法终端设备，频繁地发起随机接入请求，消耗空口物理层随机接入信道资源，使其他卫星终端无法正常接入卫星通信系统。由于测控链路大都没有抗重放攻击的功能，攻击者可以拦截并记录之前的查询请求，向目标卫星重复发送，挤占带宽，消耗资源[8]。目前，卫星通信系统安全防御主要依赖 CCSDS（Consultative Committee for Space Data Systems）、ETSI（European Telecommunications Standards Institute）和 3GPP（3rd Generation Partnership Project）等组织机构通用协议，无法提供针对域名系统的安全保障能力，需要尽快建立适用于卫星互联网的互联网基础资源安全体系。

三、卫星互联网对互联网基础资源的新挑战

（一）美国和欧洲已占据大量太空资源，威胁我国互联网基础资源发展根基

在轨道资源方面，《中国航天科技活动蓝皮书（2022 年）》显示，截至 2022 年底，全球在轨航天器数量已达到 7218 个，其中美国有 4731 个，占全球总数的 65.5%；欧洲有 1002 个，居世界第二；中国有 704 个。研究显示，近地轨道卫星容量约为 6 万颗，截至 2023 年 5 月初，仅"星链"一个星座已发射 4161 颗卫星，后续预计发射低轨卫星总量将达到 4.2 万颗，近地轨道未来将变得十分拥挤。

在频率资源方面，目前 Ka/Ku 波段已趋于饱和，美国"星链"领先占据了部分 Q/V 波段。而在英国太空互联网公司"OneWeb"推出的星座计划中，初始星座将由 648 颗 Ku 波段卫星组成，第二、三阶段（2027 年前）将发射 2000 颗 V 波段卫星。亚马逊计划构建 Kuiper 星座，将发射 3236 颗 Ka 波段卫星。以上卫星发射升空后，适宜开展卫星互联网业务的波段将进一步减少。

在"先占先得"的国际轨道与频率资源分配原则下，美国和欧洲已占先机。我国在太空资源方面与美国存在明显差距，竞争形势严峻。而构建天基互联网基础资源体系需要充足的太空资源作为底层支撑，太空资源不足不仅会对我国太空领域世界地位构成威胁，而且会影响域名、IP、路由等关键互联网基础资源在卫星互联网中的融合发展，对我国天地一体化发展和万物互联网络的长期建设形成挑战。

（二）卫星互联网较地面互联网具有信道开放的特点，导致 DNS、IP 等重要信息易被窃听

卫星互联网信道面向全球开放，其覆盖范围较地面移动基站明显增大，与地面互联网相

比，卫星互联网缺乏物理隔离，导致卫星互联网的基础设施更容易受到攻击。攻击者可以利用卫星互联网信道开放的特点，使用专门的设备拦截或监听卫星信号，从而获得传输的数据和信息，通过 SNDL（Store Now，Decrypt Later）等攻击方式可以从中获取 DNS、IP 等敏感信息。同时，卫星通信系统用户链路和馈电链路的下行链路波束覆盖范围比较大，攻击者容易接收到无线信号并可能破解出通信内容；对于用户链路和馈电链路的上行链路信号，攻击者可以接收到卫星终端或地面站的旁瓣信号，并可能破解出通信内容[8]。2015 年，俄罗斯网络黑客组织图拉通过窃听数据包，从中分析识别合法卫星 IP 地址，实施了源地址伪造攻击，导致中东和非洲的政府、大使馆、军方等多个目标遭受影响。

非合作卫星通过伴飞的方式嗅探和劫持传输数据，也是导致 DNS、IP 等重要信息易被窃听的原因之一。由于星间链路的开放性，非合作卫星可以通过伴飞（在相对靠近的轨道上飞行）的方式接近目标卫星，干扰星间链路的通信。通过伪造数据、拦截数据、劫持通信等方式，获取传输过程中的互联网基础资源数据，实施恶意行为。俄乌冲突中，鉴于"星链"系统对俄军造成的威胁，俄军采取了电子战软杀伤结合火力硬摧毁的综合手段，以抵消"星链"系统的威胁，并取得了一定的成效。当前，俄军正在研究采取同轨伴飞的空间电子战系统方式对抗"星链"系统。2022 年 4 月 15 日，俄罗斯宣布计划建立一个基于卫星星座的太空电子战部队。俄军拟发射处于"星链"系统 340 千米、550 千米及 1100～1300 千米同轨位置的伴飞卫星，采取类似嗅探手段收集"星链"系统卫星下行信道的频谱、时域与空间交织分布、功率密度、占空比等特征，后下行至地面信关站进行大数据解析，靠所获信息对之进行电子干扰。

（三）卫星互联网拓扑结构快速变化，影响网络路由可靠性和安全性

一方面，卫星互联网自身特点使得路由安全面临新的挑战。卫星互联网拓扑结构具有时变性，导致 BGP 路由宣告频繁，增大了路由信息被篡改的概率，使得恶意节点更容易散布虚假路由消息，进行重放攻击、消息头地址篡改和虫洞攻击，造成路由破坏；快速的拓扑变化还将导致卫星互联网路由收敛较慢，可能造成报文丢失，影响网络性能和可靠性。同时，卫星网络中需要中继卫星节点进行多跳消息的传输，恶意节点在其中进行消息转发时，会进行完全丢包的黑洞攻击和随机丢包的灰洞攻击，大大降低了消息的成功递交率，给网络安全带来了极大的威胁。此外，在路由维护过程中，恶意节点会利用网络拓扑变化发送大量无效路由信息，使得空间网络进行路由重构，大量消耗卫星资源，影响正常路由维护；恶意节点发送的虚假路由信息则会造成路由混乱，严重影响路由安全[9]。

另一方面，当前卫星互联网的路由安全技术方案主要借鉴地面互联网，但相关方案在卫星互联网中应用存在一定缺陷。基于多路径的路由策略通过在多条路径上同时进行数据传输，提高数据包的传输成功率，但当网络中卫星节点较多或数据包传输频繁时，该方法会引起消息碰撞，降低网络传输成功率，影响网络可靠性与性能。基于密码学的安全路由算法可能由于卫星拓扑结构频繁变化而导致卫星节点被截获，密钥可能被泄露，最终导致节点被内部攻击[10]；而卫星的高动态运动特性使得在卫星互联网中进行长期密钥动态生成与管理变得更加困难。

（四）卫星互联网资源受限，对域名解析等服务的性能和可靠性形成挑战

域名服务对时延高度敏感，根据 DNSPERF 测量结果，主流 DNS 递归服务平均解析时延在 30 毫秒以内。与地面互联网相比，卫星互联网本身链路质量较差、带宽受限，且通过卫星互联网实施域名解析路径延长，将导致 DNS 解析时延明显增大，影响服务性能。卫星互联网中的地面用户需要发送请求到卫星并由卫星返回响应，这导致了双向通信的延迟。与地面互联网相比，卫星互联网的延迟更严重，这可能会对实时应用和互动性较强的服务产生影响。

卫星互联网的路由慢收敛问题，对具有严格时延要求的域名服务也是潜在的风险。具体的路由收敛时间很难一概而论，它受多个因素的影响，包括网络拓扑的规模、卫星链路的延迟、路由协议的设置和网络负载等。由于卫星链路的延迟和网络拓扑的复杂性，一般来说，在卫星互联网中，路由收敛时间比地面互联网更长，可能需要几秒钟到几分钟，甚至更长，具体取决于网络规模和配置。域名服务对时延高度敏感，路由慢收敛问题可能导致域名服务故障或服务质量下降。

此外，卫星互联网由于资源受限，相关安全技术主要集中在轻量级密码协议和快速安全认证等方面，安全保障技术与地面互联网存在一定差距。基于密码学的相关技术是保障互联网基础资源的重要技术手段，以路由安全技术为例，路由的各个阶段包括节点加入、路由构建等都有加密技术的应用。但卫星上的计算资源有限，如处理能力、存储容量和能耗等方面的限制，使得在卫星互联网中部署强大的加密和安全认证协议变得困难。尽管轻量级密码协议和快速安全认证机制提供了一定的安全保障，但与地面互联网相比，安全性仍有较大提升空间，需要综合考虑资源限制、安全需求和性能要求，并采取适当的安全措施来平衡这些因素。

四、发展建议

（一）加强配套制度建设与政策引导

一是开展卫星互联网安全配套政策研究，明确卫星互联网在我国开展的前提条件、义务和责任等。针对相关安全风险，加强监管措施，及时填补监管漏洞和空白，打击利用卫星互联网从事非法行为。二是加强国际国内频率资源超前规划和卫星轨道资源协调，健全频率资源的全周期管理机制，支持各类参与主体利用多种方式获取全球轨道资源，不断扩大卫星互联网规模。三是促进卫星资源合理利用，建立卫星资源利用分级分类制度，将有限资源优先用于紧急情况下重要服务与数据的应急保障。四是建立卫星互联网应用创新示范工程，积极引导相关企业、科研机构开展技术突破与产业创新，促进技术与产业更好融合。

（二）夯实互联网基础资源技术根基

一是构建基于卫星互联网的域名体系，有效解决极端情况下的"停服断网"问题，提升域名系统抗极端风险能力。二是探索研究符合卫星互联网特点的新型路由技术，保障重要地区间卫星网络畅通，与地面网络形成有效互补，形成天地一体化通信网络。三是建议以《关于推进 IPv6 技术演进和应用创新发展的实施意见》等政策文件为指引，通过设立研究性课题，加强卫星互联网 IPv6 基础性研究和产业融合创新研究。四是加强卫星互联网基础协议研究，面向星上高性能解析、应急保障、常态化防御等需求与场景，建立适用于天基环境与系统的互联网基础资源技术标准体系。五是建议调动各方力量攻关星上解析、星地协同、安全防御等关键技术。

（三）促进技术与产业融合创新发展

加强创新项目合作，面向 Web 3.0、元宇宙、全联网等新兴技术与产业形态，不断丰富新技术应用场景，开发卫星互联网潜在商业价值，面向偏远地区宽带接入、车联网、智慧城市等提供有竞争力的网络服务，持续推动技术创新成果转化。推进卫星互联网与现有互联网行业和生态的协调发展，持续开展天地一体化网络建设，不断提升我国信息网络的全球服务能力，发挥卫星互联网在促进全球经贸合作、区域间经济共建中的重要作用，为深化我国对外开放、服务"一带一路"倡议做好底层支撑。鼓励产业联盟和企业发挥主体作用，整合产业资源，加速产业集聚，持续提升产业服务能力，不断涵养产业创新生态。

（四）推动国际交流合作与规则制定

卫星互联网具有跨国家、跨地区特点，需要国家间、区域间彼此协同、沟通合作。当前，卫星互联网运行、应用与管理等的国际规则尚未形成和明确，应抓住机遇，主动参与相关国际规则和标准的讨论与制定，积极参与卫星互联网安全问题的全球治理。针对轨道、频率等关键太空资源争夺及太空网络攻击与防范等问题，加强国际交流合作，积极参加全球框架下相关问题的讨论，倡导全球太空资源的合理分配与安全利用，推动形成公平合理的国际卫星互联网管理规则与机制。

参考文献

[1]   杨帆. 美国政府发布新版《国家航天战略》[N]. 科技政策与咨询快报，2018-06-20.

[2]   王逸君. 特朗普签署指令组建"太空军"[N]. 新华社新媒体，2019.

[3]   任彦. 欧洲启动太空发展投资计划[N]. 人民日报，2021-07-12.

[4]   韩冰，李言，彭茜，等. 欧盟兴建自主星网，太空"圈地战"加剧[N]. 环球，2023.

[5]   蒋瑞红，冯一哲，孙耀华，等. 面向低轨卫星网络的组网关键技术综述[J]. 电信科学，2023（2）.

[6]   郑艺，金舰，廉长亮，等. 卫星互联网行业发展情况研究[J].通信世界，2023（4）:31-34.

[7]   《卫星应用》编辑部.2022 年中国卫星应用若干重大进展[J]. 卫星应用，2023（1）:8-14.

[8]   汪永明. 卫星通信安全风险与防御技术概述[J]. 保密科学技术，2022（6）.

[9]   巨玉. 低轨卫星网络安全路由技术研究[D]. 西安：西安电子科技大学，2021.

[10] 李航.LEO 卫星网络的可靠性路由算法研究[D]. 成都：电子科技大学，2021.

互联网第三方服务依赖度测量及分析

黄易雯　　李振宇　　李洪涛

中国科学院计算技术研究所　　中国科学院大学　　中国互联网络信息中心

一、引言

2019 年，全球互联网报告从互联网访问服务、服务的基础设施及互联网应用程序三方面对全球互联网集中性进行了研究[1, 2]。该报告指出，虽然整合通常被视为成熟市场和行业的预期结果，但社会对互联网的依赖程度增加及缺乏监管等情况的出现，正导致少数平台（有时被称为 GAFA——Google、Apple、Facebook 和 Amazon，以及 BAT——百度、阿里巴巴和腾讯）控制着互联网的大部分功能。少数几家公司主宰互联网的大部分内容，随之而来的竞争缺乏和市场集中度提高可能会对互联网的技术发展和使用产生严重影响。

2016 年，DNS 服务提供商 Dyn 遭受了恶意的 DDoS 攻击，导致服务器位于欧洲和北美的大型互联网平台和服务无法直接访问，Dyn 的瘫痪导致 Amazon、BBC、GitHub 等许多知名网站接近 10 小时无法被成功访问[3]。也是在 2016 年，全球最大的证书颁发机构之一 GlobalSign 出现错误，导致世界各地的用户无法访问某些 HTTPS 网站[4]。2021 年，BGP 路由配置错误，社交网络平台 Facebook 及旗下服务 Messenger、Instagram、WhatsApp、Mapillary 与 Oculus 发生全球性死机，逾 7 小时无法使用，连带导致利用 Facebook 账号登录第三方网站的用户也无法访问网站[5]。

对第三方服务的大量依赖给当前互联网的稳定带来了诸多挑战，越来越多的学者注意到这一点，并进行了相关研究。一些学者从 DNS 流量的角度，对互联网流量的集中性进行了研究，发现当前互联网 DNS 流量的集中程度令人担忧，大量的 DNS 解析流量仅由少数几个权威 DNS 服务器负责解析[2, 6-8]。一些学者从网页内部资源（如 JavaScript、网页字体）的角度，对网页解析过程中存在的依赖进行了研究[9-14]。一些研究专注于 Web 内容之间存在的依赖[1, 15]。还有一些研究从互联网基础设施的角度分析了当前互联网的集中性[16-20]。综上可以看出，学者们从不同的角度对当前互联网的集中性和依赖情况展开了相关研究工作，但对国内在第三方基础设施服务上的依赖的相关研究仍较少。因此，本文利用主动测量的方式，对国内访问量排名在前 2 万的网站，从 DNS（Domain Name System）、CDN（Content Delivery Networks）及 CA（Certificate Authority）三个角度分析了第三方服务依赖度，并对比分析了全球与国内的第三方服务依赖情况。

本文有以下几点主要发现：

（1）在第三方 DNS 服务方面，国内流行网站对第三方 DNS 的依赖比例低于全球，在冗余 DNS 配置上的比例也远低于全球。这说明国内网站更倾向于使用私有 DNS 服务，或者仅使用单个第三方 DNS 服务。这种 DNS 服务部署方式的潜在风险在于安全性和可靠性较差，一旦私有 DNS 或某个大型 DNS 服务提供商发生故障，将导致国内大量网站无法访问。

（2）在第三方 CDN 服务方面，全球及国内网站的 CDN 部署比例接近，访问量 Top100 的网站的 CDN 部署比例在 70%左右，访问量 Top20000 的网站的 CDN 部署比例在 25%左右。在 CDN 冗余配置上，国内的 CDN 冗余配置比例是全球的两倍，CDN 生态可靠性高于全球。

（3）在第三方 CA 服务方面，国内网站对 HTTPS 的支持比例在 80%以下，而全球超过 90%的网站都部署了 HTTPS 服务。此外，OCSP Stapling 技术是降低网站对第三方 CA 服务依赖程度的有效手段，国内网站对这一技术的支持比例不到 10%，而全球网站在这一比例上达到了 40%，考虑到国内网站使用的大部分是国外的第三方 CA 服务（如 DigiCert、GlobalSign），这种对国外 CA 服务的严重关键依赖会使得国内的 HTTPS 生态十分被动。

（4）不论是全球网站还是国内网站，对第三方 DNS、CDN 及 CA 服务提供商都存在非常明显的集中性依赖，Cloudflare、Akamai、阿里巴巴、DigiCert 等大型互联网公司承载了互联网上大部分内容。第三方服务提供商之间的相互依赖，进一步加深了互联网第三方服务依赖的集中程度，这种集中性依赖带来的优势是新技术可以得到快速部署，劣势在于潜在的垄断。

二、研究背景及现状

本部分主要介绍第三方基础设施服务的研究背景，以及国内外在该领域的研究现状。

（一）研究背景

出于便利及成本的考虑，越来越多的网站内容提供商选择将一些基础网络服务，如 DNS、CDN 及 CA 等，委托给第三方服务提供商。

DNS 服务是当前互联网上最为重要的应用层协议，它负责将对用户友好的域名转换为计算机可以理解的 IP 地址。DNS 解析流程如下：客户端发出 DNS 解析请求，本地 DNS 服务器请求运营商 DNS 递归解析服务器代为解析目标域名，递归解析服务器进一步联系根域名服务器、顶级域名服务器、权威域名服务器，最终获得域名对应的 IP 地址。由于权威 DNS 服务器部署较为烦琐，因此许多网站会将域名解析服务委托给第三方 DNS 服务提供商，从而产生了对 DNS 服务提供商的依赖。

CDN 服务可以提高网站内容的访问速度，通过 CNAME 重定向的方式，可以将不同地理位置的用户发出的请求重定向到最近的服务器，改善用户的访问体验。此外，CDN 服务也为网站提供了负载均衡的能力，能够有效避免 DDoS 攻击，提高网站服务的可靠性。许多大型网站为了给用户提供高速且可靠的访问体验，会将自己的内容部署在第三方 CDN 服务提供商的服务器上，从而产生了对 CDN 服务提供商的依赖。

CA 服务是保障互联网流量安全性的重要手段。传统的 HTTP 流量是通过明文传输的，攻击者可以轻松地通过中间人攻击获取用户数据。CA 证书可以使网站内容提供商具有部署 HTTPS 协议的能力，实现对传输流量的加密，保证网络数据传输的真实性、可靠性和完整性。为了提高证书认证的效率，OCSP Stapling 技术[21]通过直接在 Web 服务器上放置 OCSP 响应的数字签名和时间戳版本来提高证书认证性能。使用了 OCSP Stapling 技术的网站允许 Web 服务器在初始 SSL 握手中包含 OCSP 响应，而无须用户与 CA 建立单独的外部连接。许多网站内容提供商都会请求 CA 服务提供商为自己签署 CA 证书，在保证网络安全性的同时，也产生了对第三方 CA 服务提供商的依赖。

用户在访问网站的过程中，至少需要联系一个权威 DNS 服务提供商，以获取承载其访问的网站的服务器 IP 地址。如果这些网站使用了负载均衡技术，那么承载网站内容的服务器往往由 CDN 服务提供商控制。用户在访问部署了 HTTPS 的网站过程中，还需要和 CA 服务提供商联系，以验证网站证书的正确性。一旦 DNS、CDN 和 CA 服务提供商中的任意一方出现故障，都将导致依赖它们的网站无法访问。

（二）国内外研究现状

Kashaf 等人通过主动测量的方式，研究了全球访问量前十万的网站对第三方 DNS 及 CDN 服务提供商的依赖情况，发现大部分网站都存在对第三方服务提供商的依赖，且没有进行冗余配置[17]；Doan 等人研究了".com"".net"".org" 域名及 Alexa 排名访问量前一百万的域名对第三方内容传输基础设施（如 CDN、字体、广告商等）的依赖情况[22]；Zembruzki 等人研究了互联网流量在 AS 上的集中性，通过分析".com"".net" 等域名的 A 记录及 AAAA 记录被解析到的 AS 情况，找出了规模最大的前十个 AS，并分析了它们随时间变化情况及市场占有度[23]；Moura 等人研究了由于 DNS 配置错误导致 DNS 循环依赖所产生的对 DNS 服务的影响，他们发现在".nz" 域名中，两个配置错误的域名解析导致了 DNS 解析流量增加了 50%。

文献[24]研究了 CDN 依赖及相互转发而导致的威胁放大问题；文献[25]从 DNS 递归解析服务器的角度，测量和分析了域名解析中存在的依赖关系，分析了依赖关系及其造成的权威服务器之间的联系对域名系统性能、安全性的影响；文献[26]研究了 DNS 授权机制中存在的不一致和多重依赖问题所造成的 DNS 生态的脆弱性。

三、研究方法

本文主要研究国内网站对基础设施（DNS、CDN 及 CA 等）的依赖情况。本部分将详细描述本文采取的研究方法，包括测量对象的选取、测量指标的制定、关键数据的获取等。

（一）测量对象

不同访问量的网站在基础设施服务上往往呈现出不同的特征。访问量大的流行网站通常考虑的是服务的可靠性、访问效率等。因此，这类网站通常会部署并使用私有 DNS 服务器，同时结合使用第三方 DNS 服务，以保证自身服务的可靠性。它们还会选择将网站内容部署在多个 CDN 服务提供商的服务器上，以保证自身内容的访问速度。此外，CA 证书对流行网站而言也是必要的。与之相对，访问量小的网站通常更需要考虑成本问题。这类网站大多会选择使用单个 DNS 服务提供商的服务器，并且往往不会使用 CDN 及 CA 服务。

为了对全球及国内网站的第三方服务依赖情况有更全面的了解，我们从域名流行度排名网站 Alexa[27] 上收集了全球访问量排在前 2 万名的域名数据。由于 Alexa 上国内域名访问排名数据不足 2 万条，为了和全球域名数据进行对比，我们从电信提供的运营商 DNS 服务器解析日志中随机选取了 100 万条 DNS 解析记录，然后按照请求解析域名的二级域名进行排序，最后选择其中访问量最大的前 2 万个二级域名。

（二）测量指标

首先，定义直接依赖、间接依赖和关键依赖，具体如下。

定义 1：直接依赖：网站如果直接使用了某个第三方服务提供商的服务，则对其存在直接依赖。即如果网站 w 直接使用了第三方服务提供商 p 的服务，则存在 $w{\rightarrow}p$ 的直接依赖。

定义 2：间接依赖：网站如果使用了某个第三方服务，而这个服务又依赖于另一个服务提供商的服务，则存在间接依赖。即：如果网站 w 使用了 p_1 提供的服务，而 p_1 又使用了 p_2 的服务，则存在 $w{\rightarrow}p_2$ 的间接依赖。

定义 3：关键依赖：w/p' 依赖唯一的 p 获取某项服务，一旦 p 出现故障，w/p' 也无法正常工作。对于不同的第三方服务，关键依赖的判断方式不同，可以采用下面几种方式判断关键依赖。

对于 DNS，较为流行的网站通常会将自己的 DNS 服务委托给多个 DNS 服务提供商，这种冗余配置能保证网站在其中一个 DNS 服务提供商发生故障的情况下仍能提供正常的服务。而对于只使用了单个 DNS 服务的网站而言，一旦 DNS 服务提供商发生故障，该网站也无法被正常访问。因此，我们认为，如果网站 w 仅使用一个提供商 p 的 DNS 服务，则 w 对 p 存在关键依赖，反之则不存在关键依赖。

对于 CDN，与 DNS 服务类似，一些网站可能会将自己的内容同时托管在多个 CDN 服务提供商的服务器上，所以单个 CDN 服务提供商的故障并不会对该网站产生很大的影响。因此，我们认为，如果网站 w 仅使用一个提供商 p 的 CDN 服务，则 w 对 p 存在关键依赖。

对于 CA，CA 认证过程中可能会用到 OCSP 协议，它可以实时检查证书的有效性。当用户与部署了 HTTPS 服务的网站建立连接时，浏览器通常会与颁发证书的 CA 进行 OCSP 检查，以确认证书未被吊销。OCSP Stapling 技术在一定程度上提高了 CA 服务的稳健性，如果网站使用了 OCSP Stapling 技术，即使它使用的 CA 服务提供商短期不可用，也不会对网站的可访问性产生影响。因此，我们认为，使用了 OCSP Stapling 技术的网站不存在对 CA 的关键依赖，而未使用该技术的网站则存在对 CA 的关键依赖。

接下来，定义集中度和影响力两个指标对服务提供商进行刻画，具体如下。

定义 4：集中度 C_p 为对第三方服务提供商 p 存在依赖的网站 w 的数量。设 D_w^p 表示对服务提供商 p 存在依赖的网站集合，D_p^p 表示对 p 存在依赖的其他服务提供商 p' 的集合，f_c 为计算集中度的函数，则集中度的计算公式为

$$C_p = \left| f_c(D_w^p, D_{p'}^p) \right| = \left| D_w^p U \bigcup_{\kappa \in D_{p'}^p} D_w^k \right|$$

定义 5：影响力 I_p 为对第三方服务提供商 p 存在关键依赖的网站 w 的数量。设 I_w^p 表示对服务提供商 p 存在关键依赖的网站集合，I_p^p 表示对 p 存在关键依赖的其他服务提供商 p' 的集合，f_I 为计算影响力的函数，则影响力的计算公式为

$$I_p = \left| f_I(I_w^p, I_{p'}^p) \right| = \left| I_w^p U \bigcup_{\kappa \in I_{p'}^p} I_w^k \right|$$

（三）测量方法

本文采取主动测量的方式，分别在北京和美国部署一个主动测量节点，通过发送 DNS 解析请求、SSL 证书查询请求等，获取所需的数据。对于 DNS，请求解析每个二级域名的 NS 记录，获得该域名的权威域名服务器信息。对于 CDN，请求解析每个二级域名的 CNAME 记录，获得该域名的 CNAME 信息。对于 CA，首先需要验证对应域名的主机是否支持 HTTPS 协议。通过与目标主机建立 443 端口的连接，检查目标主机是否响应，判断目标主机是否支持 HTTPS 协议。对于支持 HTTPS 协议的目标主机，使用 OpenSSL 与其建立 443 端口的连接，请求获取目标主机的 CA 证书信息。需要说明的是，本文并不考察域名映射到的地址，而对 DNS、CDN 的依赖往往并不随请求位置的不同而不同，因此尽管本文只使用了两个测量节点，但结果仍然具有代表性。

（四）测量实现

本部分将详细介绍一些关键指标的获取方式及具体的测量实现。

1. 服务提供商的识别

首先对服务提供商进行识别。我们的分析基于不同提供商，而不同提供商可能拥有多个 NS 或 CNAME 信息，如果不进行 NS 或 CNAME 到服务提供商的映射，会使得最终的结果不准确。

对于 DNS，通过主动测量程序，我们获得了域名使用的权威 DNS 服务器的主机名信息。为了将主机名对应到具体的第三方 DNS 服务提供商，我们首先请求解析 DNS 主机名的 A 记录，从而得到权威 DNS 服务器的 IP 地址。然后，通过查询该 IP 地址的 WHOIS 信息，可以得到该权威服务器所属的提供商。然而，在这个过程中我们发现，有的 IP 地址会将自己的 WHOIS 信息隐藏起来，导致我们无法获得该 IP 所属的组织信息。对于这类域名，在分析的时候我们会将其筛选掉，以避免对最终结果产生影响。

对于 CDN，通过部署主动测量程序获得了域名对应主机所使用的 CNAME 信息。然而，大多数 CDN 服务提供商并不会将自己使用的 CNAME 数据公开，导致从 CNAME 获取 CDN 服务提供商信息较为困难。通过解析 CNAME 对应的 IP 获取其所属的 CDN 服务提供商信息也不理想，因为几乎没有 CDN 服务提供商公布自己部署的服务器 IP 范围。综合比较这两种方法，我们最终还是选择直接通过 CNAME 得到 CDN 服务提供商信息。通过对所研究域

名的 CNAME 信息按照出现频率进行排序，然后手动查询最常见的前 20 个 CNAME 对应的 CDN 信息，结合 Kashaf 等人在论文[17]中提供的 CNAME 到 CDN 的映射数据集，我们得到了较为完善的 CNAME 映射数据，通过 CNAME 到 CDN 的映射，能获得域名对应的主机使用的 CDN 服务提供商信息。

对于 CA，在获得支持 HTTPS 服务的主机的证书之后，可以直接从证书的 issuer 字段获取 CA 服务提供商的信息。

2. 第三方服务的判断

如前文所述，一些较为流行的网站可能会采用第三方服务与私有服务相结合的方式，保证自身服务的稳定性与可靠性。然而在本文中，我们主要研究的是第三方服务，因此需要对私有服务和第三方服务进行区分。

SLD（Second Level Domain）往往由一个独立的机构管理，该机构负责的不同服务会被分配不同的 FQDN（Fully Qualified Domain Name）。因此，首先可以对比网站域名的 SLD 和服务提供商的 SLD，如果二者相同，就可以认为该服务属于私有服务。

支持 HTTPS 服务的网站的证书中会包含 SAN（Subject Alternative Name）字段，SAN 字段是 X.509 规范的扩展，它允许用户为单个 SSL 证书指定其他主机名，为单个证书提供同时为多个域名进行加密的能力[28]。SAN 中包含的域名往往属于同一个机构，因此对于 SLD 不相同的情况，我们可以根据支持 HTTPS 协议的网站证书的 SAN 字段进行判断，如果服务提供商的域名包含在网站证书的 SAN 字段中，就可以认为该服务属于私有服务。

DNS SOA（Start of Authority）记录存储有关域的重要信息，如管理员的电子邮箱地址、域上次更新的时间，以及服务器在刷新之间应等待的时间[29]。可以通过 SOA 记录判断网站和服务提供商是否属于同一个机构，如果二者的 SOA 记录相同，就可以认为该服务是私有服务。

如果以上三种判断方法得到的结果均为"否"，就可以判定该服务属于第三方服务。第三方服务判断算法流程图如图 1 所示。

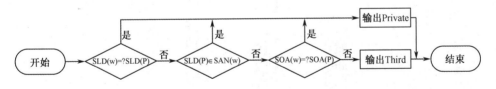

图 1　第三方服务判断算法流程图

四、测量结果及分析

本文分别从网站和服务提供商的角度对互联网第三方服务依赖度进行分析。首先，分析不同访问量的网站在使用第三方服务上的区别，并对全球和国内的情况进行对比。其次，从集中度的角度对服务提供商进行排序，并对全球和国内的情况进行对比。最后，分析间接依赖对第三方服务依赖度的影响。

（一）对第三方服务的直接依赖

由于不同访问量的网站在第三方服务的使用上有区别，因此我们分别研究了访问量 Top100、Top1000、Top10000 和 Top20000 的网站使用第三方服务的情况。同时，为了对比国内外在第三方服务使用上的不同，我们分别针对全球访问量 Top20000 的网站和国内访问量 Top20000 的网站的第三方服务使用情况进行了研究。

1. 对第三方 DNS 服务的直接依赖

全球及国内的第三方 DNS 服务使用情况如图 2 所示。

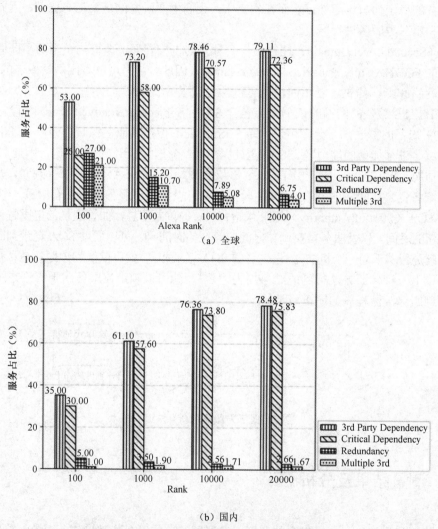

（a）全球

（b）国内

图 2　全球及国内的第三方 DNS 服务使用情况

图 2 中，3rd Party Dependency 表示存在第三方 DNS 服务依赖，Critical Dependency 表示对第三方 DNS 服务存在关键依赖，Redundancy 表示网站进行了冗余配置（冗余配置既包含使用多个第三方 DNS 服务的情况，又包含同时使用私有 DNS 服务和第三方 DNS 服务的情况），Multiple 3rd 表示使用了多个第三方 DNS 服务。

从图 2（b）中可以看出，国内 Top100 及 Top1000 的网站对第三方 DNS 服务的依赖比例分别只有 35%和 61.1%，低于全球的 53%和 73.2%，这说明国内的流行网站倾向于使用私有 DNS 服务。此外，对比国内外关键依赖可以看出，全球 Top100 的网站中，虽然有 53%都依赖第三方 DNS 服务，但只有 26%会对其产生关键依赖，而这一比例在国内是 30%。

对比全球及国内网站的 Redundancy 和 Multiple 3rd 比例可以看出，这两个指标国内均明显低于全球，这说明国内网站配置冗余 DNS 的比例很低，一旦某个大型 DNS 服务提供商出现故障，国内的大部分网站都会陷入瘫痪状态。

2. 对第三方 CDN 服务的直接依赖

全球及国内的第三方 CDN 服务使用情况如图 3 所示。

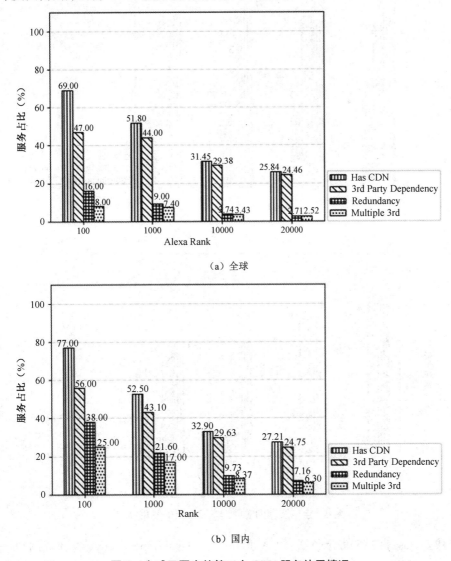

（a）全球

（b）国内

图 3　全球及国内的第三方 CDN 服务使用情况

图 3 中，Has CDN 表示使用了 CDN 服务；3rd Party Dependency 表示使用了第三方 CDN 服务；Redundancy 表示同时使用了私有 CDN 服务和第三方 CDN 服务，或者同时使用了多

个 CDN 服务提供商的 CDN 服务；Multiple 3rd 表示同时使用了多个第三方 CDN 服务。

从图 3 中的 Has CDN 比例可以看出，全球和国内的网站对 CDN 的支持率都在 20%～70%，二者比例比较接近。而对比图 3（a）和图 3（b）的 Redundancy 比例可以看出，全球 Top100 的网站进行 CDN 冗余配置的只有 16%，这一比例在国内达到了 38%，这说明国内的流行网站在 CDN 冗余配置方面比全球做得更好。

3. 对第三方 CA 服务的直接依赖

全球及国内的第三方 CA 服务使用情况如图 4 所示。

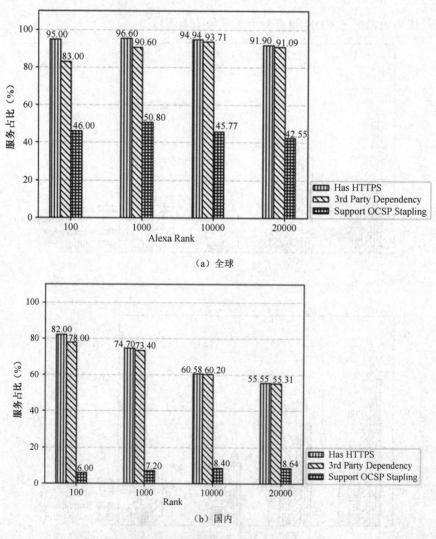

（a）全球

（b）国内

图 4　全球及国内的第三方 CA 服务使用情况

图 4 中，Has HTTPS 表示使用了 CA 服务；3rd Party Dependency 表示使用了第三方 CA 服务；Support OCSP Stapling 表示支持 OCSP Stapling 技术，即不存在对 CA 服务提供商的关键依赖。

首先，对比全球和国内网站对 OCSP Stapling 技术的支持情况。相对于全球 40% 以上的支持率，国内只有不到 10% 的网站支持 OCSP Stapling 技术，考虑到 CA 服务大部分由国外机构提供，这种严重的关键依赖会使国内的 HTTPS 生态十分被动。其次，通过对比图 4（a）和图 4（b）中 Has HTTPS 的比例可以看出，全球网站对 HTTPS 的支持率达到了 90% 以上。然而，在国内，即使是 Top100 的网站也只有 82% 支持 HTTPS。这说明国内网站对 HTTPS 的支持还不够完善，这对网站的数据传输安全性存在一定的影响。

（二）第三方服务提供商的集中度

由上文可以看出，互联网上的网站普遍存在对第三方服务提供商的依赖，本节将探究第三方服务依赖集中于哪些服务提供商。

1. 第三方 DNS 服务提供商的集中度

图 5 展示了全球及国内网站关于第三方 DNS 服务的 CDF 分布，图 6 展示了第三方 DNS 服务提供商的集中度。从图 5 可以看出，第三方 DNS 服务的分布具有十分明显的头部效应，这说明 DNS 解析几乎都由几个大型 DNS 服务提供商负责。对比图 6（a）和图 6（b）可以看出，国内的 DNS 服务相对分散，万网（HiChina）、DNSPod、阿里巴巴（Alibaba）、DNSCOM 都占据了一定的市场份额，而全球的 DNS 服务几乎由 Cloudflare 和 Amazon 包揽。

2. 第三方 CDN 服务提供商的集中度

图 7 展示了全球及国内网站关于第三方 CDN 服务的 CDF 分布，图 8 展示了第三方 CDN 服务提供商的集中度。从图 8 可以看出，全球的 CDN 服务集中于 Cloudfront 和 Akamai，而国内的 CDN 服务更加分散，阿里巴巴、网宿（ChinaNetCenter）、腾讯（Tencent）、Cloudfront 都占有一定的市场份额。此外，国内网站更倾向于使用阿里巴巴、网宿等中国 CDN 服务提供商提供的 CDN 服务。

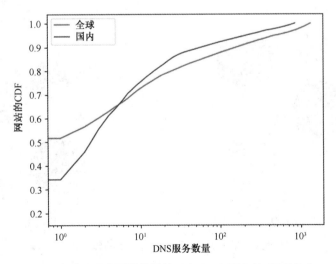

图 5　全球及国内网站关于第三方 DNS 服务的 CDF 分布

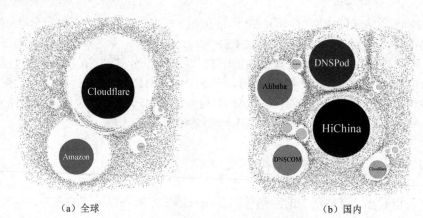

（a）全球　　　　　　　　　　　　　　　（b）国内

图6　第三方 DNS 服务提供商的集中度

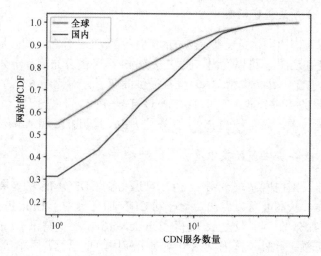

图7　全球及国内网站关于第三方 CDN 服务的 CDF 分布

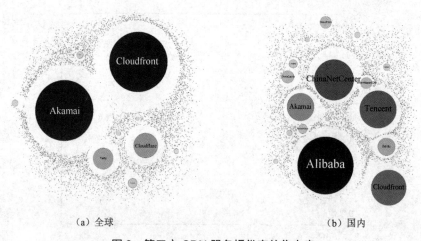

（a）全球　　　　　　　　　　　　　　　（b）国内

图8　第三方 CDN 服务提供商的集中度

3. 第三方 CA 服务提供商的集中度

图9 展示了全球及国内网站关于第三方 CA 服务的 CDF 分布，图10 展示了第三方 CA

服务提供商的集中度。从图 10 可以看出，全球 CA 服务集中于 Cloudflare、DigiCert 及 Let's Encrypt 三大 CA 服务提供商，三者都占据了较大的市场份额。而在国内，CA 服务主要集中于 DigiCert，其他的 CA 服务提供商，如 Let's Encrypt、TrustAsia、GlobalSign 等，各自占据了较小的市场份额。

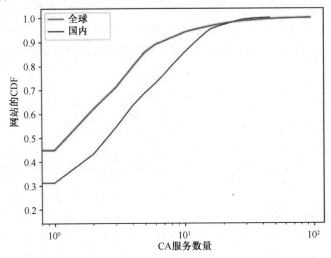

图 9　全球及国内网站关于第三方 CA 服务的 CDF 分布

（三）间接依赖对第三方服务依赖度的影响

除了网站对服务提供商的直接依赖，服务提供商之间还可能存在相互依赖，这种相互依赖可能导致一些网站产生对服务提供商意料之外的间接依赖，从而加大互联网第三方服务依赖度。服务提供商之间可能存在的依赖包括：①CA 依赖 CDN；②CA 依赖 DNS。本部分将研究这两类间接依赖对互联网第三方服务依赖度的影响。

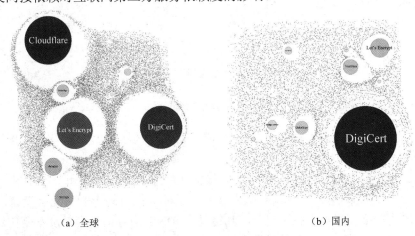

（a）全球　　　　　　　　　　　　　　（b）国内

图 10　第三方 CA 服务提供商的集中度

1. Web→CA→CDN 间接依赖对第三方 CDN 的影响

一些 CA 服务提供商可能会将自己的 SSL 证书认证服务部署在 CDN 服务器上，以保证自身 SSL 证书认证服务的可靠性与效率。如果某个网站使用的 CA 服务使用了其他的 CDN 服务，就会导致该网站对这些 CDN 服务产生间接依赖。

如图 11 所示，我们选取了考虑直接依赖时集中度最大的 5 个 CDN 服务提供商进行分析，研究间接依赖对这些 CDN 服务提供商集中度和影响力的改变。图 11 中左列表示仅考虑直接依赖时 CDN 服务提供商的集中度或影响力，右列表示同时考虑直接依赖和间接依赖时 CDN 服务提供商的集中度或影响力。从左右两列的对比可以看出，间接依赖扩大了 CDN 服务提供商的影响力，加深了互联网对几个大型 CDN 服务提供商的依赖程度。

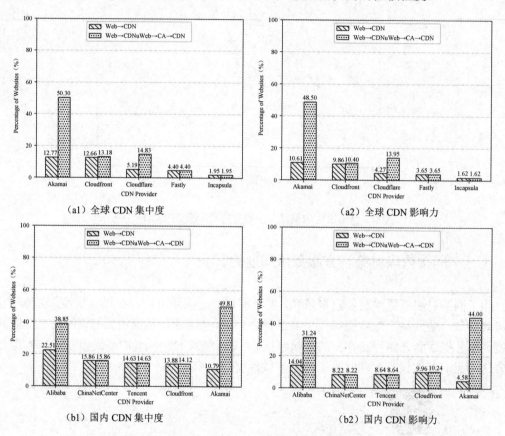

（a1）全球 CDN 集中度　　　　　　　（a2）全球 CDN 影响力

（b1）国内 CDN 集中度　　　　　　　（b2）国内 CDN 影响力

图 11　间接依赖对 CDN 服务提供商的影响

2. Web→CA→DNS 间接依赖对第三方 DNS 的影响

CA 服务提供商往往还依赖第三方 DNS 服务提供商进行 SSL 证书认证过程中的域名解析。图 12 展示了间接依赖对 DNS 服务提供商的影响。

从图 12 中可以看出，对于全球而言，间接依赖导致 DNS 服务提供商的集中度和影响力均有所提升。然而，此类间接依赖对国内 DNS 服务提供商的影响力几乎没有影响，除了 Cloudflare 的集中度和影响力有所提升，其他几个 DNS 服务提供商都没有变化。针对此现象，我们进行了进一步的分析，发现国内网站使用的 DNS 服务和它们的 CA 使用的 DNS 服务不同。表 1 显示了国内的网站和它们使用的 CA 在 DNS 服务上的不同选择。国内的网站大多使用国内的 DNS 服务，而国外的 CA 更多采用国外的 DNS 服务。这导致国内的网站和它们使用的 CA 在 DNS 服务上存在分歧，反而降低了间接依赖的影响。

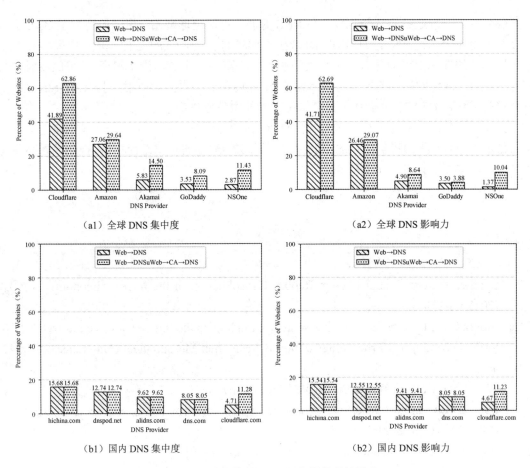

图 12   间接依赖对 DNS 服务提供商的影响

表 1   国内网站及其 CA 使用量最大的 5 个 DNS 服务提供商

排名	网站	CA
1	HiChina	DNSMadeEasy
2	DNSPod	Dynect
3	Alibaba	Cloudflare
4	DNSCOM	GlobalSign
5	Cloudflare	SectigoLimited

五、总结及展望

本文采用主动测量的方式，通过在国内、国外分别部署测量节点进行周期性测量，针对国内互联网对第三方 DNS、CDN 及 CA 服务的依赖情况进行了较为全面的研究。经过分析发现，国内互联网生态对第三方服务的依赖十分严重，少数几个大型服务提供商在当前的互联网基础服务上几乎有着绝对的"话语权"。同时，第三方服务之间的相互依赖，大大加深了互联网对第三方服务的依赖程度。在 DNS 方面，对比全球网站，国内的网站在 DNS 上几乎没有采用冗余配置，这导致国内的 DNS 生态比较脆弱。在 CDN 方面，国内的网站在 CDN 服务提供商的选择上更加分散，多个大型服务提供商均分市场，没有出现一家独大的情况。在 CA 方面，国内网站的 CA 服务基本由 DigiCert 提供，加之国内网站对 OCSP Stapling 的支持较差，导致 HTTPS 生态几乎完全掌握在国外服务提供商手中。

由于依赖而产生的脆弱性和风险需要进行长久的监控和预防，以保证我国网络空间的安全与稳定。今后，我们将从依赖的不同种类、不同的地址空间、建立持久可视化的网络生态监控系统等方面进行进一步的研究。

参考文献

[1] Internet Society. Global Internet Report: Consolidation in the Internet Economy[EB/OL]. [2022-08-23].

[2] Moura G C M, Castro S, Hardaker W, et al. Clouding up the Internet: how centralized is DNS traffic becoming[C]//Proceedings of the ACM Internet Measurement Conference. 2020: 42-49.

[3] Wikipedia. DoS attacks on Dyn[EB/OL]. [2022-07-14].

[4] Lucian Constantin. GlobalSign certificate revocation error leaves some sites inaccessible [EB/OL]. [2022-08-09].

[5] Wikipedia. 2021 Facebook outage[EB/OL]. [2022-08-09].

[6] Allman M. Comments on DNS robustness[C]//Proceedings of the Internet Measurement Conference 2018. 2018: 84-90.

[7] F Foremski P, Gasser O, Moura G C M. DNS observatory: The big picture of the DNS[C]//Proceedings of the Internet Measurement Conference. 2019: 87-100.

[8] Bates S, Bowers J, Greenstein S, et al. Evidence of decreasing internet entropy: the lack of redundancy in DNS resolution by major websites and services[R]. National Bureau of Economic Research, 2018.

[9] Ikram M, Masood R, Tyson G, et al. The chain of implicit trust: An analysis of the web third-party resources loading[C]//The World Wide Web Conference. 2019: 2851-2857.

[10] Kumar D, Ma Z, Durumeric Z, et al. Security challenges in an increasingly tangled web[C]//Proceedings of the 26th International Conference on World Wide Web. 2017: 677-684.

[11] Mueller T, Klotzsche D, Herrmann D, et al. Dangers and prevalence of unprotected web fonts[C]//2019 International Conference on Software, Telecommunications and Computer Networks (SoftCOM). IEEE, 2019: 1-5.

[12] Nikiforakis N, Invernizzi L, Kapravelos A, et al. You are what you include: large-scale evaluation of remote javascript inclusions[C]//Proceedings of the 2012 ACM conference on Computer and communications security. 2012: 736-747.

[13]   Podins K, Lavrenovs A. Security implications of using third-party resources in the world wide web[C]//2018 IEEE 6th Workshop on Advances in Information, Electronic and Electrical Engineering (AIEEE). IEEE, 2018: 1-6.

[14]   Urban T, Degeling M, Holz T, et al. Beyond the Front Page[C]// Measuring Third Party Dynamics in the Field, F 2020. ACM.

[15]   Jari Arkko, Mark Nottingham, Christian Huitema, Martin Thomson, Brian Trammell. Consolidation[EB/OL]. [2022-08-23].

[16]   Zembruzki L, Jacobs A S, Landtreter G S, et al. Measuring centralization of dns infrastructure in the wild[C]//International Conference on Advanced Information Networking and Applications. Springer, Cham, 2020: 871-882.

[17]   Kashaf A, Sekar V, Agarwal Y. Analyzing third party service dependencies in modern web services: Have we learned from the mirai-dyn incident?[C]//Proceedings of the ACM Internet Measurement Conference. 2020: 634-647.

[18]   Doan T V, Fries J, Bajpai V. Evaluating Public DNS Services in the Wake of Increasing Centralization of DNS[C]//2021 IFIP Networking Conference (IFIP Networking). IEEE, 2021: 1-9.

[19]   Wang S, MacMillan K, Schaffner B, et al. A First Look at the Consolidation of DNS and Web Hosting Providers[J]. arXiv preprint arXiv: 2110. 15345, 2021.

[20]   Guo B, Shi F, Xu C, et al. Mining Centralization of Internet Service Infrastructure in the Wild[C]//2021 17th International Conference on Mobility, Sensing and Networking (MSN). IEEE, 2021: 341-349.

[21]   DigiCert. What is OCSP Stapling[EB/OL]. [2022-08-23].

[22]   Doan T V, van Rijswijk-Deij R, Hohlfeld O, et al. An Empirical View on Consolidation of the Web[J]. ACM Transactions on Internet Technology (TOIT), 2022, 22(3): 1-30.

[23]   Zembruzki L, Sommese R, Granville L Z, et al. Hosting Industry Centralization and Consolidation[C]//proceedings of the NOMS 2022-2022 IEEE/IFIP Network Operations and Management Symposium, F, 2022.

[24]   Xu C, Li J, Liu J. Yet Another Traffic Black Hole: Amplifying CDN Fetching Traffic with RangeFragAmp Attacks[C]//proceedings of the International Conference on Collaborative Computing: Networking, Applications and Worksharing, F, 2021.

[25]   李永悦. 域名解析依赖关系测量与分析[D]. 哈尔滨：哈尔滨工业大学，2018.

[26]   江健. 互联网域名系统授权机制中不一致和多重依赖问题研究[D]. 北京：清华大学，2013.

[27]   Alexa. Alexa Rankings[EB/OL]. [2022-04-15].

[28]   DNSimple. What is the SSL Certificate Subject Alternative Name? [EB/OL]. [2022-08-16].

[29]   Cloudflare. What is DNS SOA record? [EB/OL]. [2022-08-16].

域名滥用治理技术路径探索与实践

李洪涛　　尉迟学彪　　张立坤　　延志伟　　董科军

中国互联网络信息中心

一、背景介绍

域名滥用（DNS Abuse）即域名的非正当使用，专指域名被用于各种线上违法违规事件的行为。作为全球域名空间管理和协调机构，互联网名称与数字地址分配机构（ICANN）专门将域名滥用行为划分为两大类，即技术性滥用和内容性滥用。其中，技术性滥用的界定范围相对明确清晰，主要涉及网络钓鱼诈骗、僵尸网络指挥控制、恶意软件分发、垃圾邮件投放等行为；内容性滥用主要涉及网络不良信息散播等行为，具体界定范围需要由相关国家和地区监管机构基于当地法律法规情况自行确定。考虑到自身的愿景使命和职责定位等因素，ICANN 当前仅与通用顶级域（gTLD）存在关于对技术性滥用加以有效管控的合同约定。对于 gTLD 下的内容性滥用，以及国家和地区顶级域（ccTLD）下的所有类别滥用行为，目前都需要由相关国家和地区监管机构自行开展认定并处置。

近年来，全球域名滥用态势越发复杂严峻，引发国际社会广泛关注。放眼全球，当前域名滥用态势正面临以下问题和挑战。

（1）全球域名滥用行为持续高发，并受疫情、战争等因素交织影响而反复恶化加剧。全球新冠疫情暴发以来，各种打着防疫幌子的域名滥用行为趁虚而入，对全球网络空间生态带来了严重冲击。2020 年，IGF 在其年度大会上专门就疫情时代下的域名滥用相关问题进行专题研讨[1]。根据 ICANN 专门用于新冠疫情相关域名滥用行为观测项目的相关数据，当前全球范围内有超过 6%的新冠疫情相关域名存在滥用行为[2]。另外，自俄乌冲突爆发以来，相关机构也同样观测到大量由冲突双方发起的有针对性的域名滥用行为，这些行为已成为冲突双方网络空间对抗博弈的重要施展手段，并表现出与现实战争高度协同的风格特征[3]。

（2）域名滥用行为随数字空间扩展而持续扩散蔓延，相关事件频频出圈、相关风险频繁外溢。一方面，新经济催生新场景，生成式 AI、加密货币、元宇宙等新技术、新应用、新业态的不断涌现为域名滥用行为提供了更多的滋生土壤和滋长空间，进一步加剧了域名滥用治理的压力和负担。另一方面，当今世界百年未有之大变局正加速演进，网络意识形态斗争形势严峻复杂，敌对势力对我国网络攻势不断升级，而域名滥用作为其中一种有效的威慑武器或制衡手段也时常被卷入其中，导致域名滥用相关事件频频"出圈"、相关风险频繁外溢，日益成为其他各类风险的传导器、放大器，进一步加剧了域名滥用行为的复杂性和敏感性。

（3）全球域名滥用治理仍任重道远，治理程度不均衡、不充分问题依然十分突出。根据ICANN 最新发布的一份报告[4]，近年来全球域名滥用行为在绝对总量和相对比例上均有小幅下降，平均有不到 1%的域名被观测到存在滥用行为。然而，ICANN 的观测范围仅限于通用 gTLD 下的技术性滥用，至于 gTLD 下的内容性滥用及 ccTLD 下的所有类别滥用行为都是由相关国家和地区监管机构自行开展观测认定的。由于不同国家和地区对域名滥用行为（特别是内容性滥用）的认定规则并不一致，对域名滥用行为的观测能力也参差不齐，所以当前全球域名滥用治理不均衡、不充分问题十分突出。有证据表明，数字基础设施建设较为滞后的国家和地区往往也是域名滥用行为的高发区和重灾区。另外，域名的全球可访问性决定了域名滥用行为的危害不会仅局限在该域名所在国家或地区内部，而是波及到全球。近年来，国际社会对于进一步强化域名滥用治理国际间协作的呼声越发高涨。

可以看出，当前全球域名滥用态势越发复杂严峻，全球域名滥用治理正面临诸多新问题和新挑战，我国在域名滥用治理领域也面临新的任务和要求。因此，需进一步重视和加强域名滥用治理能力建设，积极创新域名滥用治理新模式、新机制，不断夯实和完善域名滥用治理相关技术手段，规划建设集监测、报送、认定、处置能力于一体的国家级域名滥用治理平台，加快建立域名滥用治理综合能力体系，有效发挥域名滥用治理在治网管网中的牵头抓总作用。

二、相关工作

当前，域名滥用治理已成为网络空间生态治理的重要内涵和抓手，受到国际社群高度关注，是全球网络空间治理与合作的重要议题。特别是近年来，ICANN 召开的历次全体大会均将域名滥用治理列为专门议题进行研讨，并开展了若干有意义的探索和尝试。此外，ICANN还专门发起了面向全球的域名滥用活动报告项目（DAAR）[5]，旨在面向各大顶级域定期提供相应的域名滥用活动监测及评价服务。2020 年 8 月，欧盟委员会专门就域名滥用治理议题面向全社会发起公开招标，旨在评估域名滥用情况对欧盟网络生态的影响情况及应对策略。国际安全事件应急响应小组论坛（FIRST）也专门设立域名滥用工作组（DNS Abuse SIG），作为其中 19 个 SIG 之一，专门研究域名滥用治理相关议题。

相关工作还包括由诸多域名注册管理/服务机构自主发起的"DNS Abuse Framework"倡议，以及国际非营利组织"互联网与管辖权政策联络机制"（Internet and Jurisdiction Policy Network）在域名滥用应对策略方面所出台的一系列相关成果文件等。此外，全球新冠疫情下的域名滥用治理也成为一个焦点问题。2022 年 11 月 30 日，联合国互联网治理论坛（IGF）专门举办了题为"加强域名滥用治理协作"的专题会议。该会议描绘了域名滥用的最新形势变化，以及在推动域名滥用治理全球合作方面的努力，并阐述和进一步展望了域名滥用治理在当前国际网络空间治理中所发挥的越来越重要的作用。

然而，不同的域名服务从业机构在域名注册成本、所在区域相关政策监管力度等方面的差异，域名滥用现象在整个域名空间中的分布情况也表现出明显的倾向性和不均匀特性。不同的国家和地区，以及不同的顶级域下的域名滥用程度呈现出巨大差异，这给全球域名滥用治理带来了压力和挑战。当前，各个国家和地区在域名滥用治理方面仍处于各自为战的局面。

因此，着手构建和提升面向本国的域名滥用治理能力，也开始逐渐成为当下各国在推动网络空间治理进程中所面临的现实需求和路径选择。

（一）传统的域名滥用治理架构

目前，业界在域名滥用治理相关架构技术方面做了大量的探索和尝试，并提出了多种域名滥用治理相关架构方法和技术。而在业务实践过程中，仍然以传统的域名滥用治理架构技术为主。如图1所示，传统的域名滥用治理架构主要涉及域名滥用信息的投诉举报、域名滥用信息的审核认定，以及域名滥用信息的处置入库等3个主要环节。可以看出，当前传统的域名滥用治理过程是由每个域名注册局/域名注册商独立完成的，各自拥有一套相对独立的域名滥用报送、认定和处置流程机制。特别是在域名滥用的认定环节，每个域名注册局/域名注册商将完全基于自己所拥有的资源和经验进行独立判定。然而，这种传统的各自为战、互不干涉的域名滥用治理架构存在诸多问题，已经不能有效地适应当前域名滥用治理工作的高效开展。具体而言，当前传统的域名滥用治理架构主要存在以下几个方面的问题：

①报送渠道相对分散，降低了用户的报送效率和积极性；②认定处置机制不统一，不同机构认定处置标准不同；③认定处置数据缺乏共享，各机构间数据不透明；④认定处置结果不够权威，易遭受质疑；⑤认定处置效率参差不齐，容易给用户体验带来影响。

上述问题长期存在且无法彻底消除，严重制约了我国乃至全球范围内域名滥用治理能力的整体提升。

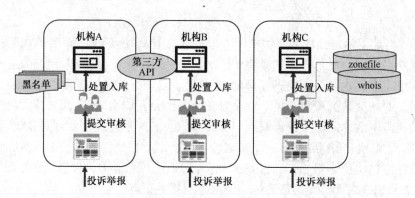

图1　传统的域名滥用治理架构

（二）改进的域名滥用治理架构

针对传统的域名滥用治理架构存在的种种问题，当前业界开始就域名滥用治理架构相关问题进行重新审视和反思，并尝试对当前传统的域名滥用处置结构加以改进和优化。

在2021年10月份召开的ICANN第72次大会上，ICANN通用名称支持组织（GNSO）在其缔约方（CPH）反滥用工作组会议上首次提出了基于"可信赖的举报方"（Trusted Notifier）的域名滥用处置框架概念。旨在通过此概念的引入，为域名滥用处置引入更多社群力量，从而提升域名滥用处置的整体质效。

如图2所示，该框架并不试图去改变当前传统的域名滥用治理架构，而是尝试在当前传统的域名滥用治理架构中增加"可信赖的报送方"这一全新角色。所谓的"可信赖的报送方"是指经域名注册局/域名注册商官方认可和授权的相关组织。这些组织通常在对某种或某些特定类别的域名滥用活动的审核认定方面具备相对更加专业的技能和成熟经验，能够对域名滥用活动提供相对权威和有效的前期审核认定，因此可以直接通过专门的绿色通道向域名注册局/域名注册商批量提交经其初步审核认定的域名滥用信息。域名注册局/域名注册商在收到"可信赖的报送方"推送的相关域名滥用信息并经过最终确认后，即可对相关域名滥用信息快速处置。

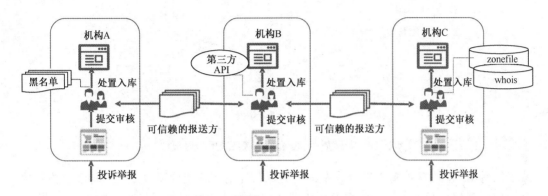

图 2　改进的域名滥用治理架构

可以看出，上述改进的域名滥用治理架构在一定程度对当前传统的域名滥用治理架构存在的一系列弊端有所缓解，特别是可以大幅缓解域名注册局/域名注册商在域名滥用信息审核认定环节的业务压力，从而有效提升域名滥用处置的时效性。另外，由于"可信赖的报送方"仅对域名滥用信息的认定环节负责，而对域名注册局/域名注册商端的最终处置操作与否、处置操作时效等无权干涉，这就决定了上述方案并未从根本上消除当前传统的域名滥用治理架构所面临的各种问题。

在 2021 年 3 月召开的 ICANN 第 70 次会议上，ICANN 安全与稳定咨询委员会（SSAC）在其新发布的反滥用协作框架报告（SAC115）中指出，由于缺乏有效的协作机制，当前社群在域名滥用治理领域仍处于各自为战的状态，所以有必要筹建面向反滥用全流程管理的统一实体（Common Abuse Response Facilitator，CARF）[8]，通过研发面向所有域名滥用（乃至所有网络滥用）的统一报送处置管理平台，与包括 ISP、CERT、CDN 在内的所有相关利益方充分对接并提供相关操作指引。

基于上述理念，在 2022 年 3 月召开的 ICANN 第 73 次会议上，".ORG"域名注册局旗下的域名滥用治理研究所（DNS Abuse Institute）提出了域名滥用统一报送处置工具（Centralized Abuse Reporting Tool，CART）的概念。该概念目前尚处于设计验证阶段，其核心思想是在当前传统的域名滥用治理架构的基础上增加一个统一的域名滥用信息分发平台，基于统一分发机制的域名滥用治理架构如图 3 所示。基于上述架构，所有的域名滥用举报信息可发送至统一分发平台，然后由统一分发平台将信息分别转发给相应的域名注册局/域名注册商进行处置。统一分发平台还可以对域名注册局/域名注册商的处置反馈情况进行相应的监督和评价。

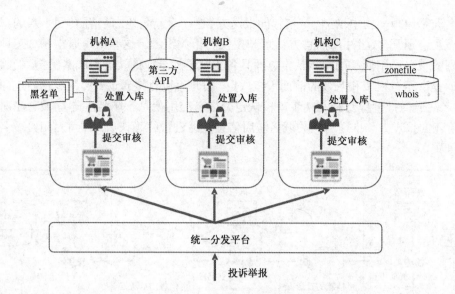

图 3　基于统一分发机制的域名滥用治理架构

可以看出，上述这种基于统一分发机制的域名滥用治理架构可以在一定程度上弥补传统域名滥用治理架构及改进后的域名滥用治理架构面临的一系列短板问题。然而，该架构理念目前仅适用于 gTLD（ccTLD 自愿申请参与），且只考虑针对技术性滥用的报送和处置。此外，上述架构理念目前仍处于概念阶段且不具备域名滥用的主动监测功能，实际推广部署和运行效果仍待考察。

三、新一代域名滥用治理架构

（一）功能需求

通过对上述主流的域名滥用治理架构技术的相关分析可以看出，当前的域名滥用治理架构模式都存在着不同程度的短板问题，并最终影响域名滥用治理实践过程的可用性和有效性。在上述背景下，我们需要对域名滥用治理架构做进一步的探索和调整。我们期望能够设计一种全新的域名滥用治理架构或平台，这种架构或平台能够有效避免上述的各种短板问题，从而满足以下要求：

（1）覆盖度。该架构或平台能够覆盖所有的 gTLD 和 ccTLD 下的域名（至少是我国境内的所有域名），能够处理包括技术性滥用和内容性滥用在内的所有类别域名滥用行为。

（2）可执行性。该架构或平台能够对域名滥用行为进行主动全面的监测，并且能够对域名滥用的认定和处置过程进行有效的督导，保证认定和处置过程的可执行性。

基于上述理念和需求，本文所规划建设的域名滥用治理一体化平台将具备域名滥用信息的统一认定和统一分发功能职责，同时兼具主动全面监测能力，从而打造集举报、监测、认定、处置能力于一体的国家级域名滥用治理统一大平台。域名滥用治理一体化平台功能架构如图 4 所示。

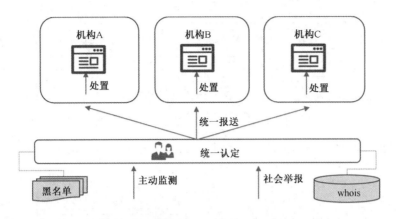

图 4　域名滥用治理一体化平台功能架构

　　基于上述逻辑架构构建的域名滥用治理一体化平台能够接受针对所有域名的任意类别域名滥用行为的社会举报，同时兼备面向所有域名滥用行为的主动监测能力，并能够有效督导上述域名滥用行为（至少是发生在我国境内的域名滥用行为）得到及时有效的处置。当前，全球域名保有量已突破 3.6 亿个，上述平台要实现面向全域名空间的主动监测及统一快速认定，会涉及海量规模的网页内容抓取和智能分析过程，该过程需要消耗大量计算和存储资源，是该平台建设的重中之重。

（二）技术架构

　　结合上述功能需求和数据规模特点，该平台充分运用大数据平台组件技术，采用分层设计原则将自身划分为数据采集清洗、数据存储、数据挖掘分析、数据查询、数据应用 5 层，各层及各子系统和功能模块之间的通信采用 Kafka 消息系统，充分保证平台的低耦合和可扩展性，如图 5 所示。其中，数据采集清洗层采用分布式数据采集系统进行数据采集及清洗，对于疑似域名滥用关联网站，采用"Selenium＋Geckodriver"截屏取证；数据存储层采用 HDFS 以提高数据存储的可靠性与可扩展性，以供数据统计分析与挖掘，网页文本数据存入 Elasticsearch 中，建立全文检索数据库，为业务系统提供相关查询与统计服务；数据挖掘分析层采用 Spark 实现对域名滥用相关数据的分析挖掘,同时根据系统正反馈数据（人工认定）不断完善基于文本及图片的不良内容识别相关机器学习算法；数据查询层采用 RESTful API 接口，实现对数据分析结果的查询；数据应用层包含域名滥用快速筛选、域名滥用检测、域名滥用认定、域名滥用通报分发、域名滥用报送处置、域名滥用处置自动核验、域名滥用大数据分析（包含关联网页内容分析与全文检索、网页相似度分析、数据多维检索与统计、敏感词分析、趋势分析、有害应用知识图谱等）等子系统。

　　域名滥用监测和认定功能模块依托大数据平台一体化数据采集系统，实现对涉嫌滥用域名关联网站内容的自动采集、内容识别（基于文本与图像识别）与截屏取证，其功能模块流程如图 6 所示。为降低人工审核工作量，系统支持对高相似网页图像自动归类，实现一个确认即全类确认（一键批量确认）。同时，以新采集的网页截图为检索项，自动在网页截图库（已人工确认）进行相似性搜索，搜索命中的高相似网页截图的有害分数，将作为该域名的滥用分数，进一步供人工确认。

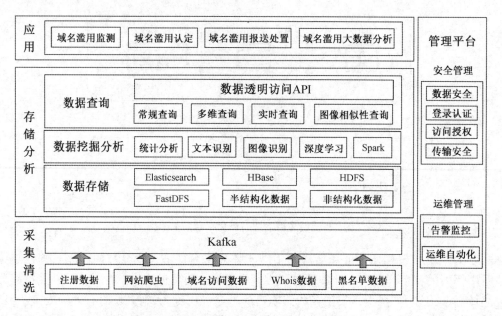

图 5 域名滥用治理一体化平台技术架构

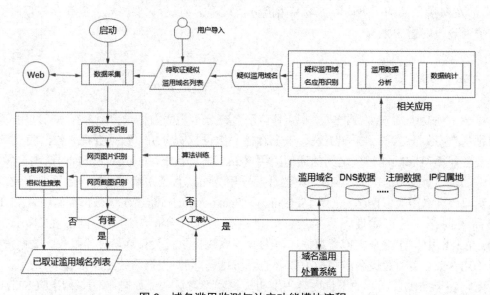

图 6 域名滥用监测与认定功能模块流程

将已确认的有害网页截图存入图像库并构建图像相似性搜索库，供后续图像检索使用。随着图像库规模的增加，图像相似度搜索结果将更加精准，从而大大提升系统有害判定准确率和系统自动化率。后续随着系统不断磨合和图像识别算法的不断改进，将选定一滥用度阈值（支持不同顶级域名设置不同的阈值），当滥用分数超过该阈值时，系统将代替人工自动实现滥用确认，进一步降低人工审核量。针对滥用域名，系统将有效采集网页文本内容、IP解析归属地、ICP 备案信息、域名 DNS 解析信息、域名注册人等信息，结合其他相关数据（如 DNS 解析日志），开展相关数据关联分析，从而实现滥用域名的扩展发现功能，进一步提升监测效率。

目前，该平台建设已初具规模，并逐步实现了对域名保有量排名前十的 gTLD、我国工业和信息化部备案的 132 个顶级域,以及全球其他一千多个 gTLD 域名的全面监测,共涵盖域名超过 2 亿个。该平台滥用域名筛选能力达到 2000 万域名/日,精准截图取证识别能力达到 20 万例/日,并可通过服务器数量的持续增加实现处理能力的线性增长。最近 3 年来(2020—2022 年),平台先后监测发现并最终分别认定网络钓鱼诈骗、网络赌博等域名滥用行为 36.4 万、24.4 万、22.9 万余例,有效提升了我国域名滥用治理的综合能力,有力维护了我国网络空间的清朗可信。

四、总结和展望

当前,域名滥用治理仍是全球网络空间治理的一项重要任务和重大挑战,尽管业界已经在该领域做了大量努力和探索实践,但仍然存在一系列问题或限制,这些问题或限制影响了其被大范围采用和部署的可能性或者可用性。本文对当前域名滥用治理现状进行了系统梳理和介绍,并分别指出了其中的短板问题,这也是本文介绍的域名滥用治理一体化平台的建设背景及着力要解决的痛点。然而,域名滥用治理是一项系统工程和长期事业,不可能一蹴而就、一劳永逸。我们坚信上述平台的构建能够在推动我国域名滥用治理整体能力提升方面提供有力支撑,同时呼吁广大社群能够积极参与平台建设,汇聚社群力量,最终实现域名滥用治理的共建、共治、共享。展望未来,同时结合当前域名滥用态势面临的相关问题和挑战,我们希望在上述平台的基础上,从以下几个方面进一步提升我国的域名滥用治理能力水平。

首先,积极推动上述平台同国家网络防火墙、国家反诈中心等平台有机衔接、协同联动,有效发挥域名滥用治理在治网管网中的牵头抓总作用。

其次,由于各个国家和地区在域名滥用认定规则、监测能力等方面的差异,所以域名滥用行为在不同国家和地区的泛滥程度也不尽相同。拟基于上述平台构建经验,积极同相关国家和地区(特别是数字基建较为滞后的国家和地区)在域名滥用治理领域开展互惠互助合作,携手推动区域内乃至全球范围的域名滥用治理共担共治共享。

此外,国际社群特别是 ICANN 历来重视域名滥用治理问题,在该领域频频发力并屡获进展。早在 2017 年,ICANN 就发起了面向全球的(技术性)域名滥用行为观测项目 DAAR。该项目观测范围涵盖所有 gTLD,并自 2019 年 11 月起开始鼓励和接收 ccTLD 的自愿加入,迄今已吸引法国、瑞士、瑞典、葡萄牙、加拿大、澳大利亚、智利、印度、中国台湾等 21 个国家和地区 ccTLD 加入其中[7]。同时,ICANN 在域名滥用治理机制创新方面动作不断,先后抛出基于可信赖方(Trusted Notifier)的域名滥用报送机制[9]、全球域名滥用统一报送处置机制[10]等新兴机制范式并有望快速推广落地。可以看到,当前国际社群域名滥用治理进程正加快向前迈进。对此,我们也应保持密切关注,并力争深度参与域名滥用治理机制创新等核心事务,在后续的平台建设和完善过程中注重吸纳国际域名滥用治理先进经验和理念,确保平台在未来域名滥用治理进程中始终保持先进性并始终发挥统领性作用。

未来,CNNIC 将充分利用长期以来在国家域名体系运营管理过程中积累的丰富资源和先进经验,积极联合相关单位开展协同攻关,持续深入研究构建适合我国国情的域名滥用治理机制标准,研制域名滥用监测关键技术和特色手段,通过国家级域名滥用治理平台建设,不断优化域名滥用治理模式,最终打造实现来源可追溯、趋向可存证、风险可控制、责任可追究的域名滥用治理全流程闭环，切实提升我国域名滥用综合治理能力，增强管网治网本领，为推动形成共担、共治、共享的域名滥用治理新局面不断贡献力量。

参考文献

[1] DNS Abuse Insitute. Strengthening MS collaboration on DNS Abuse[C]. IGF 2022 Open Forum, 2022.

[2] ICANN, Domain Name Security Threat Information Collection & Reporting (DNSTICR)[R]. 2022.

[3] 绿盟科技. 俄乌网络阵地前沿深度观察[EB/OL]. [2022-03-18].

[4] SAMANEH Tajalizadehkhoob, Lead Security, Stability & Resiliency Specialist——The Last Four years in Retrospect: A Brief Review of DNS Abuse Trends[R]. ICANN DNS Security Threat Mitigation Program, 2022.

[5] ICANN. Domain Abuse Activity Reporting[R]. 2022.

[6] ICANN. Centralized Zone Data Service (CZDS)[Z]. 2022.

[7] ICANN. Country Code Top Level Domains in DAAR[R]. 2022.

[8] ICANN. SSAC Report on an Interoperable Approach to Addressing Abuse Handling in the DNS[R]. 2021.

[9] ICANN CPH. Trusted Notifier Framework[Z]. 2021.

互联网基础资源数据要素化关键技术及应用

李洪涛　杨　学　马永征　刘　冰　王鹤子　张中献

中国互联网络信息中心

一、数据要素化关键技术发展背景

随着数字化浪潮席卷全球，数字技术得到深度发展和广泛应用，人类社会已进入万物互联的泛网络时代，各类通信设备、网络设备、基础服务设备成为记录人与社会动态关联的工具和手段，汇聚了人、物、事件等实体的数字化信息。这些大规模、多来源的多元化数据正是现实世界的映射，可以通过机器学习和深度学习方法充分挖掘其背后的价值和社会规律，为洞察经济趋势、预测安全事件、分析社会现象提供新的知识生产方式。由此，数据成为当今时代的新资源，并逐渐成为国际社会新的生产要素。

2019 年 10 月，党的十九届四中全会决议通过的《中共中央关于坚持和完善中国特色社会主义制度推进国家治理体系和治理能力现代化若干重大问题的决定》首次增列"数据"为生产要素，数据要素化成为国家层面战略要求。2020 年 4 月，中共中央、国务院出台《关于构建更加完善的要素市场化配置体制机制的意见》，作为我国首份要素市场化配置的文件，围绕数据生产要素，强调从推进政府数据开放共享、提升社会数据资源价值、加强数据资源整合和安全保护三方面加快培育数据要素市场，为全面推进数据要素市场化建设做出行动指导。2021 年 12 月 12 日，国务院发布的《"十四五"数字经济发展规划》中指出，数据要素是数字经济深化发展的核心引擎。数据对提高生产效率的乘数作用不断凸显，成为最具时代特征的生产要素。中共中央、国务院于 2022 年 12 月印发《关于构建数据基础制度更好发挥数据要素作用的意见》（以下简称"数据二十条"），旨在充分激活数据要素潜能，将数字经济做强做优做大，为经济发展增加新动能，为国家竞争构筑新优势。"数据二十条"主要从总体要求、数据产权、流通交易、收益分配、安全治理及保障措施六个方面提出二十条意见，指导数据要素市场发展。

数据作为生产要素，只有流转、整合、聚合起来才能产生最大的协同价值，实现价值挖掘。如何认知数据要素，推进以数据确权、隐私计算、区块链技术为主的数据要素化关键技术加速市场化应用，探索安全有效的数据要素流通方案和制度保障，已成为我国社会经济发展亟待解决的关键问题。

二、数据要素化关键技术体系

就数据所承载内容而言，数据要素可以是关于政府或企业的，或是关于个人的。前两者在数据权属上相对比较清晰，政府数据是公共资源，由政府代表全民持有，企业数据是企业商业资产，属于私有数据。个人数据可以分为两类：个人信息与个人数字痕迹。从数据生产机制而言，分为原始数据与衍生数据，原始数据是未经加工、编辑的"原生数据"或"基础数据"，而衍生数据是基于特定目标和技术手段加工处理后的数据成果，一般具有更高的社会经济价值，被称为"增值数据"[1]。

在梳理数据要素价值实现的过程中不难发现，数据要素化需要基于海量数据的采集汇聚和专业高效的数据挖掘技术。而以数据确权、隐私计算、区块链、数字水印等为主的数据要素化关键技术在数据挖掘和获取数据价值方面释放出巨大潜力。

（一）数据确权技术

数据要素作为一种"无形"要素，与资本、劳动、技术这三大传统生产要素相比，具有虚拟性、非竞争性、排他性与非均质性等显著特征。这导致数据要素是一种存在巨大确权困境的生产要素。数据要素化的关键问题是如何进行数据确权。数据确权影响着数据要素的价值发挥、数据权利保护及数据要素市场的培育。

数据确权要解决三个基本问题：一是数据权利属性，即给予数据何种权利保护；二是数据权利主体，即谁应当享有数据权利；三是数据权利内容，即数据主体享有何种具体的权利。

数据确权三分原则从数据原则的构建出发，立足数据性质，把握确权方向，进而制定确权路径。数据确权三分原则具体指分割原则、分类原则、分级原则。

一是分割原则。数据确权是为了实现不同利益主体激励相容，即平衡数据价值链中各参与者的权益，实现在用户隐私合理保护基础上的数据驱动经济发展。

二是分类原则。根据数据主体的不同，将数据分为个人数据、企业数据、社会数据三类。个人数据是指能够识别自然人身份的数据或由自然人行为产生的数据。企业数据是企业在生产经营管理活动中产生或合法获取的各类数据。社会数据包含政府及公共机构在开展活动中依法收集的各类数据及其衍生数据。

三是分级原则。按照竞争性和排他性对数据进行不同级别的划分，可以将数据分为私有品、准公共品、公共品。

基于"三分原则"的数据确权路径标准有两个，一是由易到难，层层推进；二是对有助于实现社会和个人效益更大化的数据优先确权。综合以上两个标准，可以得到数据确权路径图，如图1所示。其中，颜色的深浅程度表示数据确权的先后顺序，颜色较浅的区域，数据确权更加容易，社会效益和个人收益更大。数据确权可按照颜色由浅及深的顺序进行，即确权路径为 A→B→C→D→E→F。

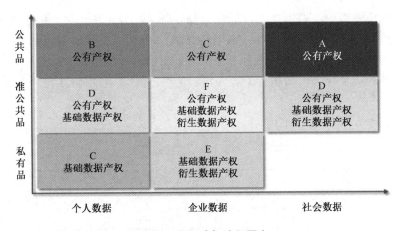

图 1　数据确权路径图[1]

（二）隐私计算技术

2021 年，《数据安全法》与《个人信息保护法》相继施行，加上此前颁布实施的《网络安全法》，三部法律共同组成数据保护领域的"三驾马车"，构筑了一张新时代的数据安全防护网。三部法律均要求市场参与者、数据处理者采取安全技术措施保障数据安全。而隐私计算恰好可以在不传递原始数据或保护原始数据的前提下，实现数据的分析、计算、应用，保障数据在流通与融合过程中的"可用不可见"，隐私计算技术已成为数据要素化的关键技术。

隐私计算是人工智能、密码学、数据科学等众多领域交叉融合的跨学科技术体系，解决了长久以来在数据交易流通中较难规避的保护敏感信息（包括个人隐私、商业机密）不被泄露、不可反推问题。隐私计算原理如图 2 所示。

目前，隐私计算的技术方案主要有安全多方计算、联邦学习、可信执行环境等[2]。

安全多方计算是一种在参与方不共享各自数据且没有可信第三方的情况下安全地计算约定函数的技术和系统。安全多方计算的基本安全算子包括同态加密、秘密分享、混淆电路、不经意传输、零知识证明、同态承诺等。解决特定应用问题的安全多方计算协议包括隐私集合求交、隐私信息检索及隐私统计分析等。

图 2　隐私计算原理

联邦学习是一种分布式机器学习技术和系统，包括两个或多个参与方，这些参与方通过安全的算法协议进行联合机器学习，只交换密文形式的中间计算结果或转化结果，可以在各方数据不出本地的情况下联合多方数据源建模和提供模型推理与预测服务。根据联邦学习各参与方拥有的数据的情况，可以将联邦学习分为两类，即横向联邦学习和纵向联邦学习。

可信执行环境（Trusted Executive Environment，TEE）是指主处理器的安全区域，它保证装载在内部的代码和数据在保密性和完整性方面受到保护。TEE 作为一个独立的执行环境，提供了完整的安全特性，如执行的独立性、使用 TEE 执行的应用程序的完整性及其数据的机密性。

隐私计算技术方案对比见表 1。

表 1　隐私计算技术方案对比

技术方案	安全多方计算	可信执行环境	联邦学习
安全机制	基于密码学原理对数据加密	引入可信硬件	数据不动，模型动
性能	低～中	高	高
通用性	高	中	低
高效性	中	中	低
准确性	高	高	中～高
可控性	高	中	高
保密性	高	中～高	中
可信方	不需要	需要	不需要
整体描述	开发难度大、关注度高使得性能提升迅速	易开发、性能佳，但需要信任芯片厂商（Intel、ARM 等）	综合运用各类密码学方法，主要针对机器学习

（三）区块链技术

区块链技术能够有效解决"双花问题"，即避免同一笔数据资产因不当操作被重复使用的情况。这为解决数据资产确权和交易流通提供了解决方案，可以突破制约数字经济发展的数字资产确权和双花等问题，构建适应数字经济发展的新型生产关系，这是区块链技术最重要的价值所在。

区块链是分布式数据存储、点对点传输、共识机制、加密算法等计算机技术的新型应用模式[3]。广义来讲，区块链技术是利用块链式数据结构来验证与存储数据、利用分布式节点共识算法来生成和更新数据、利用密码学的方式保证数据传输和访问的安全、利用由自动化脚本代码组成的智能合约来编程和操作数据的一种全新的分布式基础架构与计算方式。区块链具有去中心化、安全、不可篡改、便于追踪等特点，如图 3 所示。

区块链系统由数据层、网络层、共识层、激励层、合约层和应用层组成。其中，数据层封装了底层数据区块，以及相关的数据加密和时间戳等基础数据和基本算法；网络层则包括分布式组网机制、数据传播机制和数据验证机制等；共识层主要封装网络节点的各类共识算法；激励层将经济因素集成到区块链技术体系中来，主要包括经济激励的发行机制和分配机制等；合约层主要封装各类脚本、算法和智能合约，是区块链可编程特性的基础；应用层则封装了区块链的各种应用场景和案例。该模型中，基于时间戳的链式区块结构、分布式节点的共识机制、基于共识算力的经济激励和灵活可编程的智能合约是区块链技术最具代表性的创新点。

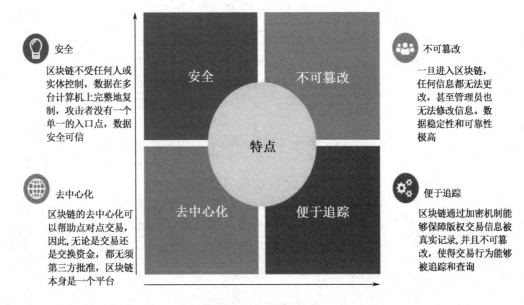

图 3 　区块链的特点

区块链的核心技术主要有分布式记账、非对称加密和授权技术、共识机制、智能合约。

分布式记账：交易记账由分布在不同地方的多个节点共同完成，而且每一个节点都记录的是完整的账目，因此它们都可以参与监督交易合法性，也可以共同为其作证。

非对称加密和授权技术：存储在区块链上的交易信息是公开的，但是账户身份信息是高度加密的，只有在数据拥有者授权的情况下才能访问到，从而保证了数据安全和个人隐私。

共识机制：所有记账节点之间达成共识，去认定一个记录的有效性，同时作为防篡改的手段。区块链提出了四种不同的共识机制，适用于不同的应用场景，在效率和安全性之间取得平衡。

智能合约：智能合约是指基于这些可信的不可篡改的数据，可以自动化执行一些预先定义好的规则和条款。

（四）数字水印技术

数字水印技术是指在数字化的数据内容中嵌入不明显的记号。被嵌入的记号通常是不可见或不可察觉的，但是通过一些计算操作可以被检测或被提取。水印与原数据（如图像、音频、视频数据）紧密结合并隐藏其中，成为不可分离的一部分。

所有嵌入水印的方法都包含两个基本的构造模块：水印嵌入系统和水印恢复系统。

水印嵌入系统的输入是水印、载体数据和一个可选的公钥或私钥，如图 4 所示。水印可以是任何形式的数据，如数值、文本、图像等。密钥可用来增强安全性，以避免未授权方恢复和修改水印。当水印与私钥或公钥结合时，嵌入水印的技术通常分别称为秘密水印技术和公开水印技术。水印嵌入系统的输出是嵌入水印的数据。

水印恢复系统的输入是嵌入水印的数据、私钥或公钥，以及原始数据和（或）原始水印（取决于添加水印的方法），输出是水印或可信度测量，后者表明了所考察数据中存在给定水印的可能性，如图 5 所示。

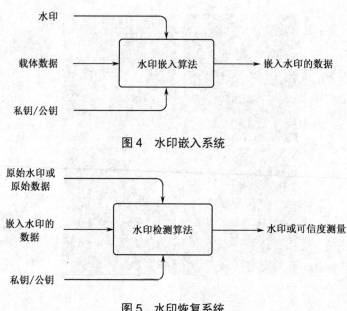

图 4　水印嵌入系统

图 5　水印恢复系统

目前提出的数字水印嵌入方法基本分为两类：基于空间域的方法和基于变换域的方法[4]。前者直接在声音、图像或视频等信号空间上叠加水印信息，常用的技术有最低有效位算法（LSB）和扩展频谱方法；后者在离散余弦变换域（DCT）、时/频变换域（DFT）或小波变换域（DWT）上隐藏水印。

三、数据要素化关键技术典型应用

近年来，随着大数据、云计算、人工智能等技术加速创新，并日益融入经济社会发展各领域，数字经济发展已然按下"快进键"。数据协作在提升公共决策、扩展商业应用场景等方面有着重要的作用。数据要素化以隐私计算、区块链等技术为主，需要整合多重技术框架，以支持数据要素流通的安全性、可信性、稳定性，在金融、医疗、政务等领域有着广泛的应用场景。

在金融领域，目前存在较多数据交易，对数据要素流通过程中的安全监管、数据安全的技术需求较大，是数据要素流通最重要的应用场景。例如，传统上，银行都是基于历史还款信息、征信数据和第三方的通用征信分来做贷前反欺诈的，存在数据维度缺乏、数据量较少等问题，只有融合多方数据联合建模才能构建更加精准的反欺诈模型，但这个过程中隐私保护和数据安全是不可忽视的重要环节，联邦学习可以有效解决合作中的数据隐私与特征变量融合矛盾，在双方或多方合作中线上保障特征变量交换时的信息安全。目前，隐私计算在金融行业最主要的应用是银行等金融机构的多方数据风控模型联合建模，以及有信贷业务的金融公司使用隐私计算在反欺诈中保护隐私及商业秘密等。

在医疗领域，医疗数据本身具有高价值与隐私性强等特点，无法在医疗机构之间直接共享或者进行整合，数据要素流通在医疗领域受到了很大的制约。例如，某市传染病防控应用功能要求多样、数据来源广泛，涉及卫生健康、医院医药、公安等各部门的数据协作，需要在保密性、准确性和计算效率之间找到平衡点。这个过程采用安全多方计算进行健康医疗平台和政务平台部分信息的联合查询和联合分析；采用联邦学习进行多系统、多组织间的传染病疾控预警模型、症候群智能监控预警模型训练；采用区块链技术实现数据的链上存证核验、计算过程关键数据和环节的上链存证回溯，确保计算过程的可验证性等，体现了多技术融合的隐私安全计算应用价值。目前，隐私计算在医疗行业的应用还包括医学影像识别、疾病筛查、AI 辅助诊疗、智能问诊咨询等。

在政务领域，涉及公民个人社保、税务、教育等大量隐私信息，这些数据的管理者并不属于同一个系统，数据协作存在困难，"数据孤岛"现象严重。例如，以往的政务数据开放依旧处在以统计形式为主的信息公开这个层次，而不涉及更加高质量的数据，无法提升政府的治理和服务水平，应通过打造政务数据开放平台提高数据使用效率，打破"数据孤岛"，构建政务数据应用开放的数据生态，提高政务治理效率。另外，在保证个人数据隐私的前提下，应采用隐私保护计算，进行多部门数据融合，对突发事件进行预测与研判，合理调配资源，提高应急处理能力和安全防范能力；采用隐私查询技术，公安机关在查询疑犯相关信息时无须跟其他部门共享疑犯名单；采用联邦计算平台，促进政务和企业的数据协作，实现政企数据融合应用。目前，隐私计算的融合技术在政务方面的应用主要包括建立安全可信的各级政府及政府部门之间的数据共享系统、政府数据对外开放平台、大数据中心等。

四、互联网基础资源数据要素化关键技术研究进展

互联网基础资源数据是指域名、IP、AS 等互联网基础资源在注册、解析及应用支撑等各环节中产生的各类数据资源。互联网基础资源数据要素化建设是互联网基础服务安全与经济数字化发展的重要保障。

近年来，随着数字技术的快速发展，互联网基础资源数据开发应用背后的隐私泄露、数据泄密现象越发严重，数据安全风险、数据保护体系建设、核心技术创新成为关注焦点。基于互联网基础资源的数据特点，隐私计算、区块链、数据确权、数字水印等技术目前正逐步应用在互联网基础资源领域数据安全解决方案中，其中，隐私保护技术和区块链技术结合等方式成为应对这些安全问题的主要突破口。

（一）基于隐私保护技术的数据要素化应用

DNS 协议由于其简单有效，自诞生以来得到大范围的部署和使用。在 ARPNET（早期互联网）时代，人们很少关心与安全相关的事情，网络本身也大多构建在一个基本可信的范围内。但是伴随互联网的爆发式发展，越来越多的安全事件被揭露出来。如今的安全已不仅仅限于传统黑客的破坏行为，更多的是用户个人数据的泄露，大规模的用户信息收集和分析等层出不穷。

DNS 服务承载用户的查询信息，里面包含很多实际的用户访问信息，比如用户访问的网站域名、访问频率及时间等信息，这些信息可以用于大量的商业目的，甚至存在劫持用户DNS 请求的信息，从而达到"引导"用户的目的。因此，DNS 隐私保护变得越来越重要。

DNS 技术演进过程中，引入了多个关于隐私保护的措施和方法，但是实际执行情况并没有那么理想，比如早年提出的查询数据最小化问题（RFC7816），实际部署率仅为 3%左右。近年来，DoH 和 DoT 作为两个重量级的隐私保护技术被引入并得到包括谷歌、Cloudflare 等企业的线上部署实施，提高了社区对这两个项目的参与积极度。

1. DoH 技术

DoH（DNS over HTTPS）技术是安全化的域名解析方案。DoH 的主要原理是以加密的 HTTPS 协议传输 DNS 解析请求，就像加密网页信息一样，原始的 DNS 协议数据被封装到 HTTPS 请求中传输，与常规的网站数据一起通过 443 端口在传输链路上传递，不再通过 53 端口进行发送。这增加了数据提取和分析的难度，降低了解析请求被窃听或者修改的风险，从而达到保护用户隐私的目的。RFC 8484 中针对 DoH 给出了详细定义和实施方面的建议。

目前，Chrome、Firefox、Opera、BRAVE、Vivadi、Edge 等主流浏览器均已加入 DoH 的功能实现，同时递归服务提供商如谷歌的 8.8.8.8，Cloudflare 的 1.1.1.1，以及 IBM 的 9.9.9.9 等知名递归服务器均正式支持 DoH 功能。但 DoH 功能的开启对服务性能的影响有待进一步评估。根据国外科技媒体 Borncity 在 2023 年 6 月的报道，用户升级到火狐浏览器 Firefox 114 版本更新并启用 DoH 功能之后，出现了页面加载超时、选项卡崩溃、扩展程序失效等诸多问题。此外，全国带宽仍然是决定 DoH 性能的主要因素，在将用户端的解析方式切换到 DoH 之前必须认真考虑互联网基础设施的建设情况。

2. DoT 技术

DoT（DNS over TLS）技术是通过传输层安全协议（TLS）来加密并打包 DNS 数据的安全协议，旨在防止中间人攻击与控制 DNS 数据以保护用户隐私。数据将默认通过 853 端口进行传递，因此相对于 DoH 在骨干网或者传输链路中较容易区分。RFC7858 与 RFC8310 中详细给出了 DoT 的定义及实施细节。

目前，已有一些知名 DNS 服务器公开支持 DoT 服务，如 Cloudflare 的 1.1.1.1、谷歌的 8.8.8.8 及 IBM 的 9.9.9.9 等。在软件应用方面，主流解析软件 BIND 可通过使用 Stunnel 软件代理提供 DoT 服务，PowerDNS 从 1.3.0 版本即添加了针对 DoT 的支持，谷歌自 Android P 操作系统已包含对 DoT 的支持。

DoH 与 DoT 都是为了解决 DNS 隐私保护问题提出的技术方案。DoH 采用 HTTPS 协议进行 DNS 数据加密，而 DoT 采用 TLS。DoH 主要面向用户与递归服务器之间交互的数据保护，当然如何选择可信的 DoH 服务器也变得越加重要，当前不同的浏览器厂商都开始实施对 DoH 的支持，也都计划在起步阶段争取到更多的用户，从而绕过运营商，直接面向用户提供更可控的解析服务。借助 HTTPS 的缓存机制和 HTTP 2.0 的流复用功能，可以提供更加快速而高效的域名解析。

区别于 DoH 主要针对网页数据中的域名解析流程进行的保护，DoT 则针对代理用户终端所有 DNS 解析，用户的所有查询都通过 DoT 代理的方式经过封装发送给 DoT 服务器，从而保证客户端与服务器之间的数据传输安全，但是由于缺少缓存和复用的功能，实际的解析效率有待测试。

3. DoQ 技术

DoQ（DNS-over-QUIC）是一种基于用户数据报协议（UDP）的传输层协议，通过 QUIC（Quick UDP Internet Connections）传输协议发送 DNS 查询和响应。DoQ 拥有相互独立的逻辑流，提供端到端的安全保护，比传统协议（如 TCP 和 TLS）拥有更好的性能和可靠性，能够减少延迟并改善连接时间，实现更快的 DNS 解析。与 DoH、DoT 相比，DoQ 对数据包丢失的恢复能力更强，数据可以从丢失的数据包中恢复，无须重新传送。RFC 9250 对 DOQ 进行了介绍和说明。

目前，DoQ 尚未实现广泛应用，只有极少数 DNS 解析器开始实施和部署 DoQ，但 Google、Apple 和 Meta 等公司已经开始使用 QUIC 协议，并创建自己的版本（例如，Microsoft 为 SMB 流量使用的 MsQUIC）。

（二）基于区块链技术的数据要素化应用

区块链技术是近年来引起广泛关注的去中心化技术。为了最大化消除 DNS 隐私泄露问题，部分研究人员提出利用区块链技术设计去中心化的域名解析架构的思想。

在核心网络基础设施 DNS 安全应用方面，目前广泛使用的 DNS 技术标准和系统存在不足，DNS 受到的漏洞攻击（反射放大攻击、DDoS 攻击、缓存投毒攻击、域名劫持等）层出不穷，目前来看，DNSSEC 难以防御所有攻击。去中心化的 DNS 协议要比传统的中心化 DNS 协议更安全，可以有效防止域名劫持、缓存投毒等安全威胁。例如解决 DNS 系统易受攻击的问题，利用区块链技术的不可篡改特性，将域名和 IP 地址对应关系的"增""删""改"记录在区块链中，可以在全网达成共识，不可篡改，形成交易记录层。解析地址和真实 IP 地址的对应关系就是客观存在的智能合约，并记录在数据库中。底层网络层基于区块链组网和存储技术，存储 DNS 的 Zone 数据和状态数据，同时实现域名数据有效性验证、来源验证、外部调用和一致性验证算法等。

在域名管理方面，域名空间与 IP 地址空间有所不同：域名空间是层次化的，IP 地址空间是扁平的；域名空间在现实中是不可耗尽的，而 IP 地址空间是有限的。域名管理逻辑可以在单独的智能合约中实现，利用分布式账本技术对通用二级域名（如 example.com、example.net 等）进行管理，可以利用当前域名管理体系中的域名中介代替申请者参与去中心化域名申请过程，同时避免权力集中化。为了保证域名解析数据不被篡改和污染、提供安全的域名解析，域名持有者需要对解析数据签名。DNS 解析服务器根据分布式账本中存储的权威服务器地址发起解析请求，权威服务器将解析数据和签名均应答给解析服务器。解析服务器或客户端可以使用存储在分布式账本中的公钥对解析数据和签名进行验证，保证域名解析的安全。另外，在网络基础资源应用层安全方面，底层分布式账本的基础能力和中间层可信的名字空间管理能够支撑安全可信的去中心化网络应用，比如基于可信 ASN 和在线交易能力的跨域端到端服务质量保障，基于可信 IP 地址和远程可信交易的近源 DDoS 防御服务，去中心化的 BGP 源地址验证、BGP 路径篡改检测、路由泄露检测，以及去中心化的公钥基础设施等。

在网络层的安全应用方面，在网络层被广泛采纳的域间路由选择协议为边界网关协议（Border Gateway Protocol，BGP），然而其在设计上存在安全性缺陷，导致各自治域

（Autonomous System，AS）宣告的路由会被邻居默认接收，恶意 AS 可以宣告虚假的路由源信息或者 AS 路径信息来劫持目标网络的流量。大量银行 IP 地址被劫持等事件造成的影响也正体现了目前 BGP 安全问题的严重性，因此如何验证各 AS 所宣告域间路由信息的真实性成为域间路由安全中亟待解决的问题。将区块链技术运用于域间路由安全的主要思路是将区块链作为一个真实存储平台来存储域间路由认证所需要的相关信息，从而确保 AS 可以基于这些信息实现安全的域间路由认证。一是基于区块链存储 AS 与 IP 地址块的绑定信息，构建去中心化资源公钥基础设施（Resource Public Key Infrastructure，RPKI）；二是基于区块链存储的路由宣告或 AS 关系信息，在去中心化 RPKI 基础上实现源路由认证及真实路径验证。

五、互联网基础资源数据要素化关键技术发展挑战

当前，我国发展数据要素市场需要高度关注数据安全问题，互联网基础资源数据是数字经济时代互联网基础领域的全新生产要素，因此也要时刻关注互联网基础资源数据要素化面临的关键技术安全发展问题。

一是互联网基础资源数据安全隐患日益突出。在我国数字经济发展和互联网基础安全体系建设过程中，公民、企业和社会组织等有关社保、户籍、疾控、政策等海量数据正进行大规模的整合存储，这些数据一旦泄露，对个人可能造成隐私曝光、经济受损等影响，对企业和机构可能造成核心经营数据和商业秘密外泄，对政府则可能造成调控混乱、决策失误和治理瘫痪等问题。

二是大数据技术的特殊性对安防技术提出新挑战。互联网基础设施架构面临变革，势必带来漏洞和风险，目前大数据平台大多基于 Hadoop 框架进行二次开发，安全机制缺失，安全保障能力比较薄弱。

三是互联网基础安全产业整体实力弱，在个人、企业、国家和国际等层面，以及互联网底层技术方面，一定程度上都存在安全问题，黑客攻击、网络犯罪、网络窃密等互联网安全事件频发。

另外，从全球范围看，数据确权问题仍是巨大挑战。特别是随着互联网平台经济日益发达，数据权属生成过程愈加复杂多变。当前，我国在数据开放、数据交易和数据安全层面的机制体制建设和关键技术有待完善，在互联网基础资源领域的数据确权技术也有待进一步提升。

目前，从上到下的分布式、去中心化发展是域名系统持续演进的一个重要方向，因此，近年来涌现了很多类似的结合区块链的应用设计。但是，这类颠覆性的设计理念大多与当前的域名系统无法较好兼容，部分设计框架太过激进和理想化，短期内不大可能被业界广泛接受，因此只能用于一些特殊场景。随着技术的不断提升，如何突破当前的壁垒，实现大范围的普及应用，不仅是域名行业面临的问题，更是整个区块链业务面临的一次挑战。

六、总结与展望

尽管数据已是重要的基础设施和热门资产，但我国数据要素市场的发展仍处于探索阶段。

如何对数据资产进行定义、确权、估值及交易流转，仍是难题。新时代下，数据安全和隐私问题仍然突出，过度收集用户信息、大数据杀熟等数据垄断现象也需要警惕，数据要素化技术的突破和发展正处于关键时期。

当前，在我国互联网基础资源领域，数据要素化关键技术的成熟度还远远不够，基础平台的建设与完善不容忽视。从发展空间来看，未来十年随着5G、区块链等新技术加速推广，数据要素化基础设施将面临巨大瓶颈。未来在加强互联网基础资源数据安全保障的过程中，一方面，要促进数据确权、隐私计算和区块链等互联网基础资源数据要素化关键技术创新发展，加快建设全球互联网基础资源数据共享交换平台；另一方面，要推动互联网基础资源领域数据要素化相关标准和制度的建立，强化数据安全防护体系，加强数据全生命周期的安全管理，促进关键技术的研发和开放共享，共同营造良好的数据保护环境。

参考文献

[1] 杨立新，陈小江. 衍生数据是数据专有权的客体[J]. 中国社会科学报，2016-8-17(1006).

[2] 闫树，吕艾临. 隐私计算发展综述[J]. 信息通信技术与政策，2021(6): 1-11.

[3] 徐恪，凌思通，李琦，等. 基于区块链的网络安全体系结构与关键技术研究进展[J]. 计算机学报，2021，44(1): 55-83.

[4] 王月. 浅谈数字水印技术[J]. 工业控制计算机，2016，29(4): 94-95.

2022 年度中国域名服务安全状况态势分析报告

张新跃　　胡安磊　　李炬嵘　　孙从友　　邓桂英　　苑卫国

中国互联网络信息中心

一、前言

域名服务提供了从互联网域名到互联网 IP 地址的查询转换服务，是用户访问各种互联网应用需要的一种基础服务，被视为整个互联网的入口。因此，域名服务安全直接影响着整个互联网的安全，是网络空间安全治理的一个重要方面。对我国域名服务体系进行系统、全面的安全态势分析，将有助于我们更好地理解这项互联网基础服务的运营安全状况，增强对我国域名服务体系的安全管控能力，同时可以借此更好地掌握网络空间的基础安全生态环境，发掘网络空间潜在的安全问题，以更好地支撑对网络空间的有序治理。

为了能对我国域名服务体系的运行安全态势进行全面、有效的把握和研判，中国互联网络信息中心（CNNIC）基于自主建设的国家互联网基础资源大数据平台和态势感知平台，通过全球分布式部署的 100 多个监测节点，涵盖亚洲、美国、欧洲主要国家，实现了从安全、性能、故障、流量和配置等 5 个方面对我国域名服务体系下的根域名、顶级域名、二级及以下域名，以及递归域名服务的监测与分析，涵盖 NS 配置、服务时延趋势、端口随机程度、TCP/EDNS0/IPv6 支持、DNSSEC 和 BIND 版本等涉及域名服务安全的重点指标的自动化监测。此外，CNNIC 依托平台相关数据对外发布 2022 年度域名安全态势报告，对域名服务系统各个环节的系统软件、协议支持、服务性能等涉及域名服务安全状况的关键要素分别进行了客观描述和历史趋势分析，在此基础上针对上述两大类别域名服务系统分别做了总体的安全量化评价，最后给出了 2022 年度我国域名安全态势的总体分析结论。

二、域名服务安全状况

下面介绍域名系统根、顶级、二级及以下权威和递归等 4 个环节在系统软件、协议支持和服务性能等涉及域名服务安全状况的关键方面的配置与运行情况。

（一）根域名服务

1. 简介

根域名服务位于整个权威域名层级结构的最顶端,全球共设立了 13 个根域名服务器(10 个位于美国,其他 3 个分别位于瑞典、荷兰和日本),分别由美国威瑞信公司（VeriSign）、美国南加州大学信息科学研究所（ISI）、美国 Cogent Communications 公司、美国马里兰大学学院市分校、美国航天航空管理局（NASA）、美国互联网系统联盟（ISC）、美国国防部国防信息系统局、美国国防部陆军研究所、瑞典 Netnod 公司、荷兰 RIPE NCC、互联网名称与数字地址分配机构（ICANN）和日本 WIDE Project 等 12 家境外机构负责运营。

为保证其高可用性及抗攻击能力,自 2002 年以来,各根域名服务器在全球范围内进行了广泛的镜像部署,以此扩展其全球服务能力,提升安全性。目前,13 个根域名服务器均部署了不同数量的镜像服务器。截至 2022 年 12 月 31 日,全球根域名服务器已共计部署镜像 1500 个（较 2021 年同期新增 26 个）。图 1 所示为根域名服务的服务器镜像数量历年变化情况。图 2 所示为 2022 年各根域名服务器的服务器镜像数量情况。

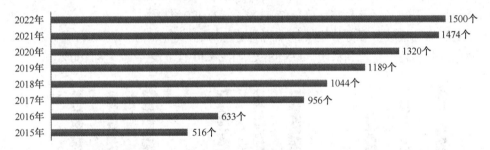

图 1　根域名服务的服务器镜像数量历年变化情况（2015—2022 年）

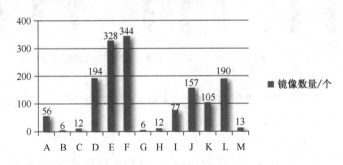

图 2　各根域名服务器的服务器镜像数量情况（2022 年）

2. 系统软件

监测显示,目前所有的根域名服务器均采用 UNIX 或 Linux 作为其操作系统;在域名解析软件方面,大多数根域名服务器使用 ISC BIND 软件,也有个别服务器使用 NLnetLabs NSD 和 Knot DNS 等其他软件。ISC BIND 软件仍然是根域名服务器运营机构的首选,由于某些原因（如高危漏洞、商业合作问题等）,其曾经在 2018 年临时被 Meilof Veeningen Posadis 替代作为过渡,问题解决后根域名服务器运营机构重新选择了 ISC BIND 软件,其地位仍然稳固。

3. 协议支持

由于在整个互联网中的特殊地位，加之本身所固有的协议设计限制，域名服务系统一直是各种网络攻击行为的重要针对目标。随着网络攻击技术的不断发展，以及 DNS 协议和软件漏洞的频繁曝出，攻击者已经大大缩短了域名劫持所需的时间。若要消除域名劫持风险，现行有效的解决方案就是部署 DNSSEC 验证服务，通过对 DNS 通信数据的数字签名验证来确保用户接收的数据是完整有效的。

作为 DNSSEC 信任链的根源，根域名服务系统是否支持 DNSSEC 验证服务对于整个域名服务系统的 DNSSEC 有效部署至关重要。监测显示，目前的根域名服务系统均已部署 DNSSEC 验证服务，数据加密算法为 RSA/SHA-256。

此外，IPv6 网络的普及离不开域名服务系统对 IPv6 的支持。目前，13 个根域名服务器均已配置 IPv6 地址，从而实现了对 IPv6 查询的全面支持。随着 DNSSEC 和 IPv6 地址的推广使用，DNS 应答数据包将逐步增大。在 IPv4 网络向 IPv6 网络过渡期间，还会存在某些域名服务器同时使用 IPv6 和 IPv4 地址的情况，而传统的 DNS 数据包以 UDP 数据包的形式进行传输，其大小被控制在 512 字节以内，无法满足大数据包的传输需求。因此，域名服务器在传输超过 512 字节的数据包时应开启 EDNS0 支持，或者采用 TCP 代替 UDP 进行传输。监测结果显示，根域名服务系统均已支持 TCP 和 EDNS0 传输。

图 3 展示的是根域名服务协议支持率历年变化情况。可以看出，根域名服务系统在协议支持方面已经基本趋于完善和稳定，DNSSEC、IPv6 和 TCP 支持率均为 100%。

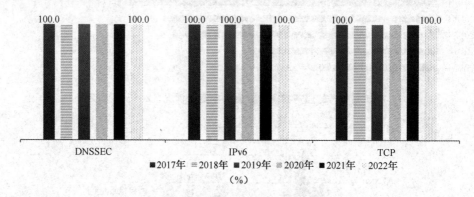

图 3　根域名服务协议支持率历年变化情况

4. 服务性能

根域名服务处于整个域名服务体系的最顶端，其服务性能直接影响了整个互联网应用的服务质量。目前，在全球已部署的 1500 个根镜像服务器中，有 22 个位于中国大陆。通过对国内每个省发起互联网查询得到平均时延统计，得到我国互联网用户对根域名服务平均查询时延历年变化情况如图 4 所示。可以看出，在中国大陆地区部署有镜像服务器的 A、F、I、J、L 和 K 根，其平均查询时延相比其他根域名服务器明显较短，而且相比 2021 年解析时延也明显缩短。因此，根镜像服务器的引入，可以有效提高国内根域名服务质量，整体改善网民上网体验，增强我国常态下的域名服务保障能力。

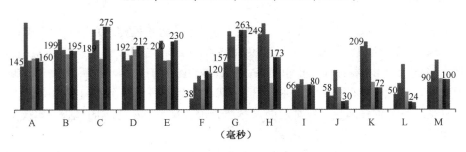

图 4 根域名服务平均查询时延历年变化情况

整体而言，根域名服务在协议支持方面已经趋于完备，在全球服务性能方面一直持续提升。然而，我国的根镜像服务器数量依然较少，与国内庞大的互联网用户规模不匹配，根域名的服务能力仍有较大改善空间。本报告倡议国内相关机构进一步推动更多数量的根域名服务器镜像在国内的引入部署，以提升整个国内互联网基础资源安全保障水平。

（二）顶级域名服务

1. 简介

顶级域名服务位于整个域名服务体系的次顶端，主要包括两大类别：一类是通用顶级域名（gTLD），如".com"".net"等传统通用顶级域名，以及近几年新扩展的".网络"".xyz"".vip"等新通用顶级域名（New gTLD）；另一类是国家顶级域名（ccTLD），如我国的".cn"和".中国"，德国的".de"，英国的".uk"等。不同于通用顶级域名，国家顶级域名用于标识某个特定国家或地区的域名空间，根据《信息社会世界首脑会议——信息社会突尼斯议程》，一个国家对于本国 ccTLD 的管理决策不受他国干涉，因此 ccTLD 被认为是国家主权在网络空间的象征。

根据 IANA 官方数据，截至 2022 年 12 月 31 日，全球域名服务体系中共存在 1497 个顶级域名（与 2021 年持平）。可以看到，经过多年的运营，新通用顶级域名的发展状况趋于稳定，部分新通用顶级域名已经开始运营。

2. 系统软件

监测显示，顶级域名服务系统普遍采用 UNIX 或 Linux 操作系统，占比超过 86%。在域名解析软件方面，2022 年的监测数据显示，Meilof Veeningen Posadis、NLnetLabs NSD、ISC BIND 在顶级域名服务器中的使用率最高，分别占 48.89%、33.01%和 14.10%。其中，ISC BIND 和 NLnetLabs NSD 作为过去顶级域名服务器所使用的前两大域名解析软件，其使用率相比 2021 年有所上升，部分顶级域名运营机构更换其他 DNS 解析软件后又重新调整到 ISC BIND。

此外，现有的安装了 ISC BIND 的 24.16%的顶级域名仍然开启了版本应答功能（比例与 2021 年接近），有一定的安全隐患。本报告建议相关顶级域名服务运营机构及时关闭此项功能。

3. 协议支持

随着业界对 DNSSEC 的大力推动，各顶级域名服务运营机构也开始积极部署 DNSSEC 验证服务。截至 2022 年 12 月 31 日，已有 92.00%的顶级域名部署了 DNSSEC 验证服务，所支持的加密算法仍以 RSA/SHA-256 和 RSASHA1-NSEC3-SHA1 为主，两者占比达 94.60%。值得注意的是，仍然有 3.04%的 DNSSEC 顶级域名服务器采用传统的 NextSECure（NSEC）机制，该机制具有文件被遍历、枚举从而泄露所管理的域名解析数据的风险，建议顶级域名服务运营机构尽快停止采用 NSCE 机制。

顶级域名服务系统协议支持程度历年变化情况如图 5 所示。可以看出，2017 年以来，顶级域名服务系统的 DNSSEC、IPv6 和 TCP 始终保持很高的支持率。2022 年顶级域名服务器（NS）对 IPv6 的支持率与 2021 年相比略有增加，达到 90.10%（2021 年为 89.00%），TCP 支持率为 100%，与 2021 年基本持平，始终保持了较高的水平，这也说明在对 DNSSEC、IPv6 和 TCP 的支持方面，顶级域名服务系统始终走在前列[1]。

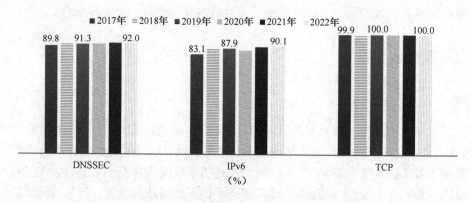

图 5　顶级域名服务系统协议支持程度历年变化情况

4. 服务性能

监测显示，顶级域名服务系统均实现了冗余配置[2]，平均每个顶级域名所拥有的服务地址数量由 2021 年的 8.80 个至 2022 年的 8.82 个，与 2021 年相比基本持平，其中仍然有超过八成的顶级域名服务器拥有 7 个以上的服务地址，表现出较高的冗余程度，具体情况如图 6 所示。

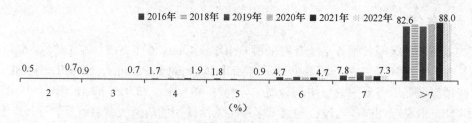

图 6　顶级域名服务器服务地址数量分布历年变化情况

权威域名服务器开启递归服务有易遭受 DDoS 攻击的风险。监测显示，2022 年顶级域

---

① 注：本报告中的 IPv6 支持性基于域名服务器（NS）级别进行判定和统计。
② 注：本报告通过该域名服务器所拥有的服务地址的多少反映其冗余配置程度。

名服务器的递归服务开启比例为 3.0%，与 2021 年基本持平。建议相关运营机构关闭递归服务，加强对新增顶级域名的安全防护配置水平，避免同时提供权威和递归解析服务。

较高的冗余配置能够增强域名服务的稳健性和抗攻击能力，但也增加了服务器间域名数据不一致的风险。监测显示，2.40%的顶级域名存在授权数据不一致的问题（与 2021 年持平，同期该数值为 2.51%），这会导致它们返回给终端用户的 DNS 信息[①]不一致。

权威域名服务器通过设置 TTL 值来决定其权威数据在递归服务器缓存中的存活时间。如果域名服务器设置了较大的 TTL 值，可能会让相关权威数据在递归服务器缓存中存活时间过长而导致过期；但如果 TTL 值设置得过小，域名服务器将会因为频繁缓存数据更新和区传输而有较大的通信开销，同时增加了终端用户的查询时延。顶级域名服务器的 TTL 值的设置分布历年变化情况如图 7 所示，可以看出，越来越多的顶级域名服务器开始倾向于选择设置较大的 TTL 值，其中接近六成的顶级域名服务器的 TTL 值被设定在一天以上（>86400 秒）。

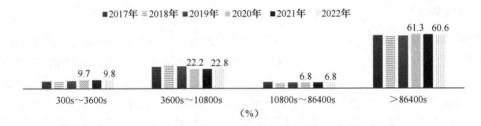

图 7 顶级域名服务器的 TTL 值的设置分布历年变化情况

另外，顶级域名服务平均查询时延分布历年变化情况如图 8 所示。可以看出，顶级域名服务的平均查询时延在 0.4s 以内（比例占 91.7%），整体情况较好，而查询时延在 0.2s~0.3s 的占比最高，在 0.1s 以内的占比在不断降低，经分析，应与顶级域名服务器大多数在国外有关。

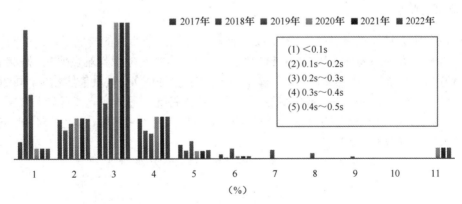

图 8 顶级域名服务平均查询时延分布历年变化情况

整体而言，顶级域名服务在协议支持情况、对外服务能力等方面与 2021 年基本持平，说明运行维持稳定。

---

① 注：不排除监测时发生区传输等影响区数据一致性的情况。

（三）二级及以下权威域名服务

1. 简介

监测数据显示，2022 年 12 月我国二级及以下权威域名服务器大约有 1.1 万台套（按独立 NS 数量计算）。自 2017 年以来，监测发现的二级及以下权威域名服务器数量在不断下降，其原因一方面是可能有部分系统的安全策略阻断了平台探测，另一方面是随着 CNNIC 和阿里巴巴等机构的权威域名解析托管平台的发展，众多域名已不再自行提供权威解析服务，而由托管平台统一提供权威解析服务。

作为域名服务系统中数量规模最大的一个环节，二级及以下权威域名服务系统是承载各种互联网应用的直接载体，是终端用户域名访问行为的最终目标，其安全状况直接影响了各种互联网应用能否稳定运行，一旦发生问题后果将非常严重。

2. 系统软件

监测数据显示，作为二级及以下权威域名服务器所使用的主流操作系统类型，UNIX 和 Linux 所占比例为 73.80%，较 2021 年稍提升（2021 年的比例为 73.01%）。ISC BIND 和 Meilof Veeningen Posadis 是二级及以下权威域名服务器主要使用的域名解析软件，分别占 59.00% 和 21.01%。ISC BIND 占比仍然超过 50%，近两年来，Meilof Veeningen Posadis 占比上升的原因可能是 2018 年根域名解析服务器大规模替换使用 Meilof Veeningen Posadis 后，各域名服务机构跟随根域名运营机构进行了替换，但随着 2019 年根域名服务器重新使用 ISC BIND，使用 ISC BIND 的比例有所增加，近年来权威域名服务系统域名解析软件的使用比例已趋于稳定。

此外，40.01% 的 ISC BIND 软件仍旧开启版本应答功能（2021 年该比例为 40.22%），开启此功能有利于攻击者更好地确定系统漏洞并进行攻击，存在一定的安全隐患，因此建议相关域名运营机构及时关闭此项功能。

3. 协议支持

在根域名服务和顶级域名服务 DNSSEC 部署程度已经非常高的情况下，二级及以下权威域名一直是业界期望整体实现 DNSSEC 功能、消除安全孤岛的工作难点所在。监测显示，目前仅有 0.1% 的二级及以下权威域名部署了 DNSSEC 验证服务，数量依然较少，同 2021 年相比基本没有变化。二级及以下权威域名服务器协议支持比例历年变化情况如图 9 所示。可以看出，二级及以下权威域名服务器已经普遍开始支持 TCP 查询传输，但是在对 DNSSEC、IPv6 的支持方面进展依然缓慢。

图 9　二级及以下权威域名服务器协议支持比例历年变化情况

4. 服务性能

在服务冗余方面，59.20%的二级及以下权威域名具有冗余配置，平均每个域名所拥有的服务器地址数由 2021 年的 4.58 个增加到 2022 年的 4.60 个，基本持平，具体情况如图 10 所示。

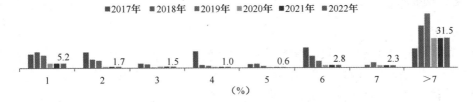

图 10　二级及以下权威域名服务器服务地址数量分布历年变化情况

另外，仍然有约 22.36%的二级及以下权威域名服务器开启了递归服务（2021 年该比例为 24.58%），这种配置具有易遭受 DDoS 攻击的风险，建议权威域名运营机构尽快加以完善，避免同时提供权威和递归解析服务。

二级及以下权威域名服务器 TTL 值设置大小分布历年变化情况如图 11 所示，与顶级域名服务器类似，越来越多的二级及以下权威域名服务器开始倾向于设置较大的 TTL 值。

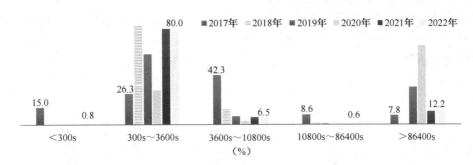

图 11　二级及以下权威域名服务器 TTL 值设置大小分布历年变化情况

二级及以下权威域名服务器平均查询时延分布历年变化情况如图 12 所示。趋势大致与 2021 年持平，可以看出，同过去两年相比，我国的二级及以下权威域名服务的整体查询时延有了比较明显的改善，超过八成的二级及以下权威域名服务器的平均查询时延在 100ms 以内。

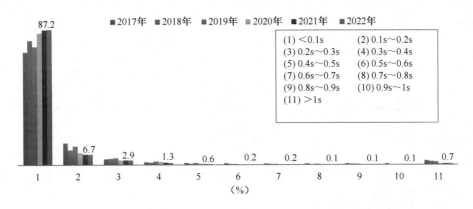

图 12　二级及以下权威域名服务器平均查询时延比例分布历年变化情况

然而，二级及以下权威域名服务器的整体查询时延分布较广、差别巨大，这充分反映出各二级及以下权威域名服务器在性能负载、运维管理水平等方面参差不齐，这是二级及以下权威域名服务作为最大规模的域名服务环节所表现出的特有现象。

5. 重点权威域名服务

1）简介

除了对我国的二级及以下权威域名服务器做全面监测分析，本报告还遴选了三百多个来自政府机构、金融机构、网络运营商，以及涉及国计民生行业的重点权威域名，对其服务器的安全配置情况进行了针对性的统计分析。

2）系统软件

监测显示，重点权威域名服务器采用 UNIX 或 Linux 操作系统的比例为 84.80%。采用 ISC BIND 为域名解析软件的服务器比例达 69.20%，其中仍然有 33.20%的 ISC BIND 开启了版本应答，存在版本信息泄露的安全隐患（2021 年该比例为 36.09%）。

3）协议支持

重点权威域名服务器的协议支持情况如图 13、图 14 所示。与国内其他二级及以下域名相比，重点权威域名服务的协议支持情况相对较好，但总体上对 DNSSEC 的支持程度依然处于较低水平，而对 IPv6 近两年的支持状况有了较大幅度的提升，达到了 52.00%，也客观反映了国内 IPv6 工作推进的成效。此外，仍然有 7.01%的重点权威域名服务器开启了递归服务，比 2021 年状况略好，但仍存在遭受 DDoS 攻击的风险（2021 年该数据为 7.22%）。

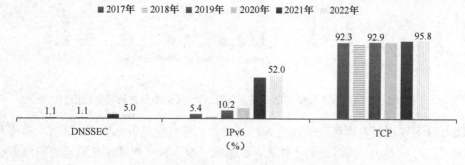

图 13　重点权威域名服务器协议支持情况

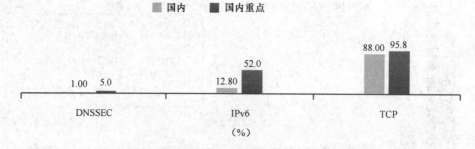

图 14　国内及国内重点权威域名服务协议支持情况对比

4）服务性能

2022 年，在服务冗余方面，76.88%的重点权威域名服务具有冗余配置，平均每个重点权威域名拥有 7.42 个服务器地址，数据与 2021 年基本持平，总体冗余程度比其他权威更高（见图 15、图 16）。冗余大于 2 的服务占比有所减少，经分析是因为很多权威解析服务上云。

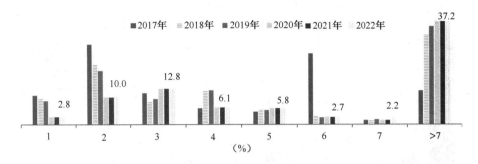

图 15　重点权威域名服务地址数量比例分布历年变化情况

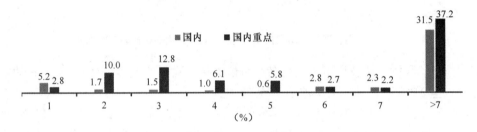

图 16　国内及国内重点权威域名服务地址数量比例分布对比

重点权威域名服务的 TTL 值设置分布情况如图 17、图 18 所示。可以看出，大部分重点权威域名服务的 TTL 值设置得较大，域名权威数据稳定。

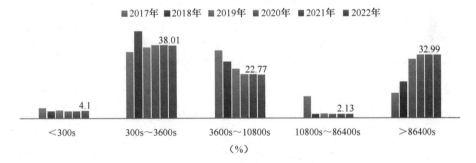

图 17　重点权威域名服务 TTL 值设置分布情况

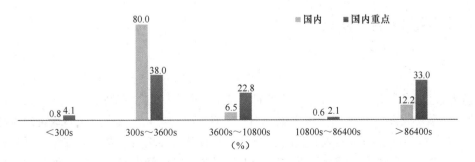

图 18　国内及国内重点权威域名服务 TTL 值设置分布情况对比

此外，如图 19 所示，约 93.81%的重点权威域名服务的平均解析时延均小于 100ms。另外，从图 20 中也可以看出，重点权威域名服务的平均解析时延好于其他权威域名服务。

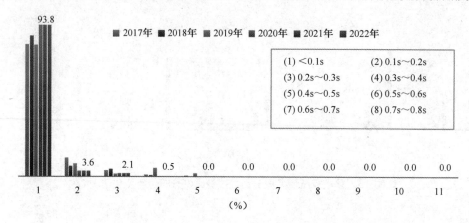

图 19　国内重点权威域名服务器查询时延比例分布历年变化情况

整体而言，我国二级及以下权威域名在协议支持方面有所改善，TCP 和 IPv6 的部署有一定进展，但 DNSSEC 的部署进展依然较为缓慢。另外，二级及以下权威域名服务能力参差不齐，部分二级及以下权威域名服务采取的是自建方式，而另一部分则交给托管商进行托管，各托管商在运维管理水平、安全保障能力等方面也存在较大差异，一旦出现网络安全事件，难以开展及时有效的应急处置和追溯问责，特别是规模较大的托管商，一旦发生问题，可能导致大量域名的访问失效。

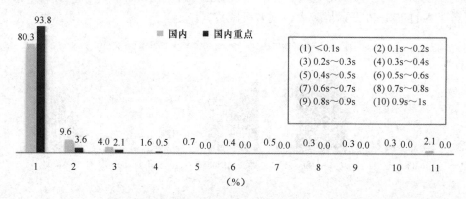

图 20　国内及国内重点权威域名服务器平均查询时延比例分布对比

（四）递归域名服务

1. 简介

递归域名服务是用户访问整个域名空间的入口，所有的域名查询都需要通过递归域名服务来执行。监测显示，我国递归域名服务系统约有 11 万余台套。作为和终端用户直接交互的环节，递归域名服务系统的服务状况和安全配置情况对终端用户获取的域名解析数据的完整性、正确性和及时性有着直接影响，同时在国家网络安全管理和应急安全处置中发挥着重要作用。

2. 系统软件

监测显示，递归域名服务器采用 UNIX 或 Linux 操作系统的比例为 65.90%；ISC BIND、Meilof Veeningen Posadis 和 Microsoft Windows DNS 是递归域名服务器主要使用的三大域名解析软件，使用比例分别为 33.10%、22.00% 和 15.20%。其中，使用 ISC BIND 的递归域名服务器中开启版本应答的比例为 40.50%（2021 年该比例为 41.21%），仍然存在版本信息泄露的安全隐患，建议相关运营机构及时关闭此项功能。

3. 协议支持

递归域名服务器协议支持比例历年变化情况如图 21 所示。可以看出，近年来我国递归域名服务器在 DNSSEC 验证服务的支持程度方面进展仍然缓慢，目前仅有 1.50%。

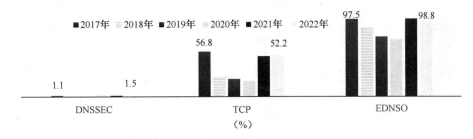

图 21　递归域名服务协议支持比例分布历年变化情况

值得注意的是，递归域名服务对大数据包的支持已经比较完善，支持超过 512 字节的大数据包的服务器比例为 98.40%，具体如图 22 所示。

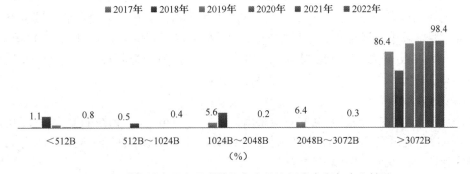

图 22　递归域名服务最大数据包支持比例分布历年变化情况

递归域名服务一直面临缓存中毒攻击的威胁，其主要原因就是递归域名服务的端口随机性不高，从而提高了缓存中毒攻击的成功率。2022 年递归域名服务端口随机性程度比例分布情况如图 23 所示，和 2021 年监测结果比较有较大改善，端口随机性非常高的递归域名服务比例已经接近 100%。

4. 服务性能

递归域名服务平均查询时延比例分布历年变化情况如图 24 所示。可以看出，递归域名服务整体平均查询时延情况较为理想，接近九成的查询时延在 100ms 以内，整体上保证了用户获取域名查询结果的高效及时。

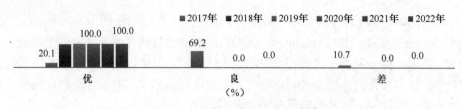

图 23　递归域名服务端口随机性程度比例分布情况

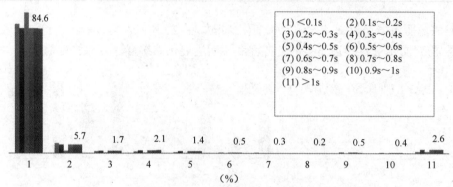

图 24　递归域名服务平均查询时延比例分布历年变化情况

5. 主要递归域名服务

1）简介

对大部分国内用户来说，其使用的递归域名服务主要有两种：一种是国内基础电信运营企业提供的递归域名服务，另一种是一些大型互联网服务企业提供的公共递归域名服务。目前，国内主要基础电信运营企业［中国电信、中国联通、中国移动（含中国铁通）］和各大主要公共递归域名服务（如 CNNIC1248、114DNS、360、阿里云等公共递归域名服务）在全国范围内部署的主要递归域名服务器共计五百余台套。

2）系统软件

监测显示，国内主要递归域名服务器采用 UNIX 或 Linux 操作系统的比例超过 90.50%；将 ISC BIND 作为域名解析软件的比例占到 24.80%，其中，BIND 版本应答比例为 15.10%，优于国内递归域名服务的整体平均水平。

3）协议支持

在协议支持方面，国内主要递归域名服务对 EDNS0 的支持率达 98.9%；对 TCP 的支持率达 98.60%，远高于国内递归域名服务的平均水平。另外，国内主要递归域名服务的 DNSSEC 支持率同样偏低，仅有 2.00%，如图 25、图 26 所示。

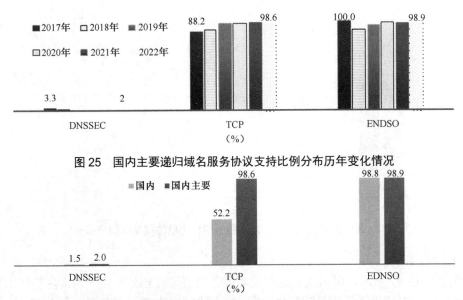

图 25　国内主要递归域名服务协议支持比例分布历年变化情况

图 26　国内及国内主要递归域名服务协议支持情况对比

国内主要递归域名服务对大数据包的支持程度同 2021 年相比基本稳定，并同国内整体水平保持基本一致，支持超过 512 字节的大数据包的服务器比例达 97.60%（见图 27）。

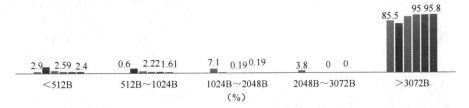

图 27　国内主要递归域名服务对大数据包支持比例分布历年变化情况

另外，国内主要递归域名服务的端口随机性程度整体较高，端口随机性程度为优的服务器比例达 100%，明显高于国内递归域名服务的整体平均水平（见图 28、图 29）。

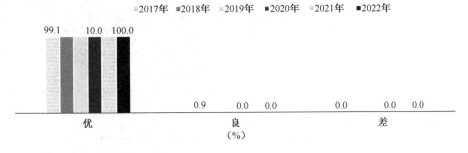

图 28　国内主要递归域名服务端口随机性程度比例分布历年变化

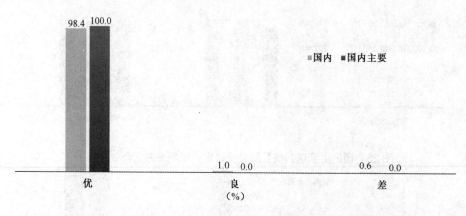

图 29　国内及国内主要递归域名服务端口随机性程度比例分布对比

4）服务性能

如图 30、图 31 所示，国内主要递归域名服务的查询时延分布情况同国内整体水平基本保持一致，67.30%的服务器查询时延集中在 100ms 以内，与其他递归的平均值相比，整体解析性能良好。

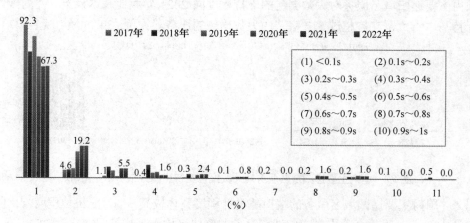

图 30　国内主要递归域名服务查询时延比例分布历年变化情况

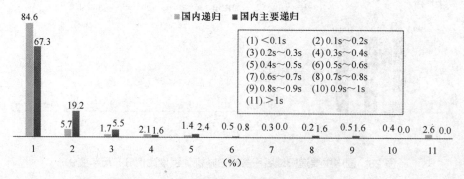

图 31　国内及国内主要递归域名服务查询时延比例分布对比

由于递归域名服务直接面向用户，能够轻易掌握用户的所有上网行为信息，故其安全运行对于保障我国互联网日常安全也极为重要。整体而言，我国递归域名服务状况良好，但在协议支持方面存在明显短板，特别是 DNSSEC 的部署进展极为缓慢。

三、域名服务安全总体评估

域名服务安全总体评估旨在针对域名服务体系各个环节，选择恰当的监测项并进行归一化处理，然后根据域名系统常见安全威胁进行监测项的权重设置，以量化的方式对域名服务体系整体安全状态进行客观、准确的评估，包括权威域名服务和递归域名服务两个部分。

（一）权威域名服务

权威域名服务器主要用于维护和提供域名权威数据，其可能遭受的攻击包括 DDoS 攻击、数据篡改等，对权威域名服务器的安全评估主要考虑权威域名服务系统的服务架构、服务器配置、安全功能支持，以及服务器性能 4 个方面。权威域名服务安全指标如表 1 所示。

表 1 权威域名服务安全指标

安全指标值	含义
0≤#＜0.4	服务安全状况为差，如存在配置漏洞
0.4≤#＜0.7	服务安全状况为良，如无配置漏洞
0.7≤#≤1	服务安全状况为优，如有若干安全防护配置

根据监测数据，我国权威域名服务总体安全状况分布历年变化如图 32 所示。可以看出，我国权威域名服务总体安全状况呈现整体向好的趋势，即安全状况为差的权威域名服务器比例在逐年降低。2022 年，我国权威域名服务的平均安全状况分值为 0.48，总体安全状况为良，与 2021 年相比略有提升。

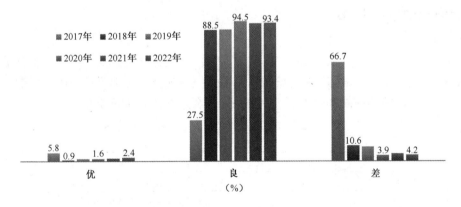

图 32 我国权威域名服务总体安全状况分布历年变化

我国的重点权威域名总体安全状况分布情况如图 33、图 34 所示。可以看出，国内重点权威域名服务器及大部分国内重点权威域名服务器配置较为完善，安全状况良好。

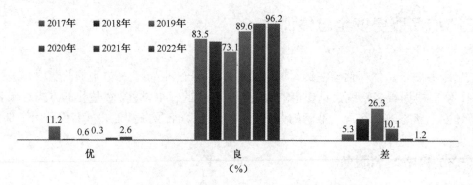

图 33　我国重点权威域名总体安全状况分布历年变化

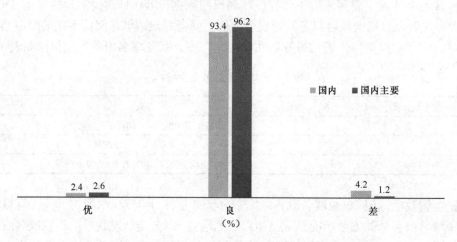

图 34　国内及国内主要权威域名总体安全状况分布对比

（二）递归域名服务

递归域名服务器负责域名解析查询，并对获取的权威数据进行缓存，其可能遭受的攻击包括 DDoS 攻击、缓存中毒等，对递归域名服务系统的安全评估主要考虑服务器配置、安全功能支持，以及服务器性能 3 个方面，递归域名服务安全指标如表 2 所示。

表 2　递归域名服务安全指标

安全指标值	含义
0≤#＜0.4	服务安全状况为差，如存在配置漏洞
0.4≤#＜0.7	服务安全状况为良，如无配置漏洞
0.7≤#≤1	服务安全状况为优，如有若干安全防护配置

根据监测数据，我国递归域名服务总体安全状况分布历年变化如图 35 所示。可以看出，从 2018 年起，因为加入了更多的评价要素，能更客观反映递归域名服务的总体安全状况，国内递归域名服务总体安全状况维持良好的趋势。2022 年我国递归域名服务平均安全状况分值为 0.46，总体安全状况为良。

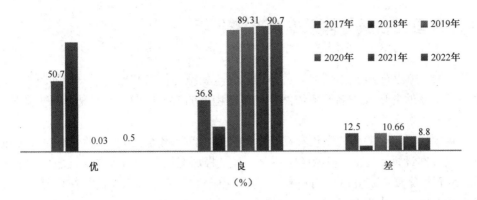

图 35　我国递归域名服务总体安全状况分布历年变化

我国主要递归域名服务器总体安全状况分布如图 36、图 37 所示。可以看出，接近九成的国内主要递归域名服务的安全状况为良，相对来说，高于我国递归域名服务的整体平均水平，但仍有一定比例的服务器存在安全配置漏洞。

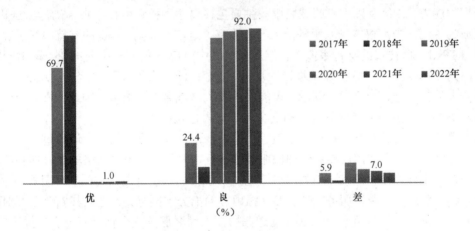

图 36　我国主要递归域名服务总体安全状况分布历年变化

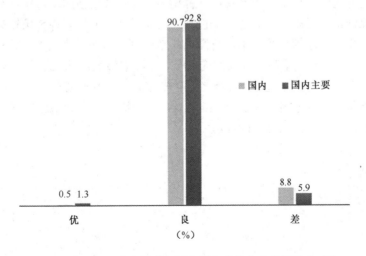

图 37　国内及国内主要递归域名服务总体安全状况分布对比

四、我国域名服务体系安全态势分析

整体来看，2022 年度我国域名服务体系的安全状况与往年相比有了一定的改善，但是我国域名服务体系的各环节域名服务依然存在不同程度的安全问题，且表现在系统软件、协议支持和服务性能等各个方面。

（1）我国的根域名服务安全仍存在一定的提升空间。截至 2022 年底，国内经工业和信息化部正式批准设置了 21 个根镜像服务器，虽然根域名服务在协议支持、服务性能方面日臻完善，然而相比庞大的互联网用户基数，我国整个域名服务体系中的根域名服务节点数量和服务性能有待进一步提升。

（2）顶级域名服务尤其是国家顶级域名服务的安全保障能力仍需进一步加强。全球顶级域名的整体对外服务性能仍在持续提升，然而针对顶级域名系统的大规模拒绝服务攻击威胁依然存在，因此我国必须持续加强国家顶级域名服务安全保障能力建设。

（3）二级及以下权威域名服务集中化趋势明显，风险也更集中，需要继续加强服务能力和安全保障能力。二级及以下权威域名服务主要包括自建和托管两种方式，权威域名服务托管逐渐成为主流。当前权威域名服务能力参差不齐，近年来，对 IPv6 的支持率有了显著提升，但对 DNSSEC 协议的支持率依然普遍较低（其中，IPv6 的支持率为 12.80%、DNSSEC 的支持率为 0.10%），各托管商在运维管理水平、安全保障能力等方面也存在较大差异，特别是规模较大的托管商，一旦发生问题，可能会导致大量域名访问失败。因此，权威域名服务托管机构需要进一步加强其服务能力和安全保障能力建设。

（4）递归域名服务安全有待进一步改善。首先，递归域名服务是用户访问整个域名空间的入口，所有的域名查询都需要通过递归服务来执行，因此能在国家网络安全管理和应急安全处置中发挥重要作用，但我国相关网络管理技术手段尚未完全覆盖递归域名服务体系。其次，递归域名直接面向用户服务，且能够掌握用户的部分上网行为信息，其安全运行对保障我国互联网日常安全也极为重要，而目前递归层面的域名服务安全性仍有一定的提升空间。

（5）域名解析软件越来越呈现多样化趋势。从 2022 年的监测数据来看，各级权威和递归域名解析系统主要由 4 种主流域名解析软件构成，各软件的使用率每年都在发生变化，并没有一种域名解析软件可以占绝对统治地位，这也说明域名解析软件市场竞争激烈，当前域名解析软件还不能很好地满足所有用户的需求，新的域名解析软件还有一定的市场机会。

总之，域名服务安全关乎整个互联网的安全，伴随着域名产业及域名服务行业的持续快速发展，本报告呼吁有关各方高度重视域名服务安全管理和保障工作，同时加强对域名服务安全监测、安全事件防治等相关规范、标准建设，努力提升自身域名服务安全防护水平，共同打造和维护健康、安全的网络空间环境。

全球域名运行态势和技术发展趋势报告

王 腾 李帅良 姜郁峰 胡安磊 冷 峰

中国互联网络信息中心

一、前言

域名系统（Domain Name System，DNS）是互联网的关键基础设施。中国互联网络信息中心（China Internet Network Information Center，CNNIC）作为我国国家顶级域名的运行管理机构，长期关注域名系统的运行态势和发展状况。在过去的两年内，域名系统在运行基本态势、总体安全状况及新技术研究等方面都产生了较大的变化。为了让更多的同行业从业者掌握最新动态，CNNIC 总结研究成果，力求多维度、多视角展示域名系统的最新状况及未来发展趋势，旨在促进域名系统健康发展，维护我国互联网基础设施的平稳有序运行。

二、域名运行态势分析

域名系统是互联网的关键基础设施，随着近几年互联网的高速发展，特别是 IPv6 技术的推广使用，安全与隐私保护等技术的不断发展变化，域名行业也在经历不断的优化升级，从而适应不断创新的互联网络。与 2020 年相比，过去的两年域名注册总量稍有下降，新通用顶级域名总量也略有下降。我国国家顶级域名（".CN"".中国"）总量保持稳定，新通用顶级域名（".公司"".网络"）总量略有下降。随着《推进互联网协议第六版（IPv6）规模部署行动计划》的逐步部署与推进，域名系统特别是 IPv6 相关业务及应用也展现出比传统域名业务更强劲的增长势头。

本文将从全球域名注册及使用状况分析开始，结合域名根服务、权威和递归三个层次的数据分析展现域名业务的总体变化趋势，同时，对一些新的域名业务形式及技术发展趋势进行详细的调研及总结。

（一）域名运行数据分析

1. 全球域名统计数据分析

威瑞信（VeriSign）最新的数据统计报告[1]显示，截至 2022 年第四季度，全球域名注册总量约 3.504 亿个，较 2020 年第一季度减少约 4.47%，较 2021 年第四季度增长约 2.55%。图 1 展示了最近两年全球域名注册总量变化趋势。可以看出，2020 年前三季度全球域名注册量保持缓慢上升趋势，2021 年出现缓慢下降趋势，2022 年又出现缓慢增长势头。

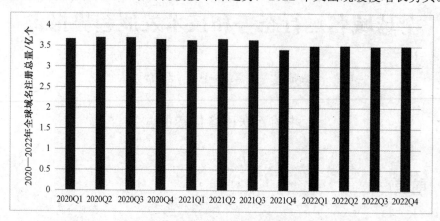

图 1　全球域名注册总量变化趋势

顶级域名可以简单地分为以下 3 类：通用顶级域名（gTLD），国家顶级域名（ccTLD）和新通用顶级域名（New gTLD），其中，3 类域名类别分布统计[1]如图 2 所示。可以看出，全球域名注册中仍以通用顶级域名（1.90 亿个）为主，国家顶级域名（1.33 亿个）紧随其后，新通用顶级域名（0.27 亿个），依然占比较低。

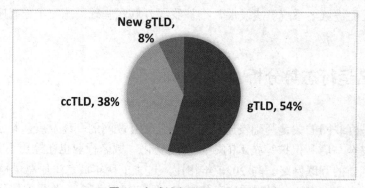

图 2　全球域名类别分布统计

截至 2022 年 12 月 31 日，全球排名前十的顶级域名[2]如图 3 所示，其中，包含 3 个通用顶级域名（".COM"".NET"和".ORG"）和 7 个国家及地区顶级域名（".CN"".DE"".UK"".ORG"".NL"".RU"".BR"和".AU"）。我国国家顶级域名".CN"注册总量达 2010 万个，较 2021 年（注册总量为 2040 万个）减少了 1.47%。由威瑞信管理的".COM"域名以 1.6 亿个的数量稳居第一位，而其他域名数量差距较明显。".TK"域名是南太平洋岛国托克劳的国家顶级域名，该顶级域名由托克劳政府授权给一家商业公司在全球进行注册局运营。".TK"域名采取免费申请注册（4 个字符以上）的运营策略，其注册量波动较大。由于".TK"运营主体和运营策略的特殊性，在一些域名保有量统计中，未将".TK"域名计入全球顶级域名排序。

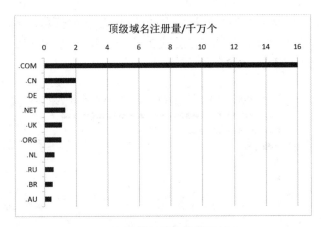

图3 全球排名前十的顶级域名

全球国家顶级域名总量排名如图4所示,我国国家顶级域名".CN"以2010万个的域名规模位居第一,德国国家顶级域名".DE"排名第二,".UK"排名第三。另外,同样未将".TK"域名计入国家顶级域名排序。

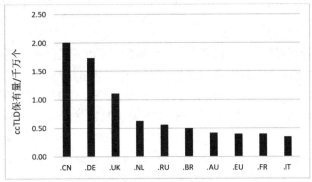

图4 全球国家顶级域名总量排名

在New gTLD领域,".XYZ"".ONLINE"和".TOP"排在域名注册量前三位[2]。与2021年底相比,".XYZ"注册量排名仍保持第一;".ICU"和".CYOU"注册总量挤进前十,".VIP"和".CLUB"分别跌到第九、第十。图5显示了2022年第四季度全球新通用顶级域名注册量排名。

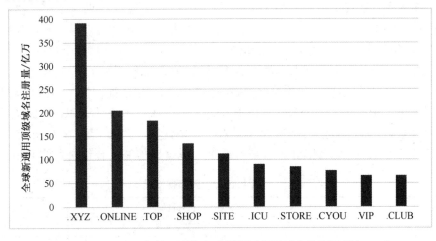

图5 2022年第四季度全球新通用顶级域名注册量排名

CNNIC 第 51 次《中国互联网络发展状况统计报告》[3]的信息显示，国内域名注册总量分布如图 6 所示。其中，".CN"域名在国内的注册总量约占 58.4%，位居第一；第二为".COM"域名，注册总量约占 26.2%。

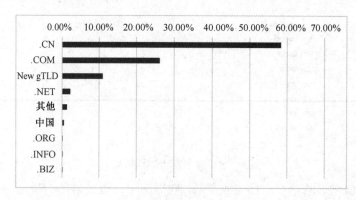

图 6 国内域名注册总量分布

2. 国内域名解析数据分析

1）域名根服务器解析数据分析

根服务器存储所有顶级域名的解析记录。所有的递归服务器只有先从根服务器上获得顶级域名的解析记录，才能继续完成多次迭代查询，获得解析结果。因此，根服务器在域名解析中起着至关重要的作用。当前，全球共有 13 个根服务器，由互联网域名与号码分配机构（ICANN）授予互联网域名根区及 IP 地址管理机构（PTI）统一管理。

根服务器的部署借助任意播（AnyCast）技术，提供唯一地址的全球多节点广播方式。ICANN 官方统计数据显示，截至 2022 年 12 月 31 日，全球已部署 1604 个根镜像提供根域名查询服务，较 2019 年底新增 415 个[6]。

同时，由于各根服务器运行管理机构根据其自身性质针对扩展根镜像部署的态度并不相同，所以各个根服务器对应的根镜像也呈现不均衡的特点。截至 2022 年 12 月 31 日，我国（数据不含港澳台地区）已先后引入 A（广州 1 个）、I（北京 1 个、沈阳 1 个）、J（北京 1 个、上海 1 个、湖州 1 个）、F（北京 1 个、杭州 1 个、重庆 1 个、南宁 1 个、深圳 1 个）、L（北京 2 个、上海 1 个、武汉 1 个、郑州 1 个、长沙 1 个、海口 1 个、西宁 1 个、昆明 1 个）、K（北京 1 个、贵阳 1 个、广州 1 个、上海 1 个）共计 6 组 24 个根镜像节点，相比 2019 年增加了 100%，如表 1 所示。其中，CNNIC 引入 I、F、L、J、K 的 12 个根镜像，分别为：2005 年与 Netnod 合作引入的 I 根镜像，2011 年与 ISC 合作引入的 F 根镜像，2012 年与 ICANN 合作引入的 L 根镜像，2016 年与 Verisign 合作引入的 J 根镜像，2019 年与 ISC 合作引入的 F 根镜像，2019 年与 ICANN 合作引入的 L 根镜像，2019 年与 RIPE NCC 合作引入的两个 K 根镜像，2020 年与 ICANN 合作引入的 L 根镜像，2020 年与 Netnod 合作引入的 I 根镜像，2021 年与 ICANN 合作引入的 L 根镜像，2022 年与 ISC 合作引入的 F 根镜像。

表 1 我国根镜像引入部署情况

根镜像	合作单位	引入机构	部署位置
A	VeriSign	中国信息通信研究院	广州
F	ISC	CNNIC	北京

续表

根镜像	合作单位	引入机构	部署位置
F	ISC	CNNIC	杭州
F	ISC	中国信息通信研究院	重庆
F	ISC	CNNIC	南宁
F	ISC	阿里云计算有限公司	深圳
I	Netnod	CNNIC	北京
I	Netnod	CNNIC	沈阳
J	VeriSign	CNNIC	北京
J	VeriSign	中国信息通信研究院	上海
J	VeriSign	阿里云计算有限公司	浙江湖州
K	RIPE NCC	CNNIC	北京
K	RIPE NCC	CNNIC	贵阳
K	RIPE NCC	中国信息通信研究院	广州
K	RIPE NCC	北京奇虎科技有限公司	上海
L	ICANN	CNNIC	北京
L	ICANN	CNNIC	上海
L	ICANN	CNNIC	长沙
L	ICANN	CNNIC	海口
L	ICANN	中国信息通信研究院	郑州
L	ICANN	中国信息通信研究院	西宁
L	ICANN	中国信息通信研究院	武汉
L	ICANN	互联网域名系统国家工程研究中心	北京
L	ICANN	云南电信公众信息产业有限公司	昆明

在上述引入的 6 组 24 个根镜像节点中，根据 CNNIC 实际监测，以及与相关机构确认，截至 2022 年底，尚有 3 个根镜像未提供解析服务。因此，我国（数据不含港澳台地区）目前实际提供解析服务的根镜像有 21 个。

国内分布式节点对 13 个根服务器（含镜像）域名解析状态的探测结果表明（见图 7），国内的 F、I、J、K、L 根相比其他未引入的根有较好的服务解析质量（注：M 根部署在日本，相对而言，由于国际互联链路跳数短，故国内有相当一部分根域名解析会请求至日本解析）。与其他未引入的根相比，国内已引入的根服务的平均响应时间降低约 56%，尤其是 L 根的解析服务质量明显更佳，这也证明了通过引入根镜像确实可以有效提升国内互联网根域名的访问性能。

图 7 所使用的数据是从监测点向所有根服务器地址发起探测而获得的。通过探测时延数据评估服务质量。其中，能在 100ms 内返回结果，则将服务质量定义为优；能在 100ms～250ms 返回结果，则将服务质量定义为良；否则，服务质量为差。我国已经引进并对外提供服务的根镜像访问时延与其他 7 个根相比，有显著的改善。其中，L 根平均时延在 24ms 左右，表现最佳。

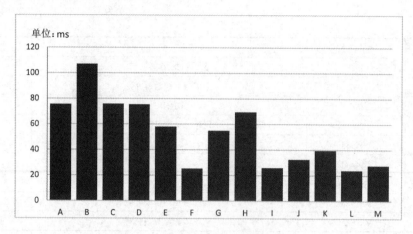

图7　13 个根服务器域名解析状态

2）域名权威解析数据分析

CNNIC 通过"两地三中心"数据中心核心网络架构及覆盖全球多个地区的服务节点网络，每天为互联网用户提供百亿次的 DNS 数据查询服务。根据我们对平台数据的抽样统计，国内外节点解析量占比情况如图 8 所示。

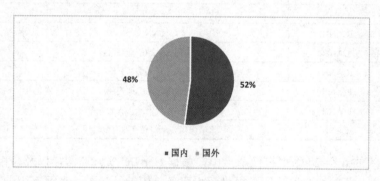

图8　国内外节点解析量占比

由图 8 可见，对于".CN"域名的 DNS 数据查询，国内及国外地区节点查询比例的总体差距较小，国内节点查询量约占总量的 52%，国外节点查询量约占总量的 48%，整体表现比较均衡，国外节点在平台中同样发挥着相当重要的作用。同时，我们对 DNS 查询数据的源 IP 进行了分类统计，按国家分类来看，源 IP 地址地理分布统计如图 9 所示。在所有的查询请求中，来自中国的独立 IP 地址数量每月大约有 130 万个，约占总量的 22%，来自美国、德国、荷兰及日本的 IP 地址也占据了较大的访问比例。这些独立的 IP 地址绝大多数属于递归服务器地址，不仅包含公共递归服务地址（如 1.2.4.8、8.8.8.8），还包含一些企业自用的递归服务器地址。

通过对查询域名的次数进行统计，得到域名查询量排行，如表 2 所示。这些域名的日均查询量均在千万级别。值得注意的是，这些域名并非全部是与 Web 服务相关的域名，如 163data.com.cn 是中国电信上网用户的 IP 反向解析地址，主要用于反垃圾邮件。

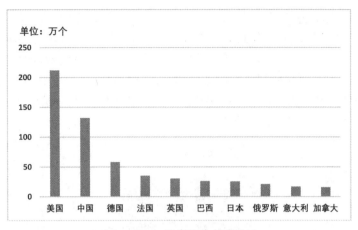

图9　源 IP 地址地理分布统计

表2　域名年查询量排行

序号	域名	查询次数
1	lenovo.com.cn	114778372881
2	bsgslb.cn	68803733911
3	dns.cn	44694107011
4	com.cn	25433434534
5	ctdns.cn	16332436535
6	haohan-data.cn	11129738330
7	in-addr.cn	8035332239
8	163data.com.cn	7714127789
9	nsone.net.cn	6630787738
10	360.cn	5814744406

随着互联网规模的不断扩大，用户对域名的需求量也在不断提升。2022 年 1 月至 2022 年 12 月，CN 域名的新增注册量就超过了 700 万个。图 10 显示了 2022 年 1 月至 12 月的新增注册域名统计情况。

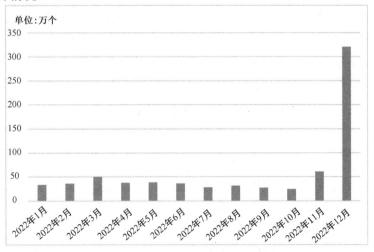

图 10　2022 年 1 月至 12 月的新增注册域名数统计情况

在".CN"域名权威解析服务器每天接收到的百亿次域名查询中，大多数来自公共递归服务器，如CNNIC运行维护的公共递归服务器地址1.2.4.8，以及境外谷歌运行维护的公共递归服务器地址8.8.8.8等。此外，国内运营商普遍会为用户设置就近的网内递归服务器来减少DNS查询延迟，运营商内部递归服务器的查询量在全部查询量中也占了相当大的比例。通过对域名查询来源IP的所属机构进行分类，并将这些IP地址的信息进行聚类分析（依赖于whois信息），得到如图11所示的结果。

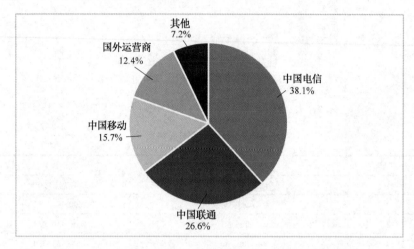

图11　".CN"域名权威查询来源IP地址所属运营商统计

由图11可见，中国电信、中国联通占据".CN"域名查询来源排名的前两位，占比分别达38.1%及26.6%，可以侧面反映出国内互联网用户在中国电信分布较多；来自中国移动的查询排名在第3位。

3）公共递归数据分析

CNNIC管理着两个公共递归服务器1.2.4.8和210.2.4.8，任何接入互联网的用户都可以在本地将其配置为默认递归服务器，所有用户的域名请求都会由该递归服务器来帮助完成查询。在2022年，CNNIC的公共递归服务器被越来越多的互联网用户使用，每天提供数十亿次的查询服务。

通过对CNNIC公共递归查询日志开展分析，得到域名年查询量排行（见表3），代表了用户每天的访问情况。一部分是用户直接访问的Web系统，另外一部分则是用户使用的操作系统或软件自动发送的查询请求。如今，越来越多的服务通过接口完成服务调用，用户对此类调用往往无法感知。

表3　域名年查询量排行

排名	域名	查询次数
1	www.baidu.com	10892008300
2	www.jd.com	1615970911
3	www.sina.com.cn	1541416276
4	www.taobao.com	1470010388
5	www.360.com	1417249004

排名	域名	查询次数
6	time.twc.weather.com	1415688971
7	idtest.wiwide.com	1044982231
8	salt.cyyun.com	679087662
9	syslog.tbsite.net	510486232
10	www.qq.com	431361798

对递归服务器用户查询源 IP 地址按照省份进行排序，可以得到如图 12 所示的结果，其中，北京、四川、上海、广西、广东五省市占比较高，占总量的 50%左右。

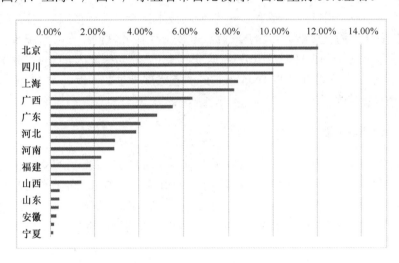

图 12　查询源 IP 地址省份占比统计

对用户查询源 IP 地址进行运营商维度的统计，结果如图 13 所示。可以看到，国内使用 CNNIC 公共递归服务的用户仍旧以中国电信网内用户为主，约占总量的 61.1%，中国联通占比约 16.5%，中国移动占比约 11.6%。三大运营商占总量的 89.2%。

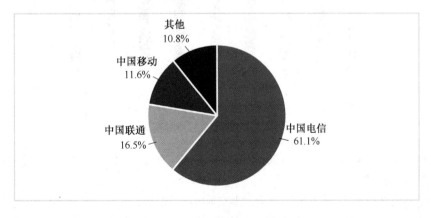

图 13　查询源 IP 地址所属运营商统计

（二）IPv6 发展状况分析

1. 地址分配状况概述

当今世界，推动下一代互联网演进升级和创新发展，已经成为世界各国高度关注的内容。2021 年 11 月 16 日，工业和信息化部发布了《"十四五"信息通信行业发展规划》（以下简称《规划》）[5]，将提升 IPv6 网络服务能力作为《规划》的五项重点任务之一。《规划》提出，加快网络、数据中心、内容分发网络（CDN）、云服务等基础设施 IPv6 升级改造，提升 IPv6 网络性能和服务水平；加快应用、终端 IPv6 升级改造，实现 IPv6 用户规模和业务流量双增长。推动 IPv6 与人工智能、云计算、工业互联网、物联网等融合发展，支持在金融、能源、交通、教育、政务等重点行业开展"IPv6+"创新技术试点以及规模应用，增强 IPv6 网络对产业数字化转型升级的支撑能力。CNNIC 第 51 次《中国互联网络发展状况统计报告》[3]的信息显示，截至 2022 年 12 月，我国 IPv6 地址（块/32 位）总量达 67369 个，较 2019 年底增长 32.4%。充分体现了我国向以 IPv6 为基础的互联网推进的力度。图 14 展示了近年来我国 IPv6 地址数量的变化趋势。

2. DNS 解析数据分析

DNS 域名查询信息的变化从侧面反映了 IPv6 应用的发展情况。CNNIC 通过分析 CN 域名查询数据，跟踪了 IPv6 在国内外的发展情况。总体来看，IPv6 查询在 2022 年的情况较为平稳，所有针对 CN 域名查询的占比由 2022 年初的 19.65% 提升至 2022 年底的 24.45%，增长 4.8 个百分点。图 15 展现了 CN 域名 IPv6 日均解析量占比的变化。

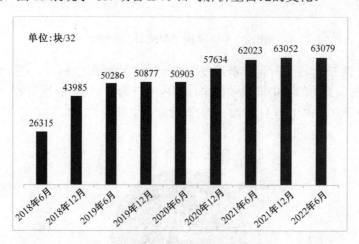

图 14　我国 IPv6 地址数量的变化趋势

从以上数据可以看出，IPv6 在 2022 年的发展态势明显，我国在 IPv6 方面持续推进和部署的促进作用不容忽视。

以上对域名基础业务开展统计分析，由实际运行数据得到了域名业务的发展状况。除得到域名体系各个环节的发展状况，如根域名、权威域名及递归域名的发展状态，还通过分析 DNS 基础数据得出 IPv6 应用的发展态势。未来，可以进一步从 DNS 基础数据中挖掘有价值的信息，辅助掌握互联网基础设施的发展状况，为了解互联网发展现状、洞察网络发展足迹，以及为引领互联网未来发展提供理论支撑。

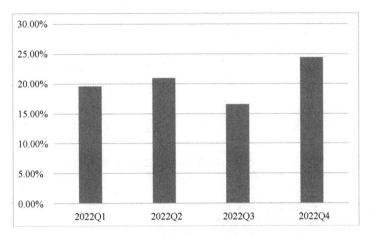

图 15　CN 域名 IPv6 日均解析量占比的变化

3. 网站应用状态分析

国外的 Employees.org[4]网站开展了一项已经持续了十几年的大规模 IPv6 监测项目，该项目在执行过程中每天对 Alexa 排名 Top 25000 的网站进行持续的 IPv6 解析和可用性探测。为了直观地看到近几年的趋势和变化，我们将这些数据进行了处理。图 16 展示了 Top25000 网站 AAAA 记录总量所占比例。随着时间的推移，这个数据从最初的低于 1%逐步提升到当前的 39%左右，这说明主流网站在部署实施 IPv6 方面表现出较为明显的上升趋势。

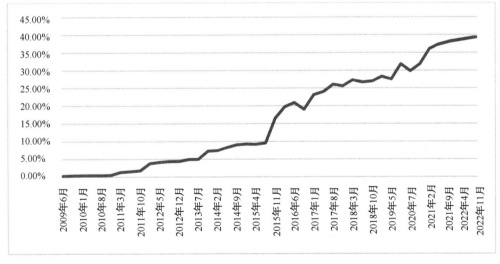

图 16　Top 25000 网站 AAAA 记录总量所占比例

为了探测上述 AAAA 记录在实际应用中的状况，分别针对各 AAAA 记录发起探测请求，并统计失败率，如图 17 所示。可以看出，近年来访问失败率呈下降趋势，这反映出网络基础设施的部署和 IPv6 链路的连接质量在不断改善。

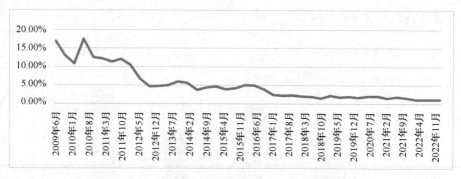

图 17　Top25000 网站 AAAA 地址访问失败率统计

（三）域名运行发展趋势预测

域名的增长趋势反映出我国域名行业的蓬勃活力，这与国内互联网用户的实际需求及相关行业主管部门的政策支持密不可分。随着相关部门对域名管理和支持力度的不断加大，域名业务持续稳健发展的环境将更加有利，这也将进一步壮大和发展我国的域名行业，推动基础设施及整个互联网的进步。

在全球互联网技术持续发展的大环境下，随着 CDN、区块链、国密算法技术及云平台基础设施的不断成熟，DNS 业务相关技术的扩展呈现出更多的可能性。在物联网、工业互联网快速发展的大环境下，传统的 DNS 业务相关技术在面对新的互联网环境时，需要做出更多的顺应时代发展趋势的选择与决策。在可预见的未来，域名业务将逐步得到丰富和完善，域名系统运行也将呈现多元化的趋势，从而满足新兴互联网时代的需求。

三、域名安全态势分析

（一）域名相关安全事件回顾

2019 年以来，针对域名行业的攻击方式越来越多，也更加难以预测。伴随着 5G、物联网技术的不断发展，传统的分布式拒绝服务（DDoS）攻击活动正变得更具针对性、多矢量和持久性。APT 类的攻击持续增多，有国家背景支持的顶尖黑客团伙持续改进武器库，使用 DNS 隧道或更为复杂的木马进行攻击，相关安全事件频繁发生。同时，在新冠疫情、国际地缘政治等复杂背景下，国家组织间不稳定的安全关系也给域名持续稳定发展蒙上阴影。近年的域名相关安全事件以 OilRig DNS 隧道 APT 攻击、亚马逊 DNS 遭遇 DDoS 攻击、个人路由器 DNS 劫持最为典型。

1. OilRig DNS 隧道 APT 攻击

OilRig 也称 APT34，是一个来自伊朗的黑客组织，该组织从 2014 年开始活动，主要针对中东地区，攻击范围主要包括政府、金融、能源、电信等行业。例如，阿联酋总统事务部约 900 个用户名和密码,以及 80 多个网络邮件访问凭证被泄露;阿提哈德航空公司泄露了超过 1 万个用户名和密码,给企业和国家安全带来了极大的威胁。

该攻击木马长期潜伏于被攻击者设备中,将被攻击者的隐私信息通过子域名的形式泄露出去,其典型特征为子域名较长,一般会包含受害者的 IP 地址、硬件 ID,子域名使用 Base64 的方式加密,避免特殊字符导致域名合法性校验无法通过,同时通过 DNS 状态码的形式控制木马软件下一步的行为。

2. 亚马逊 DNS 遭遇 DDoS 攻击

2019 年 10 月 23 日凌晨,亚马逊 AWS DNS 服务(Route 53)遭遇 DDoS 攻击,恶意攻击者向系统发送大量垃圾流量,致使服务长时间受到影响。亚马逊网络服务瘫痪前最后 24 小时问题统计如图 18 所示。

被控机器发起大量查询:前缀为随机字符串,后缀为亚马逊的域名,查询类型为 CNAME,如 gv73dzz0.s3.amazonaws.com,数量巨大。递归服务器收到大量被控机器发送的针对亚马逊不存在域名的查询,最终查询的流量都被转发到 AWS 权威 DNS。在这个过程中,递归 DNS 的资源同时遭到了大量的消耗。亚马逊权威 DNS 遭受海量的查询数据,资源耗尽,无法正常响应,导致 DNS 服务彻底瘫痪。

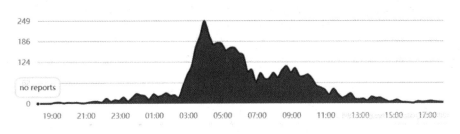

图 18　亚马逊网络服务瘫痪前最后 24 小时问题统计

3. 个人路由器 DNS 劫持

长期以来,在网络安全领域,个人用户 Wi-Fi 路由器一直都是比较薄弱的环节,尤其是新冠疫情大流行以来,大量用户选择居家办公,针对个人用户 Wi-Fi 路由器的 DNS 劫持攻击呈现快速上涨的势头。

攻击者在非法侵入用户路由器后,会修改路由器的 DNS 地址,当用户访问常用网站时,实际上访问的是黑客的网站,这些网站会弹出一些关于新冠疫情等热点新闻的弹窗,若用户不慎点击弹窗,就会下载恶意软件,窃取用户信息,给用户信息安全造成巨大威胁。

目前尚不明确攻击者如何获取修改路由器配置的权限。研究者推断可能是部分用户允许在公网上远程管理自己的路由器,攻击者通过某种手段侵入了路由器;还有可能是某些路由器厂商提供云服务,用户通过登录他们的账号管理自己的路由器设备,攻击者通过暴力破解的方式获取用户登录信息,进而控制用户的路由器。

(二)DNS 安全趋势预测

(1)基于流量的 DDoS 攻击事件相对减少,但攻击规模增大。通过对比近年来安全攻击发生的频率和类型，可以预见，短期内大规模的 DDoS 攻击仍然存在。虽然相比几年前已有较大幅度的降低，但不可否认的是，超大规模 DDoS 攻击的风险正在增大。随着 IPv6、5G、物联网等技术的大规模应用，世界逐步进入万物互联时代。据 IoT Analytics 的数据，2020 年全球 IoT 连接数达到 117 亿个，预计 2025 年全球 IoT 连接数将达 309 亿个，但 IoT 设备安全防护能力普遍不足，很容易被黑客非法侵入并控制，给域名系统带来巨大威胁。

（2）针对虚拟货币管理的安全攻击呈现增长趋势。虚拟货币作为一种新兴事物，近年来受到越来越多用户的关注，不管是从虚拟货币发行量还是用户数量维度，这几年均有大幅度提升。由于直接与经济利益挂钩，虚拟货币也成为当前网络攻击新的焦点。黑客采取的网络攻击技术手段也呈现多样化趋势，利用网络漏洞，结合域名劫持、网站脚本攻击等方式，导致针对虚拟货币的攻击防护越来越困难。作为新兴产业，其背后的企业不管规模还是运维投入方面都很难达到传统金融行业的水平，有限的人力和资源的投入进一步加剧了此类安全事件的发生。

四、域名新技术与热点分析

（一）DNS 关键技术发展状况

1. BIND 软件发展状况

BIND 9 自诞生以来已有 19 年历史，最新的稳定版本 9.18 于 2022 年 3 月发布。2020 年 OARC 会议期间，ISC 的开发工程师介绍了 BIND 9 现在和未来的发展状况，并讨论了 BIND 9 的开发工作，包括"DNSSEC Made Easy"密钥和签名策略功能，以及如何提高性能并在下一版本中更轻松地实施基于 DNS-over-TLS 和 DNS-over-HTTPS 的域名解析服务。目前，BIND 软件开发团队主要的工作内容集中在简化 DNSSEC 配置、禁用自动 DLV 配置、信任锚配置、密钥和签署政策（KASP）等方面，还没有完成的工作有 NSEC3 配置、查询父节点以在 KSK 翻转之前监视 DS 状态、通过 rndc 监视关键状态、CDS/CDNSKEY 等。

2. EDNS 技术发展状况

截至 2021 年 2 月，DNS-Flag Day 项目已启动 3 年并推动社区完成了关于 EDNS 兼容性优化方案的落地实施，APNIC 的工程师介绍了该项目的实施进展及相关数据分析结果。研究数据显示，通过配置服务器 EDNS 缓冲区的大小，可以减少碎片的产生，且权威的 DNS 服务器不能发送大于请求的 EDNS 缓冲区大小的响应。因此，应尽量将 EDNS 数据尺寸的大小设置在 1500 字节以内，推荐设置为 1232 字节，任何超过该大小的数据将强制通过 TCP 重传，这就要求权威服务器支持基于 TCP 的传输，且递归服务器能够正确按照权威服务器的设置来完成数据的 TCP 重传。从递归服务器至权威服务器，针对测量数据建议将 EDNS 缓冲区大小设置为 1472 字节（IPv4）、1452 字节（IPv6）。研究发现，使用较低的 TCP MSS 设置可以获得较小的额外性能改进，通过对 1200 字节设置的测量显示，对于大型（多段）有效负载，TCP 弹性有了微小但明显的改进。在 TCP 中 MSS 的高度保守设置的边际成本远低于修正 MTU 问题的成本。

3. DNS 隐私保护

近日，Cloudflare 官方宣布支持一项新提议的 DNS 标准——Oblivious DNS。Oblivious DNS 的缩写是 ODoH，它是对 DoH（DNS-over-HTTPS）的改进，目前仍处于应用的早期阶段。该标准由 Cloudflare、Apple 和 Fastly 三家公司的工程师共同撰写，能够将 IP 地址与查询分开，从而确保没有一个实体可以同时看到两者（从而获取用户隐私），该技术可以防止服务提供商和网络窥探者看到最终用户访问或向其发送电子邮件的地址。目前，研究者正在与互联网工程任务组（IETF）合作，希望推动其成为行业标准。

Oblivious DNS 的整个工作过程从客户端使用 HPKE 加密对 DNS 服务端的查询开始。客户端通过 DNS 获取服务端的公钥，将其捆绑到 HTTPS 资源记录中并由 DNSSEC 保护。当此密钥的 TTL 过期时，客户端会根据需要请求密钥的新副本。使用服务端经 DNSSEC 验证的公共密钥可确保只有服务端可以解密查询并加密响应。

客户端通过 HTTPS 连接将这些加密的查询传输到代理，代理再将查询转发到指定 DNS 服务端。服务端解密该查询，通过将查询发送到递归服务器（如 1.1.1.1）来生成响应，然后将响应加密到客户端。来自客户端的加密查询包含封装的密钥信息，服务端可从中获得响应所需的对称加密密钥。尽管这些 DNS 消息是通过两个单独的 HTTPS 连接（客户端代理和 DNS 服务端代理）传输的，但所有通信都经过端到端加密，因此所有通信都是经过身份验证的机密信息。

到目前为止，ODoH 标准研究仍在进行中，工程师们仍在评估为 DNS 添加代理和加密的性能成本。在 Cloudflare 的大力支持下，Apple 和 Fastly 的贡献，以及 Firefox 和其他公司的关注使 ODoH 拥有广阔的前景。但同时由于缺少 Google、Microsoft 等巨头公司的支持，ODoH 还有很长的路要走。

（二）DNS 与其他技术结合方面的技术发展状况

ENS（Ethereum Name Service，以太坊域名服务）是一个基于以太坊区块链的分布式、开放和可扩展的命名系统。在 DNS-ORAC 会议期间，来自 ENS 的开发工程师介绍了 ENS 的工作原理、DNS 命名空间集成及应用、使用 ENS 存储和服务 DNS 记录等。该团队也在研究使用区块链技术来服务现有的 DNS 技术堆栈，并进行补充升级，尝试将 DNS 域名空间进行集成，以便在 ENS 上使用。

（三）域名新技术现状总结与发展趋势分析

ICANN 推动 DNSSEC 在全部通用顶级域中部署。2020 年 12 月 23 日，ICANN 宣布当前 1195 个通用顶级域名均已部署了域名系统安全扩展（Domain Name System Security Extensions，DNSSEC）。

DNSSEC 允许注册人对其放置在 DNS 中的信息进行数字签名。此举可确保遭到（无意或恶意）损坏的 DNS 数据不会影响消费者，从而对消费者加以保护。

多层防御的策略采用多个独立的安全控制层级，即使一层发生故障，其他层也将继续发挥作用，从而改善整个系统的安全性。DNSSEC 能够为互联网提供同一级别的多层防御。为了改善互联网的安全性，DNSSEC 必须在全部顶级域中得到广泛部署。".AERO"完成域签署即意味着 100%的通用顶级域名均已签署完毕。这是一个重要的里程碑，即所有通用顶级域名都面向其注册人部署了 DNSSEC。

ICANN 将继续鼓励尚未对其域签署 DNSSEC 的国家和地区顶级域名完成签署，并鼓励 DNS 解析器运营商在核对 DNSSEC 签名以证实数据并未得到更改时启用 DNSSEC 验证。

五、总结

通过本报告可以看出，在 2021—2022 年，域名系统在域名注册、域名解析及新技术融合等多个方面均存在一些显著的变化，且整体处于稳定有序的发展之中，全球域名发展和 IPv6 的注册应用均有较大幅度的提升，为后续技术的不断更新升级奠定良好的基础。同时我们也看到，伴随一些新业务的出现，域名系统所面临的安全风险更加多元复杂，如通过结合大量联网的 IoT 设备，传统的 DDoS 攻击将呈现更多的攻击方式，且对其的防护也更加困难。本报告从多角度对域名运行态势和发展趋势展开了研究，旨在回顾 DNS 发展历程，分析当前域名系统面临的问题，并对 DNS 的发展趋势予以展望。期望读者通过本报告能更加了解域名系统，跟踪 DNS 发展趋势，并为推进 DNS 健康发展贡献微薄之力。

参考文献

[1] Verisign. The domain name industry brief Q4 2022 data and analysis[EB/OL]. 2022.
[2] Verisign. 威瑞信域名行业数据报告总结[EB/OL]. 2022.
[3] 中国互联网络信息中心. 第 51 次中国互联网络发展状况统计报告[R]. 2023. 3.
[4] IPv6 全球 AlexaTop 域名每日监测统计信息[Z]. 2023.
[5] 工业和信息化部. "十四五"信息通信行业发展规划[R]. 2021.11.
[6] 全球根服务器信息[EB/OL]. [2022-12-31].

基于 IPv6 的物联网标识技术及应用研究

邱　洁　　王志洋　　杨　琪

中国互联网络信息中心

一、物联网标识服务面临挑战

随着物联网的不断发展，海量、异构、资源受限的终端连接到互联网，实现跨域、实时、动态的交互应用，这给底层网络和系统带来了巨大的挑战。首先，物联网由更多的节点连接构成，无论是采用自组织方式，还是基于现有的公网进行连接，这些节点之间的通信都将面临更为复杂的网络问题。其次，海量"人、机、物"终端节点的接入，给物联网服务质量和安全保障提出了新的挑战。

（1）寻址优化挑战。命名和寻址是物联网架构的重要组成部分，也是支撑万物互联互通的中枢神经系统，对物联网信息的传递具有重要作用[1]。目前，物联网的寻址系统可以采用号码编址或 IPv4/IPv6 地址等来实现。IPv4 地址的寻址系统进行物联网节点的寻址受到其地址空间的局限，难以做到物联网对象端到端的连接。随着互联网 TCP/IP 技术的发展演进，基于 IPv6 技术的低功耗网络 6LoWPAN 和 SWE（Sensor Web Enablement）等的寻址方法、轻量级 IPv6 寻址方法已成为近年来物联网研究的重要领域。

（2）移动性限制挑战。互联网的移动性支持不足造成了目前物联网移动能力的瓶颈。IPv4 协议在设计之初并没有充分考虑节点移动性带来的路由问题，虽然 IETF 提出了 MIPv4（移动 IP）的机制来支持节点的移动，但这样的机制引入了著名的三角路由问题[2]。IPv6 技术在设计之初就考虑了移动性需求，HMIPv6（Hierarchical Mobile IPv6）、FMIPv6（Fast Mobile IPv6）、PMIPv6（Proxy Mobile IPv6）、Network Mobility（NEMO）等优化的解决方案相继被提出。

（3）安全性挑战。物联网场景下终端节点异构多样的特点极为突出，大部分节点自身的计算和存储能力有限，难以处理较为复杂的应用层加密算法或硬件层的安全策略，可靠性受到较大限制，存在被网络攻击的风险，为整体网络安全带来了较大的威胁和挑战。因此，针对物联网环境的轻量化认证、基于身份标识的认证、端到端认证等技术研究仍在广泛开展，如 IBE（Identity-based encryption）、IPK（Identity Public Key）等。

（4）网络服务质量挑战。目前针对 IP 网络的 QoS 保障技术主要采用资源预留的方式，如用 RSVP 等协议为数据流保留一定的网络资源，以在数据包传送过程中保证其传输的质量；采用 SRv6、APN6、DiffServ 等技术，通过优先级标记及网络感知能力，网络设备综合计算决策数据包的转发优先策略来实现差异化的端到端服务质量保证，但目前网络服务主要考虑的是网络侧质量要求，对物联网场景的应用侧质量要求则欠缺考虑。

二、基于 IPv6 地址的标识技术研究

IPv6 作为下一代互联网 IP 协议，不仅有海量的网络地址空间，而且在技术上进行了相关前瞻性的、全面的布局，为物联网的发展奠定了良好的网络基础。一方面，其通过将地址长度由 32 位增至 128 位，极大地拓展了可分配的地址资源，解决了多种接入设备联网的障碍；另一方面，为了适应动态的"物"接入，近年来，IETF 等研究机构围绕 IPv6 移动性接入技术的消息格式、分布式移动代理协议等进行了一系列研究，为 IPv6 向"物"提供移动性联网服务提供了重要的技术支撑。IPv6 的技术特点可以满足物联网发展需求，物联网的普及也能对 IPv6 的发展产生巨大的推动作用，帮助其实现更广泛的应用和落地。

（一）IPv6 地址支持标识应用的研究

在网络空间内，基于 IP 地址协议的全球统一标识服务能够更高效地实现网络对象标识，以及地址的映射解析服务。因此，围绕 IPv6 地址本身、特定的关联关系，以及消息格式等方面的标识应用技术研究工作在全球范围内广泛开展。

1. 将 IPv6 地址作为对象标识

一种典型的使用 IPv6 地址识别对象的方法和装置设备[3]，是基于 IPv6 数据结构的地址设计方法，被称为全局地址，可用于将各类装置对象连接到互联网上。该数据结构包括网络 ID 字段和接口 ID 字段。其中，网络 ID 字段用于识别装置所连接的网络；接口 ID 字段不仅可用于识别网络上的装置地址，还可用于识别装置生产厂家、装置类型、装置本身的唯一数字序列号。

如图 1 所示，网络 ID 为数据结构字段中前 64 比特，包含地址的类型、最高层中的前缀字段、下一层的前缀字段、地点层的前缀字段和保留字段。

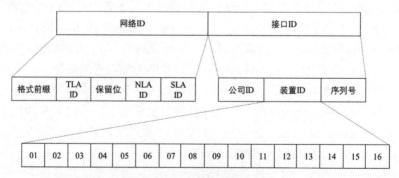

图 1　基于 IPv6 的数据结构

接口 ID 为数据结构字段的后 64 比特，其中的 48 比特用于存储 MAC 地址，使用拓展的唯一标识符 EUI-64 生成相应的完整 ID，可以包含生产厂家、装置类型等关键属性。为满足物联网标识需求，该字段还可以进一步拓展为 EPC、Ecode 等其他各类标识地址。使用这

个装置设备获取对象的 MAC 地址或其他标识信息，可以自动设置其对应的 IPv6 地址标识，以实现对外部网络的远程控制。该方案将 IPv6 地址与物理对象标识符进行一体化设计，主要针对家电、电器、仪表设备等相对固定的对象标识管理，尚未考虑物联网对象的移动性。

此外，美国思科公司在互联网研究任务组（Internet Research Task Force，IRTF）的路由研究组（Routing Research Group，RRG）提出了 LISP（Locator/IDS Protocol）草案[4]。LISP 将一部分 IP 地址作为终端标识（EID，Endpoint Identifier），另一部分作为路由位置标识（RLOC，Routing Locators），EID 为终端使用，RLOC 用于转发数据包。通过 EID 与 RLOC 的映射、封装，完成数据包的转发与路由。

2. 利用与 IPv6 地址的关联关系进行标识设计

GUIDes[5]全球统一标识是从应用需求出发设计的一套标识符体系，其基于 IPv6 地址编码规则，将对象的标识和地址属性分开管理。每个标识对象有相对固定的 IP 标识和可以随位置变化的代理地址，DNS 解析其 IP 标识以实现网络连接。

为了识别不同类型的对象，标识规则需要具有很强的可扩展性。例如，可以将标识分为 general identifier 和 pseudo-random identifier 等类型。其中，general identifier 可以定义为如图 2 所示的格式。

value	0010	agency ID	domain name	0	object class	serial number
no. of bits	4	5	48	7	16	48

图 2　基于 IPv6 的通用标识符编址

general identifier 类似于单播地址，代理 ID 标识了位置。前缀 0010 标识的 IPv6 是地址类型、0001 标识的 IPv6 是标识类型。例如，X 公司生产了一个 Y 类型的产品，它注册的网络代理服务方是 R，则 R 是 agency ID，X 是 domain name，Y 是 object class，并给定了一个产品编号 0000000SN，则它的标识应该是"0010RX0Y0000000SN"。由于该标识和 IPv6 地址具有一定关联性，所以可以生成一个相应的 IPv6 地址（反之亦然），它们之间通过对标识的后三位编码进行二进制转换形成特定的对应关系。

一个对象可以有多个名字或地址，但只能有一个 IP 标识，标识与名字或地址之间需要有映射关系，物联网中各类对象的名字可以从标识的名称出发进行演变，如图 3 所示，再通过 DNS 域名系统进行寻址。

Index	IP identifier	Proxy address
1	0010...1000...1001 0010...1000...1010 0010...1000...1011 0010...1000...1100 0010...1000...1101	0100...1000...1011
2	0010...1001...1101	0100...1000...1011
3	0010...1010...1000	0100...1000...1011
4	0010...1010...1001	0100...1010...1001

图 3　代理地址与 IP 标识的映射

当标识对象产生后，对象的所有者为其注册 IP 标识，DNS 按照特定规则为其分配原始代理地址（Proxy address），当对象移动到其他网络中时，新的网络代理服务器为其更新代理地址，并与原始代理地址进行关联，对象通过新的代理地址进行通信，但 IP 标识保持不变。

3. 利用标识与 IPv6 地址的映射进行网络服务

为推动 RFID 标签在互联网中更大范围的应用，相关研究者提出了 IPv6-EPC 桥接机制[6]。如图 4 所示为 RFIPv6 的管理架构，每个 RFID 网络都通过 RFIPv6 网关连接到 IP 网络。有关标签的所有信息都存储在相应的 EPCIS 服务器中，该服务器是 EPCglobal 网络的一部分。该网络外部的节点可以通过 IPv6 的任播机制在标签上找到信息。用户可以通过 EPC 识别 EPCIS 地址，并通过 RFIPv6 网关找到正确的子网，该网关具有从 EPCIS 地址派生的唯一地址。

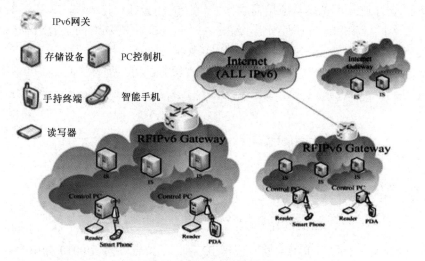

图 4　RFIPv6 的管理架构

在此方案中，RFIPv6 网关设备连接其下属的各个 PCIS 服务器，读写器采集终端 RFID 标识信息并存储到 EPCIS 服务器中，服务器对 RFID 标识及路由地址进行映射管理，一个 IP 地址可供多个 RFID 标识对象使用。当终端需要进行网络连接时，由 RFIPv6 网关分配 IP 路由地址，并在 EPCIS 服务器中进行映射文件的创建或更新。

基于 RFIPv6 网关的 IPv6 物联网在进行数据通信时，需要在数据包中增加 RFID 相关信息，包含原始 RFID 标识等信息，具体数据包格式如图 5 所示，以保障服务器管理范围内端到端的网络连接。

在后续研究中，有学者进一步提出在 RFIPv6 网关分配 IP 路由地址功能中，实现 RFIPv6 网关能够根据标识信息结合子网前缀信息自动生成相应的 IPv6 地址[7]，通过一对一的映射管理方式提高标识的识别效率，如图 6 所示。

此外，欧洲于 2011 年启动的为期 3 年的 IoT6 未来物联网研究项目[8]，围绕 IPv6 技术在物联网中的应用开展系列标准研究工作。在其 2014 年发布的报告中[9]，提出了 IoT6 GW 网关的集成设备，支持 RFID 及 NFC 等标签在物联网中的融合应用。如图 7 所示，RFID 阅读设备通过 CMS（控制和监控系统）与网关相连，CMS 对网关地址及 RFID 标识的映射关系进行管理。

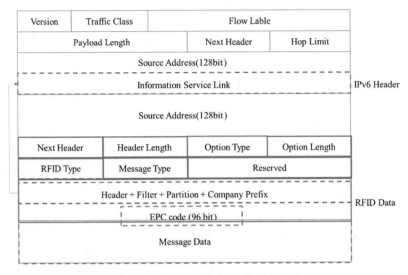

图 5　兼容 RFID 的 IPv6 数据包格式

Tag identity (Example with EM4100 Tag)	5 decimal numbers (40 bit)	127 0 58 207 19
Binary ID representation with left zero-padding	64 bit	0000 0000 0000 0000 0000 0000 0111 1111 0000 0000 0011 1010 1100 1111 0001 0011
Converted to hexadecimal	4 groups of 4 hex. digits	0000 007f 003a cf13
Network prefix of RFID reader (example)	4 groups of 4 hex. digits	2001:16d8:dd92:aaaa::/64
Unicast IPv6 address associated with the tag	8 groups of 4 hex. digits	2001:16d8:dd92:aaaa::007f:003a:cf13/128

图 6　RFID 标签的 IPv6 地址映射示例

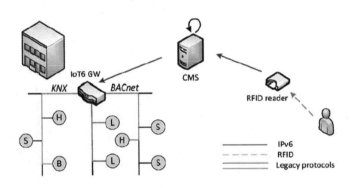

图 7　智慧办公室中的 IoT6 GW 应用案例

　　IoT6 GW 网关设备通过 API 按照 JSON 格式来实现对不同异构网络单元的统一数据接入服务，且配备不同异构对象的 CMS 设备，因此能够支持 RFID、Handle、IPv4 等不同终端标识协议类型[10]。该项目证明了 IPv6 与各种 IoT 需求之间的良好兼容性，包括标签、传感器、移动电话和楼宇自动化组件等。该项目后续选择了包含办公室、楼宇、校园在内的 200 多个混合单元场景进行示范应用，2015 年建设完成的示范工程包含 1000 多个传感器、100 个嵌入式 GW 及 100 个移动物联网单元[11]，基本实现了异构物联网环境的互联互通。

（二）IPv6 支持移动性标识服务的技术研究

　　随着移动物联网的发展，网络服务的移动性支持也逐渐成为研究热点。移动 IP 是

IETF 制定的一种网络传输协议标准，其目的是让移动设备用户能够从一个网络系统移动到另一个网络系统，仍保持设备的 IP 地址不变。这能够使移动节点在移动中保持其网络服务的连接性，实现跨越不同网段的漫游功能。因此，基于 Mobile IPv6 协议，以 IPv6 地址为基础的网络标识寻址系统，能够较好地支撑物联网传感器和数据采集设备之间的移动数据流量传输。

一方面，当以 IPv6 地址为网络标识应用时，其可以兼具网络标识和路由的功能，自身具有较好的路由移动性支持。例如，Mobile IPv6、HMIPv6 及后续针对适用范围、实施难度、移动性服务质量、家乡地址管理等方面，陆续出现了 PMIPv6、FMIPv6、Network Mobility（NEMO）等 IPv6 移动协议的相关研究和优化工作，各自在适用性、负载共享、流量分配等方面具有优势和特点。另一方面，为适应物联网场景的移动 IPv6 服务需求，国际上也开展了移动性服务与物联网对象标识的兼容性研究[12]。其中，RFID 标签被视为移动节点，将无源 RFID 标签集成到物联网中，标签可以直接被访问，从而将其信息提供给相应的节点。

1. MIPv6、HMIPv6、PMIPv6 等移动性路由支持

IPv6 协议支持的全局性移动 IP 路由方法中主要包含家乡代理（HA）、移动节点（MN）、对象节点（CN）等物理对象，以及家乡地址（HoA）、转交地址（CoA）等对象地址[13]。在移动 IP 服务过程中，每个移动节点有两个地址：固定不变的家乡地址和自动配置的临时地址，相应的转换关系在 IP 层进行记录和处理，实现了地址与路由的分离和重新组合。当家乡网络链路中有多个地址前缀时，移动节点可以同时注册多个家乡地址。

MIPv6 的优势在于，在移动 IP 服务过程中，一方面，通过家乡代理认证，移动节点能够与对象节点建立直接的连接路由关系，提高了路由效率。另一方面，移动 IPv6 服务充分利用了报头（压缩）机制来缓解带宽限制[14]。但在安全性方面，Mobile IPv6 的安全机制主要基于静态的通用安全标准，因此较为单一，Binding 过程中容易受到攻击。

进一步，为解决永久固定的家乡链路和家乡地址造成的信令交换的开销较大、网络效率降低等问题，减少跨域的移动 IP 信令交互开销和时延，分层移动 IPv6（HMIPv6）技术引入了接入路由器、移动锚点、区域转交地址、分层移动 IPv6 节点、链路转交地址和本地绑定更新的概念。HMIPv6 增加了 Mobility Anchor Point（MAP）并将其作为路由基础设施。HMIPv6 向家乡代理和通信节点隐藏了移动节点的局部移动，从而使绑定更新等信令处理本地化，减少了域间绑定更新的信令开销。

此外，与全局性移动 IPv6 方案相比，代理移动 IPv6 协议（PMIPv6）[15]是一种区域移动性管理协议，主要是为了满足未来异构无线网络多样移动性管理技术的需求，将全局移动性管理和区域移动性管理分开处理。PMIPv6 需要定义移动 IPv6 的简单扩展，利用移动 IPv6 的信令和有关特性，设计更模块化的移动性管理方案。PMIPv6 主要面向区域网络内的本地路由移动性服务支持，是 MIPv6 的服务补充。

2. 支持 MIPv6 服务的 RFID 标识

支持 MIPv6 服务的 RFID 标识方案中将每个标签归属于其注册的 RFID 阅读器进行管理。根据 MIPv6 的要求，可以将此阅读器设置为家乡代理。标签的归属地址即 IP 地址，由归属代理的子网前缀和标签标识符组成，该标识符唯一地标识归属代理站点上的标签。子网

前缀长 64 位，并分配给归属地址的 64 个最高有效位；标签标识符的长度也为 64 位，并分配给该地址的 64 个最低有效位。

如图 8 所示，在网络路由过程中，相应节点通过 IPv6 网络发送数据包。首先将数据包发送到家乡代理，家乡代理可以在其数据库中导出标签的 UID 和转交地址。然后，IPv6 数据包通过 IPv6 网络转发到转交地址。读取器接收 IPv6 数据包，并在其路由表中查找与该 UID 相关的 IPv6 目标地址。相应节点可以直接与读取器或通过归属代理建立进一步的连接。

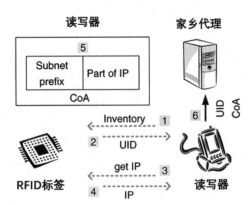

图 8　支持 MIPv6 服务的 RFID 功能结构

如图 9 所示，该方法中的标签 ID 是通过对读写器 64 位 IPv6 接口地址进行异或（XOR）运算后得到的，并成为对象标签的主机地址。标识的管理流程如下：读写器发送一个清单请求，该请求由标签的 UID 响应；读写器发送自定义命令（getIP），并接收标签的本地 IP 地址；读取器为标签创建新的转交地址，并将其与 UID 一起发送到归属代理；家乡代理的 IP 地址是从标签的 IP 地址派生的，家乡代理使用标签的新转交地址更新其数据库；读写器本身会将标签的转交地址添加到路由表中，在此表中，还将存储归属代理的 IP 地址和标签的 RFID 通信标准。

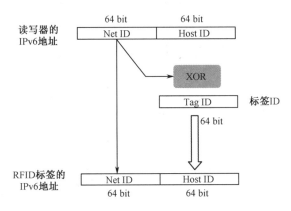

图 9　MIPv6 中的 RFID 服务注册流程

（三）IPv6 地址标识安全性技术研究

虽然 IPv6 地址具有可溯源性、反扫描性、加密和认证等安全特性，但围绕 IPv6 地址本体及移动应用服务等仍存在相应的安全风险。一方面，IPv6 地址的全球可达性在一定程度上增加了网络攻击的风险，基于端到端的 IPv6 地址连接将使其更容易受到网络非法入侵（欺骗性地址）、DDoS 攻击等网络威胁；另一方面，移动 IPv6 协议具有更高的服务窃取风险和遭到分布式拒绝服务攻击的风险。

1. IPv6 地址标识本体的安全性[16]

IPv6 足够的网络地址空间能支持各类终端节点的固定 IP 需求，解决了网络溯源管理的难题，为网络空间治理、网络安全提供了新的解决路径，有助于实现网络端到端的安全管理。在以 IPv6 地址为基础的网络标识体系中，通过 IP 地址，可以直接把使用对象的身份与其活动对应起来，这为更加彻底的网络实名制打下技术基础，也可以提高管理效率，为用户提供更精准的内容推送。这种服务到"门牌号"的能力，能够更高效地利用网络资源。同时，在 IPv6 的部署中，提出了 IPSec 配置要求，因此在 IPv6 地址之间传输的数据是经过加密的，降低了信息被窃听、劫持的概率。但是，相对固定的对象网络地址，同样会带来较高的跟踪攻击性风险，除报头家乡地址对外封装外，无状态地址分配中的安全性问题、移动 IPv6 中的绑定缓冲安全更新问题都需要研究。

在网络攻击风险方面，基于 IPv6 地址的网络对象标识具有全网唯一性和可溯源性，因此在网络中较易受到目标性攻击；同时，IPv6 地址自动配置中广泛应用的 DHCPv6 协议消息仍广泛采用明文的方式传输，使得其消息中的设备信息容易遭受攻击。RFC3315 中曾定义了一种完整的认证机制，该机制设计了一种服务器和客户端共享的对称密钥，以实现服务器对客户端的认证，但其对链路主动攻击的防范效果不足；进一步地，RFC7824 系统分析了 DHCPv6 中用户隐私方面的问题，也有相关研究尝试通过定义对称密钥认证和加密机制，来防范类似欺骗等主动攻击行为，同时防范端口检测等被动攻击行为。

针对上述风险，目前相关研究主要建议采用客户端认证和通信加密两种方式综合应用，以提高安全性。例如，当服务器进行身份认证时，可利用匿名 Information-Request 交换的方式确认身份，除此之外，还可定义签名选项来验证 DHCPv6 消息的完整性，以及对客户端和服务器进行认证。安全的 DHCPv6 服务器能够通过加密与客户端交互的报文信息，对客户端的合法身份进行验证，接收并响应合法客户端的配置请求，分配并回收管理 IPv6 地址与其他参数、管理配置信息、协调其他网络管理系统。在通信加密方案中，安全 DHCPv6 报文格式还可以通过设置算法选项、证书选项、签名选项及 Encrypted-message 选项等的格式进行相应的安全保障设计。此外，为实现 DHCPv6 消息的加密，需要定义两个新的 DHCPv6 消息：Encrypted-Query 和 Encrypted-Response 消息，以实现消息的可靠传输。

在隐私安全风险方面，基于 IPv6 地址的网络标识通常包含特定的设备隐私信息，在使用时容易产生隐私安全问题。例如，在 IPv6 地址自动配置的传统 SLAAC 方式中，基于 IID 实现的地址配置机制存在较大的隐私安全隐患。在 SLAAC 方式下，节点依据底层网络接口的 MAC 地址生成 64 位 IID，并结合网络周期性通告的 64 位前缀生成 IPv6 地址，恶意攻击者可以通过从不同网络的流量中进行地址的 IID 对比轻易归类设备，甚至锁定目标设备，并进一步分析其潜在行为。

目前，国际标准研究中针对 MAC 地址信息涉及的网络设备的制造商、物理位置和移动轨迹等用户信息安全、隐私泄露和恶意攻击风险，尝试通过设计若干方法来实现地址随机分配,而不必与 MAC 地址绑定。例如,RFC3972 中提出了密码生成地址机制(Cryptographically Generated Addresses),采用对设备公钥等信息的哈希来生成其 IPv6 地址的 IID。此外,RFC4941 中也提出了 IPv6 隐私扩展机制,定义了临时地址概念,该地址按照一定时间周期变化,在实际部署中,操作系统通常还需要采用随机数来规避因密码生成地址机制带来的地址计算泄露风险。其他基于 IPv6 地址自动配置安全配置的邻居发现、扩展地址应用草案 RFC8928、RFC8981 等也相继被提出。

2. 移动 IPv6 服务的安全性

移动 IPv6 协议的操作具有流量重定向的特性,因而存在服务窃取和分布式拒绝服务攻击的风险[17],目前国内外开展的研究主要围绕相关安全协议的应用、身份认证和加密地址机制等方面。

部分标准[18]提出了以 IPSec ESP 身份验证和完整性保护为基础,面向 HA 和 MN 的安全耦合机制。其中,IPsec 提供安全关联(SA)的手动或自动协商和密钥分配方法,以及收集在解释域(DOI)中的所有属性。通过 SA,IPsec 隧道可以提供隐私加密保护、内容完整性验证和对方身份验证等安全功能。通过在 HA 和 MN 端分别建立基于 SA 的安全关联和耦合机制,有效保护移动 IPv6 协议的服务安全。

还有部分研究[19]提出了通过在 HA 到 CN 网络路径上设置随机 cookie 的方式,实现面向 Binding 的安全保护更新机制,但是在绑定更新的过程中仍会存在较大的攻击风险,且在同一家庭网络内的广播式测试消息及往返会显著增加更新的延迟。此后,HMIPv6 等面向 Binding 更新的节点绑定的新安全方案被陆续提出,例如,将家乡地址仅作为扩展报头中的参数而不是源地址来使用,MN 能够在发送绑定请求时提供加密的身份证明等,同时还可以利用分布式管理、加密生成地址等方式,减少路由过程中对家乡地址的攻击。

三、基于 IPv6 的物联网标识应用可行性分析

(一)IPv6 地址移动性服务的可行性

考虑 Mobile IPv6 中家乡地址的相对固定性,在将 IPv6 地址作为对象标识进行关联设计时,可以将关联设计的对象标识编码设定为其 Mobile IPv6 的家乡地址(一个或多个),家乡地址在移动性服务过程中通常不会发生变化,因此满足作为对象标识的基本要求。

当家乡地址的网络发生变化时,如移动节点的家乡链路有多个 IP 子网前缀或 IP 子网前缀主动发生变化的情况下,家乡地址存在变化的可能,这将影响移动节点在家乡网络中的网络服务。此时,可以利用对象的多个家乡地址属性:当某个家乡网络无法继续提供服务时,其可以向家乡代理发送故障消息,家乡代理将为该网络相关的家乡地址对象分配新的家乡地址(更新网络前缀),并与原始家乡地址进行关联,具体可结合多宿主 IPv6 节点的管理方式,选择家乡代理承担配置网关路由器的部分功能。

此外,在多家乡节点管理方案[20]中,针对分配的多个路由地址,节点可以设定默认的优

先路由地址；同时，配置网关路由器，网关路由器通过路由信息管理多个地址数据的转交和分发。家乡地址（网络前缀）变化，主要影响的是 CN 节点与 MN 节点消息中的家乡地址选择，并不影响其标识属性的稳定性，家乡代理将新的家乡地址关联到 Update List 文件后，可以在 IPv6 Based Header 生成时选择可用的家乡地址并写到数据包中，将路由连接到新的地址。

（二）IPv6 报头支撑物联网标识服务的可行性

IPv6 报头结构采用"固定报头+扩展报头"的形式，其中扩展报头没有最大长度的限制（8 字节长度的整数倍），一个数据包也可以有多个扩展报头，因此可以容纳 IPv6 通信需要的所有扩展数据。扩展报头可包含多个描述有关信息的选项，这样的可扩展的报头结构形式便于定义新的增强协议功能，能够满足未来更多的物联网应用和服务需求（如标识需求）。

目前，RFC2460[21]中已定义了逐跳选项报头、目的地选项报头、路由选项报头、片段报头、认证报头、封装安全净载报头、上层协议报头等 7 个扩展报头。相关的应用如移动 IPv6 在基本报头和扩展报头中综合利用目的地选报头项信息，对源地址、目标地址、转交地址等信息进行管理，可提高网络的路由效率。

此外，相关研究中有一种自治 QoS 系统方法[22]利用 IPv6 扩展报头承载 QoS 业务流量参数，入口边缘节点能够快速检测和判断该扩展报头信息，并依据提取的信息自适应地更新业务信息表的业务 QoS 自配置部件，标记和配置流量控制机制的参数，实现自治 QoS。因此，也可以考虑在 IPv6 扩展报头中设置与网络对象相关的标识分类及内容等信息，用于在特定物联网应用中快速地识别对象和连接网络。

（三）基于 IPv6 地址的物联网标识应用可行性

1. IPv6 单播地址格式要求

IPv6 单播地址主要用于一对一的连接，具体分为可聚合的全球单播地址（Aggregatable Global Unicast Addresses）、唯一的本地单播地址（ULA）、未指定地址、回环地址和 IPv4 映射地址等。其中，可聚合的全球单播地址相当于 IPv4 的全球地址，在 RFC4291 中进行了相关的规定，如图 10 所示，要求所有的单播地址（除了以二进制 000 开头的地址）有 64 位接口 ID 并具有改进 EUI-64 格式的结构（以二进制 000 开头的全球单播地址在接口标识大小和结构方面没有这个限制），即要求 $n+m=64$。进一步地，RFC3513 中明确 IANA 对 IPv6 全球单播地址的空间分配权限仅限于以二进制 001 开头的地址范围。

n bit	64-n bit	64bit
全球路由前缀	子网ID	接口ID

图 10　RFC4291 建议的 IPv6 单播地址划分

2. 将 IPv6 地址与物联网标识相结合的可行性

本文主要考虑以 IPv6 单播地址为基础进行物联网标识的设计。一方面，根据 RFC4291

中对 IPv6 全球单播地址的相关格式要求，前 64 位通常作为路由的标识空间，后 64 位可用于标识对象本身（EUI-64 格式）；另一方面，从物联网标识的基本需求出发，若需要兼容 Handle、EPC、Ecode、OID 等现行物联网标识类型，可能需要将某些对象标识进行格式或压缩处理（如 128 位的 EPC 编码），可能的解决方案主要包含利用扩展报头、压缩标识、分段处理 3 个方面：

（1）充分利用扩展报头空间，根据对象原始标识类型或编码位数，将（部分）标识信息写入扩展报头（如目的选项报头携带了一些只有目的节点才会处理和使用的信息，目前已应用于 MIPv6）部分，实现对 EUI-64 格式的空间拓展。

该方案一方面能够结合特定标识位属性，在特定物联网场景中快速识别网络对象类别，并进行相应的网络接入策略和网络安全认证机制等后续操作。另一方面，将标识信息拓展至无空间限制的扩展报头中，能满足海量的物联网对象标识需求，同时能适应目前广泛存在的 NAT 技术应用。

（2）考虑将物联网标识进行压缩，转换为符合 IPv6 地址要求的接口 ID。标识使用过程中需要在终端节点或解析服务器侧完成相关的标识压缩和解译工作，再进行连接。

该方案主要解决了将 IPv6 地址作为标识时存在的容量受限和隐私安全问题，同时能够与现行的物联网标识进行全面兼容。对已有的物联网标识按照特定的加密编码和压缩处理，能够弱化标识的隐私属性，同时提供更多的可标识地址空间。

（3）考虑将物联网标识进行分段处理，分别设定为多个家乡地址的接口 ID。标识使用过程中需要先将多个接口 ID 拼接为对象标识，再进行网络连接。

该方案也是一种针对 IPv6 地址作为标识时存在的容量受限问题的解决方案。考虑目前部分物联网标识编码的无限容量设计，如 Handle、OID 等分段分层标识方案，以及 EUI-64 格式的有限容量设计，为提高基于 IPv6 地址标识方案的长期可拓展性，还应支持对标识的分段处理方案。

除以上 3 种设计外，其他标识转换方案还包括：将对象的物联网标识转化为 IPv6 标识（规则可自定义），并用作目的地址，每个 IPv6 标识按照特定的映射规则对应原始代理地址。假定路由器可以区分 IP 标识符和地址，当路由器识别到数据包中的 IPv6 标识信息时，可以通过查询映射表（或反向映射处理）将该数据包发送到对应的原始代理 IP 地址。

四、结论和展望

IP 地址作为重要的互联网通信标识，支撑了互联网域名标识体系的高效运行和应用，具有显著的通用性、稳定性、可靠性优势，也能够满足物联网高效、安全、可靠的关键标识需求。IPv6 是互联网升级演进的必然趋势、网络技术创新的重要方向、网络强国建设的基础支撑，目前在全球范围内已进入加速部署阶段。因此，围绕 IPv6 技术开展物联网标识设计和应用的相关性研究具有重要意义。

国内外针对 IPv6 地址本身或特定关联关系，以及利用 IPv6 消息扩展报头或内容开展物联网标识应用的研究已持续了一段时间，从技术层面已具有一定的可行性，部分研究也进行了小规模的示范工程验证，但受安全性、应用效率、管理机制等多方面因素影响，相关技术在物联网标识体系中的实际应用难度仍然较大。因此，在技术层面仍可以结合 IPv6、网络 5.0[23]等系统性研究工作，进一步深入研究 IPv6 地址自动配置、报头的语义应用、扩展消息应用等相关技术发展情况，不断优化物联网标识体系的服务能力。此外，也需要关注应用层面的工作推进，例如，重点针对 IPv6 扩展报头的自定义选项应用，结合具体标识解析、业务场景等进行技术试验和应用验证，促进物联网标识在实际应用中的发展。

参考文献

[1]   ITU Strategy and Policy Unit (SPU). ITU Internet reports 2005: the Internet of things[R]. 2005.

[2]   RFC4988. Mobile IPv4 Fast Handovers.[S]. 2007.

[3]   三星电子株式会社. 使用第六版网络协议地址识别装置的方法[M]. 2005.

[4]   RFC6830. The Locator/ID Separation Protocol (LISP)[S]. 2013.

[5]   Auto ID Laboratory. An IPv6-Based Identification Scheme[J]. 2006.

[6]   YAO CHUNG CHANG. RFIPv6 - A Novel IPv6-EPC Bridge Mechanism[J]. 2008.

[7]   F. Ouakasse. From RFID tag ID to IPv6 address mapping mechanism[J]. 2015.

[8]   IPv6 for IoT. Researching IPv6 potential for the internet of Things[EB/OL]. 2014.

[9]   IoT-IPv6 integration handbook for SMEs[R]. 2014.

[10]   Sébastien Ziegler. IoT6 – Moving to an IPv6-Based Future IoT[R]. 2013.

[11]   IoT & Crowd Sourcing Supporting smart cities[R]. 2015.

[12]   Sandra Dominikus. Secure Communication with RFID tags in the Internet of Things[J]. 2011.

[13]   RFC 3775. Mobility Support in IPv6[R]. 2004.

[14]   Kan Zhigang. Mobile IPv6 and some issues for QoS[R]. 2008.

[15]   RFC5213. Proxy Mobile IPv6[R]. 2008.

[16]   Huawei. IPv6 安全浅析[R]. 2010.12(52).

[17]   Thomas C. Schmidt. Mobility in IPv6: Standards and Upcoming Trends[J]. 2012.

[18]   J. Arkko, V. Devarapalli, F. Dupont. Using IPsec to Protect Mobile IPv6 Signalin Between Mobile Nodes and   Home Agents[C]. IETF, RFC 3776, June 2004.

[19]   Zhou Aidong. Research on mechanisms of mobile IPv6 security binding update[J]. 计算机应用与软件, 2007. 24(2).

[20]   RFC7157. IPv6 Multihoming without Network Address Translation[S]. 2014.

[21]   RFC2460. Internet Protocol, Version 6 (IPv6) Specification[S]. 1998.

[22]   CN101510846B. 一种基于区分服务网络和 IPv6 扩展头实现自治 QoS 的系统和方法[Z]. 2009.

[23]   郑秀丽等. 对网络技术跨时代发展的思考——网络 5.0[J]. 信息通信技术. 2017.6.

资源公钥基础设施发展状况及技术趋势报告
（2021—2022）

李汉明　　赵　琦　　汪立东

中国互联网络信息中心

一、路由风险与 RPKI 研究应用状况

边界网关协议（Border Gateway Protocol，BGP）是当前网络互联的重要解决方案，主要用于互联网自治系统（Autonomous System，AS）之间的连接，是搭建路由系统（Routing System）的重要组成部分[2]。国外统计网站"bgp.potaroo.net"统计数据显示，截至 2022 年 12 月底，共存在超 93 万条 BGP 路由[3]。自 BGP 被广泛应用以来，由于其自身缺乏安全防护机制，加之互联网本身开放互联的特性，大大增加了路由系统被攻击的可能。在互联网高速发展的同时，针对 BGP 的攻击手段不断增多，如路由劫持、中间人攻击、路由泄露等安全问题屡见不鲜，严重威胁着互联网安全[4]。由理论推演和实际部署验证可知，资源公钥基础设施（Resource Public Key Infrastructure，RPKI）的部署应用可有效抵御路由劫持等安全威胁，但是目前 RPKI 仍未实现路由系统全覆盖，其防护效果仍存在较大的提升空间。

（一）路由系统仍面临严峻的安全风险

AS 和 BGP 作为路由系统的两个重要组成部分，也是路由系统安全风险的主要来源，目前大多数案例以 AS 和 BGP 为攻击点对路由系统进行恶意破坏。路由系统面临的典型安全威胁主要包括两个方面，一是针对 AS 的攻击，包括利用 AS 通告抢夺，即通过闲置 AS 通告抢夺和近邻 AS 通告抢夺等手段实现路由攻击，一般为攻击者通过对外宣告属于其他机构的网络实现对不属于自己的 AS 号进行抢夺；另一方面是针对 BGP 的攻击，即利用 BGP 广播特性进行路由长掩码抢夺、制造更短路径等手段进行路由劫持，以及 BGP 本身发生路由泄露引起安全问题等。近年来，路由安全事件屡见不鲜，解决路由安全问题刻不容缓[5]。

1. 2021 年印度路由劫持事件

2021 年 4 月 16 日晚，全球大型通信运营商沃达丰在印度部署的自治网络（AS55410）发生了严重的路由泄露，影响波及全球，思科的监测系统发现记录了事件发生时全球互联网路由系统的状态。后续调查表明，事故原因是网络 AS55410 宣告了 3 万多个不属于它的 BGP

前缀或路由，致使大量网络流量流向该网络，造成路由劫持，从而导致全球网络流量异常。故障持续约 10 分钟，全球 2 万多个自治域受到了不同程度的冲击[6]。

2. 2021 年中国国家电网路由劫持事件

2021 年 11 月 29 日，中国国家电网拥有的 AS18241 中三条路由前缀（210.77.176.0/24、210.77.177.0/24 和 210.77.178.0/24）被来自菲律宾的自治域 AS18214（TELUS-INTERNATIONAL）先后劫持了 3 次，持续时间分别为 7 分 8 秒、4 分 47 秒和 3 分 25 秒。被劫持的路由前缀中托管了数个网页类应用服务，包括北京电力的官方站点等。后续分析表明，此次劫持事件可能是路由配置错误导致的。由于持续时间相对较短，所以未对网络造成大的负面影响[7]。

3. 2021 年 Facebook 宕机事件

美国东部时间 2021 年 10 月 4 日 15:40 至 22:45，互联网社交巨头 Facebook 公司的主要社交服务遭遇有史以来最大范围的中断，导致旗下四大社交产品 Facebook 平台、Messenger、WhatsApp 和 Instagram 在多个国家发生中断，故障时间超过 7 小时。通过分析 Facebook 公开数据及互联网信息推测，此次故障的主要原因是其核心路由器配置变更错误导致边界网关协议路由丢失，进而导致域名系统解析异常，用户无法解析 Facebook 和相关域名并访问服务而引发连锁反应[8]。

4. 俄罗斯电信路由劫持系列事件

2017 年 4 月 26 日，俄罗斯国有电信运营商 Rostelecom 被监测到劫持过一些金融机构的路由，包括 VISA、汇丰银行、MasterCard 等。BGP 流量监控公司 BGPMon 发布紧急预警，称监测到多起与 Rostelecom 有关的大规模 BGP 劫持事件，全球范围内有超过 8800 条互联网流量路线受到影响。

2020 年 4 月 1 日，美国思科公司旗下的互联网路由监测网站"bgpstream.com"连续监测到 Rostelecom 大量向互联网广播不属于自己的 IP 地址空间。6 分钟内波及超过 200 家互联网服务提供商，众多美国知名公司在列，包括 Google、Amazon、Facebook、Akamai、Cloudflare、GoDaddy 等[9]。

2022 年 3 月 28 日，"俄乌冲突"期间，多家机构监测到俄罗斯电信运营商 RTComm 劫持了美国 Twitter 的 IP 地址空间，持续时间约 45 分钟。从事后相关分析报告内容可知，在劫持期间，受影响用户由于无法与 Twitter 服务器建立有效网络连接而出现访问失败的情况，但由于 Twitter 在欧洲地区已经部署完了 RPKI，并开启了路由源认证（Route Origin Authorisation，ROA），因此，受影响的用户范围被控制在了欧洲地区，其他地区用户未受到明显影响[10]。

（二）RPKI 研究与应用已逐渐体系化规模化

为解决路由劫持给互联网带来的严重威胁，业界针对 BGP 缺陷设计了多种应对方案，其中以 BBN 公司 Stephen Kent 提出的 S-BGP（Secure BGP）[11]，以及思科公司 Russ White 提出的 soBGP（Secure Origin BGP）[12]最具影响力。RPKI 的概念最早诞生于描述 S-BGP 方案的论文中。S-BGP 提出了一种附加签名的 BGP 扩展消息格式，以验证路由通告中 IP 地址前缀和传播路径上 AS 号之间的绑定关系，从而避免路由劫持。基于以上设计方案，数字证书和签名机制被引入 BGP 范畴，因此需要公钥基础设施（Public Key Infrastructure，PKI）的支持。为验证路由通告签名者持有的公钥，该签名者的 IP 地址分配上游为其签发证书，同时可验证该实体对某个 IP 地址前缀的所有权。这构成了基于 IP 地址资源分配关系形成的公钥证书体系，推动了 RPKI 基本框架的形成。

RPKI 是用于保障互联网基础码号资源（包含 IP 地址、AS 号等）安全使用的公钥证书体系。通过对 X.509 公钥证书进行扩展，RPKI 依托资源证书实现了对互联网基础码号资源使用授权的认证，并以 ROA 记录的形式帮助域间路由系统验证某个 AS 号针对特定 IP 地址前缀的路由通告的合法性，同时为域间路由安全技术的实施提供了可信的数据源。RPKI 是当前较为成熟且已付诸实践的安全技术，也是目前最有可能大规模推广应用的增强路由安全技术解决机制。

1. RPKI 发展历程回顾

近两年 RPKI 发展过程中新的关键事件列举如下。

- 2020 年 9 月，ICANN 首席技术官阿兰·杜朗德（Alain Durand）编写了《资源公钥基础设施技术分析报告》，阐述了 RPKI 产生的背景及技术原理，描述了 RPKI 信任锚演进过程，剖析了 RPKI 当前面临的技术威胁和运维威胁，以及业界普遍存在的信任问题等。
- 2021 年，CNNIC 针对 RPKI 服务平台进行升级改造，利用分布在国内重点区域的数据中心搭建分布式 RPKI 服务节点，形成综合性分布式 RPKI 试点示范应用系统，进一步消除单点故障，提升平台服务的可用性及安全水平。
- 2021 年 7 月 12 日到 16 日，互联网路由安全规范（Mutually Agreed Norms for Routing Security，MANRS）举办了 RPKI 会议周[13]，旨在强调 RPKI 的重要性并鼓励网络运营商采取具体措施来提高路由安全。会议以路由安全、RPKI 等为主要讨论方向，来自非洲网络信息中心（Africa Network Information Centre，AFRINIC）、拉丁美洲和加勒比海网络地址注册管理机构（Lation American and Caribbean Internet Address Registry，LACNIC），以及亚太互联网络信息中心（Asia-Pacific Network Information Center，APNIC）等 RIR 的代表参与讨论，就 RPKI 使用和操作过程中的事项展开交流。一些 ISP、IXP 等服务商代表也讨论了关于如何配置 RPKI，以及如何开展数据监控等方向的话题。会议的成功举办有助于激发 RPKI 社区成员的热情，促进 RPKI 更好发展。
- 2021 年 11 月，APNIC 在澳大利亚佩斯举办了面对面的 RPKI 培训课程，讲解了 RPKI 路由配置等方面需要注意的事项。2022 年 3 月 15 日，APNIC 发布公告称计划在悉尼举办 2022 年度的面对面活动（RPKI Deployathon），并邀请已成功部署 RPKI 的 ISP 代表进行经验分享和交流讨论[14]。

2. 国内外研究现状

1）标准制定情况

国际标准制定情况。在国际标准领域，RPKI 相关标准主要由 IETF SIDR（Secure Inter-

Domain Routing，域间路由安全）工作组推动制定。其概念普遍被认为发源于 RFC6480[15]——*An Infrastructure to Support Secure Internet Routing*（一种可支撑安全 Internet 路由的基础架构）。2018 年，IETF SIDR 工作组在 RPKI 前期工作结束的基础上，设立 SIDR Operations（SIDR OPS）工作组，以推进 RPKI 后续标准制定工作，其主要工作目标如下：一是征询已部署 RPKI 的网络运营商在运营维护 RPKI 方面的问题，并确定这些问题的解决方案或办法；二是征求所有运营商的意见，明确在已部署 RPKI 和未部署 RPKI 网络交互时产生的问题，并确定这些问题的解决方案或变通办法；三是针对 SIDR OPS 发现的问题制定运营维护解决方案，并将其记录在案。

截至 2022 年 12 月，与 RPKI 相关的最新 RFC 为 9324。根据 IETF SIDR Operations 工作组数据统计，2018—2022 年的 RPKI 相关 RFC 列表如表 1 所示[16]。

表 1　2018—2022 年的 RPKI 相关 RFC 列表

RFC 编号	标题	标准状态
8481	Clarifications to BGP Origin Validation Based on Resource Public Key Infrastructure (RPKI)	Proposed Standard
8488	RIPE NCC's Implementation of Resource Public Key Infrastructure (RPKI) Certificate Tree Validation	Informational
8608	BGPSec Algorithms, Key Formats, and Signature Formats	Proposed Standard
8630	Resource Public Key Infrastructure (RPKI) Trust Anchor Locator	Proposed Standard
8634	BGPSec Router Certificate Rollover	Best Current Practice
8635	Router Keying for BGPSec	Proposed Standard
8893	Resource Public Key Infrastructure (RPKI) Origin Validation for BGP Export	Proposed Standard
8897	Requirements for Resource Public Key Infrastructure (RPKI) Relying Parties	Informational
9255	The 'I' in RPKI Does Not Stand for Identity	Proposed Standard
9286	Manifests for the Resource Public Key Infrastructure (RPKI)	Proposed Standard
9319	The Use of maxLength in the Resource Public Key Infrastructure (RPKI)	Proposed Standard
9323	A Profile for RPKI Signed Checklists (RSCs)	Proposed Standard
9324	Policy Based on the Resource Public Key Infrastructure (RPKI) without Route Refresh	Proposed Standard

国内标准制定情况。在国内标准领域，与 RPKI 相关的技术标准主要在 CCSA TC1 OWG1（互联网应用总体及人工智能，总体任务）及 TC8 oldWG1/oldWG4（有线网络安全，安全基础）工作组中研究讨论，目前已经通过讨论的标准主要由 CNNIC 及 ZDNS 等机构参与制定。近年来，国家计算机网络应急技术处理协调中心（CNCERT/CC）及暨南大学也参与其中[17]。具体情况如表 2 所示。

表 2　国内 RPKI 相关主要标准列表

编号	标题	标准状态	立项时间	牵头单位	参与单位
1	互联网码号资源公钥基础设施（RPKI）依赖方技术要求。	报批稿公示完成	2019-08-30	CNCERT/CC	ZDNS 中兴通讯 中国科学院信息工程研究所
2	互联网码号资源公钥基础设施（RPKI）BGP 源验证要求	待草案上传	2021-11-15	暨南大学	CNNIC 中国信息通信研究院 中国电信

2）软件发展情况

参考 NLnet Labs 于 2022 年发布的 RPKI 文档[18]及五大 RIR RPKI 部署指导[19]-[21]等文献可知，RPKI CA 和验证器自 2006 年开发以来，目前存在多个较为成熟且稳定的版本。随着 RPKI 技术的不断发展，RPKI 软件也在逐步更新迭代。以下为目前应用较为广泛的 RPKI CA 软件和依赖方（Relying Party，RP）使用的验证器。

（1）RPKI CA 软件。

① RPKI.net 工具包。RPKI.net 工具包早在 2006 年即已开展相关研究工作，初期由美国网络地址注册管理机构（American Registry for Internet Numbers，ARIN）赞助并与其他 RIR 合作开发，2009—2016 年转为由 DHS 赞助，目前由 Dragon Research Labs 负责 GitHub 上开源代码的开发和维护。RPKI.net 工具包技术积累较为充分，可以同时提供 CA 端、RP 端及 RPKI-rtr（RP 向 BGP 路由器传递消息的协议）的功能，同时实现了简单的 Web 界面，是目前可用的支持功能最为完整的开源 RPKI 软件[22]。

② Krill。Krill 是由 NLnet Labs 开发维护的开源 RPKI 软件[23]，同样支持 CA 和 RP 端服务。Krill 在多 CA 对接上具有很好的支持，能够使用户更加便捷地搭建属于自己的 CA。当用户是多个 RIR 或 LIR（Local Internet Registry，地区级注册机构）的会员时，Krill 可以支持用户对不同 RIR 或 LIR 的 ROA 记录进行操作，整个操作可在统一的 RPKI 管理页面完成。与此同时，Krill 提供相对便捷的加密操作和更加直观的 Web 操作界面，使用者能够快速上手并迅速投入应用[24]。

（2）RPKI 验证器。

① FORT。FORT 验证器[25]由 LACNIC 和墨西哥国家信息中心（NIC MX）在 2019 年共同发布，是一个基于 C 语言编程的开源 RPKI 验证器。FORT 验证器的应用提高了路由系统的安全性和弹性，允许运营商根据 RPKI 资料库验证 BGP 路由信息，并将结果用于路由器配置和解析。FORT 验证器支持多种操作系统，如基于 Debian 的 Ubuntu 18.04.2 LTS、基于 BSD 的 FreeBSD 12.0，以及基于 Red Hat 的 CentOS 7 和 Fedora 30 等。目前由 NIX MX 负责维护 FORT 在 GitHub 上的开源代码库。

② OctoRPKI。OctoRPKI 是 Cloudflare RPKI 验证器工具和库[26]。Cloudflare 是一个全球性的云平台，为世界各地各种规模的企业提供广泛的网络服务，其本身具有大型的网络体系架构，可用于支撑业务发展。2019 年，出于对其全球网络路由保护的初衷和 RPKI 技术的可行性，Cloudflare 宣布开始推进部署 RPKI，并在之后推出其负责开发维护的 RPKI RP 端验证器 OctoRPKI。OctoRPKI 采用 Go 语言进行编程，并支持在 Docker 容器中通过镜像的方式启动部署，大大增加了部署和维护的弹性和灵活性，可更好地服务其全球计算集群。

③ Rcynic。Rcynic 由 Dragon Research Labs 负责维护，作为验证器可与 RPKI.net 配套使用。RP 通过 Rsync 同步资料库中的各种证书内容，并用 Rcynic 验证数字签名等信息，然后转换为 IP 地址前缀与 AS 号的真实授权关系。近年来，随着 RPKI 验证器的增加，Rcynic 的代码更新呈下降趋势。

④ Routinator。Routinator 由荷兰研究机构 NLnet Labs 出品[27]，专注于 RP 端功能，隶属于其 2018 年出台的 RPKI TOOLS 项目。NLnet Labs 在 DNS 领域的权威解析软件 NSD 及递归解析软件 Unbound 被业界熟知，希望借助 RPKI TOOLS 项目打响在 RPKI 领域的知名度。但当前 NLnet Labs 仅借助 Routinator 实现了 RP 端的基本功能，起步相对较晚。目前 Routinator 在 GitHub 上开源，仍由 NLnet Labs 负责维护。Routinator 能够连接到 5 个 RIR 的

信任锚，下载它们的证书和 ROA 数据，并验证它们的签名。Routinator 有一个内置的 RTR 服务器，允许它直接向支持路由源验证的服务器发送信息，用户界面可通过内置 HTTP 服务器进行操作。

⑤ rpki-client。rpki-client[28]作为 OpenBSD 开发项目的一部分，是 OpenBSD 的基础组件之一。rpki-client 起初是专门为 OpenBSD 设计的，但目前已可移植到其他操作系统上，并且会定期进行测试。rpki-client 在完成对 RPKI 资料库的查询后，默认将 ROA 负载转换为 OpenBGPD 或 BIRD 的配置格式，也能够配置将其转换为 CSV 格式或 JSON 对象。

⑥ rpki-prover。rpki-prover[29]采用 Haskell 语言进行编程，目前尚未开发出用户界面，已具备 RP 端基本功能。相较于其他验证器而言，rpki-prover 的代码相对较少，且由于 Haskell 语言特性，所以代码本身的模型化和重构都更加便捷，更便于软件本身版本的迭代和维护。

⑦ RPSTIR2。RPSTIR2[30]是 RPSTIR 的版本延续。RPSTIR 诞生于 2011 年，由美国雷神 BBN 科技公司出品，并联合波士顿大学、ZDNS 共同开发，其仅实现了 RP 端的功能。但与 RPKI.net 工具包相比，RP 端的功能更为丰富。与 RPKI.net 工具包相同，本项目也由 DHS 出资赞助。目前由 ZDNS 负责软件的更新及维护。

⑧ RIPE NCC RPKI Validator。该验证器与 RPSTIR 相仿，仅实现了 RP 端的功能。其诞生于 2011 年，当前在 GitHub 上开源并由欧洲网络协调中心（RIPE Network Coordination Centre，RIPE NCC）负责维护。

3. 部署情况

1）RPKI 在 RIR、NIC 等的部署情况

自 RPKI 诞生以来，其实践应用主要集中在五大 RIR 及个别国家或地区级互联网络信息中心。在 RIR 层面，包括 ARIN、RIPE NCC、AFRINIC、LACNIC 及 APNIC 皆开展了 RPKI 的部署工作，以下进行分别描述。

APNIC 的 RPKI 系统在 5 个 RIR 中部署情况较好，是最早开展 RPKI 系统部署的 RIR。其系统采用 Perl 语言编写，并使用 HSM 签发证书，数据保存于 MySQL 数据库中。APNIC 同时提供托管 RPKI 及授权 RPKI 两种模式。其中，授权 RPKI 模式提供了一个测试床（testbed），可以用于对接测试。目前，CNNIC、JPNIC 和 TWNIC 都以授权 RPKI 的模式作为 APNIC 的下级。2022 年 4 月，APNIC 分享了在康卡斯特公司（Comcast Company）部署 RPKI 的案例，表达了 RPKI 技术在过去几年发展迅猛，应用技术趋于成熟的观点[31]。

RIPE NCC 的 RPKI 系统在 5 个 RIR 中部署情况最佳，其研发的开源软件 RPKI Validator 是目前主流的 RP 软件之一。统计数据显示，其签署的 ROA 记录远远超过其他 RIR。虽然 RIPE NCC 在测试环境中同时支持托管 RPKI 和授权 RPKI 两种模式，但其在生产环境中仅提供托管 RPKI 的模式，其应用模式的丰富程度略逊于 APNIC 的 RPKI 系统。

ARIN 的 RPKI 系统在 5 个 RIR 中部署情况较好，其使用 HSM 签发证书，并同时提供托管 RPKI 及授权 RPKI 两种模式。托管 RPKI 模式的特别之处在于，使用会员自行生成的 RSA 密钥签发 ROA，而且无须上传私钥。授权 RPKI 模式提供 OT&E 环境给会员，用于对接测试。

AFRINIC 从 2006 年开始与其他 RIR 共同开展资源证书研究工作。客观而言，其 RPKI 系统的部署与其他 4 个 RIR 相比较为落后，主要基于 APNIC 的 RPKI 系统进行二次开发，当前仅支持托管 RPKI 模式。

LACNIC 于 2007 年开始参与制定 RPKI 的标准，在 5 个 RIR 中部署情况较佳。2010 年，其 RPKI CA Beta 版本投入使用，用于管理 LACNIC 的资源；2011 年 1 月，其启用生产环境的 LACNIC 资源证书服务。LACNIC 同时提供托管 RPKI 及授权 RPKI 两种模式。

图 1 为五大 RIR RPKI 部署情况趋势[32]。

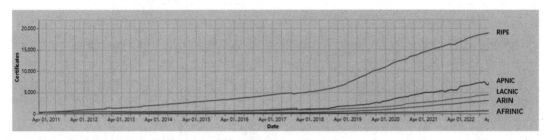

图 1　五大 RIR RPKI 部署情况趋势

此外，在 RPKI 中 RP 环节的实际应用中，可发现除五大 RIR 之外，CNNIC、JPNIC 同样部署了 RPKI 的 CA 基础设施，并布局 RPKI 研究及部署工作。

CNNIC 早在 2014 年即布局了 RPKI 研究工作，先后起草了多项 RPKI 技术标准，并于 2015 年正式对外发布《RPKI 测试环境搭建技术白皮书》，为国内相关机构开展 RPKI 研究及实际部署提供了权威的参考材料。2017 年，CNNIC 推进 RPKI 系统部署工作，开展试运营业务。2018 年 10 月，CNNIC 与 APNIC 完成 RPKI 系统上下游服务对接，正式启动 RPKI 业务运营。2018 年底，对 CNNIC RPKI 服务架构进行了首次升级调整，对相关 RPKI 服务角色进行了拆分，由原来集多个角色于一体，改造为 CA、Repository 及 RP 均由独立的设备提供服务。2021 年底，对 CNNIC RPKI 服务架构进行了第二次升级调整，依托于 CNNIC 机房"两地三中心"的分布式架构，实现了 Repository 及 RP 服务的分布式部署，将 RP 服务与另两项服务彻底解耦，使用独立域名，各自承载相应业务。

此外，近年来 CNNIC 逐步开展针对联盟会员的 RPKI 培训普及活动。培训主要介绍 BGP 路由协议的主要功能和工作原理，结合历史上重大路由广播安全事件介绍路由起源验证技术，并通过线上演示和实验指导会员通过使用 RPKI 技术进行路由安全设定及 RPKI 验证程序安装等，积极推进 RPKI 的部署和应用。

2017 年 7 月，JPNIC 的 RPKI 服务与 APNIC 服务正式对接。根据其官网的模拟环境架构图推测，其系统应基于 RPKI.net 工具包开发而成。除推出 RPKI 服务以外，JPNIC 还定期对外组织召开 RPKI 技术研讨会，旨在宣传 RPKI 技术、推广 RPKI 应用。

2）RPKI 在 ISP、IXP 等的应用情况

互联网服务提供商（Internet Service Provider，ISP）和互联网交换中心（Internet Exchange Point，IXP）是互联网重要的组成部分，肩负着连接全球网络的重要任务，而正是由于二者在网络结构中的重要性，其遭受如路由劫持等路由攻击也尤为严重。因此，对 ISP 和 IXP 来说，保护路由系统的安全性是保障其网络稳定运行的重要前提，而 RPKI 无疑是一个不错的选择。我们在对 NIST RPKI Monitor、Cloudflare 等 RPKI 部署和运行监测数据与 BGP 数据统计网站 Hurricane Electric Internet Service 的数据进行对比后发现，目前已经有一定数量的 ISP 和 IXP 部署了 RPKI，并且支持对 ROA 记录的签发和验证。以下以 AS 号码的覆盖情况为主要考量依据，分析 RPKI 在 ISP 的覆盖情况。表 3 为 NIST RPKI Monitor 统计的全球范围内 ROA 记录 Top 25 的 AS 号[33]。

表 3　NIST RPKI Monitor 统计的全球范围内 ROA 记录 Top25 的 AS 号

排名	ASN	归属	类型	Valid IPv4 前缀数量
1	9121	Turk Telekom, Turkey	ISP	8171
2	47331	Turk Telekom, Turkey	ISP	7927
3	16509	Amazon, USA	云服务商	6184
4	8551	Bezeq International Ltd ,Israel	ISP	4003
5	7115	ViaSat,Inc. ,USA	ISP	3901
6	6147	Telefonica del Peru S.A.A., Peru	ISP	3576
7	10620	Telmex Colombia S.A, Colombia	ISP	3463
8	8151	Uninet S.A. de C.V., Mexico	ISP	3388
9	7713	PT Telekomunikasi Indonesia, Indonesia	ISP	3299
10	6327	Shaw Communications Inc., Canada	ISP	33286
11	11830	Instituto Costarricense de Electricidad y Telecom., Costa Rica	ISP	2292
12	34984	Superonline Iletisim Hizmetleri A.S., Turkey	ISP	2241
13	20115	Charter Communications, USA	ISP	2165
14	4755	TATA Communications formerly VSNL is Leading ISP, India	ISP	2048
15	12389	PJSC Rostelecom, Russia	ISP	1983
16	9829	National Internet Backbone, India	ISP	1844
17	18403	FPT Telecom Company, Vietnam	ISP	1870
18	58224	Iran Telecommunication Company PJS, Iran	ISP	1794
19	9583	Sify Limited, India	ISP	1723
20	45609	Bharti Airtel Ltd. AS for GPRS Service, India	ISP	1698
21	1239	Sprint, USA	ISP	1691
22	13188	CONTENT DELIVERY NETWORK LTD, Ukraine	ISP	1606
23	27747	Telecentro S.A., Argentina	ISP	1541
24	4181	TDS TELECOM, USA	ISP	1481
25	396982	Google LLC	云服务商	1470

　　总体来看，ISP 对 RPKI 的部署工作推进较为顺利，如表 3 所示，RPKI 部署率在 Top25 的机构基本由 ISP 包揽。RIPE NCC 路由安全管理人员发文称，2021 年，所有 Tier 1 级别的 ISP 基本完成了对 RPKI 的部署工作，考虑到 IP 地址资源自顶向下的授权模式，后续将持续推进 Tier 2 级别 ISP 的 RPKI 部署工作[34]。

　　此外，IXP 近年来也加大了 RPKI 的部署工作力度，路由基础软件厂商陆续开始将支持 RPKI 作为保障路由安全的重要功能，如 OpenBGPD、IXP Manager 等软件已实现对 RPKI 的支持。MANRS 在 2022 年 2 月发布的 *MANRS Community Report 2021* 报告称[35]，2021 年期间，MANRS 的 ROA 记录总数增加了 10%，有效 ROA 记录增加了 17%，这其中就包括其 IXP 成员贡献的一部分。表 4 为 2021 年 1 月 RIPE NCC 发布的已部署 RPKI 的 IXP 列表[36]。

表 4　已部署 RPKI 的 IXP 列表

名称	类型	归属地	RPKI 部署情况	运行状态
London Internet Exchange（LINX）	IXP	英国伦敦	签名&过滤	安全
Amsterdam Internet Exchange（AMS-IX）	IXP	荷兰阿姆斯特丹	签名&过滤	安全
Swedish national Internet Exchange Points（Netnod）	IXP	瑞典斯德哥尔摩	签名&过滤	安全
Deutscher Commercial Internet Exchange（DE-CIX）	IXP	德国法兰克福	签名&过滤	安全
Internet Neutral Exchange（INEX）	IXP	爱尔兰都柏林	签名&过滤	安全
London-based Internet Exchange Point（LONAP）	IXP	英国伦敦	签名&过滤	安全
Netherlands Internet Exchange（NL-IX）	IXP	荷兰阿姆斯特丹	签名&过滤	安全
FRANCE-IX	IXP	法国巴黎	签名&过滤	安全
United Arab Emirates Internet Exchange（UAE-IX）	IXP	阿联酋迪拜	签名&过滤	安全
Moscow Internet Exchange（MSK-IX）	IXP	俄罗斯莫斯科	签名&过滤	安全
Milan Internet Exchange（MIX-IT）	IXP	意大利米兰	签名&过滤	安全

近年来，位于法国图卢兹的 TOUIX、希腊雅典的 GRIX、中国香港的 HKIX 和美国佛罗里达州的 FL-IX 等 IXP 陆续部署完成 RPKI，并开始支持 ROA 验证，IXP 部署 RPKI 的比例仍在不断上升。但与 ISP 相比，IXP 部署数量较少，且由于 IXP 具有更加复杂的网络结构和路由关联情况，故其 RPKI 的部署难度进一步增加。如何进一步推动 IXP 的 RPKI 部署工作是一个值得研究的重要方向。

3）RPKI 覆盖 IP 前缀总体仍有较大提升空间

根据 NIST RPKI Monitor 统计数据[33]，截至 2022 年 12 月 31 日，全球五大 RIR RPKI 的 IPv4 前缀覆盖情况如图 2 所示，其中，LACNIC、RIPE 均已超过 50%，而 APNIC、ARIN 和 AFRINIC 则均未过半。

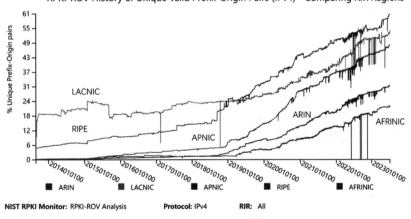

图 2　五大 RIR RPKI 的 IPv4 前缀覆盖情况

在图 2 中[33]，仍存在相当高比例的 IPv4 地址前缀尚无法通过 RPKI 验证其合法性（未知状态），究其原因是其归属机构或组织尚未部署应用 RPKI，制约了 RPKI 对全球路由系统的整体防护水平，使其无法完全发挥功效。

由图 3 可知，自 2014 起，随着五大 RIR 开始推动全球互联网 RPKI 部署，RPKI 应用规模呈持续扩大态势。近年来，各国（主要为欧洲地区）逐渐加大了对 RPKI 技术的推进力度，RPKI 部署应用呈加速态势，进一步促进了 RPKI 的发展和规模化部署。

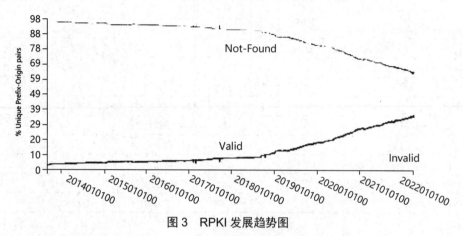

图 3　RPKI 发展趋势图

通过上述数据不难看出，近年来，RPKI 对路由系统风险的应对能力获得业内广泛认可，其研究与应用得到有效提升，已形成一定的规模化部署趋势，相关标准也逐步完善并形成体系，具备良好的发展前景。但是，国际路由系统规模庞大且组成复杂，RPKI 尚未能实现对路由系统的全面覆盖，路由系统安全攻击仍时有发生。此外，从应用数据来看，RPKI 应用也还存在较为明显的区域不均衡现象。因此，RPKI 的研究与应用仍需不断推进与提升。

二、RPKI 技术发展状况

（一）RPKI 技术原理

RPKI 系统采用了层次化的架构，与互联网码号资源分配架构相符。RPKI 系统常被分为证书签发体系（Certificate Authority，CA）、资料库系统（Repository），以及依赖方（Relying Party，RP），如图 4 所示。

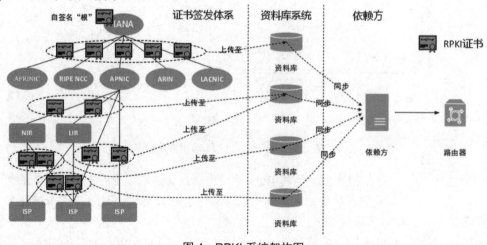

图 4　RPKI 系统架构图

图 4 中左侧部分是与互联网码号资源（IP 地址和 AS 号）分配架构相对应的证书签发体系，中间部分是资料库系统，右侧是依赖方。

以亚洲地区的 IP 地址等互联网码号资源分配为例，在分配资源的同时，APNIC 签发相应的数字证书，表明码号资源得到了 APNIC 的合法授权。以上证书被存放在 APNIC RPKI系统的资料库[37]，供依赖方获取用于验证过程。

（二）RPKI 热点研究问题

1. 路由路径认证

RPKI 技术的问世不仅解决了路由源认证问题，也给路由路径认证带来了新的思路。例如，BGPSec（BGP Security）[38]在 RPKI 路由源认证的基础上，完成后续每跳的路径认证，通过逐跳验证防止路由路径被篡改；AS 供应商认证（Autonomous System Provider Authorization，ASPA）基于 RPKI 认证体系完成对路由路径的监测[39]，从而实现路由泄露监测；近期有研究人员提出了一种基于 RPKI-ASPA 的 BGP 路径保护机制[40]，通过改进 BGPSec逐跳签名验证方式，结合 ASPA 解决方案，采用间隔签名的思路降低路由路径认证中产生的消耗。

2. RPKI 去中心化 CA

RPKI 认证体系的出现为路由系统安全带来了新的保障，但是其以 CA 为中心的体系本身有一定的安全隐患，存在资源异常分配的风险。RPKI 由五大 RIR 进行推广，其管理体系与域名系统类似，但与域名根服务器管理机构归属不同的是，RPKI 的"根认证"是掌握在五大 RIR 手中的，在一定程度上能够保证 RPKI "根认证"的中立属性，但在体系结构上仍具备较强的中心化模式。一旦最顶层 CA 机构出现误操作或资源异常分配的情况，将对整个体系造成难以估量的影响。有研究通过实验测试验证了认证权威机构在资源分配过程中存在资源重复分配和未获授权资源分配两种潜在的安全风险[41]。

对此，有研究人员提出了一些 RPKI 去中心化 CA 的解决方案。例如，将区块链去中心化的特征应用于 RPKI CA 资源异常分配的检测中[42]，通过区块链的合约来验证证书的签发和资源分配的记录，避免 CA 机构对资源进行恶意分配。此外，也有学者提出用分布式的思想来限制单一 RPKI CA 机构的权限[43]，通过采用多个 CA 机构共同决议对 IP 前缀的操作的方式避免出现单一 CA 误操作或恶意操作行为，该分布式 RPKI 系统在技术层面给出了去中心化的解决方案，但实际推广和应用仍需要相关政策和法规的支持。

3. RPKI 数据同步优化

在 RPKI 认证体系中，RPKI 依赖方需要定期从资料库系统同步数据进行信息验证。RFC6480 中要求，所有 RPKI 发布点都需要支持 Rsync，为所有的 RP 获取签名对象提供服务。随着 RPKI 部署工作在全球范围内开展，Rsync 显露出一些有待解决的问题，主要表现在以下几个方面：Rsync 的设计目标是在服务器和客户端之间传递有限规模的数据，服务器需要为每一个连接消耗大量的 CPU 及内存资源，一旦 RP 数量急剧增加，位于中心的服务器将承受巨大的计算压力，同时使 Repository 容易遭受拒绝服务攻击。此外，Rsync 数据同步的频率由各个 RP 运行者决定，当前 RPKI 缺少对 Rsync 机制的标准化方案。

基于 Rsync 存在的问题，IETF 针对 RPKI 的数据同步机制提出了改进方案，利用增量同步 Delta 协议替代 Rsync，称为 RRDP（RPKI Repository Delta Protocol）[44]。RRDP 利用更新通知（Update Notification）、快照（Snapshot）及增量文件（Delta Files）进行数据同步，并使用 HTTPS 协议进行数据传输，便于使用如内容分发网络（Content Delivery Network, CDN）等机制进行负载分担，降低 Repository 的传输压力。为保证 RP 能够获取所有的更新信息，Repository 需要将旧版本的增量文件保存较长一段时间，但随着 RPKI CA 系统不断签发、更新或撤销对象，由此产生海量的增量文件将对 Repository 的缓存基础设施提出巨大挑战。

针对上述问题，有研究人员通过分析研究依赖方从资料库同步数据的方式[45]，提出了一种改进的 RPKI 数据同步方法。一方面，通过减少 RP 对 Repository 的无效同步请求，降低 Repository 的无效负载，同时通过增加增量文件清理机制缓解 Repository 存储空间压力；另一方面，增加安全认证机制，对上述数据传输和操作进行保护，改进方式能够有效优化 RPKI 的数据传输。此外，也有研究人员提出了一种使用基于 HTTP 协议的 JSON 化数据进行 RPKI 数据传输的数据分发架构[46]，在优化 RPKI 缓存的基础上达到安全的目的。

4. RPKI 历史数据分析

RPKI 自 2011 年开始部署至今已有十余年，产生了一定数量的 ROA 历史记录数据，这些 ROA 数据不仅记录了 RPKI 的发展历程，而且能够反映 RPKI 在部署过程中遇到的一些问题和困难。通过分析研究 RPKI 的历史数据，可以进一步了解 RPKI 当前部署程度，同时能梳理总结 RPKI 发展趋势。研究人员通过分析五大 RIR 2011—2019 年间的 ROA 记录，发现在 RPKI 启动的前几年，大量出现的无效宣告主要是由配置错误引起的，这部分无效宣告随着 IETF 的 RPKI 标准进程的推进而逐渐减少，时至今日，由错误配置引起的无效宣告已经大幅下降。通过分析研究历史数据，可将所有的 ROA 记录分为有效、无效和未知 3 种类别，并基于 ROA 记录形成一种在当前 RPKI 认证体系下，可以更加精确地判别路由宣告有效性的数据辨别方式，从而希望在所有 ROA 记录中找出潜在的"本身正确而被误判"的记录，提升 RPKI 验证的精确性。该研究从数据分析的角度阐述了 RPKI 的 ROA 记录的挖掘与分析存在很大的价值，尤其是在当前 RPKI 在路由系统中的部署比例尚且不高，存在大量的无法判别的数据的情况下，提高 ROA 记录验证的精确度可以有效提升 RPKI 的应用水平[47]。

5. RPKI 服务监测及可视化展示等运行相关技术研究

RPKI 的各项技术和功能仍处于完善和发展阶段。近年来，随着 RPKI 技术逐步从纸面进入应用层面，越来越多的用户和企业加入 RPKI 技术开发和应用部署行列，这不仅促进了 RPKI 技术的发展，也使得 RPKI 各种配套功能逐步完善，从而可以提供更好的用户体验，如可视化、实时监测和展示等。2020 年 4 月 23 日，APNIC 在官网发文介绍 RPKI 数据可视化在线工具 RPKIVIZ[48]，它能帮助网络运营机构（运营商、互联网服务提供商等）更轻松地发现和诊断 RPKI 部署中的错误配置。RPKIVIZ 是由 ZDNS 开发和维护的一款 RPKI 工具软件，可监测并展示路由的验证状态和验证链，并可视化展示验证警告或错误提示。

此外，如 Cloudflare[49]等同样维护着部分 RPKI 监测软件，以可视化的方式记录和展示 RPKI ROA 记录、全球部署情况等监控数据，用于支撑 RPKI 的应用和发展研究。

6. 国密算法在 RPKI 中的应用

RPKI 系统当前在设计和开发上针对密码算法的选择做了特殊的约定，其中，签名算法仅限于使用 RSA 非对称加密算法，哈希算法仅限于使用 SHA-256 算法。工业和信息化部《"十四五"软件和信息技术服务业发展规划》指出，"十三五"期间，我国国产密码基础设施逐步建成并提供服务，为各类信息系统尤其是自行开发建设的信息系统实施密码改造创造了技术条件和应用环境。随着密码算法的不断升级更新，以及新密码算法的推出，预计 RPKI 系统在未来版本中会逐步纳入更多新的算法来满足安全、性能及用户定制化部署的需求。国密算法的应用推广须将 RPKI 纳入考虑，并提前布局。

此前，CNNIC 基于 Cloudflare 公司的 OctoRPKI 开源解决方案对国密算法进行了协议扩展性和性能测试。该测试通过搭建完整的 RPKI 实验环境，用独立服务系统模拟线上 RPKI 的证书签名和验证全流程[50]。测试显示，尽管国密算法在签名阶段的表现优于标准算法，但在验证阶段的性能表现相对一般。总体来看，选择国密算法对以签名 ROA 为主的 CA 服务来说会有部分性能方面的提升，但是对以验证为主的 RP 服务则可导致验证效率的降低。另外，受制于国际标准对于 RPKI 密钥算法的约束，当前让行业充分接受国密算法在 RPKI 领域中的应用仍存在较大阻力，配套流程及软件算法生态尚未形成，存在较大的改进空间。

三、发展趋势预测

综合以上数据及技术发展趋势可知，RPKI 是当前解决互联网路由系统安全问题的热门技术手段，已在全球范围内形成规模部署。在可预见的未来，RPKI 技术将进一步发展，可能的演进方向包括如下几个。

（一）RPKI 架构进一步优化完善

虽然 RPKI 技术已经在多个领域加以应用，但其技术架构本身仍需要进一步完善，如 CA 中心化带来的权利过度集中的隐患、数据传输技术和缓存机制需要与时俱进等。技术的发展不仅需要持续的推动力，也需要根据实际运行情况不断进行调整和优化。当前 RPKI 技术仍未实现对互联网各个层面的覆盖，各类问题逐渐暴露，同时也孕育出新的解决方案，如针对 CA 中心化提出的 CA 体系与区块链技术相结合，以降低顶层 CA 机构对资料库的影响程度，针对 RPKI 数据传输消耗问题提出的数据传输优化等。多种新技术的研究应用势必对现有 RPKI 体系造成一定冲击，如何协调和提高 RPKI 在整个网络环境中的覆盖率不仅需要业内集思广益，也需要各方加强合作、共同努力。

（二）告警监控和运行监测逐渐成熟

随着 RPKI 技术在网间路由层面的覆盖率不断提高，相应的 RPKI 告警监控和运行状态监测手段也将逐步丰富。一方面，RPKI 应用和部署用户体量的提升将促进针对 RPKI 告警和运行状态的监测力度，以便用户更好地维护自身网络的安全；另一方面，告警监控的完善将使 RPKI 有效发挥增强路由安全的特性。此外，RPKI 监控体系的加强和补充也将有效健全 RPKI 生态的完整性，进一步推动 RPKI 健康发展。如 NIST 的 RPKI Monitor、Cloudflare 的 RPKI 监测、ZDNS 的 RPKIVIZ 等平台的应用，可以使用户以更加直观的方式观测和了解 RPKI 运行状态及其体系结构，对推动 RPKI 进一步发展具有良好作用。

（三）RPKI 路径认证有待进一步探索

RPKI 对路由源认证给出了解决方案，但在路径认证方面仍无能为力，不能完全解决路由劫持、路由泄露等安全问题。近年来，在 IETF SIDR 工作组的推进和业内研究下，出现了 BGPSec、ASPA 等面向路径认证的解决方案，但普遍存在开销过高或防护程度不足等缺陷，难以在全球网络环境中广泛应用。目前业内也在研究和探索基于 RPKI 技术的路由路径认证方案，如 ZDNS 基于 RPKI-ASPA 进行改进的路由路径认证方案等。虽然 RPKI 认证体系为路由路径认证提供了一定的前提条件，但目前 RPKI 仍未实现全面覆盖，基于 RPKI 的路由路径认证技术还有待业界的探索和发现。

（四）RPKI 技术应用将加速发展

近年来，在五大 RIR 的推动下，全球各 RIR 下属地区的 RPKI 部署规模都持续扩大。随着更多的 ISP、IXP 等牵头部署应用 RPKI，相信会有更多的与 ISP、IXP 互联的云服务商、CND 也开始接受并使用 RPKI。国内知名电信运营商称，部分欧洲互联网交换中心已强制要求接入运营商必须支持 RPKI，否则无法正常使用互联网交换中心提供的系列网络服务。从近年来 RPKI 呈现逐步扩大的部署规模和应用情况也可以看出，在 RPKI 自顶向下的体系结构下，目前 RPKI 上层的体系结构正趋于完善，这必将带动处于互联网更下一级的其他机构更快、更好地加入 RPKI 应用队伍。随着 RPKI 在网间路由领域应用率的持续上升，可以预见的是，网间路由安全将得到更有力的保障。

（五）RPKI 相关软件的开发力度不断提升

根据本文调研和分析结果，在五大 RIR 部署 RPKI 后的这十多年里，其软件也随着技术的完善和应用部署规模的扩大而逐步发展演变。在 RPKI 技术支持层面，在 RPKI 相关 RFC 的指导下，RPKI CA、RP 等软件的开发在完成对 RPKI 基本功能支持的基础上，通常会按照开发者的偏好进行一定程度的拓展，这在 RPKI 验证器领域尤为突出。如 FORT Validator、OctoRPKI、rpki-client 等软件的开发和运维离不开背后研发机构的影响，如 rpki-client 最初是为了支持 OpenBSD 操作系统而设计开发的，后续才开始拓展兼容其他类型的操作系统。在生态支持上，多种 RPKI RP 软件的开发和应用，也从侧面说明了 RPKI 技术已具有一定的用户数量和实际需求。这些用户一方面扩大了 RPKI 资料库的规模，另一方面将对 RPKI 生态建设起到推动作用，有助于丰富 RPKI 生态群种类。可以预见的是，RPKI CA 和 RP 等软件的不断丰富和进一步发展将有力推动 RPKI 技术的研究和应用部署，两者可形成积极有效的前向推动力。

四、总结

RPKI 技术的发展和应用部署已经在全球形成一定的浪潮，随着更多用户的加入，其生态系统将趋于成熟和完善，而这对于 RPKI 发挥保障网间路由安全作用有着重要的意义。

在应用部署方面，回顾近两年来 RPKI 在全球的发展可以发现，RPKI 的发展呈持续上升趋势，与 RPKI 最开始部署的几年相比，业内已逐步接受并实际应用 RPKI。究其主要原因是许多运营商和网络公司开始试水部署 RPKI，从实践角度验证了 RPKI 在网间路由保护中的有效性和实用性，取得了一定成效。但总体来说，当前 RPKI 在全球应用的规模仍显不足，与完全覆盖全球路由系统仍存在明显差距。

在技术发展方面，RPKI 技术是国内外网间路由安全热点研究问题之一。RPKI 技术为网间路由源认证提供了解决方案，也为网间路由的路径安全打开了研究思路。但 RPKI 本身中心化的 CA 体系结构等问题仍引起了业界一定程度的担忧。

在标准制定方面，近年业内持续对 RPKI 标准进行规范，指导 RPKI 持续健康发展。目前国内 RPKI 部署规模相对较小，在标准制定方面的工作有待进一步提速，以助力 RPKI 在国内逐步推广应用；国际标准制定多集中于 RPKI 数据传输、系统架构等方面，并结合当前技术发展和实际需求，着力制定有利于 RPKI 发展的技术和管理标准。

虽然 RPKI 在应用推广、技术发展和标准制定等方面已经取得了一定的成果，但整体仍处于发展阶段。在未来一段时间内，一方面，RPKI 架构、数据传输等技术热点问题将随着业界对其技术研究的深入得到进一步优化和完善；另一方面，随着 RPKI 技术和生态的逐渐完善，其推广应用和部署将进入相对高速的发展阶段。总的来说，RPKI 的全面部署和应用必将吸引业界将更多的力量投入其中，共同促进网间路由安全水平的提升。

参考文献

[1] 阿兰·杜朗德. 资源公钥基础设施（RPKI）技术分析[Z]. ICANN, 2020.

[2] YAKOV R, Tony L and Susan H. A Border Gateway Protocol 4 (BGP-4): RFC4217 [S]. 2006.

[3] GEOFF Huston. BGP Routing Table Analysis Reports[EB/OL]. [2022-04-15].

[4] NORDSTRÖM O, Dovrolis C. Beware of BGP attacks[J]. ACM SIGCOMM Computer Communication Review, 2004, 34(2): 1-8.

[5] SHAVITT Y, Demchak C C. Unlearned Lessons from the First Cybered Conflict Decade–BGP Hijacks Continue[J]. The Cyber Defense Review, 2022, 7(1): 193-206.

[6] MANRS. A Major BGP Hijack by AS55410-Vodafone Idea Ltd[EB/OL]. [2022-04-10].

[7] 中国教育网 EDU. 管理员配置失误：全球路由系统脆弱的一环[J]. 中国教育网络, 2021（12）.

[8] Wikipedia. 2021 Facebook outage[EB/OL].[2022-04-10].

[9]   俄罗斯电信再次发生路由劫持事件，全球路由安全警钟长鸣[N]. 环球网，2022.

[10]   CHRIS Villemez. Twitter Outage Analysis: March 28, 2022[J]. ThousandEyes, 2022-04-15.

[11]   CHARLES L, Joanne M, Karen S. Secure BGP (S-BGP)[Z]. 2003.

[12]   JAMES N. Extensions to BGP to Support Secure Origin BGP (soBGP)[Z]. 2004.

[13]   MANRS. RPKI Week[EB/OL]. [2022-04-11].

[14]   APNIC. Join us for an RPKI Deployathon in April. [EB/OL]. [2022-04-11].

[15]   MATT L, Stephen K. An Infrastructure to Support Secure Internet Routing[Z]. IETF, 2017.

[16]   IETF SIDR Operations. RPKI Documents[Z]. IETF, 2022.

[17]   中国通信标准化协会. 中国通信标准化协会官网[EB/OL]. [2022-04-10].

[18]   TAEJOONG Chung, et al. RPKI is coming of age: a longitudinal study of RPKI deployment and invalid route origins[J]. ACM, 2019.

[19]   TASHI Phuntsho. How to: Installing an RPKI Validator[Z]. APNIC, 2019-10-28.

[20]   ARIN. What is delegated RPKI[EB/OL]. [2022-04-10].

[21]   RIPE NCC. Resource Public Key Infrastructure (RPKI) [EB/OL]. [2022-04-10].

[22]   GitHub. dragonresearch/rpki.net[EB/OL]. [2022-04-10].

[23]   KRILL. Krill Document[EB/OL]. [2022-04-10].

[24]   APNIC. How to: Run delegated RPKI in Krill[EB/OL]. [2022-04-10].

[25]   LACNIC. FORT: RPKI Validator[EB/OL]. [2022-04-10].

[26]   CLOUDFLARE. Cloudflare's RPKI Validator[EB/OL]. [2022-04-10].

[27]   NLnet Labs. RPKI Tools[EB/OL]. [2022-04-10].

[28]   OpenBSD. rpki-client Document[EB/OL]. [2022-04-10].

[29]   MIKHAIL Puzanov. lolepezy/rpki-prover[EB/OL]. [2022-04-10].

[30]   ZDNS. bgpsecurity/rpstir2[EB/OL]. [2022-04-10].

[31]   APNIC. Deploying RPKI at Comcast[EB/OL]. [2022-04-10].

[32]   RIPE NCC. Number of Certificates[EB/OL]. [2022-04-11].

[33]   NIST RPKI Monitor. 25 Autonomous Systems with the most BGP observed Prefixes VALID by RPKI-ROV (IPv4)[EB/OL]. [2022-04-15].

[34]   NATHALIE Trenaman. Routing security lies in the hands of tier 2 ISPs[Z]. 2021.

[35]   MANRS .MANRS Community Report 2021[R]. 2021.

[36]   RIPE NCC.The Future of RPKI[EB/OL]. [2022-04-15].

[37]   APNIC. Resource Public Key Infrastructure (RPKI)[EB/OL].[2022-04-15].

[38]   LEPINSKI M, Sriram K. BGPSEC protocol specification[J]. RFC8205, 2017.

[39]   PATEL K, Snijders J, Housley R. A Profile for Autonomous System Provider Authorization draft-azimov-sidrops-aspa-profile-01[J]. 2018.

[40]   包卓，马迪，毛伟，等. 基于 RPKI-ASPA 改进的 BGP 路径保护机制[J]. 计算机系统应用,2022,31(2):316-324.

[41]   刘晓伟，延志伟，耿光刚，等. RPKI 中 CA 资源分配风险及防护技术[J]. 计算机系统应用,2016,25(8):16-22.

[42]   彭素芳，刘亚萍. 基于区块链的 RPKI 中 CA 资源异常分配检测技术[J]. 网络空间安全,2019,10(7):37-43.

[43] SHRISHAK K, SHULMAN H. Limiting the power of RPKI authorities[C]//Proceedings of the Applied Networking Research Workshop. 2020: 12-18.

[44] BRUIJNZEELS T, MURAVSKIY O, Weber B, et al. The RPKI repository delta protocol (RRDP)[R]. 2017.

[45] 冷峰，赵琦，延志伟，等. 资源公钥基础设施数据同步的改进方法研究[J].网络与信息安全学报，2021，7(3):123-133.

[46] 耿新杰，马迪，毛伟，等. 基于 HTTPS 的 RPKI 缓存更新机制[J]. 计算机系统应用，2019，28(9):72-80. DOI:10.15888/j.cnki.csa.007050.

[47] CHUNG T, ABEN E, BRUIJNZEELS T, et al. RPKI is coming of age: A longitudinal study of RPKI deployment and invalid route origins[C]//Proceedings of the Internet Measurement Conference. 2019: 406-419.

[48] DI MA. RPKIVIZ: Visualizing the RPKI/[J]. APNIC, 2020.

[49] CLOUDFLARE. Explore the Routing Security ecosystem[EB/OL]. [2022-04-15].

[50] 冷峰，张明凯，延志伟，等. 国密算法在资源公钥基础设施（RPKI）中的应用[J]. 计算机科学，2021，48(z2): 678-681.

网络钓鱼欺诈检测关键技术研究

李洪涛　　张思睿　　尉迟学彪　　延志伟　　董科军

中国互联网络信息中心

一、引言

网络钓鱼是一种典型的网络违法行为，它利用社会工程和技术手段窃取用户的个人身份数据和金融账户凭证等[1]。网络钓鱼攻击者通常会制作与合法网站相似的伪造网站，让用户误以为是合法网站而输入个人账户信息，网络钓鱼攻击者就借此手段收集用户敏感数据。根据反网络钓鱼工作组（APWG）的最新报告，2019年至2022年，全球网络钓鱼攻击事件平均每年以150%的速度迅速增长，其中金融领域是网络钓鱼攻击最频繁发生的领域[1]。

迄今为止，业界已有多种网络钓鱼检测技术。基于黑名单的网络钓鱼检测方法是最容易实现的方法，并已被广泛采用[2]。浏览器通常会维护一个恶意网站黑名单，可以通过简单地阻止解析黑名单上的网站来提供反钓鱼服务，该黑名单会不断更新，以保证用户访问的网站始终安全无虞。基于黑名单的网络钓鱼检测方法的时效性有赖于黑名单的更新频率，并且无法发现黑名单之外未知的钓鱼网站。除此之外，常用的网络钓鱼检测技术还有基于特征的网络钓鱼分类算法，对合法网站和网络钓鱼网站的统计数据进行分析，挖掘有效特征，基于特征完成钓鱼网站和合法网站的分类工作。随着人工智能技术的发展，已有大量基于深度学习技术的反网络钓鱼工作在展开，通过深层的网络模型学习输入样本的隐藏层特征，高效地主动检测未知的网络钓鱼网站。网络钓鱼欺诈和反网络钓鱼工作的角逐始终存在，网络钓鱼检测算法的发展催生了网络钓鱼攻击者逃避检测的手段，例如，一些网络钓鱼攻击者对网站文本进行特殊编码或将文本替换为包含相同信息的图像，以逃避基于文本特征的检测，还有一些网络钓鱼攻击者将被仿冒的合法网站的标志小尺度偏移或旋转，进而嵌入网络钓鱼网站上，以降低基于图像相似度特征检测的成功率。因此，仅基于文本特征、图像特征或其他特征的分类模型，无法全面地检出钓鱼网站。

近年来，一些网络钓鱼检测研究尝试利用基于多模态特征融合的深度学习网络完成钓鱼网站分类任务。这些工作要么直接将不同模态特征连接在一起，要么合并每个模态特征产生的检测结果。这些工作都需要先解析各模态的数据特征，而实际场景中待检测的域名量巨大，数据解析部分将耗费大量的时间和计算资源。

受先前网络钓鱼检测工作的启发，本文设计了一种基于注意力机制和特征融合的网络钓鱼检测算法（BAFF）。模型框架包含两个阶段，如图1所示。第一阶段，结合构造的域名特征和网站文本的浅层特征，训练机器学习模型预召回可疑网站候选集，作为第二阶段的输入数据集；第二阶段，建立基于注意力机制[3]的文本编码器和基于卷积神经网络（CNN）的图像编码器，在融合两个编码的隐藏特征后，学习分类器来判断一个网站是否是钓鱼网站。总体而言，本文做出了以下贡献：①通过注意力机制学习训练数据与被仿冒目标深层关联的文本特征；②在图像解析特征基础上，引入图像类别概念，学习图像与其类别的模糊特征，构成更有效的图像特征。

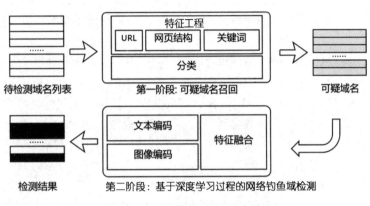

图 1　BAFF 模型框架的两个阶段

二、相关工作

（一）轻量级钓鱼检测算法

轻量级钓鱼检测算法的"轻量"体现在检测所依赖特征的解析复杂度和模型参数的数量上，一般基于先验知识通过特征工程设计有效的特征，检测模型通常是机器学习模型。网络钓鱼攻击者生成钓鱼域名的方式通常有几种，包括替换目标统一资源定位符（URL）中的几个字符以生成与目标 URL 相似的钓鱼域名，在目标 URL 后添加数字作为钓鱼域名，以及使用目标网页名称的缩写作为钓鱼域名等。因此，可以通过 URL 统计规则[4]提取一些有效的特征。

Zouina[5]提出了一种基于从 URL 中提取的 6 种特征的快速网络钓鱼网站检测方法。Verma[6]用钓鱼 URL 与标准英文字符之间的距离度量作为特征，如 Kullback Leibler Divergence（KL）距离、欧几里得距离、字符频率和编辑距离。Jitendra Kumar[7]探索了从 URL 中提取的一系列特征，比较了不同机器学习技术用于网络钓鱼 URL 分类任务的效果，并讨论了如何根据给定的 URL 对网络钓鱼 URL 进行分类。Weiheng Bai[8]从钓鱼 URL 的结构特征中提取了 12 种特征，训练了包括 4 种机器学习模型的钓鱼网站分类器。然而，网络钓鱼攻击者可以轻易地避免根据过去已知的规则生成网络钓鱼域，因此这是仅基于 URL 特征的网络钓鱼检测方法的主要不足之处。

大多数轻量级网络钓鱼检测算法研究[9]都聚焦于使用机器学习算法来检测网络钓鱼攻击，这些研究普遍集中在特征工程上，通过对大量合法域名和钓鱼域名的异同归纳、统计和分析，提出各个维度的特征。Kang LengChiew[10]设计了一个框架来过滤特征子集，以提高分类器的准确性。但只要某些功能被验证为有效，网络钓鱼攻击者就可以通过避免启发式方法来设计新的攻击。

（二）基于深度学习的钓鱼检测算法

深度神经网络常被用于学习数据中的深层隐藏信息，因此基于深度学习模型的网络钓鱼检测研究是一个热点。考虑到基于单模态特征的网络钓鱼检测算法的缺点，一些研究人员[11]正在关注多模态特征融合算法，如域名的语义特征、网页的文本特征[12]、网页的标志图像（LOGO）[13]等。

Ping Yi 和 Yuxiang Guan[14]使用两种特征类型进行网络钓鱼网站检测，包括 URL 的特征和网站间的交互信息。Peng Yang[15]提出了一种基于多模态特征的钓鱼检测算法（MFPD），多模态特征包括深度学习驱动的 URL 特征、网页文本特征和网页代码特征等。该方法包含两个步骤，第一步使用卷积神经网络模型和长短期记忆模型（LSTM）来学习给定 URL 的字符序列特征；第二步结合网页特征来训练钓鱼网站分类器。当钓鱼网站上没有文字，只有图片和表格时，MFPD 无法检测到该网站为钓鱼网站，在这种情况下，MFPD 会退化为基于单模态特征的检测算法，因此钓鱼网站的召回率无法达到预期。Lei Zhang 和 Peng Zhang[16]提出了一种基于神经网络的多模态网络钓鱼检测方法（MultiPhish），其中，网站的域名和网站图标（Favicon）通过深度神经网络提取特征表达，使用变体自动编码器（VAE）来优化域名和网站图标的表示。但是，考虑到爬取网页图片需要很多时间，MultiPhish 不适合日常海量域名的主动检测任务。

基于上述研究，本文设计了一种新的网络钓鱼检测架构 BAFF。BAFF 采用分层融合特征的方式来减少获取数据的网络资源和时间成本，引入注意力机制来增强训练文本与被仿冒目标网站的深层关联特征，通过孪生网络的训练形式加强图像特征的特异性，结合域名、文本、图像和网页结构等信息来保证检测的召回率和准确率。

三、基于多模态层次融合特征的钓鱼域名检测算法

网络钓鱼检测是一个从待检测域名中识别与被仿冒目标网站相似的可疑域名的过程。其中，被仿冒目标网站可以自定义配置，本文提到的被仿冒目标网站包括银行、证券、电商等的官方网站。检测算法包括数据处理、模型结构和数据收集器 3 个模块，在数据处理模块完成从域名到数据特征的构建，提取域名特征及域名下网页的文本、图像和网页结构特征；在模型训练模块分阶段训练模型，第一阶段从输入的域名数据中检测出与被仿冒对象网站相似的可疑域名，通过融合浅层的启发式特征快速召回可疑域名，极大地缩小了待检测域名数量，基于第一阶段检测出的子数据集，在第二阶段进一步融合文本和图像的深层特征，根据融合的深层特征学习分类器，最终判定可疑域名。

（一）数据处理

数据处理模块主要对输入的域名数据 $X:\{x_i\}_{N_x}$ 和被仿冒对象网站 $T:\{t_i\}_{N_t}$ 进行预处理。

1. 域名数据预处理

先对输入的域名做前缀扩张,生成可访问的 URL,并且访问该 URL 获得网页源码文件。再从网页源码中提取网页的文本内容,最终每条域名数据都有其网页源码数据 $Source_x$ 和网页文本数据 $Text_x$。

2. 被仿冒目标网站数据处理

与域名数据处理步骤类似,获取被仿冒目标网站的文本内容 $Text_T$,并且获取这些目标网站的 Logo 图片作为 I_T。此外,将被仿冒目标所属领域作为其域名类别数据 Cat_T,例如,银行、证券、电商、运营商等领域。

(二)模型结构

1. 预召回可疑域名

提取域名、网页文本内容和网页结构的浅层特征表达,再根据聚合后的特征建立 XGBoost 分类器,从大量待检测域名数据中召回可疑的域名数据集 X',缩小检测范围,其流程如图 2 所示。

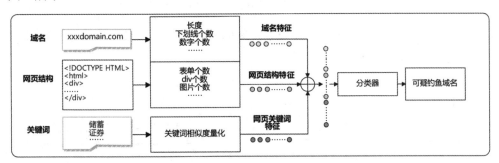

图2 融合多模态启发式特征召回可疑域名流程

其中,针对域名和网页结构构建的启发式特征如表 1 所示,网页文本的浅层特征提取流程如图 3 所示。

表 1 启发式特征

模态	特征
网页文本内容	向量,网页关键词相似度向量
	实数,网页关键词 top-k 相似度均值
网页结构	网页是否有 logo.png/jpg
	网站是否有 favicon
	表单 form 的个数
	div 的个数
	div 的嵌套层数
	网页源码中图片的个数
	网页内容的文本的个数

续表

模态	特征
域名	常数，域名长度
	取值1或0，域名中是否含有数字
	常数，域名字符中的数字个数
	常数，域名字符中"-"的个数
	常数，域名字符中"_"的个数

首先，对网站文本进行分词，然后提取文本关键词，这些关键词可以涵盖每个网站的网站内容的主题，表示为 $Keyword_q$。在这一步中，获取所有被仿冒对象网站文本的关键词，并形成目标合法网站的去重关键词集合 $Keyword_T$。其次，通过在本地数据集上微调的词向量模型得到关键词的词向量，在这里，用 $WordVec_T \in \mathbb{R}^{nt \times m}$ 来表示关键词 $Keyword_T$ 的文本特征，用 $WordVec_q \in \mathbb{R}^{k \times m}$ 表示关键词 $Keyword_q$ 的特征，m 为词向量维度。接着，在计算 $WordVec_q$ 和 $WordVec_T$ 之间的余弦距离后，得到一个相似度矩阵 M_{QT}，矩阵中的每个值是 $Keyword_q$ 和 $Keyword_T$ 中关键词的相似度值。通过筛选大于经验阈值 threshold 的相似度来获得关键词对 P_{QT}。最后，从 P_{QT} 中提取关键词特征：

$$D_{keywords} = (c_0, c_1, ..., c_{nc}, v) \tag{1}$$

其中，c_i 是 $Keyword_q$ 与 Cat_T 中的第 i 个类别之间的最大相似度，v 是 $M_{QT} \geqslant$ threshold 中的前 k 个相关词的相似度值的平均值。

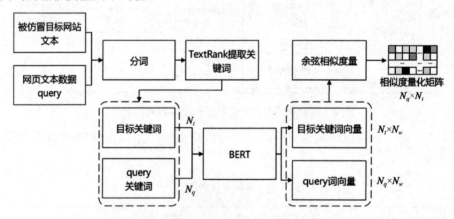

图3　网页文本的浅层特征提取流程

2. 钓鱼域名分类

在预召回可疑域名之后，构建网站关键词编码器和网站 Logo 编码器，分别学习文本和图像两种模态的深层特征，并融合两个编码器生成的特征向量，最后基于融合的特征构建一个分类器来检测钓鱼网站，钓鱼域名分类模块结构如图4所示。

1）网站关键词编码器

在这部分中，对于 X' 中的每个网站，选择与预召回阶段的 top-k 相似的关键词，并复用第一阶段 BERT 模型生成的词向量。此外，为了获得与目标关键词集 $Keyword_T$ 更相关的特征表示,使用交叉注意力机制来对相似度编码。将 top-k 相似的关键词特征 $WordVec_q \in \mathbb{R}^{k \times m}$ 作为 Q,将 $Keyword_T$ 中的关键词的特征 $WordVec_T \in \mathbb{R}^{nt \times m}$,作为键 K 和值 V,注意力机制可以形式化为:

$$\text{Attention}(Q, K, V) = \text{softmax}\left(\frac{QK^T}{\sqrt{m}}\right)V \tag{2}$$

其中,m 是关键词特征的维度,是比例因子。

在注意力模块之后是一个多层神经网络(MLP),将 k 个新的关键词特征 $\{corrfeat_i | i \in 1,...,k\}$ 串联起来,经过 MLP 层的投影得到代表输入域名的文本特征:

$$\text{textfeat}_q = \text{MLP}(corrfeat_1 \oplus ... \oplus corrfeat_k) \tag{3}$$

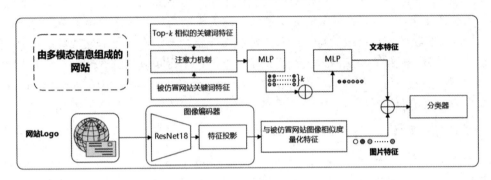

图 4 钓鱼域名分类模块结构

2)网站 Logo 编码器

网站 Logo 编码器的输入是 $I_{X'}$ 中的图像,输出是编码后的图像特征。先根据固定大小、固定通道数处理图像,再使用 ResNet18 和特征投影模块生成全局图像特征。特征投影模块由一个最大池化层、一个 MLP 层和一个 L2 归一化层组成。以孪生网络的形式训练使用对比损失的编码器模型 S:

$$L_{img} = \text{label}[\sigma(\text{dist} - \text{margin}_{pos})]^2 + (1-\text{label})[\sigma(\text{margin}_{neg} - \text{dist})]^2 \tag{4}$$

其中,dist 是两个输入图像之间的距离;$\sigma(\cdot)$ 是 ReLU 函数;margin 是距离边界,通过缓解过拟合问题。在训练过程中,正样本是来自同一类的 label = 1 的图像,负样本是来自不同类的 label = 0 的图像。

因此,给定一个网站 Logo,图像编码器 S 将输出其特征表示,并使用欧几里得距离计算 $I_{X'}$ 中的每幅图像与 I_T 中的所有图像之间的相似度,即对于 $I_{X'}$ 中的图像,可得其图像相似度特征:

$$\text{imgfeat}_q = (s_0, s_1, ..., s_{nt}) \tag{5}$$

其中,$\text{imgfeat}_q \in \mathbb{R}^{nt}$,且 s_i 是 $I_{X'}$ 中的图像与 I_T 中的第 i 个图像的相似度。

3. 网络钓鱼检测

将上述两个编码器输出的文本特征和图像特征串联在一起作为融合的多模态特征,并使用由 MLP 和 sigmoid 函数组成的二元分类器来判断网站是否为钓鱼网站:

$$y_q = \text{sigmoid}[\text{MLP}(\text{textfeat}_q \oplus \text{imgfeat}_q)] \tag{6}$$

（三）数据收集器

根据对已检出的钓鱼域名的分析和追踪，发现被处置后的网络钓鱼域名有可能在一段时间后成为新的钓鱼域名，因此在数据收集器模块收集已检出的钓鱼域名，并每日重新进行检测。

四、实验及分析

本文在".COM"和".CN"域名数据上验证了所提出的算法，在下文中提供了测试结果和消融实验的结果。因为本文提出的方法通过注意力机制和神经网络融合了文本特征和图片特征，所以在实验部分与传统的特征融合方法和结果融合方法进行了对比实验。在实际网络钓鱼检测场景中，需要依靠法务人员最终判定可疑网站是否是真的钓鱼网站，这也决定了网络钓鱼检测算法需要有尽可能高的召回率（recall rate）和相对较高的精确率（precision rate），以此减少人力资源的消耗。

1. 实验参数设置

数据集——本实验收集了 3000 条钓鱼域名和 8000 条非钓鱼域名。在数据处理模块对域名进行特征挖掘，包括域名生成的网址、访问获取的网页源码、网页文本和网页图标数据。被仿冒目标对象数据包括 333 个关键词向量和 115 个合法网站标志图片，通过抓取常见的银行、金融和电子支付类网站的官方网站获取。训练和测试数据集的比例为 5∶1。

参数设置——本实验从 ResNet18 得到 512 维的图像特征；除非另有说明，否则所有 MLP 都由两个具有层范数和 ReLU 激活函数的线性层组成。本实验将 top-k 关键词的 k 设置为 7，对没有足够关键词的数据采用零填充。使用学习率为 0.0005 的 AdamW 优化器来训练整个网络。所有实验均在 NVIDIA GTX1080 GPU 上进行。

2. 对比实验

在对比实验中，分别对域名、网页结构和网页文本 3 种不同的特征进行了测试，最后得出了比较结果，如表 2 所示。从结果中可以得出以下结论：①当仅使用域名作为输入时，由于缺乏足够的信息，该算法表现最差；②网页结构在之前的反网络钓鱼工作中被广泛使用，并获得了较好的效果；③网页文本是一个有效的特征，但一些钓鱼网站为了躲避检测，用图片代替文字，从而缺乏足够的关键词，这限制了该特征的特异性，例如，一些钓鱼网站仅由"登录"和"注册"等词组成，不能提取任何有效信息；④当引入 3 个输入时，检测性能显著提高，这表明引入更多信息有利于网络钓鱼检测。

表 2　不同输入的实验结果比较

输入	准确率	钓鱼域名分类效果评估		
		召回率	精确率	F1 值
仅域名	0.6003	0.8135	0.6074	0.6955
仅网页结构	**0.8513**	0.8693	**0.8732**	**0.8712**
仅网页文本内容	0.7343	0.8261	0.7812	0.8030
域名+网页结构+网页文本（本文方法）	0.7014	**0.9886**	0.7350	0.8431

3. 消融实验

在消融实验中，测试了阶段II的性能，阶段II的输入是阶段I的输出，在此输入子集上评估了模型的效果。为了研究本文所提模型的每个组成部分对结果的影响，对数据集进行了消融实验。具体来说，为了解决本文所提模型的重要性，比较了（a）使用 MLP 的文本嵌入和（b）使用 CNN 的原始输出和 MLP 的图像嵌入的情况。这两个对比实验的目的是分别从网络中去除目标数据集信息（目标关键词和目标网页标志图片），为了公平，其他训练或测试设置保持不变。

实验结果如表 3 所示。在消融实验（a）中，由于不涉及目标词信息，网络中去除了注意力机制，实验发现这将导致网络的泛化能力较差。在实验（b）中，目标网站图标信息被去除，因此不能使用对比学习方式来训练图像嵌入模块，相比之下，分类器中只有 CNN 特征可用于特征融合。从实验结果发现，这种方法在测试过程中也存在过拟合问题。表 3 的最后一行表明本文所提方法获得了最佳性能。该实验表明，文本嵌入中的注意力机制和图像嵌入中的图像相似度估计有助于在网络钓鱼检测过程中获得有效的"目标相关"的特征表示。

在图 5 中提供了相应的 ROC 曲线和 P-R 曲线。ROC 曲线反映了敏感性和特异性之间的关系。曲线下面积（AUC）用于表示预测精度。AUC 得分越高，预测准确率越高。同样地，P-R 曲线反映了准确率和召回率之间的关系地，当 P-R 曲线越靠近右上方时，表明模型性能越好。从图 5 中可以看出，本文所提方法获得了最高的 AUC 分数，作为对比，当目标文本特征被从网络中移除时，性能显著下降，这再次强调了本文提出的基于注意力机制的特征表达的重要性。

表 3　阶段 II 和消融实验结果

算法	准确率	钓鱼域名分类效果评估		
		召回率	精确率	F1 值
文本嵌入：MLP	0.9153	**0.9945**	0.9001	0.9449
图像嵌入：非对比	0.9315	0.9760	0.9316	0.9533
本文方法	**0.9476**	0.9779	**0.9516**	**0.9646**

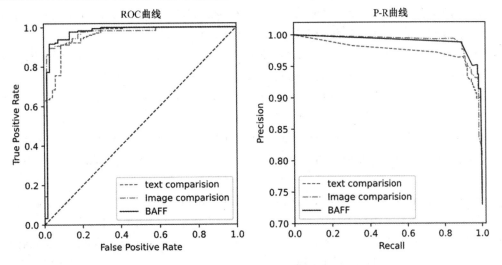

图 5　ROC 曲线和 P-R 曲线

五、结语

本文提出的网络钓鱼检测框架，将交叉注意力机制和对比表示学习引入网络，以创新地学习全局特征。实验结果表明，本文提出的方法性能优于其他算法，适合在线部署进行网络钓鱼检测。此外，通过合理配置目标集，可以灵活应用本文所提模型检测其他有害网站，如恶意仿冒网站等。

参考文献

[1] Anti-Phishing Working Group. Phishing Attack Trends Report[R]. 2022.

[2] A.K. Jain, B.B. Gupta. A novel approach to protect against phishing attacks at client side using auto-updated white-list. Eurasip Journal on Information Security[J]. 2016(1): 9, 2016.

[3] A. Vaswani, N. Shazeer, N. Parmar, et al. Attention is all you need. Advances in neural information processing systems[J] 2017.

[4] S.C. Jeeva, E.B, Rajsingh. Phishing URL detection-based feature selection to classifiers. International Journal of Electronic Security and Digital Forensics[J] 2017. 9(2): 116-131, 2017.

[5] M. Zouina, B. Outtaj. A novel lightweight URL phishing detection system using SVM and similarity index. Human-centric Computing and Information Sciences[J]. 7(1): 1-13, 2017.

[6] R.M. Verma, K. Dyer. On the Character of Phishing URLs: Accurate and Robust Statistical Learning Classifiers[C]. ACM, 2015.

[7] J. Kumar, A. Santhanavijayan, B. Janet, et al. Bindhumadhava, Phishing Website Classification and Detection Using Machine Learning[C]. 2020 International Conference on Computer Communication and Informatics (ICCCI), 2020.

[8] W. Bai. Phishing Website Detection Based on Machine Learning Algorithm[C]. 2020 International Conference on Computing and Data Science (CDS), 2020.

[9] E. Gandotra, D. Gupta. An efficient approach for phishing detection using machine learning, Multimedia Security[M]. Springer, 2021: 239-253.

[10] K.L. Chiew, C.L. Tan, K. Wong, et al. A new hybrid ensemble feature selection framework for machine learning-based phishing detection system. Information Sciences[J]. 484: 153-166, 2019.

[11] P. Vigneshwaran, A.S. Roy, M.L. Chowdary, et al. Multidimensional features driven phishing detection based on deep learning. Int. Res. J. Eng. Technol[J]. 7(6), 2020.

[12] Y. Li, S. Chu, R. Xiao. A pharming attack hybrid detection model based on IP addresses and web content. Optik[J]. 126(2): 234-239.

[13]   K.L. Chiew, E.H. Chang, W.K. Tiong. Utilisation of website logo for phishing detection. Computers & Security[J]. 54: 16-26, 2015.

[14]   P. Yi, Y. Guan, F. Zou, et al. Web phishing detection using a deep learning framework. Wireless Communications and Mobile Computing[J]. 2018.

[15]   P. Yang, G. Zhao, P. Zeng. Phishing website detection based on multidimensional features driven by deep learning. IEEE access[J]. 7: 15196-15209, 2019.

[16]   L. Zhang, P. Zhang, L. Liu, et al. Multiphish: Multi-Modal Features Fusion Networks for Phishing Detection. ICASSP 2021 - 2021 IEEE International Conference on Acoustics[C]. Speech and Signal Processing (ICASSP), 2021.

[17]   R. Mihalcea, P. Tarau. Textrank: Bringing order into text. 2004 conference on empirical methods in natural language processing[C]. 2004.

[18]   J. Devlin, M. Chang, K. Lee, et al. Bert: Pre-training of deep bidirectional transformers for language understanding[J]. arXiv preprint, 2018.

[19]   T. Chen, C. Guestrin. Xgboost: A scalable tree boosting system. 22nd acm sigkdd international conference on knowledge discovery and data mining[C]. 2016.

[20]   K. He, X. Zhang, S. Ren, et al. Deep residual learning for image recognition. 2016 IEEE Computer Society Conference on Computer Vision and Pattern Recognition[C]. 2016.

[21]   R. Hadsell, S. Chopra, Y. Lecun. Dimensionality Reduction by Learning an Invariant Mapping. 2006 IEEE Computer Society Conference on Computer Vision and Pattern Recognition[C]. 2006.

[22]   S. Singh, M.P. Singh, R. Pandey. Phishing Detection from URLs Using Deep Learning Approach. 2020 5th International Conference on Computing[C]. Communication and Security (ICCCS), 2020.

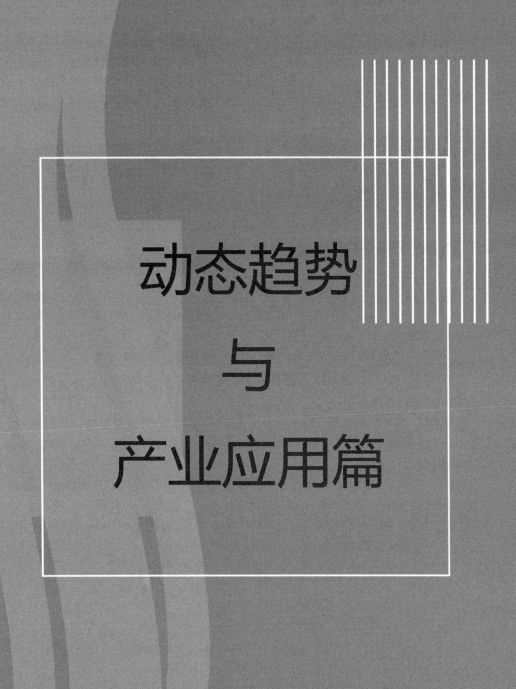

动态趋势

与

产业应用篇

DNS 与 Web 3.0——面向数据对象的网络标识基础设施发展思考

王 伟

中国科学院计算机网络信息中心

一、Web 3.0 时代的域名系统

随着 Web 3.0 时代的到来，传统互联网以巨头为核心的流量为王的生态割据形态将发生深刻的变化。在 Web 3.0 时代，内容和应用将由用户创造和主导，充分实现用户共建共治，用户将共同创造并分享价值。Web 3.0 带来全新的流量入口范式、全新的内容生产范式、全新的价值分配范式，其本质是基于全面开放的所有参与者的生态共建与利益共享。无论是"可读+可写+拥有的互联网"还是"用户可以拥有产权的互联网"，所有的 Web 3.0 定义均指向同一本质：共建共享。

当前，以区块链为核心的 Web 3.0 底层技术和基础设施的发展，掀起了 Web 3.0 应用创新浪潮，在继承和改造 Web 2.0 部分已有成功商业模式的同时，围绕共建共享催生出全新的市场和相关商业模式。Web 3.0 不但更新了游戏、社交、内容创作与分发等 Web 2.0 主要应用案例，更为互联网要素提供了全新的价值属性和消费体验。DeFi、NFT、GameFi、SocialFi等应用向人们展示了 Web 3.0 在金融服务、内容与资产、游戏和社交等领域的创新与探索。围绕这些创新与探索的应用场景的发展，带来了立体的沉浸式体验、价值的互联互通，构建了泛在的全新生态，并不断推动"现实世界"和"虚拟世界"深度融合。

如图 1 所示，为互联网业务单元互操作模式的演进。

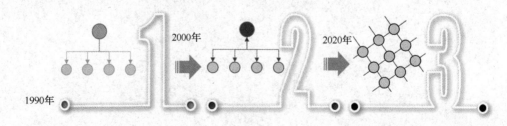

图 1　互联网业务单元互操作模式的演进

与各类日新月异的 Web 3.0 应用不同，作为互联网最为古老的原生应用之一，互联网域

名系统（DNS）经历了从 ARPANET 到 NSFNET，以及从 Web 1.0、Web 2.0 到 Web 3.0 的发展历程。DNS 设计于 20 世纪 70 年代（hosts.txt），规范于 20 世纪 80 年代（RFC 882/883），成熟于 20 世纪 90 年代（ICANN/IANA 体系建立）。应当说，DNS 主体生态架构有着 Web 1.0 时代的深刻烙印，即各机构维护自己的独立名字空间，通过下级前缀和上级后缀的相互指定，形成全球统一的命名语法规则，构成既有纵向管理关系（Hierarchical，层级制），又具一定独立性（Distributed，分布式）的网络数据库。DNS 在技术体系和治理架构上兼顾了域名从业机构的商业利益和政府部门的监管诉求，正是在各国政府的协作监管下，域名得到了全球性广泛应用，自 Web 1.0 时代起成为稳定的、具有投资属性的事实数字资产。

以我国《互联网域名管理办法》为例，工业和信息化部及社会各界通过近 30 年的摸索实践，构建了一整套符合我国基本国情的合规性框架，对域名系统生态体系中的域名注册管理、域名数据管理、权威解析云服务、公共递归解析服务等各环节提出了详尽的准入规则和监管办法，充分发挥了"自上向下"的顶层设计和监管逻辑，通过"实名制""域名备案""数据托管""应用监测""不良举报"等工具性手段，为域名服务行业和域名投资市场的健康发展起到了良性促进和安全保障的积极作用。

在域名系统国际治理领域，以 ICANN 为代表的互联网社群组织提出"多利益相关方"治理模式，强调"自底向上""公开透明"等共识机制，由于历史原因，这些共识机制并未以自动化代码的形式体现，而是以章程规则的形式，通过尽可能多方共同参与的线下议事决策流程来体现。换句话说，在底层技术尚未具备"区块链"分布式存储不可篡改账本功能的 Web 1.0 时代，技术社群与政策社群通过沟通和妥协，形成了非智能合约式的、基于信息公开和 PKI 签名机制的共识机制，通过保障多利益相关方的共同参与，尽量实现对过程记录的"记账公证"。如图 2 所示为 ICANN 多利益相关方生态。

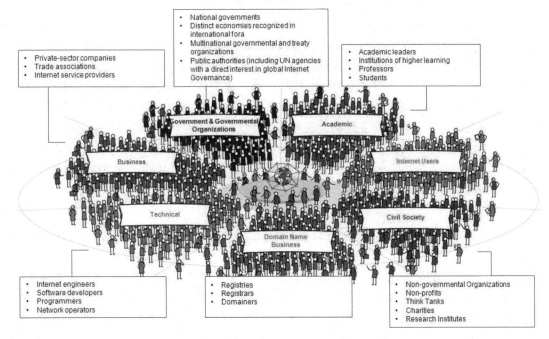

图 2　ICANN 多利益相关方生态

在全球各利益群体的支持或挑战下，ICANN 治理机制与 DNS 技术体系已然运行多年，成为最具代表性的互联网基础设施之一。但是，现有 DNS 机制的决策过程非自动化，域名数据"增删改查"的原子操作不透明，仍然具有单点干预的风险，缺乏社群进一步深入参与增强全过程透明性的有效手段。因此，当区块链作为 Web 3.0 基础技术出现之后，将区块链技术与域名系统进行叠加成为全球各方共同关注的一个创新方向，国外比较有代表性的成果包括 ENS、Handshake、BNS 等。

二、以 Web 3.0 理念改造互联网域名系统

以 Web 3.0 理念和区块链技术改造域名系统，应着眼于原有域名系统中的数据注册管理及衍生的治理问题。究其原因，基于 PKI 框架的 DNSSEC 机制已经实现了数据交付（解析）阶段的完整性和不可篡改性。然而，对于域名注册及区文件分发而言，商业利益或政治敏感导致的不透明操作风险一直存在于域名行业。

（一）以区块链技术改造域名注册逻辑，减少域名管理增删改查的"黑盒"操作

对于根区管理来说，顶级域名的注册操作请求多年来延续着技术联系人/业务联系人以邮件沟通和 IANA 网站链接操作为主的方式；域名注册操作请求的判定裁决，由 ICANN 及 IANA 相关委员会审议；域名注册操作请求的执行，由 IANA 及 Verisign 的根区管理系统负责。多年来关于根区管理透明性的讨论，一直是互联网国际治理领域的焦点。类似 Handshake 的区块链根区管理系统为这种讨论带来了一种新的解决思路和技术工具。

对于顶级域名区文件管理来说，注册商之间的竞争关系、个别注册商与注册局之间的"利益通道"，以及注册局内部的注册政策不透明，都是容易引发对域名行业规则和灰色商业利益质疑的风险点。传统 EPP 协议依赖注册商与注册局之间建立的传输通道，通道之间彼此隔离，各通道的注册权限也存在差异。这些都是多年来受人诟病之处。引入区块链后，不论是传统的先到先得策略还是随机抽签策略，都必须依赖公开的自动化合约和记账信息，过程透明性的增强或有益于提升行业规则健康度。理性状态下，各个区文件应有独立的单向链表数据结构，通过智能合约保持上下级之间数据记录的校验和相互指认。此外，如能在域名注册智能合约机制上，增加基于钱包身份的注册人交互机制，则可以更好地支持域名资产归属的确认，有利于规范域名转移和二次交易。

（二）以区块链技术改造解析数据同步逻辑，激励本地域名服务发挥更大作用

在域名区文件的分发环节，由于 RFC8806 引入了区文件直接写入递归服务器的机制，客观上赋予了递归服务器承担区文件分布式存储节点的角色功能。从这个角度进一步引申，则可以探索以递归服务器为记账节点，参与包括根区文件在内的各类权威区文件的构造和分布式记账工作，即赋能递归服务器监督权威域名注册生成过程中注册局、注册商等角色的作用。Web 3.0 的核心要义之一是生态贡献者的责任与利益对等。作为域名服务链条中"最后一公里"的重要环节，公共递归服务提供方是互联网本地社群的重要代表，其作用有望在区

块链和 Web 3.0 中得到充分的提升与改善。如图 3 所示为基于权威 Zonefile 构建的区域链数据结构及相互数据校验。如图 4 所示为基于递归缓存数据构建的分布式数据共享机制。

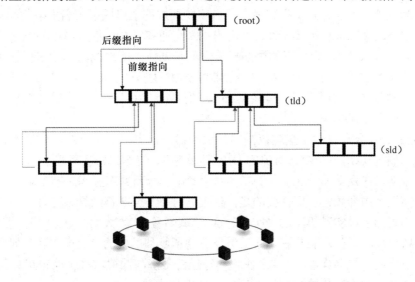

图 3　基于权威 Zonefile 构建的区域链数据结构及相互数据校验

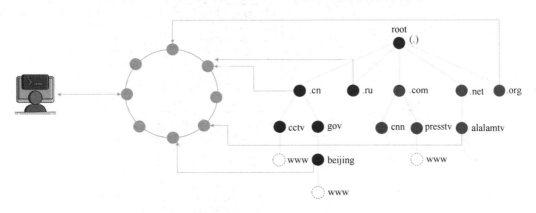

图 4　基于递归缓存数据构建的分布式数据共享机制

三、以互联网域名系统支撑 Web 3.0 生态构建

以 Web 3.0 理念和技术改进 Web 1.0 时代的 DNS 体系，将有力促进互联网基础设施的升级演进；反过来，DNS 作为见证和支持整个互联网发展过程的关键信息基础设施，其成功之处也可被借鉴用来构造更好的 Web 3.0 生态。

尽管全球网络社区为 Web 3.0 理想模型所感召，开展了各类应用创新，但区块链技术自身存在匿名化、孤岛化的特性倾向，当前整个 Web 3.0 生态更像基于区块链技术所构建的群岛，Web 3.0 中最重要的要素——数据对象（数字资产）广泛分散在各个商业小生态中，缺乏公信的访问入口和信用认证，难以解决数据对象的互操作与数字资产的流通交易。

作为迄今为止几乎唯一获得全球各国政府认可的数字资产，域名在 Web 1.0 早期阶段面临过与 Web 3.0 数字对象类似的困境。20 世纪 90 年代，HTML 技术在推动全球网站高速发展的同时，带动世界范围的域名注册风潮，域名抢注、仿注、保护性注册、进攻性注册等投资和投机行为涌现，在政府监管和域名行业自律发展过程中形成了域名生态的核心价值，即40 年来全球技术专家、政策专家与商业机构的不断沟通和博弈过程所形成的域名行业规则，以及各国政府与以 ICANN 为代表的民间机构之间长期协作所形成的本地法律法规。因此，域名不仅仅是一个主机的访问入口标识，也成为 W3C 生态中 URL 体系的核心要素，成为到目前为止唯一的跨平台通用标识，是从 Web 1.0 到 Web 3.0 各阶段各类服务系统之间进行互操作所必需的中介技术标识。

对 Web 3.0 数据对象进行全球范围的定位和访问，也需要一个跨平台通用标识。虽然W3C 定义了用来表示用户及数据对象的 DID 语法规则，但对如何实现基于 DID 的直接访问还缺乏解决方案。在众多 Web 3.0 小生态之间协商出一个新共识标识之前，域名系统仍然可以很好地扮演这个中介角色。更重要的是，将数据对象与域名相结合，可直接采用多年来围绕域名系统构建的经过实践检验的"实名验证""域名备案""数据托管""应用监测""不良举报"等信息系统，可有力辅助解决数据对象流通所亟须解决的"脱虚向实"问题；不仅如此，多年来形成的"域名保险""域名仲裁"等经济救济与法律救济工具也可以得到直接的引用。如图 5 所示为成熟的域名合规及运营管理机制体系。

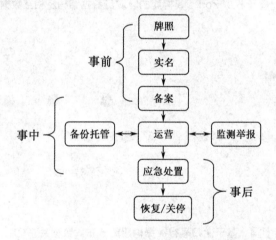

图 5　成熟的域名合规及运营管理机制体系

四、域名服务与 Web 3.0 数字资产的互通合作尝试

面向数字经济的发展，尤其是以 Web 3.0 和元宇宙为代表的未来数字化创新总和，国内域名研究团队主动尝试技术升级，将服务对象范畴从"现实空间的实体物品"扩展到"虚拟空间的数字物品"，与北京国际大数据交易所、新华社融媒体国家重点实验室、国家互联网基础大数据（服务）平台等机构联合推出面向 Web 3.0 数字资产的标识认证、数据备份和信息溯源服务。未来几年，相关域名研究团队拟依托与澳门科技大学合作的粤澳科技合作项目《基于 IPv6 的大湾区互联网顶级域名数据跨境流动机制与系统研发》，探索将 Web 3.0 数字资产转换为互联网域名形态，开展跨境访问与跨境交易的数据流动机制研究。

新能源算力网络——电力与算力基础资源融合发展新模式

周　旭　　张福国

中国科学院计算机网络信息中心　　国家电投集团中央研究院

一、互联网算力资源发展趋势和挑战

技术革命和产业结构的变化正改变着世界经济结构，世界经济形态也逐步由工业经济向数字经济转变，算力作为一种互联网基础资源，正在成为数字经济的新型生产力要素，为数字经济的发展提供坚实的基础，同时也为经济社会高质量发展和战略竞争赋能。

随着技术创新的加速，算力发展趋势主要体现在以下几个方面。

（1）算力泛在化。近年来，随着物联网、边缘计算的繁荣发展，海量终端接入网络，算力逐渐向边缘侧和端侧延伸，边缘算力逐渐丰富，因此算力资源的提供方将不再是单一的计算机集群，而是呈现内核多元化、分布泛在化的趋势。通过网络重构，感知泛在化算力，对其进行连接，从而实现泛在算力智能化的目标。

（2）算力异构化。随着智能终端、高性能计算、智能网关的出现，算力不断向 CPU、GPU、FPGA 和 NPU 等异构化方向发展。为了提高计算的速率及效率，多级异构算力逐渐普及，例如，人工智能采用 "CPU+GPU" 异构计算，云计算采用 "CPU+GPU+DPU" 异构计算。通过算力网络连接这些算力资源，实现云网连接随动、统一管控，最终实现算力资源的有效共用。

（3）算力智能化。智能化是算力发展的重要方向，旨在对算力进行精准投放，不仅使其满足各行业各地区人工智能的运算需求，还使其支撑系统算法，加速数据中心智能化升级，推动行业智能化再造，从而提高生产生活效率，降低劳动成本。

互联网算力资源在快速发展的同时，也面临诸多挑战，其中能耗是制约算力发展的核心挑战之一。据统计，2020 年直接用于算力消耗的电量已占全球发电量的 5% 左右，预计到 2030 年将提高到 15%～25%，计算产业用电量将与工业生产等领域相当。广州赛宝计量检测中心预测，到 2035 年，中国数据中心和 5G 总用电量将是 2020 年的 2.5～3 倍，将达 6951 亿～7820 亿千瓦时，将占中国全社会用电量的 5%～7%。同时，2035 年中国数据中心和 5G 的碳排放总量将达 2.3 亿～3.1 亿吨，约占中国碳排放量的 2%～4%，其中数据中心的碳排放量将比 2020 年增长最高 103%，5G 的碳排放量将增长最高 321%。面对碳排放量迅速增长的预期，算力中心提升能效、降低碳排放量并全面向可再生能源转型的进程刻不容缓。

二、新能源发展趋势和挑战

2020 年 9 月 22 日，我国在第 75 届联合国大会上提出了"双碳"目标愿景，即力争于 2030 年前二氧化碳排放达到峰值，于 2060 年前实现碳中和，达到"净零排放"的目的。减少碳排放、促进碳中和的重要手段之一是以新能源代替化石能源。我国新能源资源丰富，从种类上可以分为太阳能、风能、地热能、氢能、生物质能等。新能源产业应从经济、能源及产业结构方向进行转型升级，推动构建绿色低碳可持续发展的能源体系，以应对全球气候问题。新能源产业及技术发展趋势主要呈分布化、智能化、异构化特点。

（1）分布化。在需求端的配电网中安装的小型可再生能源系统被称为分布式新能源系统，通过将分布式新能源部署在负荷端附近，可以满足其能源需求并提升电力系统可靠性。发展分布式新能源，可以减少弃风弃光、降低输电成本并实现电力就近消纳，以满足部分地区能源需求与消纳的匹配问题。发展分布式新能源在带来良好经济性的同时，可以更好地应对气候变暖，以实现"碳中和"这一伟大目标。

（2）智能化。能源智能化发展基于大数据分析和人工智能为能源行业提供技术、经验和有价值的信息，大幅提高能源各领域的效率，降低成本，提高能源行业的竞争力。智慧新能源采用云计算、大数据、物联网和人工智能等先进信息技术，构建数据全量采集、设备状态全面感知、远程集控中心智能监控、数据集中智能应用和生产经营过程全覆盖的智慧应用体系。

（3）异构化。现阶段单一的能源结构已经无法满足大环境的需要，在实现风、光、火等能源互补的同时，储能技术也在调节发电与负荷需求、响应峰值负荷需求及为区域电网供电故障提供备用电源方面发挥着重要作用。储能系统种类丰富多样，目前最大的问题在于各种储能系统转化效率不高，通常不超过 40%。通过将搭载多种储能系统的复合储能系统与分布式新能源系统联合运行，可以间接组成微网系统，用于解决数量庞大且形式多样的分布式能源的并网问题，从而实现能源的可靠供给。

新能源发电存在波动性、分散化的特点，新能源电力的消纳与传输面临挑战。新能源并网配套的输电网规划建设滞后，导致新能源电力无法被输送到需求端。光伏、风能等新能源往往受地理因素制约，尤其是风能，其源于地球表面的不均匀受热及地球自转，是一种高度依赖地理位置与地形的异质资源，在近海、平原及山区的特点均不相同，因此分布式新能源具有不稳定性与间歇性，给电力网络带来调峰调度的巨大挑战。"弃风弃光"将导致大量新能源电力被浪费。

三、算力与电力融合发展促进绿色算力使用及绿色电力消纳

电力和算力是支撑未来智能社会发展的重要基础资源。与电力网络连接和调度电力资源

一样，算力网络通过数据网络连接和调度分布式算力资源，是一种伴随 5G 诞生、面向 6G 发展的新型网络技术。研究电力与算力网络融合创新，以算力网络灵活高效的特点适配新能源电力网络，解决风、光等新能源电力间歇性问题，用新型算力网络参与电力调峰，充分发挥算力网络和电力网络的优势，实现两种重要资源的灵活转化，变电力资源输出为算力、电力融合资源输出，将大大提升资源使用效率，降低用于算力资源的电力成本。

新能源算力网络技术不仅可以解决能源互联网发展本身需要的算力资源需求，更可以对社会、产业输出"算力+电力"的综合资源服务，是一种全新的融合资源供给模式，具有重大的创新意义与产业价值。

为了解决新能源大量"弃风弃光"问题与算网一体化所带来的能耗挑战，实现"双碳"目标，实施"东数西算"工程，服务国家重大战略，落实国家政策布局，构建新能源算力网络，开展电力与算力网络融合创新是必然要求。

四、新能源算力网络架构

新能源算力网络以灵活高效等特征适配新能源电力计算和处理特点，解决新能源发电弃风弃光、间歇性难题，实现需求、算力、能源的智能匹配，变电力资源输出为算力、电力融合资源输出。新能源算力网络架构如图 1 所示。

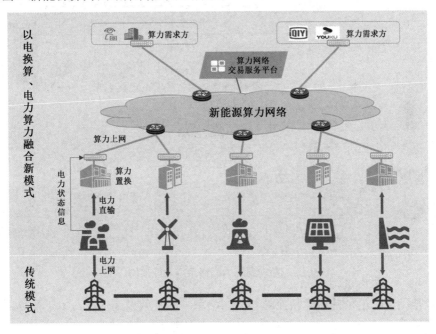

图 1　新能源算力网络架构

新能源算力网络主要包括算力网关、算力网络控制器、算力网络交易服务平台三部分。

（一）算力网关

算力网关是新能源算力网络的基础功能部件，包括资源算力侧网关和需求接入侧网关。

资源算力侧网关按支撑算力的能源可分为风电算力网关、光伏发电算力网关、水电算力网关、火电算力网关等。

（二）算力网络控制器

算力网络控制器是新能源算力网络的核心功能部件，支持对网络、计算、存储、电力等多维资源、服务的感知与通告，实现"网络+计算"的联合调度。多个算力网络控制器组成新能源算力网络路由层。

（三）算力网络交易服务平台

算力网络交易服务平台是新能源算力网络的应用中枢。平台提供对以碳排放为基础的不同能源不同时段条件下的所有算力的定价，实现面向所有用户愿意开销成本的各种算力需求与不同能源不同时段产生的不同单价的算力资源之间的智能匹配，从而实现支持全网算力需求的能源和算力资源最优利用，并支持统计分析和智能策略优化。

新能源算力网络系统功能架构如图 2 所示。

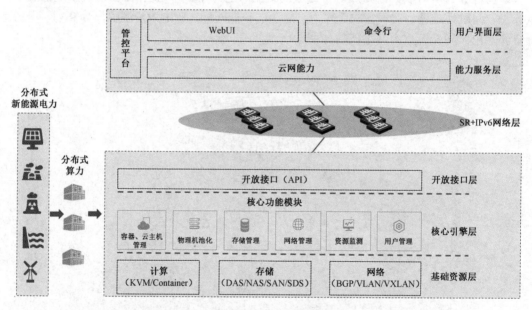

图 2 新能源算力网络系统功能架构

其中，基础资源层包括组建新能源算力网络系统的基础设施资源，如计算资源、网络资源、存储资源等。

核心引擎层主要实现基础设施资源的虚拟化和管理、资源监测与信息维护、用户管理等核心功能。

开放接口层基于资源虚拟化，为上层业务提供资源管理和编排接口。

能力服务层基于融合云提供的网络能力、计算能力、存储能力等，实现边、云之间的能源数据传输和分布式协同处理。

用户界面层为管理员提供系统资源的访问和管理能力。

管控平台主要实现新算力网络系统的资源度量编排功能和业务调度功能，为示范应用提供资源视图和业务调度功能服务。

五、算力与电力融合关键技术创新

（一）以算力网络解决新能源电力的间歇性问题

构建融合能源调度的大型算力网络系统，实现新能源入网、储能、算力消纳的一体化电力与算力融合体系架构，如图3所示。

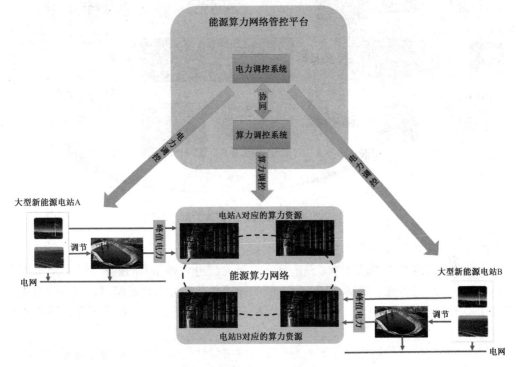

图3　融合能源调度的大型算力网络系统

关键技术创新包括以下几个方面。

（1）电力与算力的监测与协同调度。实时监测影响电力生产的多种因素，包括发电设备状态及电力输出、储能状态、算力负荷状态等；基于监测数据进行分析、预算，完成电力和算力的协同分配和调度。

（2）基于人工智能（AI）的预测机制及算力调度机制。基于AI技术，对气象、季节、用电峰谷时段、用电负荷规律等不同维度进行模型训练，针对不同新能源电站的电力电量进行智能预测，实现电力上网、储能、算力消纳的一体化智能管控和调度。

（3）大型能源算力网络的管控。结合大型新能源场站构建的能源算力网络系统，由于接入的算力资源区域较广，多种算力资源并存，在电力调峰调频动态供给的情况下，存在可用算力资源的动态监管和跨区域调度，因此要研究系统管控和维护、算力调度、作业编排等一系列创新技术。

（二）与小型分布式新能源电站结合的能源算力网络

结合小型分布式能源，同时部署小型算力节点，构成分布式电力与算力网络系统，如图 4 所示。

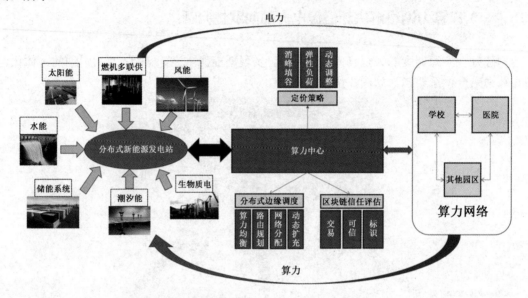

图 4　与分布式能源结合的大型算力网络系统

关键技术创新包括以下几个方面。

（1）分布式边缘算力调度技术。基于分布式新能源电力和算力的融合调度，进行电力调度、算力发现、动态扩充、敏捷连接、用电侧的弹性负荷能力等技术研究，实现分布式新能源算力中心的电力资源、异构计算资源、存储资源和网络资源等泛在能源算力网络的统一管控。

（2）算力和电力定价策略。基于电力与算力网络弹性负荷能力，参与尖峰时期的电力调度，通过大数据挖掘和人工智能预测实现电力和算力负荷的判定，借鉴碳交易市场的配额制度和报价机制设计尖峰时期算力供需的配额，基于建设冗余应急调峰的算力平均成本设计算力价格的奖惩机制，建立算力和电力定价策略，根据季节、电力峰谷时段、用电负荷进行价格调整。

（3）基于区块链的电力与算力网络的信任和评估机制。研究基于区块链的电力与算力网络的信任和评估机制，实现统一可信的新能源算力交易服务能力。考虑到算力可能被分发到不同的新能源算力站，使用唯一标识记录每一份算力的能力、价值、延时等，研究基于标识的算力确权机制，对用户资源、服务资源、服务请求等进行统一标识化管理。

（三）作为可调负荷端和发电端的能源算力网络

众多能源算力节点组网后，既具有算力网络中算力端的特点，也具有能源网络中负荷端与发电端的特点。当出现弃电的情况时，可以将电力转变为算力，高效满足计算需求，并提升新能源利用率。电力与算力网络的协同调度示意图如图 5 所示。

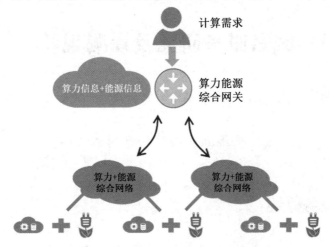

图 5　电力与算力网络的协同调度示意图

关键技术创新包括以下几个方面。

（1）算力与电力多因素协同优化调度。在新能源算力网络下，资源编排与调度应采用算力能源综合最优的协同优化调度策略，综合计算能源与计算能耗选取算力网络，进而支持用户对算力与价格需求的综合选择，并在提升绿电比例的同时保证算力需求。

（2）动态算力负荷与电力峰谷优化调度。在新能源算力网络下，计算需求也是负荷需求。将可调计算需求作为可调负荷，响应电网调度需求，利用服务器负荷参与调频调峰。充分利用算力网络的电力灵活性特征，通过市场机制，促使算力调度商、数据中心运维服务商延伸为电力负荷聚合商、电力灵活性资源提供商，积极参与到电力交易与辅助服务市场中。

六、新能源算力网络发展展望

开展电力与算力网络融合创新研究是实现"双碳"目标、落实国家政策布局的必然要求，算力网络通过网络调度数据和计算任务，有助于数据中心利用率和新能源使用比例的进一步提升，能显著促进新能源消纳。开展电力与算力网络融合创新研究有助于分布式新能源场站实现更好的经济效益，催生新的商业模式。未来，电力与算力网络融合将产生巨大的经济效益，对我国整体社会资源供给产生深远影响，具备"颠覆性"改变能源供给和运营模式的潜力。

域名服务研究及评测现状

王中华　李　欣　王　骞　李真辉　卫俊凯　殷智勇　张海阔　杨卫平

中国互联网络信息中心

一、域名服务概述

域名服务是互联网的基础服务，为大量互联网应用提供了从域名到 IP 地址的解析[1]，包括域名注册服务（Shared Registration System，SRS）、域名解析服务（Domain Name System，DNS）和域名注册数据目录服务（Registration Data Directory Services，RDDS）等，其服务质量和服务水平直接影响着互联网的安全稳定运行。

全球域名系统具有树型结构的名字空间（见图 1），在这个树型分层结构中，每个节点子树称为一个域（Domain），域的名字称为域名。最顶级的是根域（Root），下一级是顶级域名（Top Level Domain，TLD），然后依次是二级域名（Second Level Domain）、三级域名（Third Level Domain）等。

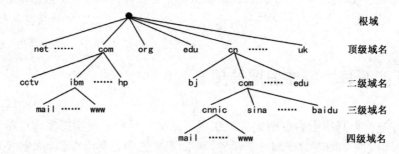

图 1　全球域名系统名字空间的结构

（一）域名行业发展

1. 通用顶级域名扩充

顶级域名主要分为国家和地区顶级域名（ccTLD）、通用顶级域名（gTLD）、基础设施顶级域名（.arpa）及测试顶级域名（tTLD）。

截至 2011 年 6 月 30 日，DNS 根区域共有 310 个顶级域名，其中 ccTLD 共有 277 个，gTLD 共有 21 个。2011 年，互联网名称与数字地址分配机构（ICANN） 批准了扩充新通用顶级域名（new gTLD）的计划，进一步满足发展互联网空间的需要，这些极具个性的后缀为未来多样化的网络地址创造了更多的可能性。截至 2022 年 12 月，DNS 根区域共有 1591 个顶级域名，其中 ccTLD 共有 316 个，gTLD 共有 1249 个[2]，如图 2 所示。

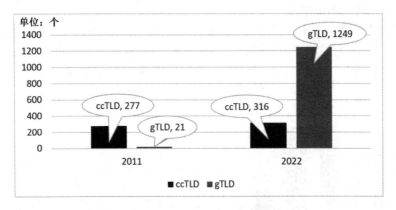

图 2　2011 与 2022 年顶级域名数量对比

2. 全球域名注册量

2023 年 3 月 9 日，Verisign（威瑞信）发布了《2022 年第四季度域名行业简报》[3]，其中给出了全球顶级域名、国家和地区顶级域名、新通用顶级域名的相关统计数据。

1）全球顶级域名注册量

截至 2022 年第四季度末，全球顶级域名的注册量为 3.504 亿个，其中".com"及".net"的域名注册量合计为 1.738 亿个，".com"及".net"的注册量分别为 1.605 亿个、1320 万个。按域名数量计算，排名前 10 位的顶级域名分别是".com"".cn"".de"".net"".uk"".org"".nl"".ru"".br"和".au"，如图 3 所示。

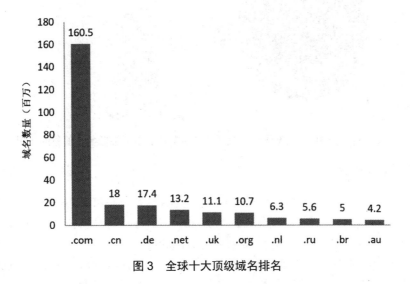

图 3　全球十大顶级域名排名

2）国家和地区顶级域名注册量

截至 2022 年第四季度末，国家和地区顶级域名注册量为 1.331 亿个，排名前 10 位的国家和地区顶级域名是".cn"".de"".uk"".nl"".ru"".br"".au"".eu"".fr"和".it"如图 4 所示。根区共计 308 个国家和地区顶级域名，包括国际化域名 (Internationalized Domain

Names，IDN），排名前 10 位的国家和地区顶级域名注册量占全球所有国家和地区顶级域名总注册量的 59.4%。

3）新通用顶级域名注册量

截至 2022 年第四季度末，新通用顶级域名的注册量为 2740 万个。排名前 10 位的新通用顶级域名占所有新通用顶级域名注册量的 51.6%，注册量由高到低分别是".xyz"".online"".top"".icu"".shop"".site"".store"".cyou"".club" 和 ".live"，如图 5 所示。

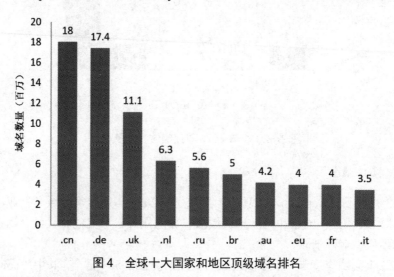

图 4　全球十大国家和地区顶级域名排名

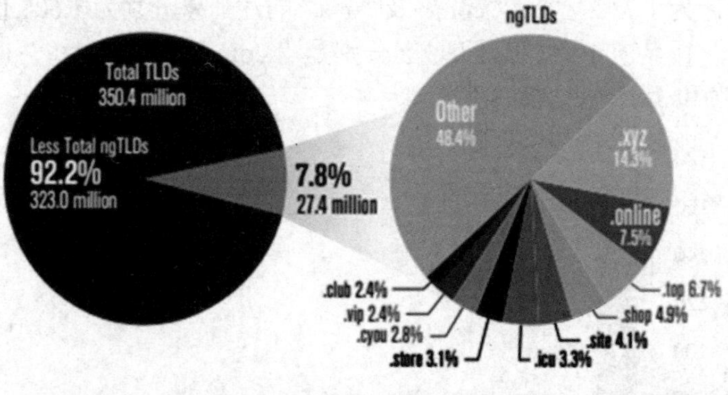

图 5　排名前 10 位的新通用顶级域名占所有新通用顶级域名注册量的比例

3. 我国域名注册量

2023 年 3 月 2 日，中国互联网络信息中心（CNNIC）在北京发布第 51 次《中国互联网络发展状况统计报告》。根据报告可知，截至 2022 年 12 月，我国域名总数为 3440 万个。其中，".cn"域名数量为 2010 万个，占我国域名总数的 58.4%；".com"域名数量为 902 万个，占我国域名总数的 26.2%；".中国"域名数量为 19 万个，占我国域名总数的 0.5%；新通用顶级域名数量为 377 万个，占我国域名总数的 11.0%。各类域名数量如表 1 所示。

表 1　我国各类域名数量

	数量（个）	占域名总数比例
.cn	20101491	58.4%
.com	9019281	26.2%
.net	762969	2.2%
.中国	185576	0.5%
.info	40614	0.1%
.org	39668	0.1%
.biz	20253	0.1%
New gTLD	3769824	11.0%
其他	460807	1.3%
合计	34400483	100.0%

（二）域名服务准则

域名具有国际通用性和唯一性，是重要的网络基础资源，域名服务需要符合相关国际组织及所在地的相关要求。

1. 国内政策法规

自 2017 年 11 月 1 日起施行的《互联网域名管理办法》是我国工业和信息化部及各省、自治区、直辖市通信管理局对境内域名服务实施监督管理的重要依据；《关于加快推进互联网协议第六版（IPv6）规模部署和应用工作的通知》《关键信息基础设施安全保护条例》等也为域名服务规范提供了重要参考。

2. 国际协议标准

国际互联网工程任务组（The Internet Engineering Task Force，IETF）发布了域名服务相关的多项 RFC 技术标准协议，涵盖了 SRS 共享注册服务协议、RDDS 注册数据目录服务 WHOIS 协议和 DNS 解析协议等，在基础功能、安全拓展、隐私保护等方面，规定了对域名服务的强制要求和实现建议，是域名服务技术实现的重要规范。

3. 国际准则规范

根据 gTLD 运营授权以及进入根区域（Root Zone）的要求，各 gTLD 注册管理机构需要与互联网名称与数字地址分配机构（The Internet Corporation for Assigned Names and Numbers，ICANN）签订 gTLD 注册局协议（Registry Agreement）。截至 2022 年 12 月，共有 1151 个 gTLD 注册管理机构已经签约，其中 1144 个 gTLD 遵循 ICANN 颁布的基础协议（Base Agreement）[4]。gTLD 注册局协议详细规定了运营该 gTLD 的权利、责任和义务，是域名服务规范的重要参考。

二、域名服务内容及要求

域名的所有权、所有人信息及域名/IP 映射关系等重要数据信息通常由域名注册管理机构维护并发布，注册管理机构的服务水平是域名服务体系的核心环节。依据 gTLD 注册局协议，ICANN 约定注册管理机构的主要服务内容包含以下几个方面。

（1）域名注册服务：从注册服务机构接收有关域名和名称服务器的注册数据；向注册服务机构提供与 TLD 区域服务器有关的状态信息。

（2）DNS 解析服务：分发 TLD 区文件，运营注册管理机构 DNS 服务器。

（3）注册数据目录服务（Registration Data Directory Services，RDDS）：分发与该 gTLD 有关的域名、联系人及主机等信息。

如果注册管理机构希望提供其他附加服务（包含未批准的服务，或者调整已批准的服务），应根据注册管理机构服务评估政策（Registry Services Evaluation Process，RSEP）提交此类附加服务审批申请。

我国《互联网域名管理办法》明确规定，境内域名注册管理机构应当向用户提供安全、方便、稳定的服务。

在我国境内的域名服务，应同时满足国际协议、规范和境内监督管理的相关规定。

（一）域名注册服务

域名注册服务一般由域名注册系统（Shared Registry System，SRS）提供，其服务端（SRS Server）部署在注册管理机构，客户端（SRS Client）部署在注册服务机构，如图 6 所示。

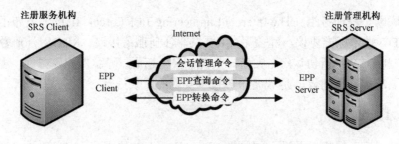

图 6　域名注册系统示意图

1. 功能性要求

域名注册系统一般基于 EPP（Extensible Provisioning Protocol）构建，实现 EPP 客户端（EPP Client）和 EPP 服务端（EPP Server）之间的会话管理，以及域名对象、主机对象和联系人对象等的查询、创建、更改和删除等操作。EPP 对象及其操作命令如表 2 所示。

表 2　EPP 对象及其操作命令

EPP 对象（EPP objects）	EPP 对象操作命令
域名对象(domain objects)	check、info、transfer、create、renew、update、delete
主机对象（contact objects）	check、info、transfer、create、update、delete
联系人对象（host objects）	check、info、create、update、delete

域名对象的 EPP 操作命令共分为会话管理命令、查询命令及转换命令 3 种类型，其中会话管理命令、查询命令为只读操作，转换命令实现域名对象的读/写操作。域名对象的 EPP 操作命令类型如表 3 所示。

表 3　域名对象的 EPP 操作命令类型

EPP 操作命令类型	读/写	EPP 操作命令
EPP 会话管理命令 （EPP session-command）	只读	hello（EPP Client 会话请求） greeting（EPP Server 会话回应） login（用户登录） logout（用户登出）
EPP 查询命令 （EPP query-command）	只读	check（域名查询） info（域名信息查询） transfer query（域名转移查询）
EPP 转换命令 （EPP transform-command）	读/写	transfer request/cancel/approve/reject（域名转移申请/取消/接受/拒绝） create（域名创建） renew（域名续费） update（域名更新） delete（域名删除）

域名注册服务应遵循 IETF 发布的 RFC 标准，如 RFC5730、RFC5731、RFC5732、RFC5733 和 RFC5734 等[5]。如果注册管理机构提供国际化域名（IDN）服务，则应遵循 RFC5890、RFC5891、RFC5892 和 RFC5893 等；如果注册管理机构实施宽限期（Redemption Grace Period，RGP）策略，则应该遵守 RFC3915 等相关标准；如果注册管理机构采用 DNS 安全扩展机制，还应该遵守 RFC5910 等相关标准。

2. 非功能性要求

非功能性要求指域名注册系统对注册服务机构发出的域名业务请求的响应能力。当 EPP 请求的往返时延（Round-Trip Time，RTT）高于相应 SLR（Service Level Requirement）的 5 倍时，则视同本次请求未被答复。如果在给定时间内有超过 51% 的 EPP 请求未被答复，则该 EPP 服务将被视为不可用。如果 EPP 服务每周的不可用时间累计达 24 小时，则可能引发该 TLD 注册管理机构被紧急移交。

（二）DNS 解析服务

1. 功能性要求

IP 地址是网络标识站点的数字地址，为了方便记忆，采用域名来代替 IP 地址标识站点。解析服务由 DNS 服务器完成，实现从域名到 IP 地址的转换过程。

注册管理机构运营 DNS 服务和域名服务器，应遵循 IETF 发布的相关 RFC 标准，如 RFC1034、RFC1035、RFC1123、RFC1982、RFC2181、RFC2182、RFC3226、RFC3596、RFC3597、RFC4343、RFC5966 和 RFC6891 等。

如注册管理机构签署实施域名系统安全扩展（DNSSEC），应遵循 RFC4033、RFC4034、RFC4035、RFC4509、RFC6781 及其后续规定。如果注册管理机构实施用于 DNS 安全扩展的"哈希鉴定否定存在"，则应遵循 RFC5155。注册管理机构应按照行业最佳做法，以安全方式从子域名接收公钥材料。注册管理机构还应在其网站上发布 DNSSEC 政策声明（DPS），DPS 发布应遵循 RFC6841 中所述的格式。

2. 非功能性要求

DNS 域名服务器的可用性，主要指某特定 IP 地址的域名服务器响应互联网用户 DNS 查询的能力。对 DNS 非递归查询的响应必须包含相应的注册信息，否则该查询将被视为未响应；如果响应时间高于相应 SLR 的 5 倍，那么该查询将被视为未答复。如果在给定时间内有超过 51% 的 DNS 查询请求未响应或者未答复，则该 IP 地址的域名服务器将被视为不可用。

（三）RDDS 注册数据目录服务

RDDS 注册数据目录服务对公众提供免费查询。用户通过 RDDS，可以查询域名对象、注册人对象和主机对象的相关信息。RDDS 包含基于 Web 的 Whois 服务，以及基于 43 端口的 Whois 服务，基于 43 端口的 Whois 服务应遵守 RFC3912。

RDDS 的可用性是指根据当前注册数据响应互联网用户查询的能力。如果 RDDS 查询的对象已经注册，那么 RDDS 的响应必须包含相应的注册信息，否则查询将被视为未响应。如果 RDDS 响应 RTT 高于既定 SLR 的 5 倍，那么该查询将被视为未答复。如果在给定时间内有超过 51% 的 RDDS 查询请求未响应或者未答复，则该 RDDS 将被视为不可用。

（四）境内域名服务

1. 域名注册人实名制

《中华人民共和国网络安全法》规定：

网络运营者为用户办理域名注册服务，与用户签订协议或者确认提供服务时，应当要求用户提供真实身份信息。用户不提供真实身份信息的，网络运营者不得为其提供相关服务。

《互联网域名管理办法》第三十条规定：

域名注册服务机构提供域名注册服务，应当要求域名注册申请者提供域名持有者真实、准确、完整的身份信息等域名注册信息。

域名注册管理机构和域名注册服务机构应当对域名注册信息的真实性、完整性进行核验。

域名注册申请者提供的域名注册信息不准确、不完整的，域名注册服务机构应当要求其予以补正。申请者不补正或者提供不真实的域名注册信息的，域名注册服务机构不得为其提供域名注册服务。

2. 域名命名规则要求

《互联网域名管理办法》第二十八条规定，任何组织或者个人注册、使用的域名中，不得含有下列内容：

（1）反对宪法所确定的基本原则的；

（2）危害国家安全，泄露国家秘密，颠覆国家政权，破坏国家统一的；

（3）损害国家荣誉和利益的；

（4）煽动民族仇恨、民族歧视，破坏民族团结的；

（5）破坏国家宗教政策，宣扬邪教和封建迷信的；

（6）散布谣言，扰乱社会秩序，破坏社会稳定的；

（7）散布淫秽、色情、赌博、暴力、凶杀、恐怖或者教唆犯罪的；

（8）侮辱或者诽谤他人，侵害他人合法权益的；

（9）含有法律、行政法规禁止的其他内容的。

3. 数据管理要求

《互联网域名管理办法》第二十一条规定，域名注册管理机构、域名注册服务机构应当在境内设立相应的应急备份系统并定期备份域名注册数据。定期报送业务开展情况、安全运行情况、网络与信息安全责任落实情况、投诉和争议处理情况等信息。《互联网域名管理办法》第二十七条规定，为维护国家利益和社会公众利益，域名注册管理机构应当建立域名注册保留字制度。

三、域名服务评测现状

gTLD 注册局协议规定了域名服务的评测方法，是域名服务评测的重要依据。注册管理机构依据该协议，评测所提供的域名服务是否满足要求，评测主要针对 EPP 域名注册服务、DNS 域名解析服务及 RDDS 域名查询服务。

（一）RTT 的定义

往返时延（Round-Trip Time）是服务评测中的重要参数，也是域名服务评测的核心指标之一。在域名服务水平评测中，不同注册管理机构对 RTT 的定义如表 4 所示。

表 4　不同注册管理机构对 RTT 的定义

TLD	RTT 的定义
.com	"Round-trip" means the amount of measured time that it takes for a reference query to make a complete trip from the SRS gateway, through the SRS system, back to the SRS gateway.——1 December 2012
.info	Round-Trip Time or RTT refers to the time measured from the sending of the first bit of the first packet of the sequence of packets needed to make a request until the reception of the last bit of the last packet of the sequence needed to receive the response. If the client does not receive the whole sequence of packets needed to consider the response as received, the request will be considered unanswered.——30 June 2019
.cn	执行起点为 SRS 网关，通过 SRS，最终返回 SRS 网关

从表 4 可以看出，不同类型 TLD 的注册管理机构对 RTT 的定义存在较大差异。

（二）EPP 域名注册服务评测

1. EPP 评测探测点

".info"注册局协议要求，EPP 参数的探测点应放在注册服务机构的互联网接入点内部或附近，不要将探测器部署在高传播延迟链接（如卫星链接）后面。".com"注册局协议要求，EPP 参数的探测点应位于域名注册系统（SRS）的网关处[6]。不同注册管理机构 EPP 探测点部署对比如图 7 所示。

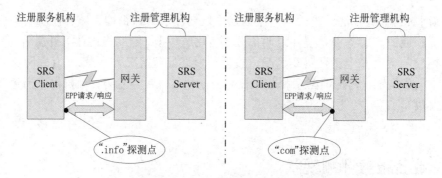

图 7　不同注册管理机构 EPP 探测点部署对比

从图 7 可以看出，不同类型 TLD 注册管理机构的 RTT 探测方式有差异。".info"可由多个注册服务机构完成探测，".com"仅由注册管理机构自行完成探测，不利于第三方实施探测。

".info"的探测点位于注册服务机构，SRS Server 位于注册管理机构。在".com"的评测方式中，探测点和 SRS Server 都部署在注册管理机构内部。前者的计时包含网络时延，因跨越公共互联网而不够稳定，对评测结果的影响很大。

2. 评测数据采集

".info"注册局协议要求，注册服务机构每隔 5 分钟发送一次 EPP 请求到指定 IP 地址的某注册服务器上，并记录 RTT。EPP 请求应包含多种类型的 EPP 命令，且除"创建"命令外，其他的查询命令（query-command）和转换命令（transform-command）应该针对已注册的 EPP 对象。".com"注册局则全部采用实际运营数据,无须单独探测。EPP 评测数据采集对比如表 5 所示。

表 5 不同注册管理机构 EPP 评测数据采集对比

TLD	被测服务器	数据采集方法	EPP 操作对象
.com	不固定 IP 地址	实际运营数据	无要求
.info	指定 IP 地址	每 5 分钟探测一次	域名创建:未注册对象 其他操作:已注册对象
.cn	不固定 IP 地址	每 5 分钟探测一次	域名创建:未注册对象 域名查询:无要求

从表 5 可以看出,不同注册管理机构的评测数据采集,在被测服务器、数据采集方法、EPP 操作对象等方面都有较大的差异,域名服务评测结果也各不相同。

3. 评测数据处理

".info"注册局协议要求,探测请求的 90%满足 SLR。".com"注册局协议要求,一个月内,通过域名注册系统(SRS)的全部 EPP 命令中,有 95%的请求/响应 RTT 满足 SLR。具体处理方式如表 6 所示。

表 6 不同注册管理机构评测数据处理方式

TLD	待评测数据周期	评测数据范围	SLR
.com	自然月	全部生产数据	95%
.info	给定测量区间	仅探测数据	90%
.cn	自然月	仅探测数据	95%

从表 6 可以看出,不同类型 TLD 的评测标准有差异。".info"要求 90%的请求满足 SLR,".com"则要求 95%的请求满足 SLR。

(三)DNS 域名解析服务评测

1. DNS 评测探测点

对于".info",用于测量 DNS 参数的探测点应尽可能放在跨不同地理区域、拥有大多数用户的网络上的 DNS 解析器附近,不要将探测器部署在高传播延迟链接(如卫星链接)后面,探测点应部署于用户端。".com"的探测点部署于注册管理机构。不同注册管理机构 DNS 探测点部署对比如图 8 所示。

2. 评测数据采集

DNS 解析 RTT 包含"TCP DNS 解析 RTT"和"UDP DNS 解析 RTT"。TCP DNS 解析有一系列保障可靠传输的机制,其 RTT 是指从建立 TCP 连接后,至少收到一个 DNS 查询的 DNS 答复,到 TCP 连接关闭期间的总耗时;UDP DNS 解析的速度快于 TCP,在某些情况下是一种更有效的解析方式，其 RTT 是指从发出 UDP DNS 查询开始，收到相应的 UDP DNS 响应报文为止，这期间的总耗时。

图 8　不同注册管理机构 DNS 探测点部署对比

".info"注册局协议要求，每分钟发送一个非递归 DNS 探测查询请求到某指定 IP 地址的解析服务器上。响应报文必须包含注册系统中的相应信息，否则查询将被视为未响应；高于相应 SLR 5 倍的查询，将被视为未答复。".com"注册局则采用实际运营数据，无须单独探测。数据采集对比如表 7 所示。

表 7　不同注册管理机构 DNS 评测数据采集对比

TLD	被测服务器	数据生成方法	UDP/TCP 解析是否区分统计
.com	不固定 IP 地址	实际运营数据	不区分
.info	指定 IP 地址	每 1 分钟探测一次	区分统计
.cn	不固定 IP 地址	每 1 分钟探测一次	不区分

3. 评测数据处理

".info"注册局协议要求仅将探测数据纳入计算，其中 95%的 RTT 应满足 SLR。".com"注册局协议要求综合一个月内 DNS 查询的全部实际运营数据，其中 95%的 RTT 应满足 SLR。

（四）RDDS 域名查询服务评测

1. RDDS 评测探测点

对于".info"，主要基于互联网评测，用于测量 RDDS 参数的探测器应尽可能放在跨不同地理区域、拥有大多数用户的网络上的 DNS 解析器附近；不同注册管理机构 RDDS 探测点部署对比如图 9 所示。

2. 评测数据采集

对于".info"的 RDDS 评测，从 TCP 连接开始到结束（包括收到 Whois 响应）期间的总耗时为 RDDS RTT。如果 RTT 是相应 SLR 的 5 倍或更多，则该 RTT 将被视为未定义；如果在给定时间超过 51%的 RDDS 查询未定义或未回复，则 RDDS 服务将被视为不可用。对于".com"的 RDDS 评测，".com"注册局采用实际运营数据，无须单独探测。数据采集对比如表 8 所示。

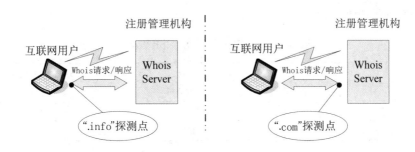

图 9　不同注册管理机构 RDDS 探测点部署对比

表 8　不同注册管理机构 RDDS 评测数据采集对比

TLD	被测服务器	数据生成方法	RTT 是否包含 TCP 连接时间
.com	不固定 IP 地址	实际运营数据	不包含
.info	指定 IP 地址	每 5 分钟探测一次	包含
.cn	不固定 IP 地址	每 5 分钟探测一次	不包含

3. 评测数据处理

"info"注册局协议要求，仅统计探测数据，其中 95%的 RTT 应满足 SLR。".com"注册局协议要求，综合一个月内全部实际运营数据，其中 95%的 RTT 应满足 SLR。

（五）域名服务评测问题分析

域名服务覆盖全球，有很多通用的国际标准，但域名服务的评测却差异巨大，并且尚未完善，难以满足域名服务评测需求。

1. 评测方式不统一

如上所述，当前域名服务评测方式对数据探测点位置、探测时间选取（如是否在业务高峰期）、两次探测的时间间隔、探测数据抽取，数据统计方法等方面没有统一约定，也缺少统一的评测工具和评测手段，评测结果存在较大的差异。

2. 评测项目不全面

在评测项目方面，缺少新协议、新功能的评测指标。如对 DoH、DoT 等协议的支持情况，以及对 IPv6 的服务支持情况等都缺乏相关评测；针对境内域名服务的监督管理要求方面更是存在空白。

3. 评测指标待细分

在已有的评测指标中，存在颗粒度不够的问题。如域名抢注业务，用户关注度极高。根据国家顶级域名".cn"的实际运营数据，抢注成功（获得新域名）的占比约为 0.04%，抢注失败（域名已被注册）的占比则高达 99.96%。抢注成功和抢注失败都同属域名注册创建指标，".info"主要评估抢注成功，而".com"主要评估抢注失败，前者是后者 RTT 的 20 倍

（见表9），评测结果没有比较意义。

表9 ".cn"的实际运营及测试数据

操作类型	请求数量占比 （".cn"生产数据分析）	95%RTT 耗时(ms) （测试环境实测）
抢注成功	0.04%	41.2
抢注失败	99.96%	2.3

四、域名服务评测基准构建

域名服务行业的发展和市场规模的不断扩大，对域名服务水平提出了更高的要求。目前，域名服务能力评测存在评测方法不统一、评测项目不全面、评测指标未细化等问题，境内域名服务评测仍存在空白，缺乏第三方评测机制。域名服务行业还缺少统一的、标准的服务能力评测基准，难以保障服务评测的科学性、规范性、客观性和权威性，不利于促进域名服务市场的良性发展。

为解决上述问题，中国互联网络信息中心（CNNIC）落实工业和信息化部在域名领域的相关管理要求，持续跟踪域名领域的服务需求，与业内几家从业者一起，对域名服务评测进行了持续研究、积极探索，构建了第一版域名服务能力评测基准，并于2022年11月2日在第三届中国互联网基础资源大会发布。

（一）评测指标体系建立

依据域名服务相关的政策法规和技术协议，研究和分析了业务场景和用户需求，面向SRS服务、DNS解析服务和RDDS服务初步制定了评测指标体系。

1. SRS服务指标体系

SRS服务指标体系包含功能、性能、安全、稳定性等方面，具体如表10所示。

功能指标项：参照相关RFC协议，并基于业务支持情况，定义了域名、主机、联系人三大对象基础业务操作等相关指标项。

性能指标项：参考ICANN基础协议的相关规定，并考虑业务场景，定义了域名基础操作的往返时延等性能指标。

安全性指标项：参考相关安全协议及《互联网域名管理办法》等相关规定，定义了TLS（Transport Layer Security）安全协议支持、报文格式检查、实名注册支持等安全性指标项。

稳定性指标项：参照ICANN基础协议规定，并考虑服务运维的实际情况，定义了包括服务可用性、计划停运时间、扩展停运时间等稳定性评价指标。

兼容性指标项：SRS服务按照EPP协议进行通信交互，针对通信协议的支持情况定义了相关评测指标。

信创平台指标项：旨在评估服务与信创产业的融合程度，定义了包括国产硬件支持、国产操作系统支持等相关评测指标。

表 10　SRS 服务指标项

指标项	子指标项
功能	● 域名操作（Check/Info/Transfer/Create/Delete/Renew/Update）
	● 联系人操作（Check/Info/Transfer/Create/Delete/Update)
	● 主机操作（Check/Info/Create/Delete/Update）
	● IDN 域名业务
	● 日升期业务
性能	● 创建未注册域名 RTT
	● 创建已注册域名 RTT
	● 域名 Check 操作 RTT
	● 域名 Update 操作 RTT
	● 域名 Delete 操作 RTT
	● 联系人 Create 操作 RTT
	● 联系人 Check 操作 RTT
	● 联系人 Update 操作 RTT
	● 联系人 Delete 操作 RTT
	● 主机 Create 操作 RTT
	● 主机 Check 操作 RTT
	● 主机 Update 操作 RTT
	● 主机 Delete 操作 RTT
	● 不同报文长度 RTT
	● SRS 服务缓存 RTT
安全性	● 国产密码支持
	● TLS 支持
	● 报文格式检查
	● 域名状态代码/域名操作返回码
	● 实名注册支持
	● EBERO 应急数据托管支持
	● 域名信息数据报备支持
稳定性	● 服务可用性
	● 计划停运时间
	● 扩展停运时间
兼容性	● EPP 协议 0.4 版本
	● EPP 协议 1.0 版本
	● IPv6 支持
	● 扩展标签支持
信创平台	● 支持国产硬件
	● 支持国产操作系统
	● 支持国产数据库
	● 支持国产化中间件

2. DNS 解析服务指标体系

DNS 解析服务指标体系包括功能、性能、安全等方面，具体如表 11 所示。

解析功能指标项：参考 RFC 相关协议，并参照业内主流开源软件的功能实现，定义了涵盖权威解析和递归解析的相关功能指标项。

Web 管理功能指标项：收集了业内主流 DNS 解析服务 Web 产品的设计，定义了 Web 相关功能指标项。

控制管理功能指标项：参考业内主流开源软件的控制管理功能，综合服务运维需求，定义了包括管理工具、数据统计、配置更新等控制管理功能指标项。

性能指标项：参考 ICANN 基础协议，并综合 DNS 相关的 RFC 通信协议，定义了包括 UDP 查询 RTT、TCP 查询 RTT、DoH（DNS over HTTPS）RTT 等性能指标。

安全性指标项：综合考虑安全协议支持和业内常用的攻击防护手段，定义了包括安全协议的支持、国产密码支持、黑白名单功能等安全指标。

其他指标项：定义了评价系统稳定运行状况及信创平台的相关指标。

表 11　DNS 解析服务指标项

指标项	子指标项
权威解析功能	● 权威查询
	● IPv4/IPv6
	● 区数据定时回写
	● 智能解析
	● Attach zone
	● 树形视图
	● 负载均衡
	● EDNS0/ECS/NSEC3/NSEC 查询
	● 多标识解析
	● 数据配置检查
	● 查询应答规范
	● NS 记录配置一致性检查
	● 服务 IP 检查：配置检查/服务分布
递归解析功能	● 递归查询
	● IPv4/IPv6
	● 数据缓存
	● 数据预取
	● 递归查询
	● Stubzone/Sortlist/Attach cache
	● 域名强解
	● 缓存冻结/缓存数据清理/TTL 更改
	● 错链重定向/root hint
	● 动态信任锚点管理
	● 验证解析器

指标项	子指标项
Web 管理功能	● 服务器运行状态
	● IP TOP-N/域名 TOP-N
	● QPS、BPS
	● 核心参数配置/区数据管理/视图管理
	● 服务器启停/数据重新下发
	● 用户管理
	● 操作日志/流量监控
	● 网络联通测试/网络抓包
	● 配置记录查询/域名解析测试
控制管理功能	● chroot 功能
	● 生成密钥/对区签名
	● 日志管理
	● 统计指标/配置动态更新/TKEY 生成
	● DNSSEC 验证/区文件检查/配置检查
性能	● DNS UDP RTT
	● DNS TCP RTT
	● DoH RTT
	● DoT RTT
	● 不同 QPS 压力 RTT
安全性	● DNSSEC 支持/DoH 支持/DoT 支持
	● TSIG 查询/TSIG 控制
	● IP 黑白名单/域名黑白名单
	● 多级域名防御
	● 域名黑白名单/TLD 过滤
	● 格式检查
	● 畸形包过滤/否定应答过滤
	● 国产密码支持
	● 数据一致性
	● 功能限制：版本隐藏/区传送禁用/开放端口限制
稳定性	● 服务可用性
	● 计划停运时间
	● 扩展停运时间
信创平台	● 支持国产硬件
	● 支持国产操作系统

3. RDDS 服务指标体系

RDDS 服务指标体系包括功能、性能、安全性等方面，具体如表 12 所示。

功能指标项：面向域名、主机、联系人 3 类对象规定了相关 Whois 查询功能要求。

性能指标项：定义了域名、主机、联系人 Whois 查询操作的 RTT 性能指标。

安全指标项：包括安全通信协议支持、国产密码支持、数据安全和隐私保护支持情况等安全相关指标。

其他指标项：规定了系统运行状况相关的稳定性指标等。

表 12 RDDS 服务指标项

指标项	子指标项
功能	● 域名、主机、联系人 Whois 查询
	● 后台服务监听 TCP 43 端口
	● IPv6 支持
	● Web 服务支持
性能	● 域名信息查询 RTT
	● 联系人信息查询 RTT
	● 主机信息查询 RTT
安全性	● RDAP 支持
	● 国产密码支持
	● 数据安全和隐私保护支持
稳定性	● 服务可用性
	● 计划停运时间
	● 扩展停运时间
信创平台	● 支持国产化硬件
	● 支持国产操作系统

（二）评测工具研发及开源

基于评测指标体系，采用相同的评测工具、相同的规范和评价方式，评测不同的应用系统，使得评测结果更具比较意义。域名服务评测工具架构示意如图 10 所示。

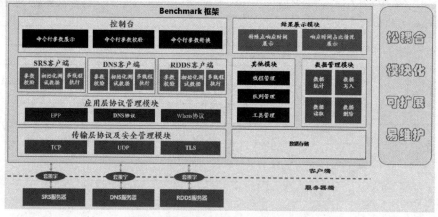

图 10 域名服务评测工具架构示意

域名服务评测工具已采用开源的方式发布，希望依托开源平台，集思广益，与广大从业者一道，持续改进域名服务评测，更加客观、全面、科学地评估域名服务能力，赋能域名行业质量提升。软件源码现已在 Gitee（码云）平台上开源，开源项目名称为 domainbench，开源许可证类型为 Apache。

（三）行业标准制定

基于评测指标体系和评测工具，与业内从业者共同推动相关行业标准的制定。行业标准可用于相关软件系统研发指导及系统服务能力的评价，可供业内参考。

域名是重要的网络基础资源，具有唯一性，注册服务原则上实行"先申请先注册"，域名服务系统经常会承受较大的并发压力，其稳定性和性能直接关系到域名数据的可靠性、正确性和生效的及时性，从而影响域名服务安全。2017 年 8 月 16 日，工业和信息化部发布的《互联网域名管理办法》，明确规定"域名注册管理机构和域名注册服务机构应当向用户提供安全、方便、稳定的服务"，因此，构建统一的系统评测基准，对域名注册服务性能进行规范化评测，提升域名注册服务水平以满足监管要求显得尤其重要。CNNIC 牵头制定的行业标准《基于 EPP 协议的域名注册服务评测技术要求和测试方法》，在中国通信标准化协会（CCSA）成功立项，征求意见稿已经审议通过，目前已经进入送审稿阶段。

域名业务数据包括域名信息、域名持有者信息、域名解析数据等，涵盖了重要的互联网基础资源，是掌握域名行业态势、实施域名行业监管的重要依据，域名业务数据的规范性直接影响域名服务的质量和域名行业的健康、有序发展。2017 年 8 月 16 日，工业和信息化部发布的《互联网络域名管理办法》对域名业务数据内容及管理进行了明确要求，ICANN 也定义了域名相关信息管理方面的技术规范。为落实国内外对域名业务数据的相关要求，急需建立一套完整、合理的域名业务数据规范性评测指标与测试方法，以进一步提升域名行业的监管效能，促进域名服务质量提升。CNNIC 牵头制定的行业标准《域名业务数据规范性评测指标与测试方法》已在中国通信标准化协会（CCSA）成功立项，目前已经进入征求意见稿阶段。

（四）实际运用及推广

1. 服务性能分析优化

基于域名服务评测基准，利用评测工具，可以对域名服务系统进行性能影响因素分析，以更精准地发现性能瓶颈，更有针对性地优化服务性能，提升域名服务质量。例如，选择某注册服务，利用评测工具进行域名创建操作性能分析，如下所示。

为分析磁盘类型对域名创建操作性能的影响，将数据库分别挂载到全闪存阵列和机械硬盘上，采用评测工具进行相关性能测试与对比。评测试结果如表 13 所示。

表 13　全闪存阵列与机械硬盘的对比评测结果

磁盘类型	创建未注册域名 95%耗时（μs）	创建未注册域名平均耗时（μs）	峰值（μs）
全闪存阵列	7294	6811	82997
机械硬盘	41239	24602	368596

从表 13 可知，将数据库存储更换为全闪存阵列后，创建未注册域名的平均耗时约为原来的 1/3.6，95%耗时约为原来的 1/5.6。全闪存阵列性能会远远优于机械硬盘，二者对比如图 11 所示。

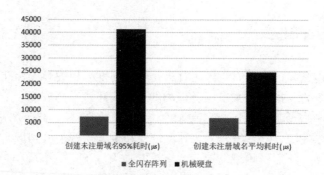

图 11　全闪存阵列与机械硬盘创建未注册域名的性能对比

2. SRS 服务评测应用

基于 SRS 服务指标体系，利用评测工具，对国家域名 SRS 服务进行了功能方面的评测，结果如表 14 所示。

表 14　国家域名 SRS 服务功能指标项

功能评测指标	是否支持
域名	●
Check	●
Info	●
Transfer	●
Create	●
Delete	●
Renew	●
Update	●
联系人	●
Check	●
Info	●
Transfer	●
Create	●
Delete	●
Update	●
主机	●
Check	●
Info	●
Create	●
Delete	●
Update	●

说明：●表示支持，—表示不支持

3. DNS 解析服务评测应用

基于 DNS 解析服务指标体系，利用评测工具，对某商用 DNS 产品进行了功能方面的评测，结果如表 15 所示。

表 15　某 DNS 产品功能指标项

功能评测指标	是否支持
查询	●
NOTIFY	●
智能解析	●
内容过滤	●
负载均衡	●
EDNS0	●
ECS	●
DNSsec	●
NSEC3	●
NSEC	●
多标识解析	—
IPv6	●

说明：●表示支持，—表示不支持

4. RDDS 服务评测应用

基于 RDDS 服务指标体系，利用评测工具，对某 RDDS 服务进行了功能及性能方面的评测，结果如表 16 和表 17 所示。

表 16　某 RDDS 服务功能指标项

功能评测指标项	是否支持
域名 Whois 查询	●
联系人 Whois 查询	●
主机 Whois 查询	●
IPv6	●
GDPR	●
Web 功能	●
43 端口	●

说明：●表示支持，—表示不支持

表 17　某 RDDS 服务性能指标项

性能评测指标项	查询未注册域名(ms)	查询已注册域名(ms)
Average RTT	1.38	29.36
95% RTT	1.57	32.15
Min RTT	1.18	26.14
Max RTT	2.25	72.17

本文基于对当前域名服务的研究，分析了域名服务评测现状的不足，构建了第一版域名服务评测基准，定义了相应的评测方法及评测工具架构。利用评测工具，对既有域名服务进

行了初步评测，有利于后续全面、规范、统一地对域名服务展开评测。域名服务水平的提升是一个过程，在此过程中，评测指标体系及评测工具也逐渐得到完善，从而更好地提升域名服务水平，满足国际组织和我国监督管理要求，更好地推动我国域名行业及互联网关键基础设施的发展和完善。

参考文献

[1]   孔政，姜秀柱. DNS 欺骗原理及其防御方案[J]. 计算机工程，2010，36(3)：125-127.

[2]   IANA. Root Zone Database[EB/OL]. [2022-12-31].

[3]   VERISIGN. The domain name industry brief Q4 2022[R]. 2022.

[4]   ICANN. gTLD Registry Agreements[EB/OL]. [2022-12-31].

[5]   ICANN. .info Registry Agreement[Z]. 2019.

[6]   ICANN. .com Registry Agreement Appendix 7[Z]. 2012.

网络标识领域安全态势研究

马中胜　　王志洋　　邱　洁　　杨卫平

中国互联网络信息中心

一、网络标识解析服务现状

（一）网络标识解析服务

在当前的互联网、物联网及工业互联网中，为实现在不同应用环境中对各类网络服务、通信及对象的标识注册和解析，需要采用多样且异构的标识体系及服务系统。主流的标识技术有域名系统（Domain Name System，DNS）、对象标识符（Object Identifier，OID）、产品电子代码（Electronic Product Code，EPC）和 Handle 等。其中，OID、EPC 及 Handle 已由设计之初主要面向物联网，逐渐拓展到工业互联网领域；DNS 长期应用于互联网域名标识领域，同时是 OID、EPC 解析系统的底层基础，用于实现系统中的部分寻址功能。

域名系统是互联网的关键基础设施。域名服务提供了从互联网域名到互联网 IP 地址的查询转换服务，是用户访问各种互联网应用需要的一种基础服务，被视为整个互联网的入口。此外，域名及其他多种标识解析技术还可应用于工业互联网等物联网相关产业领域，如通信、汽车、数控机床等领域。在工业互联网中，利用标识可以对传感设备、产品、机器等节点和业务应用等不同对象进行识别，并通过标识解析和寻址进行数据映射和转换服务，进而获取相应的地址或关联信息，支撑不同机器与机器之间、物与物之间、机器与物之间的数据交互。

当前，"新基建"的快速发展，特别是信息基础设施中 5G 与工业互联网的发展，为我国域名系统及其提供的域名服务发展带来新的契机和挑战。

（二）"新基建"背景下网络发展面临新挑战

根据国家发展改革委相关说明，"新基建"主要包括信息基础设施、融合基础设施、创新基础设施三方面内容。其中，信息基础设施又包含通信网络基础设施、新技术基础设施和算力基础设施等三个部分。信息网络基础设施以 5G、物联网、工业互联网、卫星互联网为代表，新技术基础设施以人工智能、云计算、区块链等为代表，算力基础设施以数据中心、智能计算中心为代表。

5G 与工业互联网同属"新基建"的范畴，是"新基建"中信息基础设施的主要代表。

5G 是全面支撑我国经济社会数字化转型的关键基础设施，也是实现泛在互联、人机交互、智能变革的全球物联网（简称"全联网"）时代的基础。工业互联网将人、数据和机器连接起来，以重构全球工业、激发生产力，是全联网的重要组成部分，是新一轮工业革命和产业变革的重点发展领域之一。工业互联网网络体系作为工业数据传输交换和工业互联网发展的支撑基础，由网络互联、数据互通和标识解析三部分组成[1]。伴随 5G 通信技术、工业互联网的发展，互联网的发展面临着服务对象规模迅速扩大，网络架构异构和复杂化，移动性、可靠性要求提高，管理需求日益精细化等多方面的挑战。

域名与其他的标识解析技术是万物互联互通的关键功能和基础服务，其安全、可控、高效、智能、稳定关乎网络空间安全。随着标识范围逐步扩大，标识功能逐步增强，标识体系逐步融合，域名与其他各类标识解析技术在架构、性能、安全等层面都将面临新的挑战。架构方面，在 5G 及工业互联网应用中，多种标识解析体系共存，给数据的使用和互联互通带来了巨大的挑战。性能方面，5G 和工业网络对解析时延有更为敏感的要求，5G 需要提供至少 10 倍于 4G 的峰值速率、毫秒级的传输时延和千亿级的连接能力。

（三）网络标识解析服务安全问题愈发重要

随着 5G、工业互联网、全联网的发展，大量移动对象的自动接入、标识系统与边缘计算结合后的本地化发展等共性需求促使标识解析技术融合发展。作为实现互联互通的"神经系统"，域名等标识服务系统中存储了大量敏感数据，一旦服务受限或遭遇攻击，将会对国民经济造成重要影响，甚至对国家安全构成一定威胁。近年来，针对域名解析的分布式拒绝服务（Distributed Denial of Service，DDoS）攻击流量的增大和高级持续性威胁（Advanced Persistent Threat，APT）类攻击数量的不断增加，对域名和其他标识解析系统的安全性提出了更高的要求。

二、网络标识解析服务安全风险

互联网基础资源及其服务系统在整个互联网中居于基础性地位，但因其协议本身存在固有的设计限制而显得"重要而脆弱"，使得互联网基础资源一直面临着严峻的安全威胁，是各种网络攻击行为的重要针对目标。同时，更为复杂的全联网环境也带来了架构、服务、数据等多方面的新安全风险。

（一）互联网标识（域名）解析服务的安全风险分析

1. DDoS 攻击

DDoS 攻击是指攻击者利用大量的傀儡主机向目标发起大规模的资源消耗攻击。在遭受到 DDoS 攻击时，如果网络服务本身性能不够强大，或者网络带宽资源不足，都会导致服务无法响应正常用户的服务请求，从而导致网络服务瘫痪。DDoS 攻击的本质是利用木桶原理寻找并利用系统资源的瓶颈，采用阻塞和耗尽的方式达到攻击的目的，可分为主机耗尽型、带宽耗尽型、特定应用攻击等类型。

DDoS 攻击已成为常见的极具破坏力的互联网攻击方式之一，其攻击形式越来越多样化，发生攻击事件也愈加频繁，甚至形成了全球 DDoS 攻击产业，成为影响互联网安全的最严重威胁之一。对于域名服务来说，如果遭受的 DDoS 攻击还涉及大量需要递归到某个使用面很广的域名所在的 DNS 权威服务器，或者需要追寻到 DNS 根域名服务器，可能会导致相应服务器瘫痪，使得其他有同样解析请求的 DNS 产生大量解析不成功问题，从而影响更大范围的网络服务。

近年来较为典型的针对根解析服务和各级权威解析服务的 DDoS 攻击事件如下。

在根解析服务层面，2002 年 10 月 21 日，13 台根服务器遭受到当时最为严重、规模最为庞大的一次 DDoS 攻击。2015 年 11 月 30 日至 12 月 1 日，连续两次在全球范围内发生针对根服务器的大规模 DDoS 攻击，并最终导致部分根服务器和根区查询业务的服务故障。在顶级及次级域名权威解析服务方面，2015 年 12 月，土耳其国家顶级域名服务器遭受 DDoS 攻击。2016 年 10 月 21 日，大规模 DDoS 攻击对美国著名域名解析服务提供商 Dyn 公司进行攻击，并最终导致全美大范围互联网瘫痪。2018 年 3 月，代码托管网站 GitHub 也遭受严重的 DDoS 攻击，峰值流量达 1.35Tbit/s。

2. DNS 缓存投毒

在 DNS 运行机制中，递归服务器在接收到 DNS 权威服务器返回的查询结果后，会将结果进行保存，并设置一定的保存时长，主要是为了避免对相同查询服务的重复请求。基于该机制，攻击者欺骗递归服务器，让其相信一个伪造的 DNS 响应是真实的，从而将错误的解析结果传递给用户，将用户引向攻击者指定的网页。这类攻击被称为 DNS 缓存投毒。

3. 域名劫持

域名劫持是指攻击者通过技术手段控制域名服务器，将该域名的 DNS 解析指向攻击者控制的 DNS 服务器，然后通过在该 DNS 服务器上添加相应的域名记录，使得用户访问目标网站时，在不知情的情况下实际访问到攻击者指定的网站，从而使用户在该网站上的所有行为都被攻击者掌握，产生危害后果。近年来典型的域名劫持事件如下：2009 年，巴西最大的银行遭遇 DNS 劫持攻击；2011 年 9 月，微软、宏碁等众多知名网站遭遇 DNS 劫持攻击；2012 年，日本三大银行的网上银行服务被钓鱼网站劫持。

4. 路由劫持

作为域间路由系统层面的关键基础设施，边界网关协议（Border Gateway Protocol，BGP）通过交换互联网中自治系统（Autonomous System，AS）之间的路由通告，实现自治系统间的互联互通。BGP 默认接收 AS 通告的任何路由，因此即使一个 AS 向外通告不属于自己的 IP 前缀，也会被对端设备接收并继续传播。在域间路由安全中，最具代表性的攻击手段是路由劫持。域间路由劫持是指某自治系统由于恶意或者误配置，修改了自身或者转发的正确路由信息，通过 BGP 更新报文传播给其他自治系统，从而引发部分其他自治系统被错误路由误导，其流量最终被重定向到该自治系统。

近年来，路由劫持事件频发，导致路由黑洞、流量窃听及大规模拒绝服务攻击等一系列严重后果，极大地影响了互联网的正常运行。典型路由劫持事件包括：2017 年 8 月，美国谷歌公司劫持日本网络运营商 NTT 路由；2017 年 10 月，巴西网络运营商劫持美国谷歌公司路由；2018 年 4 月，亚马逊权威域名服务器遭到 BGP 路由劫持攻击；2020 年 4 月，俄罗斯电信运营商 Rostelecom 被发现疑似发生路由劫持事件。

（二）全球物联网标识服务体系的安全风险分析

近年来，随着全球物联网向数字化和智能化方向深入发展，新的安全隐患层出不穷：多样化的标识、协议和技术导致风险种类和数量的增加；对全联网泛在感知能力的提升，客观上也对数据隐私安全、网络攻击防护和设备控制权限管理等方面提出了新的要求；双向通信机制为非法入侵提供了更多可能性。其中，标识作为全联网发展的重要基础设施，同样面临着异构、隐私、可靠性、稳定性等多方面的安全风险。

1. 标识异构的安全风险

现有标识体系，如 DNS、Handle、OID、EPC、实体码（Entity Code，Ecode）和泛在识别码（Ubiquitous Code，Ucode）等，均自成体系，不同标识体系之间的兼容互通存在技术、政策、管理等诸多障碍。同时，各标识技术和系统安全保障与服务能力参差不齐，部分标识体系尚未形成完善的安全保障和大规模服务能力。

此外，当前主流标识系统的管理模式也导致了根服务安全问题，根服务和根数据的安全隐患在 DNS 系统中体现得较为明显。虽然 DNS 架构内含了某种程度的去中心化设计，在同级服务器之间已经具备部分去中心化的特征[2]。但仍存在一定的根服务安全问题：根数据管理职能集中于 ICANN、Verisign 公司和其他根服务器运行管理机构，这种集中管理模式在效率和安全方面都存在严重隐患[3]。其他标识体系如 EPC、OID 等也存在同样的问题。

2. 标识隐私的安全风险

标识及其相关数据包含大量隐私信息，尤其是蕴含个人行为信息的场景，具有高度的隐私泄露风险。标识注册需要的相关注册信息，如所需域名，以及注册人姓名、电话、地址等联系信息；会在 WHOIS 中进行记录，并补充创建日期、更新日期、域名服务器和域名状态等其他信息。这一过程中各类信息均面临较大的隐私安全风险。

目前在信息管理优化方面，为了防止注册管理机构和注册服务机构发生运营故障或遭受恶意网络攻击而造成注册数据丢失，ICANN 要求新通用顶级域名的申请人选择第三方数据托管服务机构向其提交注册数据，进行数据托管。同时，ICANN 的全球商标信息交换库（Trade Mark Clearing House，TMCH），能够对已验证的商标进行集中存储，较好地保障了数据的交换安全。

在技术优化方面，各国围绕 IP 地址身份和位置信息分离开展了相关研究工作。例如，美国国家科学基金会（National Science Foundation，NSF）2010 年发起的未来网络架构研究项目——命名数据网络（Named Data Networking，NDN）。NDN 不同于 TCP/IP 体系结构，其根据内容本身对网络中的所有内容数据进行命名。基于名称路由的数据分组管理模式，在大规模并发环境下路由表的维护至关重要，涉及命名方案的复杂性结构限制、聚合性服务等方面需求[4]。因此，NDN 网络中每个路由节点设计了 3 个表的维护结构：内容存储器（Content

Store，CS）、待定请求表（Pending Interest Table，PIT）和转发信息表（Forwarding Information Base，FIB），相关查询数据将在 CS 中进行缓存以提高寻址效率。所以，在数据安全方面，其由应用进程对内容数据直接进行加密及数字签名以实现对数据安全的控制，能够较好地防范隐私泄露等安全风险，但同时也带来了面向缓存的污染攻击等新的安全风险。因此，相关的安全检测方法及策略研究仍然是国内外下一代互联网研究的重点。

3. 标识服务的安全风险

标识网络服务过程中的安全风险主要涉及运行及数据的可靠性、稳定性等方面。

在可靠性方面，为了确保消息数据和指令的合法性，需要有相应机制来识别消息的真伪，也可以在协议层面进行可靠性的优化，防止虚假数据注入等攻击，确保数据不被篡改和伪造。同时，也需要保障各级标识节点和数据同步的安全。此外，针对全联网中存在的海量异构服务对象，多主体身份与权限管理面临挑战，需要对各类身份及权限进行细颗粒度的分类管理。目前，标识服务主要在身份可信、隐私数据保护、防止越权、防止非法操作等方面面临可靠性的较大挑战。

在稳定性方面，网络通信在面对信道拥塞和网络攻击等行为时非常脆弱，需要防止非法流量占用，确保标识系统能够正常运转。同时，由于标识解析机制越来越灵活和多样化，导致了系统数据的多样多源、设备和数据的快速扩张，在复杂的网络环境下，如何实现标识对象、用户和运营机构密钥的统一适配与管理仍存在较大风险挑战。

此外，标识载体也是标识服务安全的重要内容，标识载体是承载标识编码资源的标签，需要主动或被动地与标识数据读写设备、解析服务节点、数据应用平台等发生交互。主动标识载体安全、标识防伪、标识数据安全更新等是标识解析系统安全的首要保障。

三、关键技术问题分析与研究

（一）DNSSEC

为保障 DNS 数据在传输过程中不被更改，互联网工程任务组（Internet Engineering Task Force，IETF）于 1997 年提出了 DNS 安全扩展（Domain Name System Security Extensions，DNSSEC）技术体系。利用公钥基础设施（Public Key Infrastructure，PKI），DNSSEC 在 DNS 原有的体系结构上添加数字签名，为 DNS 消息提供权限认证和信息完整性验证。

DNSSEC 机制为 DNS 提供三方面的安全保障：其中，为 DNS 体系提供的数据来源验证，能够保障 DNS 数据来源的准确性；为数据提供的完整性验证，能够确保数据在传输过程中不被篡改；为否定应答报文提供验证。近年来，DNSSEC 在全球的部署逐步推进。2010年 7 月，ICANN 通过发布根区信任锚，实现所有根服务器的 DNSSEC 部署并正式宣布对外提供服务。2011 年 3 月，全球最大的顶级域".com"完成 DNSSEC 部署。2011 年 5 月，Nominet 在".uk"域内部署 DNSSEC。2012 年 1 月，Comcast 宣布其所有的 DNS 解析器均支持 DNSSEC 验证，且其服务范围内的所有区数据均已部署 DNSSEC。

截至 2021 年底，顶级域名服务对 DNSSEC 协议的支持率达到 92.00%，但是二级及以下权威域名解析服务和递归解析服务对 DNSSEC 协议的支持率较低，分别为 0.1% 和 1.50%。密钥签名密钥（KSK）是 DNSSEC 的必要构成部分，实施 KSK 轮转是保障 DNSSEC 持续安全运行的关键环节。2018 年 10 月 11 日，ICANN 正式推动根区密钥轮转工作，使用新的 KSK（即 KSK-2017）签署的新版根区数据已经面向公众正式发布。2019 年 3 月 22 日，ICANN 继续推进根区密钥轮转的最后一步，即删除旧的根区密钥，宣告了首次根区 KSK 轮转工作的成功。

（二）DoT/DoH

DNS 服务承载用户的查询信息，其中包含很多实际的用户访问信息，如用户访问的网站域名、访问频率及时间等信息，这些信息可以用于大量的商业目的。甚至存在劫持用户 DNS 请求的信息，从而达到"引导"用户的目的，DNS 隐私保护变得越来越重要。

DNS 技术演进过程中，引入了多个关于隐私保护的措施和方法，但实际执行情况并不理想，如早年提出的查询数据最小化问题（RFC7816），实际部署率不高。近年来，DoH（DNS over Https）和 DoT（DNS over TLS）作为两个重量级的隐私保护技术被引入并得到包括谷歌、Cloudflare 等企业的线上部署实施，提高了社区对于这两个项目的参与积极度。

传统的 DNS 查询和应答采用 UDP 和 TCP 明文传输，存在网络监听、DNS 劫持、中间设备干扰的风险。DoH 是一种被广泛应用的安全化域名解析方案，其意义在于以加密的 HTTPS 协议发送 DNS 解析请求，避免原始 DNS 协议中用户的 DNS 解析请求被窃听或者被修改的问题（如中间人攻击），从而达到保护用户隐私的目的。DoH 协议使用 HTTPS 协议发送 DNS 请求，请求到达 DoH 服务系统后，由 DoH 服务系统解码基于 HTTPS 的 DNS 请求报文，并发送 DNS 请求给 DNS 解析系统，DNS 解析系统返回 DNS 请求结果到 DoH 服务系统上后，再由 DoH 服务系统将其打包成基于 HTTPS 的 DNS 应答报文返回给客户端，这就保证了客户端发起的 DNS 请求不会被攻击者获得。

（三）高性能解析

5G 和工业网络对解析时延有更为敏感的要求，工业网络中存在海量数据高并发接入、多种标识命名格式与协议并存等现象，所以保证在复杂工业环境下，实现高性能的命名映射与协议转换，是亟待解决的问题。标识解析产品除不断优化自身数据算法与结构外，更多地利用外部技术来解决性能瓶颈，例如，使用专用日志工具来解决日志记录的瓶颈，利用高性能网络处理框架借助万兆网卡的性能优势来处理每秒百万级甚至千万级的查询。目前，部分基于数据面开发套件（Data Plane Development Kit，DPDK）等框架的解析软件可以实现高性能解析。

用户上网速率受运营商线路和地域的影响。为解决这个问题，早期网络服务商在不同运营商处分别架设服务器，并在网页上设置超链接（如中国联通下载、中国电信下载），让用户手工选择下载线路，这个方案存在的问题是用户体验差。为了实现访问线路的自动选择，业界提出了多视图智能解析技术并在主流 DNS 解析软件中实现。权威解析系统以链形结构配置多个视图，每个视图关联一个运营商的 IP 地址集和一组区（包含区名和区数据），若

DNS 请求报文的源 IP 地址匹配第一个视图关联的 IP 地址集，则用关联的区进行解析，否则匹配下一个视图。

（四）标识解析服务监测与防护

权威域名服务防御 DDoS 攻击的主要方式是在攻击流量到达域名服务之前的路径上部署 DNS 专用防火墙。通过分析 DDoS 攻击流量特征，如 DNS 请求报文类型、源 IP 地址、端口、网络流量熵等，对攻击流量进行识别并过滤。这种防御方式对于放大后的攻击流量有良好的清洗效果，能够避免目标主机的入口带宽受到攻击流量的冲击。第二种防御方式的基本思想是在服务器网络出口方向对 DNS 应答流量进行限速。还有一种防御方式是对可疑查询请求的来源进行认证。

近年来，利用智能网卡（Smart Network Interface Card，SmartNIC）进行硬件卸载受到学术界的广泛关注。智能网卡主要用于快速联网、高效数据处理、加速数据传输，并能实现网络、存储和安全等功能卸载。从核心处理器角度来分析，目前智能网卡架构主要有 3 类，分别基于 ASIC（Application Specific Integrated Circuit）、FPGA（Field-Programmable Gate Array）和 MP（Multi-core Processors）。

以 FPGA 为例，FPGA 属于一种半定制、可编程的集成电路，能够有效地解决原有的器件门电路数较少的问题。FPGA 的优点是动态可重配、性能功耗比高，可以根据业务形态来烧写不同的逻辑，实现不同的硬件加速功能。以 FPGA 芯片为核心，针对网络报文进行电路级别处理，具有高性能、低延时、低功耗等特点，可支持多队列 DMA 报文收发，内置多种安全策略，对互联网基础资源的服务器进行全方位的保护，保证域名解析等服务的正常运行。

（五）互联网码号资源公钥基础设施

互联网码号资源公钥基础设施（Resource Public Key Infrastructure，RPKI）是一个旨在使互联网路由基础设施更安全的 PKI 框架。通过构建一个公钥证书体系，完成对包括 IP 前缀和 AS 号在内的互联网码号资源（Internet Number Resource，INR）所有权（分配关系）和使用权（路由源授权）的认证。所产生的"认证信息"可进一步用于 BGP 路由器的路由决策，验证 BGP 报文中路由源 AS 的真实性，以达到防止路由劫持的效果。RPKI 技术体系的基本功能之一是对 INR 的分配提供密码学上可验证的担保。当前互联网码号资源的分配为分层式架构，最顶层是 IANA；IANA 将 INR 分配给 5 个区域性互联网注册机构（Regional Internet Registry，RIR）；RIR 将资源分配给其下级节点，如本地互联网注册机构（Local Internet Registry，LIR）、国家（或地区）级互联网注册机构（National Internet Registry，NIR）、互联网服务提供商（Internet Service Provider，ISP）；下级节点再依照地址分配逻辑继续逐级向下分配资源。

RPKI 服务可实现对 IP 地址、AS 号使用授权认证，有助于从根本上解决路由劫持等网络安全问题。2006 年，IETF 域间路由安全（Secure Inter-Domain Routing，SIDR）工作组成立，开始对 RPKI 进行标准化工作。2012 年 2 月，IETF SIDR 工作组发布了 14 个 RPKI 核心技术相关的 RFC（RFC6480～RFC6493），RFC6480 定义了 RPKI 技术框架，后续一系列 RFC 记录了 RPKI 相关技术规范。2016 年，IETF 域间路由安全运行机制（SIDROPS）工作组成立，标志着 RPKI 部署方案和运行机制成为研究重点。

RPKI 证书采用了层次化的架构，与互联网码号资源分配架构相符。RPKI 系统常被分为证书签发体系（Certificate Authority，CA）、RPKI 资料库系统（Repository）及依赖方（Relying Party，RP）。近年来，RPKI 在全球的部署逐步推进。2012 年初，全球五大 RIR 均已部署自己的 RPKI 信任锚点，对其会员开放互联网资源认证业务。在亚太地区，中国互联网络信息中心（CNNIC）和日本互联网络信息中心（JPNIC）等 NIR 机构在亚太地区互联网络信息中心（APNIC）的协助下，已率先开展 RPKI 相关工作。

（六）面向网络标识的云原生边缘解析技术

云原生是一种利用云交付模型的效率优势来构建面向云的软件开发方法。其与传统软件开发方法最大的区别在于，云原生致力于提高开发效率和运维效率，强调持续交付和开发运维一体化（DevOps），将软件开发、部署、运维等环节视为一个整体，着眼于提升整体效率，而不仅仅是开发效率。

车联网、工业互联网中大量移动设备的接入，要求标识系统为标识生成、接入点选择和路由配置的自动化等提供支撑；工业互联网中在网络边缘进行数据分析的需求，对标识解析、数据采集和决策应对的实时性要求越来越高，意味着节点组网、标识解析和内容发现的本地化，以及无网络基础设施情况下标识系统需要对连接和路由等相应技术提供有力支撑。"标识解析"内涵的不断外延，促使标识解析与边缘计算走向融合，催生出"边缘解析"的概念，边缘解析是一种在网络边缘进行解析的新型解析模式。

云原生方法与边缘解析的理念高度契合。云原生日益完善的基础设施与蓬勃发展的行业应用，为构建边缘解析新型架构奠定了坚实的实践基础。云原生旨在提高软件的生产效率和使用效率，在理念上与边缘解析高度契合，它不仅将微服务、容器囊括其中，与微服务相辅相成的持续交付和研发运维一体化也会让边缘解析的构建更加高效可靠。

（七）标识语义模型

从互联网到全联网，网络内节点种类日益多样化，导致标识数据的表达形式长期无法统一。因此，需要在网络内建立面向各类节点信息的统一语义模型，以支撑对人、机、物及相关信息的全面描述，提升设备、系统及平台之间的互操作性。

欧盟的物联网研究路线图中[4]，将语义标签（Semantic Tagging）、语义传感网（Semantic Sensor Web）和基于语义的发现（Semantic-based Discovery）等列为关键研究要点。其中，语义标签的服务通常包含文本分析、概念提取、主题识别、关键字和关系识别等方面，结合元数据、知识图谱等技术的应用，可以较为高效地对标识进行一体化的管理和应用。基于语义发现的相关技术研究也是标识语义模型应用的基础，实现基于标识的知识发现，能够充分挖掘并利用标识的各种关系，使它们的价值在检索过程中得到更好的体现，提升信息检索效果。

此外，OpenIoT 联盟的物联网开源项目[5]架构中使用了提供数据查询和发现分析（如请求定义和请求表示）的多语义数据模型 X-GSN，以实现对各类传感器的信息采集和管理。开放地理空间信息联盟（Open Geospatial Consortium，OGC）提出的 SensorML 框架[6]，则通过语义相关方法来定义和监测数据转换和处理过程的组件，实现不同传感节点之间的互操作和节点信息的共享。

（八）去中心化服务

去中心化是全联网标识系统的发展特征和关键需求。对于当前的主流标识，尽管有DNSSEC技术和并行根等方面的探索，但仍无法兼顾去中心化和系统安全两个要求。分布式计算、区块链等新技术的出现，使得该领域的研究进一步得到推进。"物理分散、逻辑统一"的去中心化架构是全球物联网发展的趋势。作为各类应用运作的核心组件，不同标识系统之间也形成了类似的格局，对去中心化框架有着内在需求。

在各类去中心化框架和分布式系统中，以区块链最为典型。区块链能够为各类物联网自治系统的数据互通和协同运作提供技术和架构方面的支撑。基于目前的区块链技术，能够使标识的注册、管理和服务摆脱"单边主义"模式。同时，基于区块链构建标识系统，也具有较高的可行性。一方面，以根数据管理为例，各类标识根系统的节点和数据规模有限，能够在较大程度上规避区块链因多点协同而导致的效率低下问题。另一方面，标识系统根服务在安全方面也进行了研究探索，例如，ICANN等提出了根数据管理相关的标准规范[9]，开放根服务器网络（Open Root Server Network，ORSN）尝试建立DNS根的并行架构，通过增加根节点[10]、新建IPv6根服务器[11]和改进数据分发机制[12]等来缓解中心化隐患等。

得益于区块链与人工智能、云计算等新兴技术的融合应用，进一步推动了全联网标识向高效、安全和智能的方向发展。例如，云计算以虚拟化和分布式技术为基础，也能够为网络标识服务提供更具可扩展性和整体性的安全框架，如 Google Cloud、Amazon Web Services（AWS）、Microsoft Azure 和 IBM Watson 等云平台都提供了针对海量标识的管理功能。同时，随着人工智能芯片领域的快速发展[13]，很多较为复杂的计算任务可以不再依赖于大型、集中式的基础架构，借助边缘计算，在网络末端也可能构建完整的标识管理和服务闭环。尽管如此，全球物联网标识服务体系仍需要从架构层面切入，设计真正无中心、各方参与、平等开放、可监管的新型标识服务系统。

四、网络标识解析服务安全相关建议

（一）政策方面

建议在政策层面对域名、RPKI等基础服务进一步加强管控。坚决落实好《网络安全法》《关键信息基础设施安全保护条例》等网络安全领域法律法规，重点关注涉及国家安全、国计民生、公共利益的网络关键基础设施保护要求。压实相关各方主体责任，全面细化相关落实举措，配套研制相关管理规范、实施细则、行业标准。建立健全相关政策和制度，引导推广".cn"国家顶级域名使用，保障国家顶级域名系统安全可靠运行，促进国家顶级域名的发展和应用。

（二）产业方面

建议从业者加强自我保护，积极促进产、学、研、用多方协作、融合，全力打造互联网基础资源等网络安全领域核心技术产业生态。加大互联网基础资源领域等网络安全领域人才培养力度，培养相关领域急需的科技人才，支持创新型企事业单位，引导大中小型网络技术公司健康发展，构建健康安全的网络标识等互联网基础资源产业链。积极在国际上促进互联网基础服务健康发展，推动构建尊重各国网络主权、共同参与治理的国际网络空间新格局。

（三）学术方面

网络安全基础技术研究是网络标识解析服务安全的基础。一方面，随着网络范围的扩大，以及网络安全威胁的多样化、复杂化，传统的基于中心化的网络安全体系架构已无法满足可持续的发展需求。另一方面，随着万物互联时代的到来，网络的复杂度将持续提升，网络安全的参与方和运行机制也更加复杂，网络安全问题不仅仅是一种技术挑战，更是一种社会挑战。

因此，在持续开展标识服务架构、性能、数据、网络安全等技术优化研究工作的基础上，建议加强网络基础服务安全的教育与普及工作。相关的专业教育和宣传工作需要高校、科研机构及企业等各类社会力量的广泛参与和合作，以更好地践行网络安全为人民、网络安全靠人民的重要思想和理念。

（四）研究方面

需要加快网络安全攻防技术攻关，提升我国网络安全攻防水平。进一步加快提升我国网络安全攻防能力，开发资源公钥基础设施等关键技术，打造网络安全攻防撒手锏，将有利于维护我国国家安全和根本利益，为践行"和平利用网络空间"理念提供有力支撑。

伴随对网络安全的认知和相关技术的发展，新型互联网技术正朝着以应用为中心、按需服务、大带宽与确定性、海量连接与泛在覆盖、去中心化与智能化、内生安全的方向发展。建议相关科研院所持续开展各类新型互联网基础技术的相关研究工作，研究更加全面、安全的网络发展方向，例如，目前比较具有代表性的技术方向及架构设计工作包括信息中心网络（ICN）、时间敏感网络（TSN）、软件定义网络（SDN）和网络功能虚拟化（NFV）等。

（五）应用方面

在应用方面，建议消费互联网、产业互联网相关企业、用户关注网络标识解析服务安全风险，合理使用互联网基础服务。努力推动网络标识解析服务安全相关研究成果与实际产业融合，在各领域、各产业落地实施，加快促进互联网基础资源的技术生态、产业生态和政策生态的构建。

参考文献

[1]   工业互联网产业联盟. 工业互联网体系架构（版本 2.0）[R]. 北京：工业互联网产业联盟，2020.

[2]   T McConaghy, A Marques. Bigchaindb: a scalable blockchain database[R]. White paper. BigChainDB. 2016.

[3]   PAUL Mutton. WikiLeaks.org taken down by US DNS provider[EB/OL].（2010.12）.

[4]   黄韬. 刘韵洁等. 未来网络体系架构研究综述[J]. 通信学报，2014，35(8): 184-197.

[5]   中国互联网络信息中心. 2021 年中国域名服务安全状况与态势分析报告[R]. 2022.

[6]   O Vermesan, et al. Internet of things strategic research roadmap[J]. The Cluster of European Research Projects, River Publishers, 2011: 9-52.

[7]   物联网开源项目介绍[EB/OL]. 2014.

[8]   OGC 07-000. OpenGIS sensor model language (SensorML) implementation specification[S]. 2007.

[9]   AARON Swartz. Squaring the triangle: Secure, decentralized, human-readable names[EB/OL].（2011.10）.

[10]   T Ali Syed, A Alzahrani, S Jan, M S Siddiqui, A Nadeem and T Alghamdi. A Comparative Analysis of Blockchain Architecture and its Applications: Problems and Recommendations. in IEEE Access[C]. 2019.vol. 7: 176838-176869.

[11]   ICANN Root Server System Advisory Committee (RSSAC). Draft proposal, based on initial community feedback, of the principles and mechanisms and the process to develop a proposal to transition NTIA's stewardship of the IANA functions[R]. 2014.

[12]   ABLEY J. Hierarchical anycast for global service distribution. ISC technical note[R]. 2003.

[13]   SONG L, LIU D, VIXIE P. Yeti DNS Testbed. RFC 8483[S]. 2018.

[14]   SATO S, MATSUURA T, MORISHITA Y. BGP anycast node requirements for authoritative name servers[R]. 2007.

[15]   BILL Lydon. Edge Computing: Chip Delivers High Performance Artificial Intelligence[EB/OL].（2020.10）.

我国互联网域名行业发展现状和展望

李长江　　胡安磊　　罗　北

中国互联网络信息中心

2020 年以来，随着内外部环境的巨大变化，我国互联网域名行业也发生了较大变化。本文总结其中的变与不变，并尝试思考和判断域名行业的未来发展，希望有助于域名行业进一步了解现在，更好地走向未来。

一、我国互联网域名行业发展现状

近年来，特别是新冠疫情发生以来，我国互联网域名行业在域名交易业务、域名衍生服务、中文域名等方面延续了此前的发展态势，但在域名注册领域有较大变化。

（一）域名注册业务量

新冠疫情发生以来，在多方面因素影响下，我国域名注册业务受到较大影响，初期主要业务指标显著下降。此后，国内域名注册业务有所回升，但主要指标仍远不及疫情发生前。一是国内域名保有总量大幅下降后小幅回升。从 2019 年 12 月至 2021 年 6 月，域名保有总量从 5094 万个下降到 3136 万个，此后回升至 2022 年 12 月的 3440 万个。疫情以来，域名保有总量共减少 1654 万个，减少了 32.5%。二是国内域名保有量全方位下降。疫情发生后，国内主要顶级域名（.CN/.COM/New gTLD）保有量都下降，而不是个别顶级域名下降。按减少的比例计算，New gTLD 保有量减少得最多，2022 年 12 月比 2019 年 12 月减少了 62.8%；".CN"域名保有量减少得最少，但也减少了 10.4%，如表 1 所示。

表 1　近年来国内域名保有量

域名保有量（万个）	2019 年 12 月	2020 年 12 月	2021 年 6 月	2021 年 12 月	2022 年 6 月	2022 年 12 月
国内总体	5094	4198	3136	3593	3380	3440
".CN"	2243	1897	1509	2041	1786	2010
".COM"	1492	1263	1134	1065	1009	902
New gTLD	1013	745	361	362	459	377

（二）域名注册机构

作为域名行业的主要参与者，我国域名注册管理机构和域名注册服务机构在数量增长的过程中，内部构成有了一定的变化。

域名注册机构数量持续增长。截至 2022 年 7 月底，获得国内电信主管部门许可的域名注册管理机构数、注册服务机构数和顶级域名数分别增长到 34 家、179 家和 152 个。

域名注册机构空间布局多样化。此前，域名注册管理机构只分布在北京、广东、上海、江苏和天津，近年来，四川和福建都有了域名注册管理机构。域名注册服务机构的主要聚集地为北京、福建、浙江、广东和上海等地区，近年来，新增注册服务机构中有多家分别来自新疆、海南、安徽、吉林、内蒙古、河北和四川。域名注册机构在非传统地区布局是否会成为未来的趋势，有待进一步观察。

境外机构积极进入境内域名注册管理领域。2020 年 7 月至 2022 年 7 月，除".购物"外，新增 35 个顶级域名获得国内电信主管部门许可，这些顶级域名的注册管理机构都为境外机构来华企业，如表 2 所示。

表 2　2020 年 7 月以来获得国内电信主管部门许可的顶级域名

批复时间	注册管理机构	顶级域名	与境外相关性
2020 年 7 月 1 日	威瑞信互联网技术服务（北京）有限公司	.CC、.TV	Verisign（美国）
2020 年 8 月 11 日 2022 年 2 月 18 日 2022 年 7 月 20 日	都能网络技术（上海）有限公司	.BAND、.CAB、.CAFÉ、.CASH、.FAN、.FYI、.GAMES、.MARKET、.MBA、.MEDIA、.NEWS、.SALE、.SHOPPING、.STUDIO、.TAX、.TECHNOLOGY、.VIN、.SCHOOL、.ME、.GLOBAL	Donuts（美国）
2021 年 2 月 24 日	北京爱克司科技有限公司	.BABY、.COLLEGE、.MONSTER、.PROTECTION、.RENT、.SECURITY、.STORAGE、.THEATRE	XYZ（美国）
2021 年 7 月 2 日	纳网合力（厦门）网络服务有限公司	.购物	境内机构
2021 年 9 月 1 日	成都点世界科技有限公司	.世界、.健康	Stable Tone（中国香港）
2021 年 9 月 22 日	格域（北京）科技有限公司	.BOND、.CYOU	ShortDot SA（英国）
2021 年 11 月 17 日	北京然迪克思科技有限公司	.UNO	Radix（印度）
说明：".购物"被注销许可后再次获得许可，不纳入新增顶级域名统计范围内。			

资料来源：工业和信息化部域名行业管理信息公示网站。

境内机构进入域名注册管理领域的热潮有所消退。境内机构此前成功向互联网名称与数字地址分配机构（ICANN）申请了 32 个新通用顶级域名，但仍有 7 家机构的 13 个顶级域名尚未获得国内电信主管部门许可，如表 3 所示。原因可能有以下几个方面：此前申请该顶级域名主要是为了品牌保护，并不打算启用；尚未找到可行的商业模式；经营上的选择，目前已不再持有该顶级域名。

表 3　境内机构向 ICANN 申请成功但尚未获得国内电信主管部门许可的顶级域名

注册管理机构	顶级域名	说明
爱国者电子科技公司	.AIGO	已与 ICANN 终止协议
新浪公司	.SINA、.WEIBO、.微博	—
奇虎公司	.XIHUAN、.SHOUJI、.ANQUAN、.YUN	—
中国工商银行	.ICBC、.工行	—
宏珏时装公司	.REDSTONE	—
大众汽车中国公司	.大众汽车	—
新华社广东分社	.新闻	该顶级域名现为广州誉威信息科技公司持有

资料来源：ICANN 网站 New gTLD 当前申请状态页。

域名注册服务机构经营范围继续扩大。除个别情况外，新增的域名注册服务机构主要从事（或含有意向从事）境内主流顶级域名（".CN"".中国"".COM"".NET"）的注册服务，原有的域名注册服务机构增加了新获得电信主管部门许可的顶级域名注册服务。这反映了主流顶级域名仍是域名注册服务机构的首选，其他顶级域名也有一定吸引力。

域名注册服务领域格局出现松动。长期以来，域名注册服务业务量主要集中在固定的少数企业。近年来，腾讯云计算（北京）有限责任公司（含同属腾讯系的其他相关公司）大力开拓域名注册服务领域，域名保有量飞速增长，目前也已跻身前列。这在一定程度上说明域名注册服务领域格局并非牢不可破，在一定条件下也能快速出现新的有力竞争者。

（三）域名注册业务并购

经过几年的发展，全球上千个新通用顶级域名的经营状况不尽相同，很多新通用顶级域名的经营状况不尽如人意，并购成为经营策略上的一种选择。在此方面，境内外呈现鲜明的对比。

境内域名注册管理领域并购极为少见。2020 年以来，境内域名注册管理领域只发生了一起并购，即纳网合力（厦门）网络服务有限公司收购美国"Minds+Machines"公司的".购物"顶级域名。

境外域名注册管理领域并购极为火热。根据 ICANN 网站上显示的信息，2020 年 1 月至 2022 年 12 月，全球共发生 108 笔域名注册管理机构变更记录[1]，这些变更除因为企业集团内部重组更名以外，大部分是由并购而产生的。另外，全球还有多起并购但无须变更域名注册管理机构的情况。主要的并购事件如下：2020 年 4 月，GoDaddy 公司宣布收购 Neustar 公司域名注册管理业务，收购价格为 2.18 亿美元[2,3]，Neustar 公司运营和管理了 200 多个顶级域名和大约 1200 万个域名；2020 年 11 月，Donuts 公司宣布收购 Afilias 公司的域名注册业务[4]，Afilias 公司运营和管理了 200 多个顶级域名和 2000 多万个域名；2021 年 4 月，GoDaddy 公司宣布收购"Minds+Machines"公司的大部分资产，收购价格至少为 1.2 亿美元，交易范围包含 20 多个顶级域名[5]。

境内外域名注册管理领域并购情况有显著差别。即使把 2020 年以前的境内并购事件纳入考虑，也能发现境内外域名注册管理领域并购情况的差异较大。一是境内并购事件数量极少，而境外多。二是境内并购体量小，涉及少数几个顶级域名，境外多起并购体量大，涉及上百个顶级域名和上千万个域名。三是境外并购促进了域名注册业务更多地向少数大企业集中，境内并购暂时未明显呈现这种趋势。

境内外域名注册管理领域并购形成显著差别的原因包括以下几个方面：一是境内域名注册管理机构相对弱小，没有大量资金收购其他企业，也没有大量顶级域名可被收购；二是境外大型域名注册管理机构收购其他顶级域名带有规模经济和范围经济的因素，规模经济可带来成本降低，范围经济可带来新商业机会。例如，Donuts 公司依靠其掌握的数百个顶级域名，深入各垂直领域，推出 TrueName 服务，让域名申请者能在最相关的垂直领域顶级域名下注册域名。如图 1 所示，在 Donuts 网站的 TrueName 服务中搜索"food"，不仅推荐的二级域名与 food 有关，而且顶级域名也与 food 有关，能更好地满足域名申请者的需求，为 Donuts 公司赢得了更多的业务量。

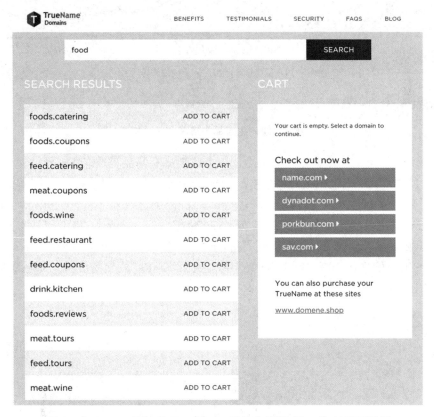

图 1　在 Donuts 网站的 TrueName 服务中搜索"food"的显示结果

（四）域名交易业务

在域名交易市场中，境内外基本同步，近年来都呈下降之势。

境内域名交易市场持续下行。自 2018 年起，境内域名交易市场开始显著下行。2020 年以来，境内域名交易市场继续下行。例如，四声母".CN"域名交易价格从 2020 年初的大约 250 元下降到 2021 年 10 月的大约 30 元，已接近域名注册价格。四声母".COM"域名交易价格从 2020 年初的大约 2200 元下降到 2021 年 6 月的大约 1500 元，此后几个月有所上涨，截至 2021 年 10 月大约为 1800 元，如图 2 所示。

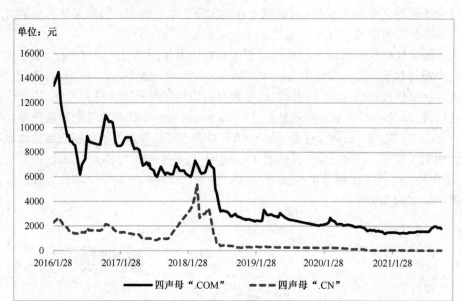

数据来源：炒米网（截至 2021 年 10 月，无法提供更新数据）

图 2　境内主流品类域名交易价格

全球域名交易市场总体上以下降为主。在全球主流交易品类域名中，与上文境内域名交易市场可比的时间段，即 2019—2021 年，2021 年".com"".net"".org"".fr"".co"".uk"域名交易价格中位数比 2019 年明显下降，".de"".biz"基本保持不变，".info"".eu"明显上升。虽然".org"".fr"的交易价格在 2022 年比 2021 年大幅上升至与 2019 年基本持平水平，但最主流的".com"".net"的 2022 年交易价格中位数仍低于 2019 年水平，".co.uk"".info"在 2022 年的交易价格比 2021 年则有明显下降，甚至".info"的交易价格下降至低于 2019 年的水平，如图 3 所示。

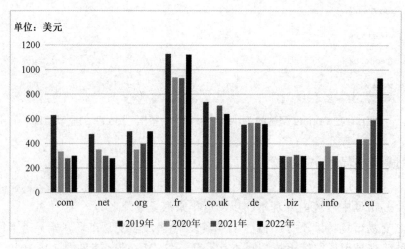

数据来源：Sedo 网站的 2021 年、2022 年和 2023 年的《全球域名研究报告》。

图 3　全球主流品类域名交易价格

境内外域名交易业务都呈下降之势，原因在于以下几个方面：疫情导致企业经营困难，迫使企业缩减开支；域名注册价格低，通常不在企业缩减开支范围内，而域名交易价格通常较高，容易受缩减开支的影响。

（五）域名衍生服务

受企业实力、资质、规模经济等因素影响，近年来域名衍生服务格局未发生明显变动，基本保持稳定。

CentralNic 公司是新通用顶级域名二级域名保有量最多的托管服务商，互联网域名系统北京市工程研究中心有限公司（以下简称 ZDNS 公司）是亚洲最大的新通用顶级域名托管服务商。据不完全统计[6]，大约 1/3 的新通用顶级域名由 Identity Digital（2022 年，Donuts 公司收购 Afilias 公司，并更名为 Identity Digital）运营和管理，主要是因为该公司既持有大量顶级域名，又有实力自我管理。其他新通用顶级域名后台由第三方托管，排在前两位的托管服务提供商是境外的 CentralNic 公司和境内的 ZDNS 公司。选择由 CentralNic 公司托管的主要是境外域名注册管理机构持有的英文顶级域名；选择由 ZDNS 公司托管的主要是境内域名注册管理机构持有的域名，包括多个中文顶级域名及品牌顶级域名。

域名注册数据托管服务仍主要由中国互联网络信息中心（CNNIC）和北龙泽达（北京）数据科技有限公司（以下简称北龙泽达公司）提供。境内域名注册管理机构数据托管服务和域名注册服务机构数据托管服务主要集中在 CNNIC 和北龙泽达公司，政务和公益机构域名注册管理中心（CONAC）也具备域名注册数据托管服务资质。

（六）中文域名

《互联网域名管理办法》明确提出"国家鼓励和支持中文域名系统的技术研究和推广应用"，中国互联网协会等机构持续开展中文域名推广应用工作。

中国互联网协会长期开展中文域名推进工作。多年来，中国互联网协会积极组织国内中文域名专家、UASG（普遍接受指导小组）大使、行业参与者通过与互联网应用企业沟通交流，联合高校开展中文域名相关系列讲座和应用环境专项测试等工作，促进互联网企业依据国际标准更新其产品以支持中文域名应用。例如，2021 年 4 月，中国互联网协会等机构发布了《2021 年度浏览器中文域名普遍适用性测试报告》，评测涉及 Chrome、Edge、IE 11、360 浏览器、QQ 浏览器、Firefox、Safari、Sogou 浏览器等。报告显示：近年来，浏览器对中文域名的支持度逐步提高，应用厂商对中文域名重要性的认识不断加深；在对中文域名正常解析的基础上，浏览器的地址栏显示等的普遍适用性还有待进一步完善；国内浏览器对中文域名的支持度相比国外厂商还有一定差距；移动端浏览器对中文域名的支持度相比桌面端还存在一定差距[7]。

CNNIC 持续开展中文域名推广应用工作。2018 年 11 月，CNNIC 在浙江乌镇第五届世界互联网大会期间联合 20 余家知名企业发出"推动中文域名注册使用乌镇倡议"。2018 年 12 月，CNNIC 在杭州举办"中文域名发展与应用高峰论坛"。2021 年 5 月，CNNIC 以".中国"和".公司"中文顶级域名支持中国电信安全邮箱的中文域名邮箱战略。2021 年以来，腾讯公司陆续开通解析"QQ.中国"和"腾讯.中国"两个域名，网民在浏览器地址栏中输入"QQ.中国"和"腾讯.中国"，便可快速登录腾讯网和腾讯公司官网。

二、我国互联网域名行业发展展望

未来，随着数字经济的不断发展、网络安全保障工作的不断加强，以及工业化和信息化的不断融合，预计我国互联网域名行业将朝着以下方向发展。

（一）数字经济繁荣发展将促进域名行业发展

虽然自疫情发生以来，国内域名注册业务受到较大影响，域名保有量远不及疫情发生前，但是从长远来看，国内域名行业的发展前景仍然向好。支撑这一较为乐观判断的依据来自数字经济的蓬勃发展。

近年来，全球和我国数字经济快速发展，数字化、网络化和智能化渗透到经济社会生活的方方面面。域名作为数字经济的重要元素，将会随着数字经济的蓬勃发展而发展。

（二）域名注册数据的全生命周期保护将大为加强

国内正在加强数据安全和个人信息保护的制度建设。长期以来，国内很多行业对数据和个人信息存在"重收集、轻保护"的现象。自 2021 年 9 月 1 日起，《中华人民共和国数据安全法》开始实施，《中华人民共和国个人信息保护法》则于 2021 年 11 月 1 日起实施。这两部法律将数据和个人信息处理的全生命周期保护包含在内，除了对收集环节进行了相应规定，还对存储、使用、加工、传输、公开、删除等环节做了规定，防止在收集数据和个人信息后，对这些数据和信息不受限地处理。

对域名行业来说，域名注册数据的特殊性使其受上述法律的影响较大。一是域名注册数据包含众多的个人身份信息，并且这些信息是真实准确的，而很多行业，如线下的行业，很难收集到个人真实准确的信息。二是域名注册的部分数据须通过 Whois 系统向全社会公开，很多行业并没有公开数据的义务。真实准确且公开使得域名注册数据若被不法分子利用，可能给域名持有者带来伤害，因此域名注册数据将成为数据安全和个人信息保护的重点领域，域名注册数据的全生命周期保护将大为加强。

（三）安全在域名领域将无处不在

安全并不是一个崭新的话题。但是未来，域名领域安全的重要性将达到一个非常高的程度。在各种合力作用下，安全将渗透到域名领域的各个角落，无处不在。

域名领域安全受到多方面因素的影响。从长期来看，域名作为数字经济的基础，最重要的是域名系统安全可靠运行，有效支撑上层的各种数字化应用。数字经济越发展，数字化应用承载的经济社会生活事务越深入，对域名安全的要求也就越高。从短期来看，热点事件时有发生，围绕热点事件进行的域名违法犯罪事件层出不穷。以新冠疫情为例，2021 年 11 月 12 日，ICANN 发布报告称，从 2020 年初至 2021 年 8 月，共新注册了 323956 个与 covid-19 相关的域名，其中 2020 年 4 月为注册量的高峰（88537 个），此后注册量明显减少，2020 年 5 月至 2021 年 8 月注册量共计 210939 个。在这 210939 个域名中，若采用低可信度统计方式（至少被一个第三方安全威胁报告列为恶意），有 12860 个（占 6.1%）域名为恶意域名；若采用高可信度统计方式（被多个第三方安全威胁报告列为恶意），则有 3791 个（占 1.8%）域名为恶意域名[8]。从法律角度来看，国内正在加强网络安全相关的制度建设。除《中华人民共和国数据安全法》《中华人民共和国个人信息保护法》对域名注册数据的全生命周期保护外，《关键信息基础设施安全保护条例》于 2021 年 9 月 1 日起实施，域名行业相关信息基础设施为关键信息基础设施，对其安全保障要求更高。从 New gTLD 和国际化域名（IDN）来看，New gTLD 和 IDN 顶级域名众多，域名可采用的若干字符相似性大，容易被违法犯罪分子利用，少数几个域名被用于非法用途可能导致整个不熟悉的顶级域名被认定为不安全，则该顶级域名下的所有域名的解析、访问将被部分甚至完全禁止。

域名领域安全性的显著提升也带来了新的商业机会。为加强域名领域的安全保障，原有的安全产品和服务将得到加强，新的安全产品和服务也将不断推出，如域名保护锁服务、域名注册数据隐私保护服务、域名系统（DNS）安全防护设备等。TrueName 服务采用禁止相似字符串注册域名、网站域名采用其所在垂直领域的顶级域名等多种手段保证使用这项服务注册的域名的网站真实可信。未来，域名从业机构推出各项新产品和新服务时需要仔细审视两方面问题：一是即使该产品和服务的主要功能并非为了保障安全，也可以思考该产品和服务是否有助于解决安全问题，将其作为一个宣传的亮点；二是该产品和服务自身是否会带来新的安全问题。

（四）互联网域名和工业互联网标识将逐渐融合发展

在工业互联网发展过程中，工业互联网标识建设得到了高度重视。在《"十四五"信息通信行业发展规划》中，对工业互联网标识提出了明确的发展目标，即工业互联网标识注册量从 2020 年的 94 亿个增长到 2025 年的 500 亿个，工业互联网标识解析公共服务节点数从 2020 年的 96 个增长到 2025 年的 150 个[9]。

未来，互联网域名和工业互联网标识将逐渐融合发展。理论上，互联网域名和工业互联网标识都是对网络中物品（计算机或工业设备、产品等）的身份标记，存在着融合的可能性。在实践中，工业和信息化部对两者的管理也有很大的相通性。2020 年 12 月，工业和信息化部印发《工业互联网标识管理办法》，其中第二条第五款明确说明工业互联网标识参照互联网域名有关规定管理，《工业互联网标识管理办法》全文中所列出的规定与《互联网域名管理办法》有很大的相似性[10]。未来，互联网域名和工业互联网标识将进一步融合发展。

参考文献

[1]   ICANN. Registry Agreement Assignment[EB/OL]. [2023-07-11].

[2]   GoDaddy Inc.. GoDaddy Acquires Neustar's Registry Business[N]. 2023.4.

[3]   黑棋. GoDaddy 已完成对 Neustar 域名注册业务的收购[N]. 2020.

[4]   Donuts Inc.. Donuts Inc. to Acquire Afilias Inc. [EB/OL]. [2022-03-15].

[5]   KEVIN Murphy. GoDaddy buys 30 new gTLDs for over $120 million[N]. Domain Registries, 2021-04-7.

[6]   greenSec GmbH. Registry Backend Breakdown [EB/OL]. [2022-03-15].

[7]   中国互联网协会等. 2021 年度浏览器中文域名普遍适用性测试报告[R]. 2022.

[8]   ICANN Office of the Chief Technology Officer. Registrations Related to COVID-19: 18 Months of Data[EB/OL]. [2022-03-15].

[9]   工业和信息化部. "十四五"信息通信行业发展规划[R]. 2021.

[10]   工业和信息化部. 工业互联网标识管理办法[R]. 2021.

".CN" 域名争议仲裁概况及现状分析

孙　钊　　赵星汉　　闫少波　　杨一凡　　胡安磊

中国互联网络信息中心

　　域名作为互联网应用中的重要组成元素，随着互联网的快速发展，其自身应用价值及商业价值也逐渐凸显，由此形成的域名争议也不断增多。

一、域名争议的原因及表现形式

（一）域名的属性

1. 唯一性

　　域名由字母、数字、符号排列组合而成，它的呈现方式使得每一个域名都是唯一的，不会出现重复的域名分配和注册。当域名的注册者将某一特定域名注册后，在其不放弃该域名或该域名没有因故注销的情况下，他人将不能注册完全相同的域名。

2. 标识性

　　在互联网商业时代，越来越多的企业及组织将自身名称及商标注册为域名，作为其在互联网上的品牌标识。从技术层面来看，域名是网络主机地址的外部代码。从商业层面来看，唯一、独特的域名有助于提升企业及组织的品牌推广效果，而具有较高知名度及较大流量的域名也具有了相应的商业价值。

3. 稀缺性

　　尽管组成域名的字母、数字及符号可以有数量庞大的排列组合方式，但是对于互联网用户来说，具有特殊含义、识别度较高、短小易记且与商标、品牌有紧密关联的域名数量相对稀少，从域名的应用及商业价值角度来看，域名具有稀缺性。

（二）域名争议的定义

　　互联网名称与数字地址分配机构（The Internet Corporation for Assigned Names and Numbers，ICANN）和世界知识产权组织（WIPO）的域名争议定义针对"商标及服务标志"，中国互联网络信息中心（CNNIC）的域名争议定义针对"享有民事权益的名称或者标志"。在争议定义范围上，"商标及服务标志"的范围小于"享有民事权益的名称或者标志"，但无论 ICANN、WIPO 还是 CNNIC 对于域名争议的范围界定，都可认为是因域名与"商标及服务标志"相同、相似而产生的权益纠纷。这种将域名纠纷的范围限定于"商标及服务标志"的做法，可以认为是狭义的域名争议。而广义的域名争议，不限于域名与商标及服务标志之间的冲突，而是指平等的民事主体之间关于域名所承载的信息利益冲突的处理意见的矛盾[1]。

本文主要聚焦于狭义域名争议的仲裁现状分析。

（三）域名争议产生的原因

1. 域名的价值属性导致市场竞争

域名作为商标、品牌在网络上的延伸和映射，本身也承载了商标、商号所具有的品牌及信誉，又因其唯一、稀缺的特点，使得域名具有一定价值，成为一种无形资产。域名的特性又与商标、商号有所差异，商标、商号具有一定的地域属性，在特定的地域或行业范围内才会获得相应的保护。同样的商标、商号可在不同地域、不同行业被多个企业注册，如完全相同的文字或标识可根据不同的商品或服务类别注册成商标，而域名不具有地域、行业的限制，因此名称相同但类型不同的商标权益人会对具有唯一性的域名资源进行竞争，这种特性差异造成了域名及商标、商号在权益上的冲突和争议。

2. 审查政策的局限性

域名注册遵循"在先原则"和"唯一性原则"，域名注册管理机构对域名并不进行实质性审查，并且确立了不审查政策，即域名注册机构不负责向商标注册机构或商号管理机构查询申请注册的域名是否与他人商标、商号冲突，是否侵害了他人的利益，只进行形式审查，看其是否与现有域名重复。域名具有唯一性，在互联网上不可能出现完全相同的域名，这就造成了域名的稀缺性[2]。随着互联网应用的快速发展，稀缺域名资源的注册占用已非常充分，例如，由三个以下的数字、字母排列组合而成的短域名，或具有一定含义的英文单词、汉语拼音域名几乎已全被注册，这也成为域名争议及冲突产生的重要因素。

3. 法律的滞后性

我国现阶段用于处理域名争议的法律法规相对有限。相应的适用法律有《中华人民共和国反不正当竞争法》《中华人民共和国商标法》，相关的司法解释有《关于审理因域名注册、使用而引起的知识产权民事纠纷案件的若干指导意见》《关于审理涉及计算机网络域名民事纠纷案件适用法律若干问题的解释》《关于审理商标民事纠纷案件适用法律若干问题的解释》。在行业管理层面，CNNIC 制定并发布了《国家顶级域名争议解决办法》《国家顶级域名争议解决程序规则》及相关的补充规则，用于解决域名争议及纠纷。整体来看，针对域名争议解决的适用法律法规需要进一步细化完善，以满足域名行业的发展需要。

（四）域名争议的表现形式

1. 域名抢注

域名抢注有广义和狭义之分。广义的域名抢注，是指将他人商标、商号或其他商业标识注册为域名的行为，由此形成域名与他人在先权利的冲突。这种冲突根据域名注册申请人的主观意图不同，又可分为两种情况：一种是善意抢注，即域名注册申请人不知所注册的域名是他人商标、商号或其他商业标识而申请注册为域名；另一种是恶意抢注，即申请人明知是他人商标而申请注册为域名[3]。

狭义的域名抢注一般指恶意抢注，即以非法营利为目的，抢先注册其他权利人相关领域的与商标、商号关联的域名。如果域名持有人所持域名与他人所持有的商品或服务商标完全一致或极其相似，并对域名本身不享有合法的权利和利益，且对域名的注册和使用均为恶意，则可视为恶意抢注。

案例说明："masterkitchen.cn"域名争议案，在2022年经贸仲委裁定为恶意注册，争议域名的注册应当被转移给投诉人美的集团股份有限公司。该案中，投诉人举证证明，在争议域名注册之前，Master Kitchen 已被投诉人在互联网上比较广泛地宣传，在电子商务中比较广泛地使用。同时专家组认为，投诉人通过争议域名网站，使用专业的域名交易服务，公开出售与投诉人注册商标混淆性近似的争议域名的行为，足以证明被投诉人注册争议域名的目的就是向投诉人及其竞争对手等出售该域名，以获取不正当利益。因此，专家组认定，投诉符合《解决办法》第八条（三）项规定的条件，即：被投诉的域名持有人对域名的注册或者使用具有恶意。

2. 域名仿冒

域名仿冒是指通过将具有一定知名度的商标、商号所关联的域名进行具有隐蔽性的修改，对用户的使用进行恶意或不良的引导并由此获取不正当利益的行为。经过仿冒后的域名与原域名形态非常相似，在大多数网络应用环境下，普通用户在没有主动分辨、识别的情况下较难发现仿冒域名与原域名之间的差异。域名仿冒者利用这种不易分辨的特性，通过仿冒域名向用户提供隐含恶意功能的产品及服务内容，使用户的信息安全受到侵害，财产受到损失。

案例说明："armstrongtj.cn"域名争议案，在 2023 年经贸仲委裁定为注销争议域名"armstrongtj.cn"。本案中，专家组认为，争议的双方是同行业经营者、竞争者。证据显示，投诉人在被投诉人成立之前已经在中国开展经营活动，其"Armstrong"（包括"阿姆斯壮"）商标及其产品在相关领域和公众中也已经取得较高的知名度。同时也说明被投诉人对投诉人使用的商业标识和产品的知名度是十分了解的。被投诉人利用投诉人使用的商业标识注册争议域名，在网站网页中用多种形式标注"Armstrong"字样，显然是借该商业标识的知名度和商品的信誉，使相关公众对该网站及其产品的来源是否与投诉人有关联关系产生混淆，误导用户访问其网站，从而获取商业利益。因此，专家组认定投诉符合《解决办法》第八条规定的三个条件，裁决注销争议域名"armstrongtj.cn"。

3. 域名反向侵夺

域名反向侵夺是指恶意使用统一域名解决办法的有关规定，企图剥夺业经注册的域名持有人域名的行为[4]。一般可以认为是商标权益人基于恶意目的，滥用域名争议相关解决办法或程序，侵夺域名权益人正当持有域名的行为。例如，域名合法权益人通过商业经营运作使所持域名具有一定知名度及商业价值，但未将域名同时注册为商标。域名反向侵夺者利用这个漏洞抢先将该域名注册为商标，再通过仲裁、诉讼等程序规则恶意抢夺该域名及关联的商业价值。域名反向侵夺现象的成因，一是所涉域名具有较高商业价值，恶意逐利成为动机；

二是域名持有人缺乏法律自我保护意识，使域名反向侵夺者有可乘之机；三是相关的法律法规中对于域名、商标的保护程度有所差异，导致程序规则存在被滥用的可能。

案例说明："席梦思中国.com"域名争议案，在2023年经香港国际仲裁中心裁定驳回投诉。该案中，投诉人是"Simmons"品牌的所有者，其在中国注册了多类产品的"Simmons"品牌，但不包括床垫，已拒绝注册的理由为在中国大陆，"席梦思"被认定为弹簧床垫通用名称。专家组在综合考虑了所有的证据后，认定被投诉人对争议域名不享有合法权益的证据不足，争议域名"席梦思中国.com"的投诉书不成立，裁定驳回诉讼。

二、我国域名争议解决机制

（一）域名争议解决的两种类型

域名争议的解决类型，主要包括域名争议诉讼（即根据法律判决的方式）和域名争议仲裁（即根据当事人双方协商达成一致意见的方式）。

1. 域名争议诉讼

域名争议诉讼即争议双方向法院提交域名争议，并根据相关法律制度进行判决的争议解决方式。判决所涉及法律一般包括《中华人民共和国商标法》《中华人民共和国反不正当竞争法》及域名领域相关的法律法规。诉讼判决方式的优势在于权威性强，避免了第三方组织滥用权力随意解决域名争议造成不良后果，争议方对于判决结果的接受度高。在域名争议解决的发展过程中，对于域名是否属于一种权利尚未达成一致定论，很多特殊因素还有待探索和研究，这为法律判决时综合考虑复杂的争议情况带来一定的困难，也导致了诉讼程序耗时耗力，流程时间较长，增加了争议解决的成本。

2. 域名争议仲裁

域名争议仲裁是在法律诉讼程序之外，建议一种高效、便捷、低成本的机制使争议双方协商达成一致意见的争议解决方式。争议仲裁以争议双方为主体，利用相关法规程序作为规则依据，最终达成争议解决的一致意见。这种争议解决方式根据争议双方之间的具体状况，一定程度上减少所受规范和程序的制约，有效避免了法律诉讼方式较高的时间和精力成本，也符合我国法律上对域名法律属性尚未明确的实际情况。

（二）域名争议适用的主要法律法规

1.《关于审理涉及计算机网络域名民事纠纷案件适用法律若干问题的解释》

2001年7月17日，最高人民法院根据《中华人民共和国民法通则》、《中华人民共和国反不正当竞争法》和《中华人民共和国民事诉讼法》等法律的规定制定了《关于审理涉及计算机网络域名民事纠纷案件适用法律若干问题的解释》（以下简称《域名解释》），这是目前我国解决域名纠纷适用的最主要的法律规范,共有八条,分别规定了域名纠纷的受理、管辖、案由、认定构成侵权或不正当竞争的条件、认定"恶意"的情形、驰名商标的认定、法律适用及责任方式等内容。《域名解释》为域名纠纷的解决提供了法律上的直接依据。

2.《关于审理商标民事纠纷案件适用法律若干问题的解释》《关于审理涉及驰名商标保护的民事纠纷案件应用法律若干问题的解释》

2002 年 10 月 12 日最高人民法院修订的《关于审理商标民事纠纷案件适用法律若干问题的解释》第一条,以及 2009 年 4 月 22 日最高人民法院制定的《关于审理涉及驰名商标保护的民事纠纷案件应用法律若干问题的解释》第三条,分别规定了注册或使用与商标或驰名商标相同或相似的域名进行相关商品交易的电子商务,造成相关公众误认对商标的侵害以及对驰名商标的侵害或不正当竞争的情形。这两个司法解释从商标和驰名商标保护的角度对域名的注册、使用行为进行了规范。

3.其他法律规范

另外,解决域名纠纷的法律依据还包括《中华人民共和国商标法》《中华人民共和国反不正当竞争法》《中华人民共和国民法典》等有关部门制定的法律规范。

(三)".CN"域名争议的仲裁解决

我国国家域名纠纷采取在线仲裁的方式,即域名在线纠纷解决(Online Dispute Resolution,ODR)机制进行解决。根据工业和信息化部修订并公布的《互联网域名管理办法》《关于同意中国互联网络信息中心继续作为 CN 和中文域名注册管理机构开展有关工作的批复》等文件、规范,CNNIC 获得国务院主管部门批准授权,指定由中国国际经济贸易仲裁委员会(CIETAC)、香港国际仲裁中心(HKIAC)及世界知识产权组织(WIPO)作为我国国家域名纠纷解决机构,并根据 CNNIC 制定并发布的《国家顶级域名争议解决办法》(以下简称《解决办法》)、《国家顶级域名争议解决程序规则》(以下简称《程序规则》),通过 ODR 机制对国家顶级域名纠纷进行仲裁解决。《解决办法》及《程序规则》是我国利用 ODR 机制解决域名纠纷最主要的规则依据。

《解决办法》是域名持有人与域名注册服务机构间注册协议的重要组成部分,是域名争议仲裁主要的规则依据,主要规定了域名争议的覆盖范围,包含对"恶意"的认定,以及对域名"享有合法权益"的认定。它采取了较为宽松的争议覆盖范围,即任何"享有民事权益的标志"与域名之间的争议均属于域名争议的覆盖范围,而不仅限于域名与商标之间。但是由于《解决办法》以 ICANN 的 UDRP 为蓝本,对"恶意"和域名"享有合法权益"的认定均以保护商标权为视角,没有规定"域名反向侵夺"的内容,对域名持有人是不太有利的[5]。

《程序规则》主要内容包括:总则与定义、文件的提交与送达、投诉、答辩、专家组的指定、审理和裁决、裁决的送达与公布、费用以及附则。从第二章至第七章的规定来看,主要程序与国际上域名纠纷解决网站在线解决纠纷的程序大致相同,具体如下。

(1)申诉人向域名 ODR 网站在线提出解决域名纠纷的申请并提交诉讼材料。

(2)被申诉人于 20 日内向该网站在线提交答辩书及答辩材料。

（3）由1~3名专家组成专家小组。

（4）专家小组成立后，通知双方当事人、域名管理机构，正式启动在线裁决程序。

（5）专家小组作出驳回、转移或取消的裁决。

（6）域名管理机构执行专家小组的裁决。

（四）当前我国域名争议仲裁解决存在的不足

当前我国域名争议仲裁与法律诉讼间的衔接分流尚不高效，域名争议仲裁与诉讼程序没有形成较好的互动。

一是向法院提起诉讼程序的域名争议没有进一步通过分流导向域名争议仲裁。由于域名争议仲裁相较于法律诉讼方式知晓度较低，争议方会因不了解、不熟悉或者不信任域名争议仲裁而将争议诉至法院。如果不能有效利用域名争议仲裁进行争议案件的分流，法院将会承担较为沉重的受理负担。自2013年至今，域名争议诉讼案件判决数量整体处于增长趋势，如图1所示。

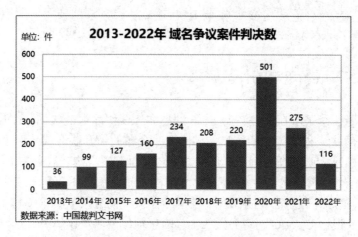

图1　2013—2022年域名争议案件判决数量

二是经过域名仲裁的域名争议案件仍要通过法律诉讼方式进行再次审理。在域名争议仲裁的进行阶段，争议双方都可就同一域名争议直接向法院提起诉讼，导致争议方滥用程序权利，一定程度上弱化了域名争议仲裁的作用，也说明我国域名争议仲裁机制的分流提效作用较为有限。

三、".CN"域名争议仲裁情况

（一）近年来域名争议仲裁量有所上升

近年来，".CN"域名争议仲裁量较之前有所上升，如图2所示，原因可能与日益增强的域名保护意识有关。同时，引入 WIPO 作为".CN"域名争议仲裁机构，也为一些海外公司和个人提供了更为便捷的仲裁渠道，一定程度上提升了".CN"域名争议仲裁量。

图2 中国国家顶级域名历年仲裁趋势及机构分布

（二）".CN"域名争议仲裁机制完善

1. 多次修改日益完善

《国家顶级域名争议解决办法》及《国家顶级域名争议解决程序规则》，经过前后几次规则修改，".CN"域名争议解决办法及程序规则都得到一定程度的完善。CNDRP 规则的制定借鉴了 UDRP 规则的许多优点，但同时又体现了自身的一些特点。这在对《国家顶级域名争议解决办法》的历次修改中都有所体现。

2. 后发及本土化优势体现

UDRP 先于 CNDRP 制定，CNDRP 充分参考了 UDRP 的制定原则和实践中产生的问题。同时，对中国本土的特点也进行了充分考虑和论证，在充分适应本土实际情况的前提下，对期限、规则等方面进行了全面细致的升级，后发优势明显。其本土优势在于，既能与国际统一域名争议解决机制保持一致，又可以在管理和运行上实现本国化，以减少法律冲突，并使用本国语言。

（三）WIPO 已成为".CN"域名争议仲裁量领先机构

2019 年，WIPO 获得 CNNIC 授权成为".CN"域名争议仲裁机构之一。通过统计 2019 年至今".CN"域名争议仲裁量可以发现，WIPO 占比为 42%，CIETAC 占比为 34%，HKIAC 占比为 24%，WIPO 成为".CN"域名争议仲裁量领先的仲裁机构，如图3 所示。

WIPO 作为成熟的国际域名争议仲裁机构，在知名度、权威性、流程及服务等方面具有优势，".CN"域名争议仲裁业务开展仅 3 年时间便跃居仲裁量第一位置。

图3　2019—2022 年".CN"域名争议仲裁机构仲裁量占比

（四）".CN"域名争议仲裁投诉主体主要为海外组织

根据对 WIPO、CIETAC 和 HKIAC 网站近 3 年已公开裁决书的统计分析，发现 86% 的投诉主体为海外组织，14% 为国内组织，如图 4 所示。提出域名争议仲裁的，很多都是世界知名品牌和企业，当它们的域名、商标等资产被抢注时会造成较大的品牌价值损失，使它们对域名品牌保护的重视程度和维权意识较高。另外，也只有它们才有能力对自己的品牌进行更全面的维权保护。

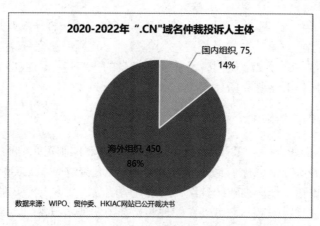

图4　2020—2022 年".CN"域名争议仲裁投诉主体分析

四、".CN"域名争议仲裁的比较研究

（一）UDRP 与 CNDRP 的比较

1999 年，ICANN 制定并发布了《统一域名争端解决政策》（Uniform Dispute Resolution Policy，UDRP）及程序规则，作为通用顶级域名争议解决的依据。2002 年，CNNIC 制定并发布了《国家顶级域名争议解决办法》（China ccTLD Dispute Resolution Policy，CNDRP）及

程序规则,作为中国国家顶级域名争议解决的依据。CNDRP 在制定过程中参考借鉴了 UDRP 的许多理念,同时根据我国域名发展情况制定了许多符合我国国情的特殊规定。两者的区别主要有以下几方面。

1. 覆盖的域名类型不同

UDRP 主要针对".com"".net"".org"等通用顶级域名,而最新的 CNDRP 仅针对".cn"".中国"域名,即中国国家顶级域名。

2. 域名保护的注册期限不同

UDRP 中未对域名保护的注册时间进行任何限制。在 2002 年版 CNDRP 中也未对域名保护的注册时间进行限制。在 2006 年修订版 CNDRP 中第二条则新增规定:"所争议域名注册期限满二年的,域名争议解决机构不予受理。"在 2019 年修订版 CNDRP 中仍然保留该规定,并将注册期限限制更新为"满三年"。由此看出,目前 CNDRP 针对注册时间设置了三年的期限,可以认为 CNDRP 在保护域名权益时间上比 UDRP 要短。该规定对投诉人提出要求,将促使投诉人尽早发现问题并更积极地维护自身权利,否则争议解决机构有可能因投诉人的投诉超过规定的域名注册保护期而不予受理,从而使投诉人失去通过 CNDRP 争议仲裁机制解决争议的机会。

3. 具体争议规则比较

1)投诉人合法权利的范围不同

CNDRP 的域名争议保护范围要比 UDRP 更广。CNDRP 所指民事权益的范围十分宽泛,不局限于商标权,还包括姓名权、企业名称权、商品化权等,而 UDRP 只解决域名与商标或服务标识之间的争议,适用范围较小。因此,相比较而言,CNDRP 对相关权利人的权益保障范围更大。

2)被投诉人保护规则设置基本一致

CNDRP 与 UDRP 的保护规则设置基本上是一致的,两者都从正向规定了域名争议投诉应被支持的情形,同时从反向规定了被投诉人如具有合法权利应如何进行抗辩。CNDRP 在制定时参考借鉴了 UDRP 中关于被投诉人抗辩情形的相关规定,使被投诉人可以依据规则举证抗辩,从而维护自身的合法权益。

3)关于恶意使用的认定

关于恶意使用的认定,在实践中一直存在较大的争议。因此关于恶意使用的认定问题,一直也是域名争议中最核心、最关键的部分。CNDRP 和 UDRP 对恶意认定条件均规定得非常细致,也具有一定操作性,两者对投诉人的权益都能起到充分的保障,尤其在 CNDRP 中还特别规定了其他恶意的情形作为兜底条款,这给专家组提供了更大的自由裁量空间。

根据以上对比,可以看出,CNDRP 具有后发优势,在参考 UDRP 的制定和实践后,在充分适应本土实际情况的前提下,在期限、规则等方面均有更为全面细致的升级,具有一定的优越性。

(二)".CN"域名与其他 ccTLD 域名争议仲裁情况对比

因各国国家顶级域名的仲裁机构众多,这里以 WIPO 为例,对 WIPO 受理 ccTLD 仲裁情况进行分析。

如图 5 所示，自 2019 年至今，".CN"域名已成为 WIPO 受理仲裁量第二的 ccTLD，仅次于 CO 域名，经分析可能存在以下几个原因。

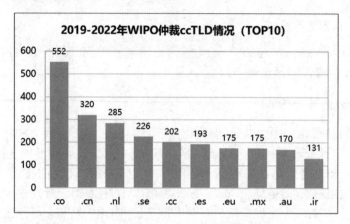

图 5　2019—2022 年 WIPO 仲裁 ccTLD 情况

（1）".CN"域名保有量位居世界前列，基数较大，因此仲裁量也相对较大。

（2）WIPO 的国际知名度较高，来自海外组织的仲裁需求在近几年会有一个释放周期。

（3）随着中国国际地位的提升，".CN"域名的国际认知度和使用度增高，经常成为跨国公司、知名品牌的标配，随之而来的由于品牌保护而产生的争议仲裁也会增加，跨国公司对于 WIPO 的域名争议仲裁流程可能更为熟悉。

（三）".CN"域名与 COM 域名争议仲裁情况对比

这里以 WIPO 为例，对 WIPO 受理".CN"域名和".COM"域名争议仲裁情况进行分析。

WIPO 自 1999 年开始受理".COM"域名争议仲裁，从 2012 年到 2018 年，".COM"域名争议仲裁量均保持平稳。自 2019 年开始，".COM"域名争议仲裁量逐渐上升，这一趋势与".CN"域名也较为一致，如图 6 所示。

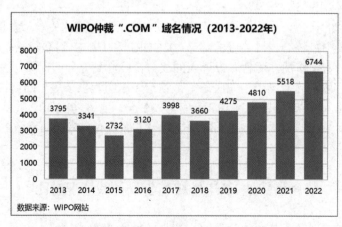

图 6　WIPO 受理".COM"域名争议仲裁情况

如图 7 所示，对 COM 域名和 ".CN" 域名在 WIPO 的受理情况进行对比，二者的争议仲裁量差距较大，".CN" 域名的国际知名度和商业价值有进一步提升的空间。

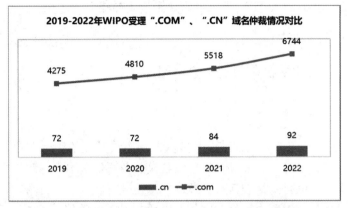

图 7　2019—2022 年 WIPO 受理 COM、".CN"域名争议仲裁情况对比

五、".CN"域名争议仲裁现状总结及发展展望

（一）".CN"域名争议仲裁体系日趋成熟

目前，共有三家机构遵照中国互联网络信息中心制定的《国家顶级域名争议解决办法》及《国家顶级域名争议解决程序规则》，共同支撑 ".CN" 域名的争议仲裁体系。

1. 中国国际经济贸易仲裁委员会（CIETAC）

CIETAC 是世界上主要的常设商事仲裁机构之一，以仲裁的方式，独立、公正地解决国际和国内的经济贸易争议及国际投资争端。除传统的商事仲裁服务外，CIETAC 还为当事人提供多元争议解决服务，包括域名争议解决、网上仲裁、调解、投资争端解决、建设工程争议评审等。

作为国际权威仲裁机构，CIETAC 自 2001 年起，便为 ".CN" 域名提供争议仲裁服务，是构建 ".CN" 域名争议仲裁体系的有力保障。

2. 香港国际仲裁中心（HKIAC）

HKIAC 成立于 1985 年，目的是满足亚太地区对解决争议的仲裁服务日益增长的需求，致力于协助当事人选择最佳方法来解决彼此之间的争议。HKIAC 是亚洲领先的争议解决中心，专注于仲裁、调解、审裁和域名争议解决。

HKIAC 自 2001 年起，与 CIETAC 一起承担 ".CN" 域名争议仲裁服务，是 ".CN" 域名争议仲裁体系中的重要力量。

3. 世界知识产权组织（WIPO）

WIPO 是关于知识产权服务、政策、合作与信息的全球论坛和联合国机构，有 193 个成员国。其中，WIPO 仲裁与调解中心通过调解、仲裁、域名争议解决等法院外的程序促进私人主体之间涉及知识产权的商事纠纷的解决。

2019 年，WIPO 正式成为 ".CN" 域名的三家争议仲裁机构之一，成为 ".CN" 域名争议仲裁体系的有力补充。

（二）域名争议仲裁机制可进一步探索优化

1. 加强对域名争议仲裁机制的宣传

从 ".CN" 域名近些年的争议仲裁量与庞大的保有量基数的对比来看，域名争议仲裁机制的知晓度及利用率相对较低。相当一部分域名权益人可能受限于对解决机制的了解、实施门槛及成本等因素，未能有效维护自身利益。

进一步加强对域名争议解决机制的宣传有助于提升域名争议仲裁机制的覆盖度，对于域名争议及侵权行为或有一定的制约作用，从而进一步促进域名注册市场健康、良性发展。

2. 加强对域名争议仲裁机制的高效利用

在域名纠纷的解决过程中，一般情况下调解优先于仲裁，当争议无法通过调解解决时，才会选择仲裁的方式。充分运用调解建议的方式，可在一定程度上起到对仲裁及诉讼的分流作用，有益于提高域名争议解决的效率。另外，域名争议解决过程中可能存在因投诉人主张表达不充分等原因，导致仲裁结果不符合投诉人预期，需要进一步通过诉讼方式解决域名争议的情况。可考虑仲裁后再给投诉人一次快速便捷补充或调整诉求的机会，以减轻诉讼资源的负担，提升投诉人对域名争议仲裁结果的接受度，一定程度提升域名争议仲裁的效率和体验。

3. 加强对"反向侵夺"的深入研究

在反向侵夺案中，涉及的域名常为高商业价值域名，且存在法律保护意识不强、各国法律法规各不相同等问题。因此，反向侵夺案通常会更加复杂。后续将开展针对"反向侵夺"案的对比研究，并进行典型案例分析，同时考虑通过法规优化，为"反向侵夺"案的裁定提供更坚实的法规基础。

（三）CNNIC 采取一系列举措，促进域名市场良性发展

1. 提升域名注册管理水平

域名争议的发生，一个重要的原因来自域名的注册管理。2019 年，CNNIC 修订了《国家顶级域名注册实施细则》，对 ".CN" 域名的注册服务机构、注册申请与审核、变更与注销、变更注册服务机构、网络与信息安全、争议处理、费用、用户投诉机制等多方面规定进行了强化，有效提升了 ".CN" 域名的注册管理水平，从政策规则角度进一步实现了对域名争议的提前预防。

2022 年，CNNIC 落实工业和信息化部的要求，进一步推动域名注册服务真实身份信息核验管理工作，确保域名注册真实身份信息核验严格执行到位，梳理和处理历史遗留未完成

身份信息核验域名问题，促进 ".CN" 域名实名率的进一步提升，在管理实施层面协助保障域名的良性应用。

2. 进一步提升域名监管服务水平

在重视域名争议事先预防的同时，还要进一步加强争议的事后监管及服务。在注册阶段，申请人在其了解的范围内难以彻底避免损害第三人权益，域名注册后的投诉监督管理必不可少。在投诉的监管服务层面，可考虑配备专业的法务及客服团队，联合域名仲裁机构，对域名注册后的争议投诉问题进行端到端管理，推动 ".CN" 域名争议管理及服务的完善，提升 ".CN" 域名用户的注册使用体验。

3. 提升 ".CN" 域名社会影响力

在行业合作方面，CNNIC 持续探索 ".CN" 域名与行业及知名企业的合作。2021 年推动落实国家域名品牌保护服务试点工作，针对知名企业对其商标、品牌及域名等知识产权的普遍保护需求，推出由域名注册管理机构提供的国家域名批量保护性注册，使国家域名及品牌权益人能以较低的成本获得更权威、力度更大、覆盖面更广的 ".CN" 域名及品牌保护服务，从市场应用合作的层面减少了域名争议的发生，保护了域名权益人的利益，也进一步提升了 ".CN" 域名的社会影响力。

参考文献

[1]　刘文魁. 我国的域名纠纷解决机制研究[D]. 重庆：重庆邮电大学，2017.

[2]　温蕴知. 统一域名争议解决机制研究[D]. 南昌：南昌大学，2017.

[3]　赵金英. 国际互联网域名纠纷及其法律解决机制研究[D]. 青岛：中国海洋大学，2005.

[4]　ICANN. 统一域名争议解决办法程序规则[R]. 1999.

[5]　CNNIC. 国家顶级域名争议解决办法[R]. 2019.

[6]　CNNIC. 国家顶级域名争议解决程序规则[R]. 2019.

国际
组织
动态篇

APNIC 动态

禹 桢　沈 志　冷 峰

中国互联网络信息中心

一、APNIC 简介

互联网的 IP 地址和 AS 号分配是分级进行的。ICANN（IANA）将地址分配给区域互联网注册机构（RIR），RIR 负责各自区域的 IP 地址分配、注册和管理工作，在本区域的地址分配上拥有自治权，通过组织该区域的社群会议等形式商议决定地址分配政策和定价等重要事务。通常，RIR 会直接或通过当地的国家/地区级互联网注册机构（NIR）将 IP 地址进一步分配给本地互联网注册机构（LIR），然后由 LIR 进一步分配给下游的互联网服务提供商或终端用户。目前，全球共有 5 个 RIR：ARIN（负责北美地区业务）、RIPE NCC（负责欧洲地区业务）、APNIC（负责亚太地区业务）、LACNIC（负责拉丁美洲地区业务）、AFRINIC（负责非洲地区业务）。APNIC 机构介绍如图 1 所示。

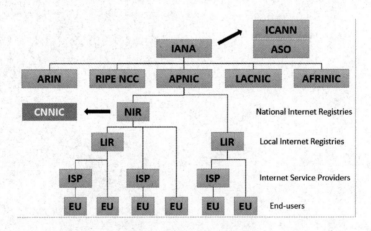

图 1　APNIC 机构介绍

APNIC 是亚太地区的 IP 地址分配及管理机构，机构总部在澳大利亚。APNIC 通过向亚洲和太平洋地区提供 IP 地址和 AS 号的分配和注册、反向 DNS 授权、路由注册、开展培训和教育等服务，为 IP 地址、域名等基础设施建设提供技术支持，并通过与其他地区性和国际性组织开展合作等方式，推动本地区互联网发展。

二、2020—2022 年动态汇总

2020—2022 年共举办了 6 届 APNIC 会议。其中，第 49 届 APNIC 会议在澳大利亚墨尔本举办；受新冠疫情影响，第 50～53 届 APNIC 会议均改为线上会议，第 54 届 APNIC 会议在新加坡举办。共通过 12 项地址相关政策提案。

近年来，APNIC 着力于提升 Whois 信息的准确性，采取措施缓解 IPv4 地址短缺问题，在亚太地区推动 RPKI 部署，推广 RDAP，为亚太互联网社群提供多样化技术培训。

APNIC Whois 数据库是一个可供公开查询的数据库，存储亚太地区已分配地址资源的基本信息。APNIC 高度重视 Whois 信息的准确性，目前着力落实 prop-125 提案。prop-125 提案即"确保地址滥用/垃圾邮件问题响应邮箱有效性"提案，具体内容为 APNIC 周期性（建议每 6 个月）发起对会员在 IP Whois 数据库中登记的滥用/垃圾邮件问题响应邮箱的有效性验证（邮件形式），会员必须在收到邮件后在 15 日内进行人工响应，会员若不遵守将导致 Whois 中相关属性标记被变更为无效且会员平台访问权限被关闭。

作为一种互联网基础资源安全保障机制，RPKI（Resource Public Key Infrastructure）通过引入 PKI 体系，确保互联网码号资源（IP 地址、AS 号）分配信息的真实性。APNIC 一直致力于推动亚太地区 RPKI 的部署工作。

针对 IPv4 地址日益短缺的问题，APNIC 在征求社群意见后，考虑对已分配但未实际使用的地址进行回收，在完成"未使用地址"定义、回收方法和机制的研究和制定后，目前着力针对未做路由广播的历史 IPv4 地址进行清理和回收工作。

APNIC 高度重视 RDAP（注册数据访问协议）在亚太地区和全球范围内的推广，在为 NIR 提供 RDAP 服务的同时，积极与其他 RIR 合作，推动 RDAP 数据的一致性。

APNIC 通过招募社群兼职讲师，提供远程技术协助和在线课程等手段，为亚太地区提供更加多样化和本地化的技术培训。

（一）APNIC 会议

1. 第 49 届 APNIC 会议

2020 年 2 月 17 日至 21 日，第 49 届 APNIC 会议在澳大利亚召开，共有来自 142 家 APNIC 会员单位的代表和业界专家 500 余人现场参加了本次会议，同时有 100 余人远程参加了会议。

（1）在 NIR 工作组会议上，各 NIR 作近期工作报告，分享 IP 地址分配及 IPv6 推动等方面的情况。

（2）此次工作组会议对 3 项政策提案进行了讨论。

- prop-130：Modification of Transfer Policies（转移政策修订）。该提案旨在更改现有的 IP 地址转移政策，以允许在 RIR 内部和 RIR 之间的 IP 地址转移中，地址转移双方进行部分或完全商业合并、收购、重组或重新安置。该提案没有通过，将在第 50 届

APNIC 会议上继续讨论。

- prop-133：Clarification on Sub-Assignments（关于次级分配的澄清）。该提案针对现行地址分配政策中关于次级分配这一定义提出文字性修改，使描述更加清晰。该提案没有通过，将在第 50 届 APNIC 会议上继续讨论。
- prop-134：PDP Update（政策制定流程修订）。该提案提出对 APNIC 政策制定流程进行修订。该提案由于作者放弃将不再继续讨论。

（3）APNIC 总裁报告了 APNIC 会员增长趋势、IPv4/IPv6 地址分配情况、AS 号分配情况及 IPv4 地址转移情况。持有 IPv6 地址的 APNIC 会员占全部会员的比例上升至 64%，IPv6 在 APNIC 区域的支持度达到 29.9%。

2. 第 50 届 APNIC 会议

2020 年 9 月 8 日至 10 日，第 50 届 APNIC 会议在线举行，共有来自 120 家 APNIC 会员单位的代表和业界专家 400 余人参加此次会议。

（1）在 NIR 工作组会议上，各 NIR 作近期工作报告，分享 IP 地址分配及 IPv6 推动等方面的情况。

（2）原定于此次政策工作组会议上进行讨论的 2 项提案推迟到第 51 届 APNIC 会议上讨论。

- prop-130：Modification of Transfer Policies（转移政策修订）。该提案旨在更改现有的 IP 地址转移政策，以允许在 RIR 内部和 RIR 之间的 IP 地址转移中，地址转移双方进行部分或完全商业合并、收购、重组或重新安置。该提案推迟到第 51 届 APNIC 会议上继续讨论。
- prop-133：Clarification on Sub-Assignments（关于次级分配的澄清）。该提案针对现行地址分配政策中关于次级分配这一定义提出文字性修改，使描述更加清晰。该提案推迟到第 51 届 APNIC 会议上继续讨论。

（3）APNIC 总裁报告了 APNIC 会员增长趋势、IPv4/IPv6 地址分配情况、AS 号分配情况及 IPv4 地址转移情况。IPv6 在 APNIC 区域的支持度已接近 30%。

3. 第 51 届 APNIC 会议

2021 年 2 月 28 日至 3 月 5 日，第 51 届 APNIC 会议在线召开，共有来自 93 个经济体的 APNIC 会员单位代表和业界专家 600 余人参会。

（1）在 NIR 工作组会议上，各 NIR 作近期工作报告，分享 IP 地址分配、IPv6 部署和 RPKI 推动等方面的情况。

（2）在政策工作组会议上，对 2 项政策提案进行了讨论。

- prop-130：Modification of Transfer Policies（转移政策修订）。该提案旨在更改现有的 IP 地址转移政策，以允许在 RIR 内部和 RIR 之间的 IP 地址转移中，地址转移双方进行部分或完全商业合并、收购、重组或重新安置。该提案未达成一致，被放弃。
- prop-133：Clarification on Sub-Assignments（关于次级分配的澄清）。该提案针对现行地址分配政策中关于次级分配这一定义提出文字性修改，使描述更加清晰。该提案获得通过。

4. 第 52 届 APNIC 会议

2021 年 9 月 13 日至 16 日，第 52 届 APNIC 会议在线召开，共有来自 175 家 APNIC 会员单位的代表和业界专家 700 余人参会。

（1）此次政策工作组会议共对 7 项政策提案进行了讨论。

- prop-135：Documentation（证明文件）。该提案建议更改资源请求所需的证明文件，并去除重复内容。在当前政策文件中，资源请求证明文件在第 5.6 节和第 5.6.1 节有重复。该提案获得通过。

- prop-136：Registration Requirements（注册要求）。APNIC 互联网码号资源政策文件的第 5.3 节根据每个资源类型分为三个子节（第 5.3.1 节、第 5.3.2 节和第 5.3.3 节）。该提案建议更改政策文件，将个人资源类型注册要求合并在一节中。该提案获得通过。

- prop-137：IPv6 Assignment for Associate Members（IPv6 分配给准会员）。该提案建议鼓励小型企业和学术人员/研究人员获得 IPv6 分配。根据该提案，APNIC 准会员可以请求 IPv6 分配，但不能将其再分配给其他机构。根据该提案，准会员必须同意在 12 个月内使用并宣告 IPv6 地址空间。如果空间未被宣告或 APNIC 认为空间未被使用，则应收回已分配的 IPv6 地址空间。该提案在现场表决时达成一致意见，但需要发回提案作者做进一步澄清。

- prop-138：Restricting AS-ID in ROA（限制路由源授权中的自动系统 ID）。为减少错误创建的虚假路由源授权（ROA），该提案建议限制 APNIC 会员使用私人、保留或未分配的自动系统编号（ASN）创建路由源授权。该提案获得通过并将作为指导政策。

- prop-139：SOR not Required（不需要附加意见请求）。该提案建议从政策中删除很少被用到的本地互联网注册机构附加意见请求（SOR）过程。IPv4 的耗竭不再需要该请求过程，IPv6 也不需要。该提案获得通过。

- prop-140：Update End-Site Definition（更新最终站点定义）。该提案建议在政策文件中明确定义"最终站点"和"最终用户"，以避免与 IPv4 和 IPv6 授权有任何混淆。该提案获得通过。

- prop-141：Change Maximum Delegation Size of IPv4 Address from 512 (/23) to 768 (/23+/24) Addresses［将 IPv4 地址的最大分配量从 512 个（/23）改为 768 个（/23+/24）］。该提案建议：对 2019 年 2 月 28 日星期四之后，仅申请到 512 个 IPv4 地址（/23）的现有 APNIC 账户持有人，再额外分配 256 个 IPv4 地址（/24）；对新会员的申请，分配 768 个 IPv4 地址（/23+/24）。该提案在表决时没有达成一致意见，将返回邮件列表继续讨论。

（2）APNIC 总裁报告了 APNIC 会员增长趋势、IPv4/IPv6 地址分配情况、AS 号分配情况及 IPv4 地址转移情况。IPv6 在 APNIC 区域的支持度已达到 34.6%。

5. 第 53 届 APNIC 会议

2022 年 2 月 21 日至 3 月 3 日，第 53 届 APNIC 会议在线召开，共有来自 65 个经济体的 APNIC 会员单位代表和业界专家 800 余人参会。

（1）NIR 工作组会议上，各 NIR 做近期工作报告，分享 IP 地址分配及 IPv6 推动等方面的情况。

（2）政策工作组会议上，有 3 个政策提案进行了讨论。

- prop-142：Unify Transfers Policies Text "统一 IP 地址转移政策表述"。该提案建议：将当前在不同资源类型［IPv4、IPv6、自治系统号（ASNs）］下列出的所有转移政策合并到政策文件的一个章节中。提案者指出，该提案的意图并非更改现有转移政策，而是将信息合并到一个章节中，便于读者查找。该提案获得通过。

- prop-143：ASN to Customer "自治系统号（ASN）分配给客户"。APNIC 的《互联网号码资源政策》第 12.4 节允许本地互联网注册机构（LIR）为其客户从 APNIC/NIR 申请自治系统号（ASN）。该提案建议当 LIR 业务发生关闭时，为保证 AS 号码用户网络设置正常不变，可以通过 LIR 把 AS 号码转移给 AS 号码用户的新上游服务商或 AS 号码用户自身的操作，继续使用 AS 号码。该提案获得通过。

- prop-144：Experimental Proposal Allocation "实验性分配政策下的储备池"。该提案建议：APNIC 保留/21 IPv4 地址块，用于未来 5 年实验用途的地址分配。此外，该提案还建议将政策文件第 5.7.5 节中的 "知识产权资源申请费" 改为 "评估会员年费"，使现行政策文字与会员费表保持一致。该提案获得通过。

（3）APNIC 总裁报告了 APNIC 会员增长趋势、IPv4/IPv6 地址分配情况、AS 号码分配情况以及 IPv4 地址转移情况。IPv6 在 APNIC 区域的支持度达 37.65%。

6. 第 54 届 APNIC 会议

2022 年 9 月 11 日至 9 月 15 日，第 54 届 APNIC 会议在新加坡召开，共有来自 69 个经济体的 APNIC 会员单位代表和业界专家 500 余人现场参加了会议，同时有 600 余人远程参加了会议。

（1）NIR 工作组会议上，各 NIR 做近期工作报告，分享 IP 地址分配及 IPv6 推动等方面的情况。

（2）此次工作组会议对 4 个政策提案进行了讨论。

- prop-145：Single Source for Definitions "定义政策文件中术语的单一来源"。该提案建议：统一 APNIC 政策文档中使用的术语定义，以避免歧义和不同解释。该提案获得通过。

- prop-146：Aligning the Contrast "修订政策文件中标题与内容的冲突"。该提案建议：在 APNIC 地址资源管理中调整政策文件的标题和内容描述之间的冲突。包括第 3.1 节资源管理的目标、第 3.2 节政策环境、第 3.1.4 节不保证连续分配和第 3.1.8 节目标冲突。该提案获得通过。

- prop-147：Historical Resources Management "历史资源管理"。该提案建议：对历史 IPv4 资源进行合理化和声明，或者将它们提供给需要它们的其他组织。根据最近的 EC 决议（2021 年 2 月 22 日），APNIC 地区的历史资源持有者需要在 2023 年 1 月 1 日之前成为会员或非会员才能获得注册服务。否则，历史资源注册将不再在 APNIC Whois 数据库中发布，资源将处于保留状态。该提案在表决时没有达成一致意见，将返回邮件列表继续讨论。

- prop-148：Leasing of Resources is not Acceptable "不接受资源租赁"。该提案建议：

在政策文件中明确说明 APNIC 地区不允许租用地址。现有的 APNIC 政策对此没有明确规定，但如果地址租赁不是连接服务的组成部分，则不能被接受。具体来说，对于那些不是直接连接 LIR/ISP 网络的地址块的需求是无效的，因此更新使用地址的年度许可证也无效。该提案在表决时没有达成一致意见，将返回邮件列表继续讨论。

（3）APNIC 总裁报告了 APNIC 会员增长趋势、IPv4/IPv6 地址分配情况、AS 号码分配情况，以及 IPv4 地址转移情况。持有 IPv6 地址的 APNIC 会员总数占全部会员的比例达 69.5%，IPv6 在 APNIC 区域的支持度已达 38.1%。

（二）Whois

prop-125 提案在第 46 届 APNIC 会议上通过，提案要求所有的资源持有人在 Whois 数据库中保持准确的事件响应团队 IRT 联系人信息，APNIC 每 6 个月检查一次会员是否遵守此政策。目前，APNIC IRT 邮件验证率已达到 71.4%。

（三）RPKI

在第 48 届 APNIC 会议上通过的 prop-132 提案（APNIC 为其未分配地址创建 AS0 ROA）已经实施。

APNIC 已支持 CNNIC、JPNIC、TWNIC、IDNIC 等 NIR 运行自己的 RPKI 服务，其他 NIR 也处于技术验证或部署前的测试阶段。目前有 51% 的 APNIC 会员已使用 RPKI 证书，更有 75% 的会员注册了 ROA 记录。

为提高 RPKI 服务体系的可用性，APNIC 于 2021 年集中清理了无效的 RPKI 注册数据。

（四）回收未使用的 IPv4 地址空间

在 2018 年的 APNIC 调研中，会员们要求关注亚太地区未使用的 IPv4 地址的回收问题。APNIC 为此建立了一个项目，确定未使用 IPv4 地址回收的定义、方法和机制。

APNIC 自 2021 年 3 月以来着力针对未做路由广播的历史 IPv4 地址进行清理和回收工作，目前对象为 APNIC 直接会员。在清理出来的 36B 未路由 IPv4 地址中，约有 7.4B IPv4 地址已被 APNIC 回收到公共地址池；约有 10B 地址的持有单位已取得联系，正在申报用途，用途合理的可以继续保留地址；其他地址 APNIC 还在继续联系持有单位。

（五）RDAP

注册数据访问协议（RDAP）是 Whois 访问 Internet 资源注册数据的替代方案。RDAP 的设计是为了解决现有 Whois 服务中的一些缺点。重要的变化包括：查询和答复的标准化，在数据对象中对英语以外的其他语言的国际化考虑，允许无缝转接到其他注册中心的重定向功能。

APNIC 以 NIR Whois 数据作为首选数据源，初步完成 RDAP 服务部署，目前正在寻找

NIR 开展支持本地语言的系统测试。

APNIC 将继续促进 RIR 之间的 RDAP 一致性，并与 ICANN 在域名空间中的 RDAP 使用保持一致。NRO RDAP 配置文件已最终确定，因此所有 RIR 将发布 APNIC 的 RDAP 信息。

（六）社区培训

APNIC 持续为亚太互联网社群提供培训服务。APNIC 目前已经招募了来自不同经济体的 31 位社群兼职讲师。社群兼职讲师可以帮助学员在参加培训时克服语言方面的障碍，提升学习的效果。

APNIC 以 APNIC 学院为平台，持续为会员提供在线学习内容和技术协助。APNIC 在新的网络研讨会平台上举办关于网络安全基础、RPKI 部署、DNSSEC、DDoS 攻击预防和网络安全数据包分析等主题的网络研讨会。新开发的 IPv6 基础在线课程包括 5 个新的模块（IPv6 头格式、IPv6 扩展头、IPv6 地址表示、IPv6 地址类型和 IPv6 邻居发现）。汉语、印度尼西亚语、日语、韩语、蒙古语、泰语、越南语和孟加拉语的多语种支持的开发已经完成，课程内容也正在加入新的视频字幕。

DNS-OARC 全球域名技术发展风向标

赵 琦　冷 峰 林 静

中国互联网络信息中心

一、会议简介

DNS-OARC[1]是世界领先的开展 DNS 服务运营支持、技术产品开发、安全保障及其他相关前瞻性研究的非营利性机构，其会员包括根域名服务器管理机构、顶级域（Top-level Domain，TLD）运营机构、DNS 产品和服务供应商、区域互联网注册管理机构（Regional Internet Registry，RIR）及独立研究机构等，每半年组织一次技术研讨会，邀请会员单位、DNS 领域相关专家等就当前 DNS 运行和研究热点问题进行交流和讨论。2020—2022 年期间，受国际新型冠状病毒肺炎疫情影响，共举办了 1 场现场研讨会（OARC 32，在美国旧金山召开）、4 场大型在线技术研讨会（OARC 33～OARC 36）、3 场小型在线研讨会（OARC online 32a、32b、35a），以及 3 场线上/线下混合研讨会（OARC 37、38、39）。

二、年度动态汇总

2020 年的 OARC 会议主要围绕 DNS 协议优化、隐私保护等多个主题开展技术交流和经验分享，2021 年的 OARC 会议则主要围绕运行状况分析、安全管理、数据分析等多个主题展开，2022 年会议则主要围绕新技术分享及运行状况分析等多个主题展开。近三年总计完成超过 100 个相关议题的分享和讨论。本文将围绕 DNS 协议优化、隐私保护等相关主题进行分类梳理，就部分议题进行背景介绍和会议内容整理。

（一）DNS 协议优化

OARC 会议期间，关于 DNS 协议优化方面的主题约占 20%，其中包括伯克利因特网名字域[2]（Berkeley Internet Name Domain，BIND）系统开发、DNS 扩展机制（Extension Mechanisms for DNS，EDNS）缓冲区大小配置及 TCP 查询性能优化等。

2020 年 OARC 会议期间，来自互联网系统协会（Internet Systems Consortium，ISC）的开发工程师介绍了 BIND 9 最近的开发工作，以及 BIND 9 当前的发展状况和未来计划。BIND 9

自诞生以来已有 19 年历史，最新的稳定版本 9.18 于 2022 年 3 月发布。经过多年持续发展，BIND 已成为 DNS 解析软件的业界标准，但其大量存在的漏洞也被业界长期诟病，直至 BIND 9 才有所改善。目前，ISC 开发人员仍在不断开发和改进 BIND 9 的功能和性能，以提高 DNS 服务器的综合表现，包括 DNS 安全扩展（Domain Name System Security Extensions，DNSSEC）密钥和签名策略功能、如何提高处理性能，以及如何在下一版本中更轻松地实施基于 DNS-over-TLS 和 DNS-over-HTTPS[3]的功能等。当前团队主要的工作内容集中在简化 DNSSEC 配置、禁用自动 DLV（DNSSEC Lookaside Validation）配置、信任锚配置、密钥和签署政策（Key and Signing Policy，KASP）等方面。此外，团队也发现了 BIND 9 存在的一些突出问题，如 BIND 9 的功能不足、配置选项太多、编辑文件依赖、代码库复杂、开发速度缓慢等。后续将持续推进的工作包括在密钥签名密钥（Key Signing Key，KSK）轮转之前通过查询父节点监视 DS（Delegated Signer）状态、通过 rndc 监视关键状态、CDS/CDNSKEY 等。

2021 年 OARC 会议期间，来自亚太互联网络信息中心（Asia Pacific Network Information Center，APNIC）的工程师介绍了 DNS-Flag Day[4]项目的实施进展及相关数据分析结果。截至 2021 年 2 月，DNS-Flag Day 项目已启动三年并推动社区完成了关于 EDNS 兼容性优化方案的落地实施。研究数据显示，通过配置服务器 EDNS 缓冲区的大小，可以减少碎片的产生。测试结果建议将 EDNS 数据大小设置在 1500 字节以内，最佳值推荐为 1232 字节，可以避免用户数据报协议（User Datagram Protocol，UDP）碎片的产生。超过 EDNS 大小的数据将强制通过 TCP 重传，这要求权威服务器支持基于 TCP 的传输，且递归服务器能够正确地按照权威服务器的设置完成 TCP 重传。研究发现，使用较小的 TCP 最大报文长度（Maximum Segment Size，MSS）设置可以获得一定程度的额外性能改进。

2021 年 OARC 会议期间，来自荷兰互联网域名注册基金会实验室（Stichting Internet Domeinregistratie Nederland Labs，SIDN Labs）的工程师展示了利用 TCP 监测实现 DNS 任播（Anycast）流量工程的经验。内容分发网络（Content Delivery Network，CDN）是减少用户服务延迟的重要手段，但必须依赖 DNS 实现全球流量调度和负载均衡，因此 DNS 延迟是大多数服务运营商关心的典型问题。当前 DNS 延迟可以通过分布式平台（如 RIPE Atlas[5]或集中式 Verfploeter[6]）的主动探测实现监控。由于 TCP 的三次握手提供了对客户端和服务器之间往返时间的良好测算，因此可以通过使用 TCP 握手时间数据来实时评估 DNS 延迟等问题。该团队使用 TCP 的往返延时（Round Trip Time，RTT）设计任播策略，发现如 B 根等服务存在 Anycast 广播问题，在修正后将 Google 到 SIDN 的延迟从 100ms 降低到 10ms，将微软基于云计算的操作系统 Azure 的访问延迟从 90ms 降低到 20ms。

2021 年 OARC 会议期间，来自开源 DNS 软件服务供应商 PowerDNS 的工程师分享了在 TCP 快速打开（TCP Fast Open，TFO）方面探索的成果。TCP 在 DNS 中所处的地位越发重要，其带来的开销问题是需要解决的关键问题，TFO 是当前较优的解决方案。在 DNS 世界中，BIND、Knot、PowerDNS 和 dnsmasq 等解析软件皆支持 TFO。然而，TFO 的广泛部署仍然存在一些实际问题，在使用 Anycast 优化 DNS 解析效果的场景下，需要将同一个客户端引导到有 TFO Cookie 状态记录的同一台服务器上。观测结果表明，即使一个拥有丰富资源和大量专业人员的大型组织也不能完全正确地在服务器端完成 TFO 配置，因此在大量增加 TFO 应用比例前需要着重解决上述问题。

2021 年 OARC 会议期间，来自 PowerDNS 的技术人员介绍了为 DNS 服务的 PROXYv2[7]

协议,并概要描述了现有的解决方案及其优缺点。多年来,有多种技术解决方案可以实现 DNS 代理与后端服务器合作,使后端服务器掌握客户端真实 IP 地址,包括 EDNS-Client-Subnet (ECS)、X-Proxied-For(XPF)及 Private/bespoke EDNS option 等,但它们各自存在相应缺点。PROXYv2 DNS 协议将客户端 IP 地址信息从负载均衡器传递到 DNS 服务器后端,后端服务器通过获得真正的客户端 IP 地址,可实现访问控制列表(Access Control List,ACL)、视图等功能。目前 PROXYv2 已兼容主流的负载均衡产品,可与 ECS 较好地实现协同配合。

2022 年 OARC 会议期间,来自 AFNIC 的研究人员分享了该团队将 DNS 基础设施应用到物联网 PKI 中的案例,为 DNS 与物联网的结合提供了新的研究思路。安全问题作为物联网最重要的问题之一,受到研究人员的广泛关注。但是,物联网本身的设备属性使其无法完全复用互联网现有的网络安全技术手段解决其本身的安全问题。AFNIC 研究团队使用基于域名系统的域名实体认证协议(DNS-based Authentication of Named Entities,DANE)和基于 DNS 安全扩展(Domain Name System Security Extensions,DNSSEC)的基础环境,为物联网创建了一种可广泛使用且受到认可的 PKI。在分享案例的过程中,研究人员阐述了如何使用 DNS 提供基于 DANE 的 IoT PKI 的原理和工作过程,并通过应用数据和测试结果表明了应用的可行性和发展前景。

随着互联网应用的不断普及和快速发展,DNS 服务器处理的数据量持续增大,当前的 DNS 协议已无法很好地适应快速更新的网络环境,对 DNS 解析效率造成影响,导致域名解析服务质量逐步恶化。OARC 会议期间,来自全球的互联网技术专家针对 DNS 协议优化进行广泛交流,通过对协议的不断升级迭代,优化其兼容性、降低任播延迟、结合物联网等新兴技术,旨在提升 DNS 相关技术整体水平,推动域名行业不断进步与持续变革,为域名行业技术研究人员指明探索方向,对全球 DNS 体系安全稳定运行和健康多元发展具有积极作用。

(二)隐私保护

在大数据时代,数据信息在给人们生活带来便利的同时,信息泄露的问题也日益凸显。在此背景下,数据脱敏、数据防篡改、数据加密、认证授权等技术一直是近年来互联网行业研究的热点,OARC 会议中讨论隐私保护的话题日益增多,引起了广泛关注。OARC 会议期间,关于隐私保护方面的主题约占 8%,其中包括资源公钥基础设施(Resource Public Key Infrastructure,RPKI)在 DNS 解析器中的应用状态研究、散列响应策略区域(DNS Response Policy Zones,RPZ)及 DNS 安全记录等方面的研究内容。

2020 年 OARC 会议期间,来自荷兰 NLnet 实验室(NLnet Labs)和阿姆斯特丹大学的研究人员介绍了 RPKI 在 DNS 解析器中部署状态的研究成果。边界网关协议(Border Gateway Protocol,BGP)是当前网络互联的基础协议。自 BGP 被广泛应用以来,由于其自身缺乏安全防护机制,加之互联网本身开放互联的特性,大大增加了路由系统被攻击的可能。例如,近期发生的亚马逊 DNS 路由劫持事件引发了广泛关注,亚马逊域名服务 Route 53 遭遇路由劫持,攻击者利用 DNS 和 BGP 固有的安全弱点盗取加密货币,波及澳大利亚、美国等地区。为了最大化减少 BGP 安全事件的发生,互联网工程任务组(The Internet Engineering Task Force,IETF)组织研究提出了 RPKI 协议,通过签名和验证路由前缀保护互联网路由基础设施。研究人员针对解析器中路由起源认证(Route Origin Validation,RoV)的应用状况进行了研究。探测结果显示,地址前缀 RPKI 保护程度最高的是来自 Cloudflare 的 AS 13335,但就整体结果而言，RPKI 在 DNS 解析器中的应用程度并不高，与应用普及仍有较大距离。

2021 年 OARC 会议期间，瑞士工程师介绍了一种对 RPZ 列表进行哈希处理的方法。2021 年 1 月 1 日，瑞士出台了一项新的法律，接入供应商需要根据瑞士联邦警察的指示屏蔽互联网指定内容，具体屏蔽的域名列表由安全文件传送协议（SSH File Transfer Protocol，SFTP）服务器分发。考虑到进入 RPZ 的列表以明文的方式存储将存在意外访问列表、非法存储列表等无法避免的问题，因此将 RPZ 区的域名进行哈希处理。通过将域名信息散列化，可以避免暴露域名列表信息，减少管理员在日常操作和其他维护过程中意外访问被禁止列表的情况发生。此外，为实现上述功能，该工程师基于 Golang 语言开发了一个新的 DNS 递归服务器实现方案 Noqoshu，但目前尚未实现开源，性能测试部分和相关文档的编制仍在进行中。

2021 年 OARC 会议期间，来自瑞典的工程师讨论了 RFC8901 草案最新的研究进展。该草案着重规范多签名 DNSSEC 的操作模型，会议中主要针对第二类模型，即在两个机构间通过独立的 KSK 和区域签名密钥（Zone Signing Key，ZSK）集合完成 DNSSEC 多签名操作展开讨论，并讨论了当前算法使用和验证方面存在的一些具体问题及未来的发展方向，为拥有多个 DNS 服务提供商的使用者提供了一种更加稳妥的 DNSSEC 实施参考方案。

2022 年 OARC 会议期间，来自密歇根大学的工程师分享了密码学的一种新颖应用，通过在 DNS 访问过程中增加零知识中间设备（Zero-Knowledge Middleboxes），实现在规范用户 DNS 访问的同时，提升 DNS 安全防护水平。该分享通过阐述 DNS 加密技术的最新发展状况和 DNS 信息过滤的必要性，提出一种新的零知识中间设备在 DNS 领域的应用方式，介绍了零知识中间设备的原型实现以及未来的改进途径，包括研究减少延迟开销的具体方法等。

随着信息技术和传播媒介的不断发展，网络安全问题日益严峻，隐私保护成为人们关注的焦点。与会专家们一直在持续跟踪隐私保护相关问题的技术研究，DNSSEC 加密算法、RPKI 证书签名、DNS 信息过滤等技术都为隐私保护探索方向提供了新的思路，确保用户的查询数据在传输和存储过程中可以得到充分保护，这些技术分享大大提升了 DNS 的安全性、可靠性、隐私性，对提升域名体系安全水平具有一定的参考价值。

（三）新技术分享

OARC 会议期间，关于新技术分享方面的主题约占 16%，其中包括以太坊域名服务[8]（Ethereum Name Service，ENS）技术相关介绍、基于 HTTPS 的 DNS（DNS-over-HTTPS，DoH）的部署状况、DNS 性能提升的经验，以及根域名服务器的现状和挑战等。

2020 年 OARC 会议期间，来自新加坡的开发工程师介绍了一种基于区块链技术实现域名解析的产品。ENS 是一个基于以太坊区块链的分布式、开放和可扩展的命名系统，旨在实现一种安全可靠、去中心化、可编程的新型域名系统。会议上工程师介绍了 ENS 的工作原理，讲解了 DNS 命名空间与 ENS 的整合方案，说明了在 ENS 中存储和对外提供 DNS 服务的方法。当前 ENS 已经实现了".xyz"".luxe"".kred"及".art"等顶级域域名解析记录的迁移，后续计划逐步扩展至所有顶级域。

2020 年 OARC 会议期间，来自 ISC 的工程师介绍了 F 根的最新运行状况。随着 F 根的发展，目前其面临着多种挑战，包括接收多运营商全路由对服务器内存的冲击、传统硬件中重装操作系统带来的难题、当前硬件无法支持 10G 接入及大量不同地理位置的硬件设备部分组件带来的操作性难题等。F 根已经开始与 CDN 运营商合作来简化部署及维护工作，目前也正在推进新硬件开发等项目工程。未来，F 根将在部分合作网络内尝试推进 RPKI 的部署工作，进一步提高 F 根在域间路由层面的安全水平。

2020 年 OARC 会议期间，来自美国加利福尼亚州 Mozilla 基金会的工程师报告了火狐浏览器（Firefox）在 DoH 及可信递归服务器（Trusted Recursive Resolvers，TRR）方面的工作进展。Firefox 试图解决从用户设备端到递归服务器之间的域名数据安全问题，着重面向递归服务器选择及如何安全地与递归服务器进行数据传输两个主要安全问题。当前 Firefox 采用 TRR 及 DoH 两种手段相结合的解决方案，并给予用户充分的自主选择权。目前 Firefox 已推进开展实验应用工作，初步范围限定在美国境内的 Cloudflare 及 NextDNS 两家机构，整体应用比例约为 1%，尚处于部署前期起步阶段。

2021 年 OARC 会议期间，来自脸书（Facebook）的 DNS 团队介绍了最近为提高 DNS 性能做出的一些努力。互联网行业的快速发展及网络规模的飞速增长对 DNS 性能提出了更高的要求，当前 DNS 服务能力亟待提升，需要一系列灵活有效的方法确保服务可靠运行。该团队分享了目前正在进行的一些研究，包括中止无效的 DNS 查询转发、提高缓存命中率、停止向根服务器发送迭代查询及减少 DNS 服务器的内存使用等。这些方法可有效提高 DNS 解析性能。

2021 年 OARC 会议期间，来自瑞典的工程师分享了根域名服务器 30 年来的发展历程，提出了当前面临的挑战及未来计划开展的工作。由字母 A～M 标识的根服务器提供了 DNS 的入口，在网络寻址方面发挥着关键作用。Netnod 运营的根服务器"i.root-servers.net"，是第一个位于美国以外的根服务器，2021 年是其成立的 30 周年。互联网的飞速发展对根域名服务器的安全稳定运行提出了更高的要求。Netnod 尝试使用软硬件设施冗余、虚拟专用网络（Virtual Private Network，VPN）数据传输、自动化运维及 RPKI 等手段应对各项挑战。

2022 年 OARC 会议期间，互联网名称与数字地址分配机构 ICANN（The Internet Corporation for Assigned Names and Numbers）提出一项倡议，将最佳实践编纂成一套全球规范以提高 DNS 系统安全性：DNS 和域名安全的知识共享和实例化规范（KINDNS）。该规范从已有的互联网路由安全规范 MANRS（Mutually Agreed Norms for Routing Security）中获取的灵感，主要面向公开服务的 DNS 基础设施，如公共递归服务器和权威域名服务器。KINDNS 介绍了包括权威服务器、递归服务器及通用服务器的最佳实践，指出当前项目仍处于早期阶段，希望广泛征求意见，逐步完善 KINDNS 需要包含的最佳实践列表。

来自全球的 DNS 研究专家通过共享信息、合作项目的形式，对当前 DNS 运行和研究相关的热点问题进行了介绍和讨论，通过总结和分享最新研究成果和实践经验，有效复用了当前重要技术成果和知识资源，加速领域内人才培养，共同推动全球 DNS 技术创新发展。对进一步优化全球域名体系，促进域名系统健康发展具有重要现实意义。

（四）运行状况分析

在所有议题中，关于 DNS 运行状况的主题约占 8%，其中主要包括对 DNS 解析服务器 ECS 的行为分析、根域名服务器 Anycast 性能分析和 DNS 安全机制等方面的交流讨论。

CDN 通常使用 DNS 将终端用户映射到最优的边缘服务器。近年来提出的 ECS[9]支持递归服务器在 DNS 查询中包含终端用户的子网信息，多用于优化 CDN 流量调度，改善整体服务性能。2020 年 OARC 会议期间，阿卡迈科技（Akamai Technologies）联合凯斯西储大学

（Case Western Reserve University，CWRU）等机构对 ECS 在域名解析服务器上的行为开展研究分析。研究团队以一个大型 CDN 的权威域名服务器和承载大量解析请求的递归服务器之间的交互数据为研究切入点，通过对这些查询数据开展深度分析，探寻开启 ECS 选项后递归服务器上的 ECS 行为模式。数据分析表明，当递归服务器开启 ECS 选项后，可能会造成少量异常或有害行为，存在如泄露用户隐私、降低 DNS 缓存有效性等问题，个别情况下无法达到 ECS 设定的预期效果。研究表明，引起以上现象的原因一是目前 ECS 的部署和应用规模较小，仅有一小部分的公共递归和我国的一些云服务提供商部署了 ECS，导致无法全面探测域名服务器对于 ECS 的支持性；二是大量域名解析服务器上缓存的"违规"设置会对 ESC 功能造成不良影响；三是"Hidden Resolvers"等服务器的设置也会影响 ECS 的应用效果。

2021 年 OARC 会议期间，由哥伦比亚大学（Columbia University in the City of New York）和微软等学校和机构组成的研究团队从系统层面重新评估了 Anycast 的性能，并分享了该团队对于根域名服务器 Anycast 部署规模与服务器自身性能对域名系统解析延迟影响程度的研究内容。主要结论包括：一是根域名服务器的延迟与 Anycast 部署规模之间并没有强关联性，这是由于递归服务器通常会寻找其认为处于最优网络路径的节点请求服务，而不以地理位置作为参考依据，因此可能会出现地理绕远的情况；二是不建议根域名服务器管理机构通过部署新的 Anycast 节点来降低域名系统访问延迟，研究表明用户可能会由于大规模部署 Anycast 服务节点，在路由选择上反而被引导到次优点；三是相较于 Anycast 部署规模大小这一整体概念而言，根域名服务器本身性能的高低对域名系统延迟影响更大。从递归服务器角度而言，由于当前缓存机制的大规模应用，根域名服务器的延迟对用户而言影响极小，这是导致近年来根域名服务器 Anycast 部署意向总体呈现下降趋势的主要原因。总体而言，Anycast 的优势在于能够增强域名系统的扩展性和性能表现，通常情况下 Anycast 节点越密集，查询容量越大，响应越快，但如何优化 Anycast 部署以达到最优效果则是一项需要不断探索的工程。

2021 年 OARC 会议期间，来自早稻田大学的工程师分享了针对 DNSSEC、DNS Cookie、证书颁发机构授权（Certification Authority Authorization，CAA）、发件人策略框架（Sender Policy Framework，SPF）和 DNS 名称实体验证（DNS-based Authentication of Named Entities，DANE）等多种 DNS 安全机制的测评结果，结果显示，截至 2021 年，除 SPF 外，其他安全防护机制在 DNS 中的实际部署规模依然较小，且越难部署的安全机制其应用情况越不乐观。最后，该团队建议开发更便于部署的 DNS 安全机制，可有效推动 DNS 安全机制的规模化部署。

2022 年 OARC 会议期间，来自荷兰 NLNETLABS 的工程师以"权威 DNS 服务器 RPKI 部署情况"为基础，对权威 DNS 运营商的路由起源认证（ROV）状态开展研究。测试数据表明，在所有被查询的权威名称服务器中，平均 45%的服务器部署于开启 ROV 的自治域（Autonomous System，AS）中；在所有被查询域名中，平均 67%的域名部署于开启 ROV 的自治域中。以上反映了可被 RPKI 保护的权威服务器的大致情况。在测试结果中，有一类权威 DNS 响应即被经 ROV 验证的收集器采集，同时也被未经 ROV 验证的收集器采集。出现此类情况的原因，可以推断为在不同时间，网络路径存在抖动，即在 RPKI 未在互联网全面推广应用前，即使 DNS 权威服务器已经部署 RPKI，在网络传输过程中，权威 DNS 响应包也可能经网络中不支持 RPKI 的路由器传输而受到安全威胁。

OARC 会议期间，域名行业相关技术专家通过研究域名系统当前的运行状况及面临的风险挑战，一方面提出解决方案，促进 DNS 性能及安全防护水平得到有效提升；另一方面通过加大对域名系统运行状态的监测力度，有力保障了域名系统整体的安全稳定运行。相关研究成果为域名系统今后的运行维护、部署应用提供了一定的参考，有效促进了全球域名系统的安全、稳定运行。

（五）安全管理

在所有议题中，关于 DNS 安全管理方面的主题约占 16%，其中主要包括 DNS 新记录类型引入、新域名列表生成、DNS 地址欺骗劫持攻击和 DNS Cookie 部署等技术讨论。近年来，随着域名系统对新技术的引入、开放式协议的支持及各种软件和平台的使用，其面临更多更复杂的安全风险，如数据的窃取篡改、认证授权、网络攻击等安全事件层出不穷，如何确保 DNS 安全可靠已经成为 OARC 会议中最为突出的主题之一。

2021 年 OARC 会议期间，来自阿卡迈科技的工程师分享了新查询类型（SVCB=64 和 HTTPS=65）对权威和递归服务器的影响分析。通过深入挖掘和分析 Apple 公司应用新域名记录后的解析数据，一方面梳理了 HTTPS 请求的演变过程，另一方面分析了权威服务器在面对数以百万计的 HTTPS 解析请求时的响应情况。对权威服务器来说，增加查询类型的负载压力可能远超预期。2021 年 Apple 公司开始支持两种新的解析请求类型后，所有 Apple 设备以 HTTPS 请求的方式发出 DNS 解析请求，这不仅对递归服务器的查询量产生了显著影响，也会使彼时尚未支持新资源记录类型的权威服务器负载在预期水平上进一步增加。通过对比分析 HTTPS 和传统方式的解析查询请求响应数据可知，虽然当前支持 HTTPS 的域名仍相对较少且应用程度依然不高，但其拥有较好的应用前景，能够在当前域名系统的应用环境下实现平滑"加入"。当然，对于复杂且庞大的域名系统而言，新资源类型的加入必将带来一系列问题，需要继续探索完善、稳妥部署。

2021 年 OARC 会议期间，ICANN 的工作人员介绍了一种新的"最受欢迎"网站列表的生成方法。这种方法通过采集 Wikipedia 上所有页面中涉及的全部 URL，生成一个新的域名列表数据库，这个新的域名列表将比"最受欢迎"网站给出的域名列表更具有代表性。当前人们在进行域名相关研究时，数据大多来自"最受欢迎"网站列表（如 Alexa 列表），但这些列表对于分析典型域名的某些情况来说并不是最优选项。此项目选择 Wikipedia 作为数据来源，是由于 Wikipedia 广泛的覆盖面。相较于以访问量排名的"最受欢迎"域名列表，此项目生成的列表更加全面，一方面，Wikipedia 上的页面几乎涵盖了所有的语言；另一方面，这些网站中包含大量真实且规模有限的网站，如一些小城市的政府官网、各类型大学网站、球队网站、受众群体不大的音乐和电影视频网站及个人网站等。通过对收集到的原始数据进行去除前后缀、去重等操作后，处理形成标准格式的域名，最终该数据集中共包含 730 万个域名样本，其中 17% 的域名同时拥有 IPv4 和 IPv6 地址，4% 的域名其 IPv4 地址支持 DNSSEC 验证。此项研究后续还会对域名 TLS 等属性进行分析研究，同时希望能够加深对"典型"域名的思考和研究。

2021 年 OARC 会议期间，来自杨百翰大学（Brigham Young University，BYU）的研究人员分享了对于不使用目标端源地址验证（Destination-side Source Address Validation，DSAV）[10]的一项测试结果。未采用 DSAV 的网络面临被恶意攻击的安全威胁，而这类攻击的防护可以通过过滤声称来自网络内部的入站流量而轻松实现。在测试过程中，研究人员通过使用各种虚假的源地址向全球 62000 个已知自治系统（Autonomous System，AS）的 DNS 服务器发出域名请求查询，发现其中大约一半的目的网络未启用 DSAV，极易遭受 DNS 渗透攻击。同时，还发现有近 4000 个 DNS 服务器存在由于源端口随机化不足而容易遭受 DNS 缓存中毒攻击的风险。最后，研究团队展示了一种基于 Web 的 DSAV 测试工具，使用该工具可以帮助用户测试自己的网络是否已经启用 DSAV。

2021 年 OARC 会议期间，来自杨百翰大学的另一个研究团队分享了针对 DNS 权威和递归服务器缓存（Cookie）机制的使用情况分析报告，其中权威服务器地址数据集由顶级域的域名表和 Alexa Top 100 万域名所在服务器的 IP 地址组成，递归域名服务器地址数据集由对外提供服务的递归服务器 IP 地址组成。Cookie 支持测试显示，在权威服务器 IP 地址集合共 157679 个 Alexa 和 6615 个 TLD IP 地址之中，超过 98%的服务器支持 EDNS，完全支持 Cookie 的服务器占比不超过 30%。在递归服务器 IP 地址集合（约 190 万个 IP 地址）中，约 70%的递归服务器支持 EDNS，完全支持 Cookie 的约占 17%。Cookie 强制性测试结果显示，在收到不含 Cookie/EDNS 和错误的 Cookie 响应时，递归服务器正常工作的占比分别约为 85% 和 20%。未配置 Cookie 会使递归服务器更容易遭受 DNS 缓存中毒攻击，并且在 RFC 文档中明确要求，如果递归服务器配置了权威服务器响应必须包含 Cookie，那么在收到未含 Cookie 的响应后，递归服务器必须将之丢弃。Cookie 配置对于权威服务器几乎没有影响，且仍存在遭受 DNS 放大攻击的安全威胁。该团队最后展示了关于动态服务器缓存的一项测试结果。最后，经过对测试结果进行分析和研究，该团队认为，DNS Cookie 作为最新的身份管理标准，目前应用程度仍然不高，约 30%的权威服务器和 10%的递归服务器启用了 Cookie，其中只有约 15%的递归服务器和不到 1%的权威服务器配置了强制 Cookie 的选项。因此，建议持续推动 DNS Cookie 的应用部署，进一步保障 DNS 安全。

2022 年 OARC 会议期间，来自桑迪亚国家实验室的工程师介绍了 DNS 解析器的安全现状研究情况。研究团队使用 2008 年至 2021 年 A 根服务器的解析数据，研究 DNS 安全和隐私状况如何随着时间的推移而演变，得出如下几个结论。一是源端口随机性安全问题在 2021 年明显改善，存在问题的服务器占比仅为 4%。二是事务 ID 随机化安全问题同样改善明显，存在问题的 DNS 查询比例仅为 2%。三是应用 QNAME 最小化特性的 DNS 解析器比例逐年提升，至 2021 年已超 10%。

随着国外递归服务器技术的不断发展和演进，简单有效的 DNS 协议面临的安全风险日益增加。面对不断增长的网络安全威胁，递归服务器技术也在不断引入新的安全功能，来自 OARC 的研究人员梳理了 DNS 新记录类型和新域名列表等新技术引入带来的风险和影响，为后续相关技术的研究提供了指导；同时介绍了应对 DNS 渗透攻击和缓存中毒攻击的研究经验和成果，为进一步提升 DNS 安全提供新的解决思路，有助于深入检测域名体系中的潜在安全风险，确保全球域名体系安全可靠，有效保障国家安全和社会稳定。

（六）数据分析

在所有议题中，关于 DNS 数据分析方面的主题约占 13%，其中包括互联网集中化、对美国域名使用情况的研究与评估、利用 DNSViz（dnsviz.net）调试 DNSSEC 错误等方面的技术讨论。在信息爆炸的时代背景下，科学合理地运用数据分析可以实现对数据信息的最大化利用，数据挖掘与分析技术尤为重要。

2020 年 OARC 会议期间，来自南加利福尼亚大学（University of Southern California，USC）和 SIDN 实验室的研究人员通过分析从 DNS 根域名服务器和两个国家代码顶级域（country-code Top-Level Domains，ccTLD）收集到的 DNS 流量后发现，互联网存在集中化的现象。在过去的几年里，人们越发关注互联网集中化现象，即将流量、用户和基础设施整合到"少数人"手中。在对两个 ccTLD 的所有查询结果分析后发现，超过 30%的请求来自 5 家大型云服务提供商。通过比较云解析服务器和其行为上的差异性后还发现，云服务提供商的 DNS 解析服务也有所不同，如一部分云服务提供商大规模部署应用了 IPv6、DNSSEC 和基于 TCP 的 DNS，而其他云服务提供商仅支持 IPv4 访问，且通过缺乏安全保障的 UDP 进行数据传输并提供解析服务。相较于分散的模式，互联网集中化的优势在于一旦云服务提供商部署了相对较高的安全特性，则用户也能因此而快速获益。

2021 年 OARC 会议期间，来自加州大学圣地亚哥分校（University of California, San Diego，UCSD）的技术团队对一种 DNS 缓存侦听工具 Trufflehunter[11]进行了介绍，Trufflehunter 能够用于评估稀有和敏感的网络应用程序的流行程度。对小型、配置错误、开放式的 DNS 解析器进行 DNS 缓存窥探被认为是一种隐私威胁，但也存在拥有大量用户的公共递归服务器允许将缓存窥探用作隐私保护的一种测评手段，如 Google 的公共递归服务器等。这些开放缓存探测权限的公共递归服务器数量的不断增加，为人们提供了一个观察稀有域名使用情况的机会，同时也保护了其访问用户的隐私安全。大型公共递归服务器的复杂性对于缓存探测而言机遇与挑战并存，这是由于其在拥有大量数据的同时也拥有相对复杂的内部结构，Trufflehunter 通过对大型多层分布式缓存递归服务器的复杂行为进行建模，推断出四种最流行的公共 DNS 递归服务器（Google Public DNS、Cloudflare DNS、OpenDNS 和 Quad9）的缓存策略。通过使用可控的测试平台，技术团队在得到 Trufflehunter 对美国域名使用情况评测结果的准确率后，也将其应用到对其他互联网应用程序的评测上，并分析得出了几个稀有和敏感的应用程序流行度的下限估计值。

2021 年 OARC 会议期间，来自弗吉尼亚理工大学（Virginia Polytechnic Institute and State University，Virginia Tech 或 VT）的研究人员分享了使用 DNSViz（dnsviz.net）[12]对 DNSSEC 错误进行调试的过程和结果，以帮助域名从业者了解域名当前对 DNSSEC 的支持情况，并对 DNSSEC 问题进行调试。DNSViz 是一个 DNS 区文件状态可视化工具，由来自美国杨百翰大学的 Casey Deccio 开发和维护，可以帮助 DNS 管理者部署和管理 DNSSEC。此外，近年来也有研究通过使用主动扫描的方式部署 DNSSEC，但由于管理不善等原因造成了如 DS 记录丢失等异常情况，因而并未得到大范围推广。为了探寻 DNSSEC 部署、管理及错误调试为何会对域名管理者造成困扰，研究人员对周期为 7 年的 DNSViz 数据集（其中包含区文件历史 DNS 调试记录）进行了分析，发现 DNSSEC 的错误通常相互关联，一个错误可能导致另一个错误的出现。该研究还将继续进行下去，对 DNSSEC 错误的关联性进行更加准确的分析和研究，同时希望能够帮助如域名注册管理局和第三方机构等域名管理机构更好地部署和管理 DNSSEC。

2022 年 OARC 会议期间，来自 ICANN 的工程师使用 RIPE Atlas 系统进行探测，将根服务器可获得的 TTL 值转换为近似的往返时间，经跨根镜像探测数据聚合后得到最终结果。研究公布了当前递归服务器和根镜像服务器之间 RTT 中值及第 90 百分位的测量值，其中，

RTT 中值约为 10.5 跳，延迟近似时间约为 33 毫秒；第 90 百分位的测量值约为 18 跳，延迟近似时间约为 60 毫秒。

DNS 领域的大数据获取相对便利，因此，如何有效地利用解析日志、流量分布及其他场景数据进行深入挖掘分析，将是 OARC 会议未来研究的重点方向之一。会议期间，相关技术专家在数据分析领域也做了大量的工作，通过收集 DNS 流量、缓存、DNSViz 数据集、TTL 值等数据并进行大量的试验研究，深入挖掘分析评测结果，发现互联网潜在问题，提出改进建议，为业界持续推进递归及权威解析层面相关技术研究提供了一定的参考价值。

三、总结

随着互联网技术的不断发展，DNS 面临着新的机遇与挑战。大数据、云计算、人工智能和区块链等技术的冲击和融合，一方面推动域名系统朝着更适应当前和未来一段时间内互联网发展潮流的方向前进，另一方面也对域名系统的性能和安全防护等级等提出了更高的要求。OARC 会议期间，来自域名注册管理机构、DNS 软件厂商、相关科研中心和院校等的领域内相关人员，就 DNS 协议优化、隐私保护、安全管理、运行状态和数据分析等领域内关注的重点主题展开讨论，既有对现存问题的研究，又有对未来发展的展望。

可以预见，DNS 作为维护互联网稳定运行的关键组成部分，在行业机构共同推动下必将持续变革，技术特性逐步完善，安全水平持续提高，运行风险不断降低，从而支撑信息社会高质量健康发展。

从近年来 DNS-OARC 会议讨论的议题分析，随着互联网的发展，互联网应用对于 DNS 的依赖越加重要，利用新技术优化 DNS 体系，提升对 DNS 运行状态的观测能力，加强 DNS 安全等技术应用是提升互联网稳定运行的重要手段。在此背景下，如 DNS-OARC 一类的技术会议在较长的时间内仍将是域名相关从业人员关注的重点。通过对 DNS 领域前沿技术的持续跟踪探索，可进一步促进互联网基础资源领域核心技术的快速更迭，提升互联网基础资源领域核心技术水平，对促进互联网健康发展和稳定运行具有不可或缺的重要意义。

参考资料

[1]   DNS-OARC. DNS-OARC 官方网站[EB/OL]. [2022-04-10].

[2]   潘中强, 孙亚南. 基于 BIND 9 架构的智能 DNS 实现[J]. 平顶山学院学报, 2008(5): 81-83.

[3]   孟德超, 邹福泰. DNS 隐私保护安全性分析[J]. 通信技术, 2020，53(2): 445-449.

[4]   DNS-violations. DNS flag day 2020[Z]. 2020-10-1.

[5]   RIPE Atlas. RIPE Atlas 官方网站[EB/OL]. [2022-04-10].

[6]   WOUTER B de Vries, RICARDO de O Schmidt, WES Hardaker, et al. Verfploeter: Broad and Load-Aware Anycast Mapping[EB/OL]. [2022-04-10].

[7]   GitHub.dnsproxy2 协议介绍[EB/OL]. [2022-04-12].

[8]   Ethereum Name Service. Ethereum Name Service 官方网站[EB/OL]. [2022-04-12].

[9]   向九松，樊士迪. 基于 ECS 的 CDN 精确调度现网实践与探索[J]. 现代信息科技，2021，
       5(19): 47-49.

[10]   MIKROTIK. DSAV 介绍[EB/OL]. [2022-04-14].

[11]   GitHub. Trufflehunter 工具介绍[EB/OL]. [2022-04-14].

[12]   GitHub. DNSViz 工具介绍[EB/OL]. [2022-04-10].

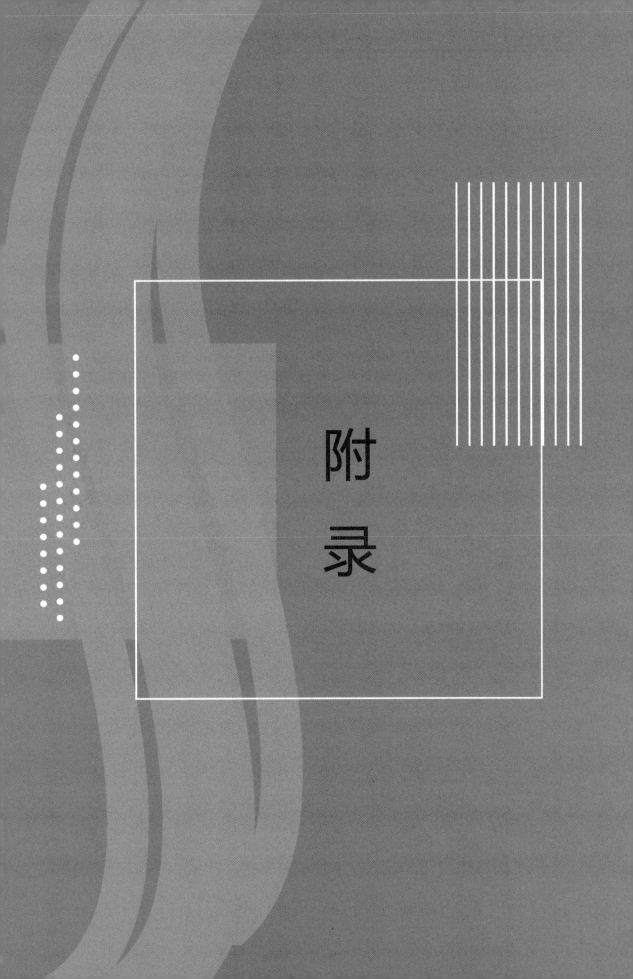
附 录

第 51 次中国互联网络发展状况统计报告

中国互联网络信息中心

前　言

　　1997 年，国家主管部门研究决定由中国互联网络信息中心（CNNIC）牵头组织开展中国互联网络发展状况统计调查，形成了每年年初和年中定期发布《中国互联网络发展状况统计报告》（以下简称《报告》）的惯例，至今已持续发布 50 次。《报告》力图通过核心数据反映我国制造强国和网络强国建设历程，成为我国政府部门、国内外行业机构、专家学者和广大人民群众了解中国互联网发展状况的重要参考。

　　2022 年 10 月，中国共产党第二十次全国代表大会胜利召开。党的二十大报告指出，加快发展数字经济，促进数字经济和实体经济深度融合，打造具有国际竞争力的数字产业集群。2022 年，我国数字经济持续保持较快发展，信息传输、软件和信息技术服务业增加值增长9.1%；全国网上零售额为 37853 亿元，比 2021 年增长 4.0%，为保持国民经济稳定增长做出积极贡献。

　　互联网是承载数字经济发展的重要基础，在网络信息产业发展中扮演着重要角色。中国互联网络信息中心持续跟进我国互联网发展进程，不断扩大研究范围，深化研究领域。《报告》围绕互联网基础建设、网民规模、互联网应用、工业互联网、在线政务、互联网安全六个方面，力求通过多角度、全方位的数据展现，综合反映 2022 年我国互联网发展状况。

　　在此，衷心感谢工业和信息化部、中央网络安全和信息化委员会办公室、国家统计局、共青团中央等部门对《报告》的指导和支持。同时，向在本次互联网络发展状况统计调查工作中给予支持的机构和广大网民致以诚挚的谢意！

中国互联网络信息中心

2023 年 3 月

核心数据

◇ 截至 2022 年 12 月，我国网民规模达 10.67 亿，较 2021 年 12 月增长 3549 万，互联网普及率达 75.6%，较 2021 年 12 月提升 2.6 个百分点。

◇ 截至 2022 年 12 月，我国手机网民规模达 10.65 亿，较 2021 年 12 月增长 3636 万，网民使用手机上网的比例为 99.8%。

◇ 截至 2022 年 12 月，我国农村网民规模达 3.08 亿，占网民整体的 28.9%；城镇网民规模达 7.59 亿，占网民整体的 71.1%。

◇ 截至 2022 年 12 月，我国网民使用手机上网的比例达 99.8%；使用电视上网的比例为 25.9%；使用台式电脑、笔记本电脑、平板电脑上网的比例分别为 34.2%、32.8% 和 28.5%。

◇ 截至 2022 年 12 月，我国 IPv6 地址数量为 67369 块/32，较 2021 年 12 月增长 6.8%。

◇ 截至 2022 年 12 月，我国域名总数为 3440 万个。其中，".CN" 域名数量为 2010 万个，占我国域名总数的 58.4%。

◇ 截至 2022 年 12 月，我国即时通信用户规模达 10.38 亿，较 2021 年 12 月增长 3141 万，占网民整体的 97.2%。

◇ 截至 2022 年 12 月，我国网络视频（含短视频）用户规模达 10.31 亿，较 2021 年 12 月增长 5586 万，占网民整体的 96.5%；其中，短视频用户规模达 10.12 亿，较 2021 年 12 月增长 7770 万，占网民整体的 94.8%。

◇ 截至 2022 年 12 月，我国网络支付用户规模达 9.11 亿，较 2021 年 12 月增长 781 万，占网民整体的 85.4%。

◇ 截至 2022 年 12 月，我国网络购物用户规模达 8.45 亿，较 2021 年 12 月增长 319 万，占网民整体的 79.2%。

◇ 截至 2022 年 12 月，我国网络新闻用户规模达 7.83 亿，较 2021 年 12 月增长 1216 万，占网民整体的 73.4%。

◇ 截至 2022 年 12 月，我国网络直播用户规模达 7.51 亿，较 2021 年 12 月增长 4728 万，占网民整体的 70.3%。

◇ 截至 2022 年 12 月，我国线上办公用户规模达 5.40 亿，较 2021 年 12 月增长 7078 万，占网民整体的 50.6%。

◇ 截至 2022 年 12 月，我国在线旅行预订用户规模达 4.23 亿，较 2021 年 12 月增加 2561 万，占网民整体的 39.6%。

◇ 截至 2022 年 12 月，我国互联网医疗用户规模达 3.63 亿，较 2021 年 12 月增长 6466 万，占网民整体的 34.0%。

第一章　互联网基础建设状况

一、互联网基础资源

截至 2022 年 12 月，我国 IPv4 地址数量为 39182 万个，IPv6 地址数量为 67369 块/32，IPv6 活跃用户数达 7.28 亿；我国域名总数为 3440 万个，其中，".CN"域名数量为 2010 万个，占我国域名总数的 58.4%；我国移动电话基站总数达 1083 万个，互联网宽带接入端口数量达 10.71 亿个，光缆线路总长度达 5958 万公里。

表 1　2021.12—2022.12 互联网基础资源对比

分类	2021 年 12 月	2022 年 12 月
IPv4（个）	392486656	391822848
IPv6（块/32）	63052	67369
IPv6 活跃用户数（亿）	6.08	7.28
域名（个）	35931063	34400483
其中 ".CN" 域名（个）	20410139	20101491
移动电话基站（万个）	996	1083
互联网宽带接入端口（亿个）	10.18	10.71
光缆线路长度（万公里）	5488	5958

（一）IP 地址

截至 2022 年 12 月，我国 IPv6 地址数量为 67369 块/32，较 2021 年 12 月增长 6.8%。CNNIC 监测范围内的全球知名度较高的 23 个公共递归服务中，有 14 个递归服务提供 IPv6 地址，占比为 60.9%，其中有 13 个解析服务正常。

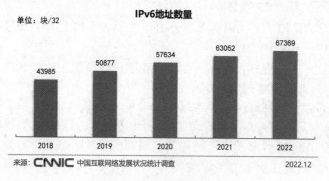

图 1　IPv6 地址数量①

---

① 数据均含港、澳、台地区。

截至 2022 年 12 月，我国 IPv6 活跃用户数达 7.28 亿。

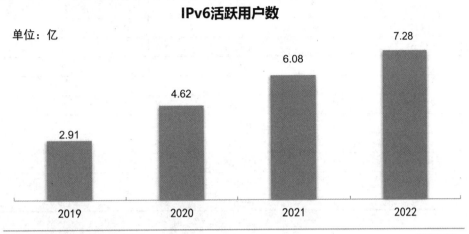

图 2　IPv6 活跃用户数

截至 2022 年 12 月，我国 IPv4 地址数量为 39182 万个。

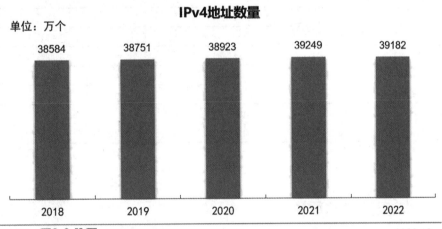

图 3　IPv4 地址数量①

（二）域名

截至 2022 年 12 月，我国域名总数为 3440 万个。其中，".CN"域名数量为 2010 万个，占我国域名总数的 58.4%；".COM"域名数量为 902 万个，占我国域名总数的 26.2%；".中国"域名数量为 19 万个，占我国域名总数的 0.5%；新通用顶级域名（New gTLD）数量为 377 万个，占我国域名总数的 11.0%。

---

① 数据均含港、澳、台地区。

表2　分类域名数①

分类	数量（个）	占域名总数比例
.CN	20101491	58.4%
.COM	9019281	26.2%
.NET	762969	2.2%
.中国	185576	0.5%
.INFO	40614	0.1%
.ORG	39668	0.1%
.BIZ	20253	0.1%
New gTLD	3769824	11.0%
其他②	460807	1.3%
合计	34400483	100.0%

表3　分类".CN"域名数

分类	数量（个）	占".CN"域名总数比例
.CN	13022352	64.8%
.COM.CN	3288847	16.4%
.ADM.CN③	1815750	9.0%
.NET.CN	956721	4.8%
.ORG.CN	842601	4.2%
.AC.CN	153853	0.8%
.GOV.CN	14487	0.1%
.EDU.CN	6682	0.0%
其他	198	0.0%
合计	20101491	100.0%

（三）移动电话基站数量

截至2022年12月，我国移动通信基站总数达1083万个，较2021年12月净增87万个。其中，5G基站总数达231.2万个，占移动基站总数的21.3%，较2021年12月提高7个百分点，全年新建5G基站88.7万个。

---

① 来源：通用顶级域名（gTLD）及新通用顶级域名（New gTLD）由国内域名注册单位协助提供。".CN"".中国"域名数量为全球注册量。

② 其他：包含".CO"".TV"".CC"和".ME"等域名。

③ .ADM.CN：虚拟二级域名，是对".CN"下所有行政区域名（二级域名）的合称。

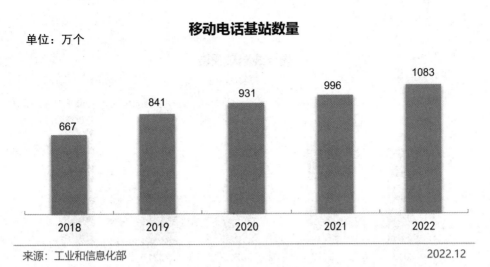

单位：万个

移动电话基站数量

图 4 移动电话基站数量

（四）互联网宽带接入端口数量

截至 2022 年 12 月，我国互联网宽带接入端口数达到 10.71 亿个，较 2021 年 12 月净增 5320 万个；其中，光纤接入（FTTH/O）端口达到 10.25 亿个，较 2021 年 12 月净增 6534 万个，占比由 94.3%提升到 95.7%。具备千兆网络服务能力的 10G PON 端口数达 1523 万个，比 2021 年末净增 737.1 万个。

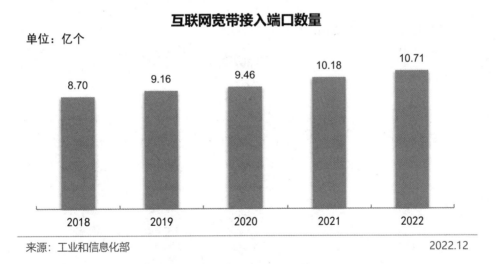

单位：亿个

互联网宽带接入端口数量

图 5 互联网宽带接入端口数量

（五）光缆线路长度

截至 2022 年 12 月，我国光缆线路总长度达 5958 万公里，全年新建光缆线路长度 477.2 万公里；其中，长途光缆线路、本地网中继光缆线路和接入网光缆线路长度分别达 109.5 万、

2146 万和 3702 万公里。

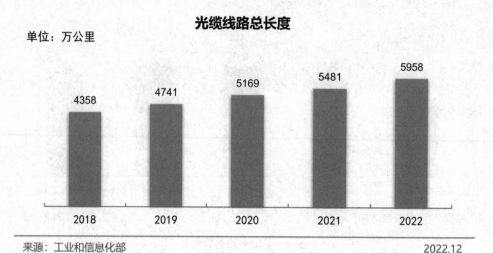

图 6　光缆线路总长度

二、互联网资源应用

（一）网站

截至 2022 年 12 月，我国网站①数量为 387 万个。

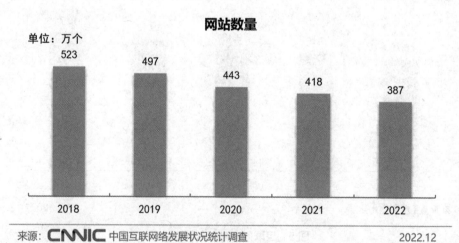

图 7　网站数量②

---

① 网站：指域名注册者在中国境内的网站。
② 网站数量不包含".EDU.CN"下网站。

截至 2022 年 12 月，".CN"下网站数量为 224 万个。

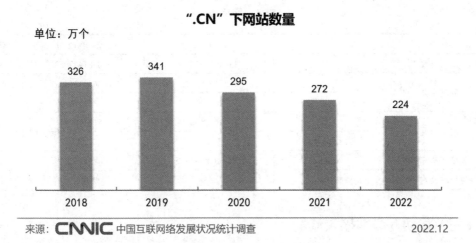

".CN"下网站数量

单位：万个

来源： CNNIC 中国互联网络发展状况统计调查   2022.12

图 8   ".CN"下网站数量①

（二）网页

截至 2022 年 12 月，我国网页数量为 3588 亿个，较 2021 年 12 月增长 7.1%。

单位：亿个

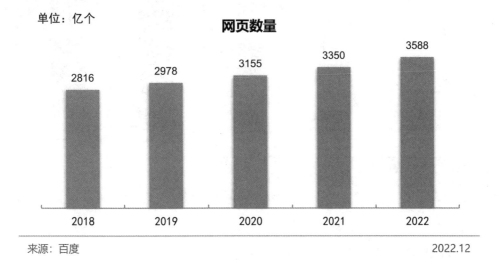

网页数量

来源：百度   2022.12

图 9   网页数量

其中，静态网页②数量为 2437 亿，占网页总数量的 67.9%；动态网页③数量为 1151 亿，

---

① ".CN"下网站数量不包含".EDU.CN"下网站。

② 静态网页：指标准 HTML 格式的网页，文件扩展名是.htm、.html，可以包含文本、图像、声音、FLASH 动画、客户端脚本和 ActiveX 控件及 JAVA 小程序等。

③ 动态网页：指基本的 HTML 语法规范与 Java、VB、VC 等高级程序设计语言、数据库编程等多种技术的融合，页面代码虽然没有变，但是显示的内容可以随着时间、环境或者数据库操作的结果而发生改变。

占网页总量的 32.1%。

表 4　网页数量

分类	单位	2021 年 12 月	2022 年 12 月	增长率
网页总数	个	334963712602	358781443052	7.1%
静态网页	个	225618593713	243679435621	8.0%
	占网页总数比例	67.4%	67.9%	—
动态网页	个	109345118889	115102007431	5.3%
	占网页总数比例	32.6%	32.1%	—
网页长度（总字节数）	KB	25835838532975	29068342543482	12.5%
平均每个网页的字节数	KB	77	81	5.2%

（三）移动互联网接入流量

2022 年，我国移动互联网接入流量达 2618 亿 GB，同比增长 18.1%。

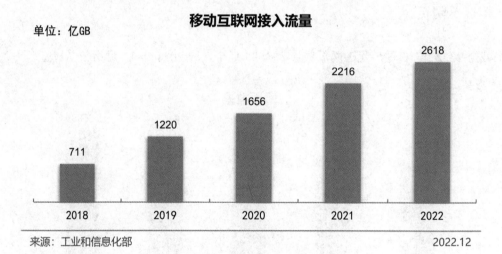

图 10　移动互联网接入流量

三、互联网接入环境

（一）上网设备

截至 2022 年 12 月，我国网民使用手机上网的比例达 99.8%；使用台式电脑、笔记本电脑、电视和平板电脑上网的比例分别为 34.2%、32.8%、25.9%和 28.5%。

互联网络接入设备使用情况

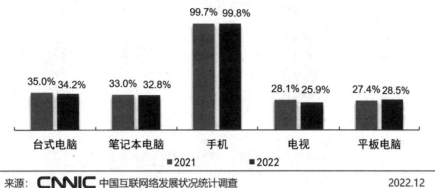

图 11　互联网络接入设备使用情况

截至 2022 年 12 月，三家基础电信企业的移动电话用户总数达 16.83 亿户，较 2021 年 12 月净增 4062 万户。其中，5G 移动电话用户①达 5.61 亿户，占移动电话用户的 33.3%，较 2021 年 12 月提高 11.7 个百分点。

移动电话用户规模

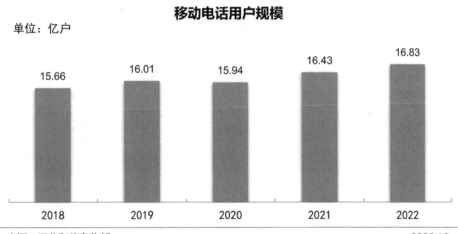

图 12　移动电话用户规模

2022 年，国内市场手机总体出货量为 2.72 亿部，同比下降 22.6%。其中，5G 手机出货量为 2.14 亿部，同比下降 19.6%，占同期手机出货量的 78.8%。

---

① 5G 移动电话用户：指报告期末在通信计费系统拥有使用信息，占用 5G 网络资源的在网用户。

图 13　5G 手机出货量及其占同期手机出货量比例

（二）上网时长

截至 2022 年 12 月，我国网民的人均每周上网时长①为 26.7 个小时，较 2021 年 12 月下降 1.8 个小时。

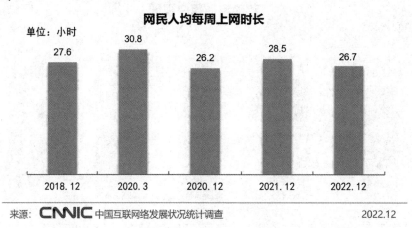

图 14　网民人均每周上网时长

（三）固定宽带接入情况

截至 2022 年 12 月，三家基础电信企业的固定互联网宽带接入用户总数达 5.9 亿户，较 2021 年 12 月净增 5386 万户。其中，100Mbps 及以上接入速率的固定互联网宽带接入用户达 5.54 亿户，较 2021 年 12 月净增 5513 万户，占总用户数的 93.9%；1000Mbps 及以上接入速率的固定互联网宽带接入用户达 9175 万户，较 2021 年 12 月净增 5716 万户，占总用户数的 15.6%。

---

① 人均每周上网时长：指过去半年内，网民一周七天平均每天上网的小时数×7 天。

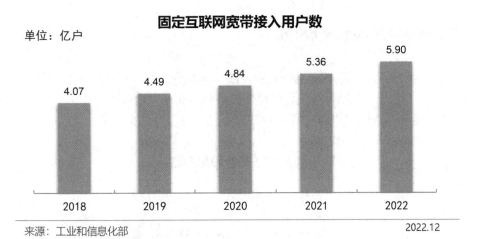

图 15　固定互联网宽带接入用户数

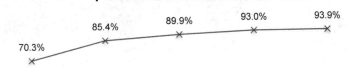

图 16　100Mbps 及以上固定互联网宽带接入用户占比

图 17　1000Mbps 及以上固定互联网宽带接入用户数

（四）蜂窝物联网终端用户数

截至 2022 年 12 月，三家基础电信企业发展蜂窝物联网终端用户 18.45 亿户，较 2021 年 12 月净增 4.47 亿户。蜂窝物联网终端用户数较移动电话用户数高 1.61 亿户，占移动网终端连接数（包括移动电话用户和蜂窝物联网终端用户）的比例达 52.3%。

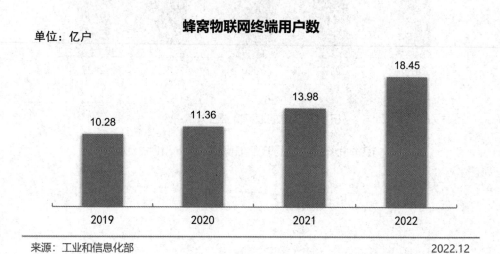

图 18　蜂窝物联网终端用户数

第二章　网民规模及结构状况

一、网民规模

（一）总体网民规模

截至 2022 年 12 月，我国网民规模为 10.67 亿，较 2021 年 12 月新增网民 3549 万，互联网普及率达 75.6%，较 2021 年 12 月提升 2.6 个百分点。

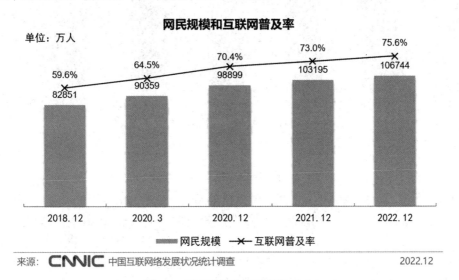

图 19　网民规模和互联网普及率

截至 2022 年 12 月，我国手机网民规模为 10.65 亿，较 2021 年 12 月新增手机网民 3636 万，网民中使用手机上网的比例为 99.8%。

2022 年，我国网民用网环境持续改善，用网体验不断提升，信息无障碍服务日趋完善，推动互联网从接入普及向高质量发展迈进。一是"双千兆"建设持续推进，为民众提供更高质量的用网环境。以千兆光网和 5G 为代表的"双千兆"网络构成新型基础设施的承载底座。截至 2022 年 12 月，我国建成具备千兆网络服务能力的 10G PON 端口数达 1523 万个，较 2021 年末接近翻一番水平，全国有 110 个城市达到千兆城市建设标准；移动网络保持 5G 建设全球领先，累计建成并开通 5G 基站 231.2 万个，总量占全球 60% 以上[①]。二是物联网创造更多元的接入设备和应用场景，提升用户网络使用体验。截至 12 月，我国移动网络的终端连接总数已达 35.28 亿户，万物互联基础不断夯实；蜂窝物联网终端应用于公共服务、车联

---

① 来源：工业和信息化部。

网、智慧零售、智慧家居等领域的规模分别达 4.96 亿、3.75 亿、2.5 亿和 1.92 亿户①。海量的新设备接入网络，进一步丰富了数字终端设备和应用场景，持续提升网民使用体验。三是适老化改造及信息无障碍服务成效显著，持续促进数字包容。工业和信息化部发布《移动互联网应用（App 老化通用设计规范》和《互联网应用适老化及无障碍水平评测体系》，并开展互联网应用适老化和无障碍专项行动，十余项适老化标准规范相继出台。截至 12 月，有关部门指导企业为老年用户推出远程办理、故障排除等电信服务，组织 648 家网站和 App 完成适老化改造②。四是未成年人互联网普及率持续提升。《2021 年全国未成年人互联网使用情况研究报告》数据显示，2021 年我国未成年人互联网普及率达 96.8%，较 2020 年提升 1.9 个百分点。

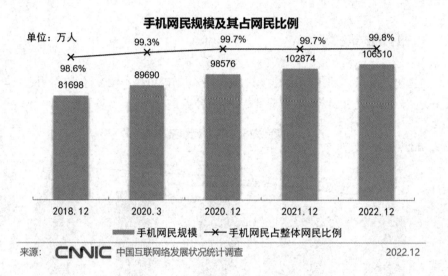

图 20 手机网民规模及其占网民比例

2022 年 3 月，中央网信办、工业和信息化部等部门联合印发《2022 年提升全民数字素养与技能工作要点》，部署 8 个方面 29 项重点任务，进一步优化全民数字素养与技能发展的政策环境。在此背景下，提升全民数字素养与技能工作取得积极进展。截至 12 月，40.7% 的网民初步掌握数字化初级技能③；47.0% 的网民熟练掌握数字化初级技能；27.1% 的网民初步掌握数字化中级技能④；31.2% 的网民熟练掌握数字化中级技能。

（二）城乡网民规模

截至 2022 年 12 月，我国城镇网民规模为 7.59 亿，占网民整体的 71.1%；农村网民规模为 3.08 亿，较 2021 年 12 月增长 2371 万，占网民整体的 28.9%。

---

① 来源：工业和信息化部。

② 来源：国务院新闻办公室，2022 年工业和信息化发展情况新闻发布会。

③ 数字化初级技能：指能够使用数字化工具搜索、获取、存储、传输数字化资源的技能，如能够使用电脑进行信息搜索、文件传输等。

④ 数字化中级技能：指能够使用数字化工具加工、处理、利用数字化资源的技能，如能够使用办公软件进行文本编辑、数据分析等。

网民城乡结构

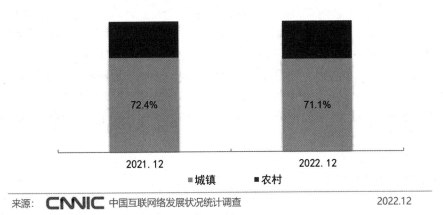

图 21　网民城乡结构

截至 2022 年 12 月，我国城镇地区互联网普及率为 83.1%，较 2021 年 12 月提升 1.8 个百分点；农村地区互联网普及率为 61.9%，较 2021 年 12 月提升 4.3 个百分点。城乡地区互联网普及率差异较 2021 年 12 月缩小 2.5 个百分点。

城乡地区互联网普及率

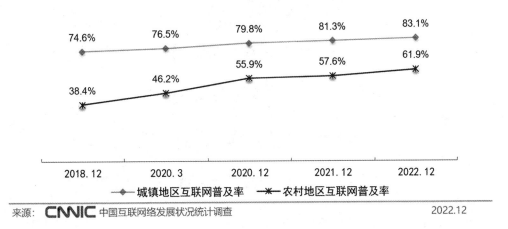

图 22　城乡地区互联网普及率

作为实现乡村振兴目标的重要抓手，互联网持续助力农业农村发展。一是乡村地区数字基础设施进一步完善，乡村振兴数字底座不断夯实。我国千兆光网已具备覆盖超 5 亿户家庭的能力，实现了"市市通千兆""县县通 5G"①。截至 2022 年底，全国农村宽带用户总数达 1.76 亿户，全年净增 1862 万户，比 2021 年增长 11.8%，增速较城市宽带用户高出 2.5 个百分点②。二是数字技术与农业生产、农产品流通环节深入融合，持续推进助力乡村振兴。智能农机、自动化育秧等数字技术与农业生产融合应用日益普及，进一步提升生产效率。数据显

---

① 来源：国务院新闻办公室，2022 年工业和信息化发展情况新闻发布会。

② 来源：工业和信息化部。

示，智能农机具备连续工作、全时作业能力，作业效率提升 20% 至 60%[1]。电子商务有力拓宽农产品销售渠道。全年全国农产品网络零售额达 5313.8 亿元，同比增长 9.2%，增速较 2021 年提升 6.4 个百分点[2]。三是农村互联网应用普及加快，数字化服务增强乡村民生福祉。农村地区信息沟通及视频娱乐类应用普及率与城市网民基本持平。截至 12 月，农村网民群体短视频使用率已超过城镇网民 0.3 个百分点，即时通信使用率与城镇网民差距仅为 2.5 个百分点。互联网医疗、在线教育等数字化服务供给持续加大，促进乡村地区数字化服务提质增效。截至 12 月，我国农村地区在线教育和互联网医疗用户占农村网民规模比例为 31.8% 和 21.5%，较 2021 年分别增长 2.7 个和 4.1 个百分点。

（三）非网民规模

截至 2022 年 12 月，我国非网民规模为 3.44 亿，较 2021 年 12 月减少 3722 万。**从地区来看**，我国非网民仍以农村地区为主，农村地区非网民占比为 55.2%，高于全国农村人口比例 19.9 个百分点。**从年龄来看**，60 岁及以上老年群体是非网民的主要群体。截至 2022 年 12 月，我国 60 岁及以上非网民群体占非网民总体的比例为 37.4%，较全国 60 岁及以上人口比例高出 17.6 个百分点。

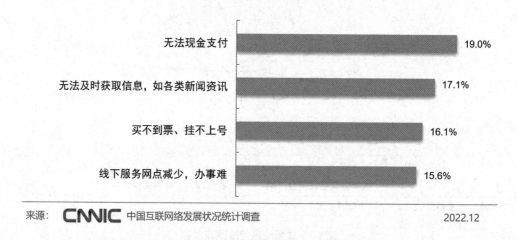

图 23　非网民不上网带来的生活不便

非网民群体无法接入网络，在出行、消费、就医、办事等日常生活中遇到不便，无法充分享受智能化服务带来的便利。数据显示，非网民认为不上网带来的各类生活不便中，无法现金支付占非网民的 19.0%；无法及时获取信息，如各类新闻资讯占非网民的 17.1%；买不到票、挂不上号的比例为 16.1%；线下服务网点减少导致办事难，占非网民的 15.6%。

使用技能缺乏、文化程度限制、设备不足和年龄因素是非网民不上网的主要原因。因为

---

① 央视网. 我国发布首个智能农机技术路线图，到"十四五"末形成一批商业化无人农场[N]. 央视网，2022-5-18.

② 来源：商务部电子商务司负责人介绍 2022 年网络零售市场发展情况。

不懂电脑/网络而不上网的非网民占比为 58.2%；因为不懂拼音等文化程度限制而不上网的非网民占比为 26.7%；因为年龄太大/太小而不上网的非网民占比为 23.8%；因为没有电脑等上网设备而不上网的非网民占比为 13.6%。

非网民不上网原因

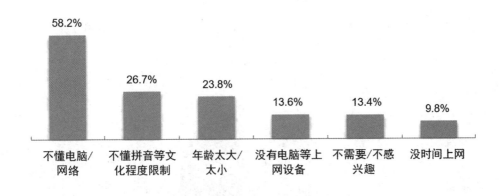

图 24　非网民不上网原因

促进非网民上网的首要因素是方便获取专业信息，占比为 25.7%；其次是方便与家人亲属沟通联系，占比为 25.2%；提供可以无障碍使用的上网设备是促进非网民上网的第三大因素，占比为 23.5%。

非网民上网促进因素

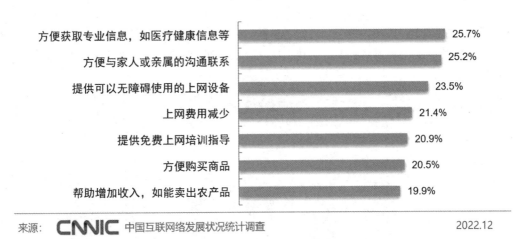

图 25　非网民上网促进因素

二、网民属性结构

（一）性别结构

截至 2022 年 12 月，我国网民男女比例为 51.4:48.6，与整体人口中男女比例基本一致。

网民性别结构

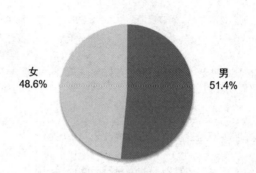

来源：CNNIC 中国互联网络发展状况统计调查   2022.12

图 26 网民性别结构

（二）年龄结构

截至 2022 年 12 月，20～29 岁、30～39 岁、40～49 岁网民占比分别为 14.2%、19.6% 和 16.7%；50 岁及以上网民群体占比由 2021 年 12 月的 26.8% 提升至 30.8%，互联网进一步向中老年群体渗透。

网民年龄结构

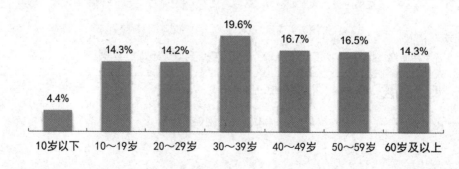

来源：CNNIC 中国互联网络发展状况统计调查   2022.12

图 27 网民年龄结构

第三章　互联网应用发展状况

一、互联网应用发展概述

2022 年，我国各类个人互联网应用持续发展。即时通信的用户规模保持第一，较 2021 年 12 月增长 3141 万，使用率达 97.2%；互联网医疗、线上办公的用户规模较 2021 年 12 月分别增长 6466 万、7078 万，增长率分别为 21.7%、15.1%。

表 5　2021.12—2022.12 各类互联网应用用户规模和网民使用率

应用	2021.12 用户规模（万）	2021.12 网民使用率	2022.12 用户规模（万）	2022.12 网民使用率	增长率
即时通信	100666	97.5%	103807	97.2%	3.1%
网络视频 （含短视频）	97471	94.5%	103057	96.5%	5.7%
短视频	93415	90.5%	101185	94.8%	8.3%
网络支付	90363	87.6%	91144	85.4%	0.9%
网络购物	84210	81.6%	84529	79.2%	0.4%
网络新闻	77109	74.7%	78325	73.4%	1.6%
网络音乐	72946	70.7%	68420	64.1%	-6.2%
网络直播	70337	68.2%	75065	70.3%	6.7%
网络游戏	55354	53.6%	52168	48.9%	-5.8%
网络文学	50159	48.6%	49233	46.1%	-1.8%
网上外卖	54416	52.7%	52116	48.8%	-4.2%
线上办公	46884	45.4%	53962	50.6%	15.1%
网约车	45261	43.9%	43708	40.9%	-3.4%
在线旅行预订	39710	38.5%	42272	39.6%	6.5%
互联网医疗	29788	28.9%	36254	34.0%	21.7%
线上健身	—	—	37990	35.6%	—

二、基础应用类应用

（一）即时通信

截至 2022 年 12 月，我国即时通信用户规模达 10.38 亿，较 2021 年 12 月增长 3141 万，占网民整体的 97.2%。

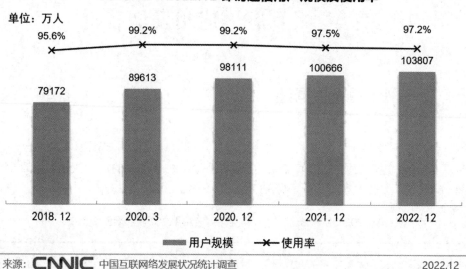

2018.12—2022.12 即时通信用户规模及使用率

图 28　2018.12—2022.12 即时通信用户规模及使用率

即时通信行业在 2022 年依然保持了整体平稳的发展态势，主要表现为企业端即时通信市场的日渐成熟，以及个人端即时通信产品对新功能的持续探索。

在企业端，产品的日趋成熟提升了市场对企业即时通信的认可程度。一是在产品方面，企业即时通信持续拓展功能，形成业务闭环。以钉钉、飞书为代表的企业即时通信产品目前均已将办公协作和组织管理作为两大主要服务模块。5 月，抖音集团发布飞书 People 系列产品，集成招聘、绩效和 OKR[①]等多款人事管理产品，以"人才"为业务流程核心，实现了简历投递、招聘、评价、激励、培养的全周期管理。二是在客户方面，企业即时通信对大型机构的渗透水平进一步提升。腾讯在第三季度财务报告中表示，已经支持客户在私有云上集成和部署腾讯的公有云产品，从而满足了银行、政务等行业对安全与合规方面的需求。钉钉也在 9 月对外阐释大客户战略，并在年底宣布其上百万人以上的企业组织超过 30 家，10 万人以上的企业组织超过 600 家，2000 人以上的企业组织贡献了近三分之一的活跃度[②]。

在个人端，新功能的探索有望为即时通信企业带来新的增长点。一是丰富广告形式，拓宽收入来源。上半年，微信在朋友圈推出"出框式广告[③]"，让广告呈现效果不再受到朋友圈界面边框的限制，结合裸眼 3D[④]的立体效果增强视觉冲击力，进而提升广告传播效果。此外，小程序广告和第三季度新上线的视频号信息流广告收入也实现高速增长，成为推动即时通信

---

　① OKR：指目标与关键成果考核法（Objectives and Key Results），以公开透明的方式，对组织各环节制定可量化的关键成果，从而推动组织目标的实现。

　② 来源：钉钉。

　③ 出框式广告：指呈现效果超出原有边框的广告类型，可以起到提升视觉冲击力的作用。

　④ 裸眼 3D：是不借助偏振光眼镜等外部工具，实现立体视觉效果的技术的统称。该类型技术的代表主要有光屏障技术、柱状透镜技术。

广告营收增长的新助力①。**二是推进功能迭代，加码视频内容。**QQ 在 8 月停止文字资讯类功能"看点"的运营，由短视频兴趣分享的"小世界"功能替代。这种功能的迭代体现了即时通信的信息传播由文字、图片到视频的演变趋势，在内容呈现形式、用户操作难度等方面都实现了优化。

（二）网络新闻

截至 2022 年 12 月，我国网络新闻用户规模达 7.83 亿，较 2021 年 12 月增长 1216 万，占网民整体的 73.4%。

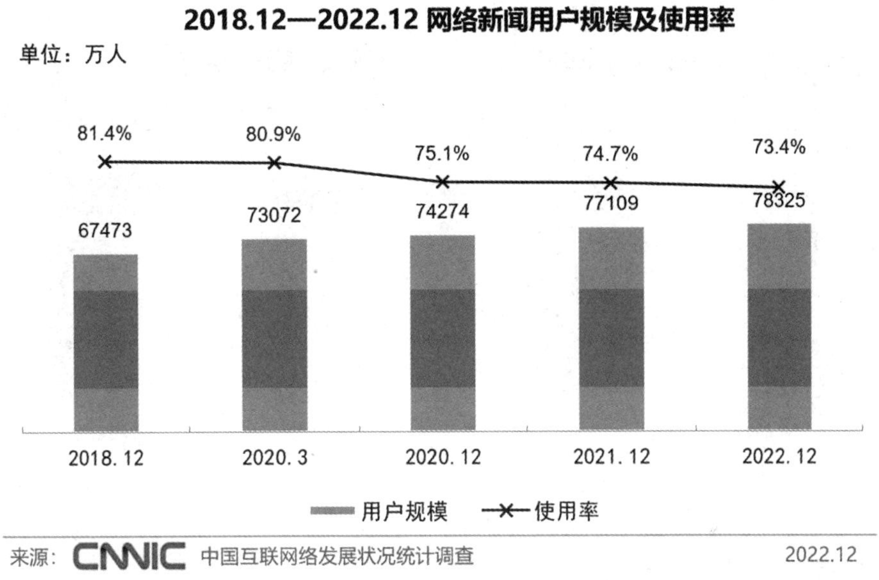

2018.12—2022.12 网络新闻用户规模及使用率

单位：万人

来源： CNNIC 中国互联网络发展状况统计调查   2022.12

图 29 2018.12—2022.12 网络新闻用户规模及使用率

2022 年，网络新闻行业围绕重点新闻事件开展宣传报道，提升人民群众对国际国内重大事件的理解认知。与此同时，新闻信息获取渠道更加多元，短视频、生活平台已成为网民在"两微一端②"之外获取新闻信息的重要渠道。

2022 年 10 月，中国共产党第二十次全国代表大会胜利召开。网络新闻媒体通过多种方式、多渠道、全方位报道大会盛况。**一是组织全方位网络直播。**二十大开幕会期间，网络新闻媒体通过微博、微信、新闻视频网站、客户端等全程直播开幕式，为人民群众及时收看提供多种选择。开幕式当日，仅新浪微博的直播观看量就达 1.26 亿人次③。**二是开展学习宣传活动。**大会期间，微博联合各个部委官微、地方政务官微、媒体官微，引导用户参与二十大相关话题的关注与互动，掀起学习二十大精神的热潮。央视新闻微博开设党的二十大相关话题总阅读量突破 147 亿④。

---

① 来源：腾讯 2022 年第三季度财务报告。

② 两微一端：指微博、微信和新闻客户端。

③ 来源：微博。

④ 来源：微博。

同时，抖音、快手、小红书等应用逐渐从娱乐、生活、社交平台转变为具有新闻属性的信息平台，成为网民获取新闻信息的重要渠道。一是主流媒体积极入驻，提升影响力。上半年，新华社、中央广播电视总台、人民日报等 8 家主要央媒机构累计生产 1.5 万篇爆款短视频内容[①]。二是多方积极参与，共塑信息渠道。网民个人、自媒体等也纷纷利用短视频、生活平台跟进舆论热点，传播新闻信息，为人民群众及时获取热点资讯创造了条件。

（三）线上办公

截至 2022 年 12 月，我国线上办公用户规模达 5.40 亿，较 2021 年 12 月增长 7078 万，占网民整体的 50.6%。

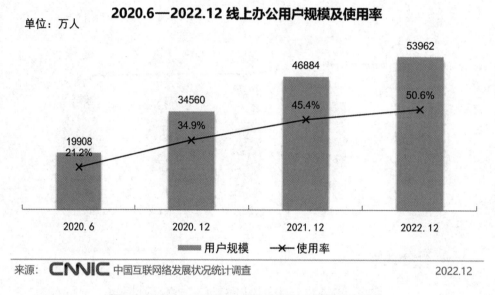

图 30　2020.6—2022.12 线上办公用户规模及使用率

2022 年，线上办公市场快速发展，线上办公厂商开展新技术应用创新。

线上办公市场快速发展。一是线上办公应用加快商业化进程。受疫情影响，线上办公需求不断扩大，推动用户规模持续增长，经过前期用户免费培养阶段，线上办公应用不断加快商业化进程。钉钉提出商业化布局方案，腾讯会议、飞书等线上办公应用也推出收费服务。商业化发展不但为企业开辟了新的营收来源，降低了运营压力，还可以通过区分不同用户需求，实现差异化服务。二是线上办公应用向平台化发展。企业微信通过实现与腾讯会议、腾讯文档等应用融合，提供丰富的协同办公体验；腾讯会议上线应用市场，集成多种应用，通过一个入口提供会前至会后全流程服务，满足更多需求，平台化的线上办公应用吸引更多网民使用。截至 12 月，在线视频会议/电话会议、在线文档协作编辑、在线签约、在线任务管理/流程审批的使用率分别为 36.8%、29.0%、17.2% 和 16.9%。

线上办公厂商开展新技术应用创新。一是开展解决方案合作。继钉钉与国内 AR[②] 眼镜

---

① 来源：央广网。

② AR：指 Augmented Reality，即增强现实。

厂商合作推出佩戴 AR 智能眼镜进行数字化办公后，双方深化合作，发布 AR 数字展厅解决方案，助力企业打造虚实结合、全方位交互的个性化定制展厅，带来全新的工作方式和数字化体验。**二是进行场景融合创新。**裸眼 3D 技术与办公场景融合，使屏幕两端的通话者无须佩戴设备，在标准办公网络环境下，即可体验到逼真的视频效果，成为线上办公厂商新的探索方向。未来，随着新技术的迭代升级，办公场景将更加多元，办公体验将更加丰富。

三、商务交易类应用

（一）网络支付

截至 2022 年 12 月，我国网络支付用户规模达 9.11 亿，较 2021 年 12 月增长 781 万，占网民整体的 85.4%。

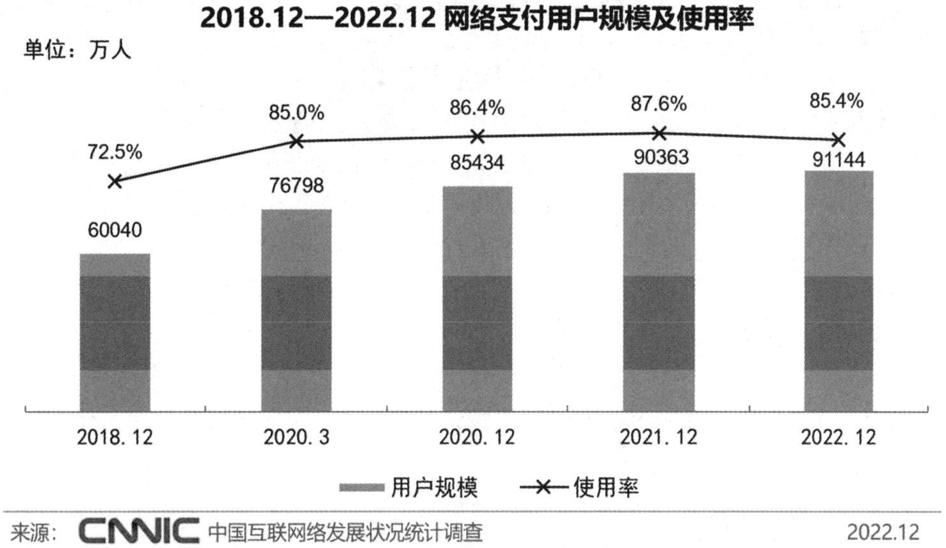

2018.12—2022.12 网络支付用户规模及使用率
单位：万人

图 31　2018.12—2022.12 网络支付用户规模及使用率

我国网络支付体系运行平稳，业务稳中有升。数据显示，2022 年前三季度，银行共处理网络支付业务 757.07 亿笔，金额 1858.38 万亿元，同比分别增长 1.5% 和 6.4%；移动支付业务 1167.69 亿笔，金额 378.25 万亿元，同比分别增长 7.4% 和 1.1%[①]。网络支付服务不断求创新、拓场景、惠民生，有力支持了经济社会发展。

网络支付适老化改造持续推进，数字鸿沟进一步弥合。截至 2022 年末，全国 60 周岁及以上老年人口有 28004 万人，占总人口的 19.8%；全国 65 周岁及以上老年人口达 20978 万人，占总人口的 14.9%[②]。随着老龄化程度加深，各支付机构相继开展适老化改造工作，推出

---

① 来源：中国人民银行支付体系运行总体情况。

② 来源：国家统计局。

老年人专属 App 版本，通过提升安全性、强化新技术应用等方式，满足老年群体支付服务需求。在政府、企业的通力合作下，截至 2022 年 12 月，60 岁以上老年群体对网络支付的使用率达 70.7%，与整体网民的差距同比缩小 2.2 个百分点。

各大支付机构持续落实降费让利举措，为小微企业纾困减负。自《关于降低小微企业和个体工商户支付手续费的通知》发布以来，银行、支付机构积极响应政策号召，**一方面通过降低小微商户支付手续费，助力小微商户降低经营成本、减轻经营压力。**如中国人民银行深圳市中心支行积极统筹推动减费让利工作，推动辖内银行、支付机构实施利率优惠、加强线上金融服务等措施；2021 年 9 月至 2022 年 6 月，累计为 630 万户小微企业、个体工商户及 2060 万户有经营行为的个人减免支付手续费超 36 亿元①。**另一方面通过面向商家开放支付后场景，持续帮助更多商家提升私域运营效果。**如支付宝支持商家在自身或附近商家的支付成功页面投放优惠券，以提升老用户购物频次和客单价，同时吸引新客流。

数字人民币试点应用和场景建设顺利推进，服务持续升级。一是数字人民币试点应用和场景建设进展顺利。2022 年，数字人民币试点范围两次扩大，截至 12 月，全国已有 17 个省份的 26 个地区开展数字人民币试点②；各试点地区政府围绕"促进消费""抗击疫情""低碳出行"等主题累计开展了近 50 次数字人民币消费红包活动，试点场景已涵盖批发零售、餐饮、文旅、政务缴费等多个领域，流通中的数字人民币存量为 136.1 亿元③。数据显示，最近半年，1.28 亿网民使用过数字人民币，互联网生活服务平台是最主要的使用渠道，其次是各类银行 App 和数字人民币 App。**二是数字人民币 App 产品研发和服务升级持续推进。**数字人民币 App 一方面为用户提供了便捷的兑换、支付、钱包管理等服务，并支持线上线下全场景应用；另一方面推出多种形态的硬件钱包，探索软硬融合的产品能力，并针对"无网""无电"等极端情况，研发相应的功能，进一步拓宽使用场景。

（二）网络购物

截至 2022 年 12 月，我国网络购物用户规模达 8.45 亿，较 2021 年 12 月增长 319 万，占网民整体的 79.2%。

2022 年，网络零售继续保持增长，成为推动消费扩容的重要力量。全年网上零售额达 13.79 万亿元，同比增长 4.0%。其中，实物商品网上零售额为 11.96 万亿元，增长 6.2%，占社会消费品零售总额的比重为 27.2%④，在消费中占比持续提升。2022 年，新品消费、绿色消费、智能消费和工厂直供消费趋势相对明显，进一步推动生产制造端绿色化、数字化、智能化发展。

---

① 来源：中国人民银行深圳市中心分行。
② 木子剑. 数字人民币试点地区扩围至 17 省（市）[N]. 移动支付网，2022-12-16.
③ 吴秋余. 数字人民币持续创新应用场景[N]. 人民日报，2023-2-6.
④ 来源：国家统计局。

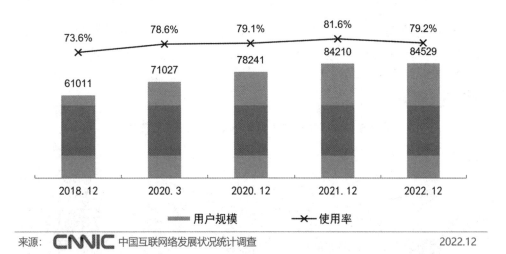

2018.12—2022.12 网络购物用户规模及使用率

单位：万人

图 32　2018.12—2022.12 网络购物用户规模及使用率

一是新品消费成为新亮点。2022 年以来，电商平台日益重视扎根实体经济，积极帮助品牌商家挖掘新的增长点，提供营销、数据、场景支持，助力品牌推陈出新，打通新品增长路径。京东"11.11"期间，共推出近 2000 万款新品，成交额环比翻 1.57 倍，其中 1000 万款新品成交额环比增长超 200%[①]。数据显示，最近半年在网上购买新产品或新品牌，如品牌首发商品、全新品类商品、产品升级商品、IP 联名限量款等的用户，占网络购物总体用户的比例达 15.2%。

二是绿色低碳消费成为新风尚。随着碳达峰、碳中和"双碳"目标的深入贯彻，消费者环保消费意识逐渐增强，绿色消费、循环消费等消费模式日益成为网购消费新潮流。数据显示，最近半年在网上参与过绿色消费[②]的用户占网络购物用户总体的 22.3%，其中，购买过节能家电或参与以旧换新、购买二手商品的用户比例分别达 15.9% 和 9.6%。

三是智能家居消费蓬勃发展。从 2016 年到 2021 年，我国智能家居市场规模由 2600 亿元增长至 5800 亿元，年均增长率近 20%[③]。2022 年，京东"11.11"期间，智能家居产品中超 20 个智能品类成交额同比增长超 5 倍[④]。数据显示，最近半年在网上购买过智能家居、家电、可穿戴设备等智能产品的用户占网络购物用户总体的 30.6%。其中，25～34 岁、35～44 岁用户最近半年网购过智能产品的比例最高，分别达到 40.2% 和 34.4%。

四是工厂直供、定制化消费异军突起。电商平台一方面通过释放消费数据生产力，引导工厂、品牌商更好地满足消费个性化和多样化需求，进一步提升数字化和柔性生产能力；另一方面通过扶持工厂直接对接消费者，持续丰富货品供给。数据显示，最近半年在网上购买

---

① 来源：环球网. 京东 11·11：1000 万款新品成交额增两倍[N]. 2022-11-11.

② 绿色消费：本报告包括购买节能家电等产品，或参与以旧换新，或购买二手商品等的消费。

③ 韩鑫. 以优质供给引领消费，家居产业迈向高质量发展[N]. 人民日报，2022-9-7.

④ 京东新百货 11·11 智能家居受青睐，超 20 个智能品类成交额同比增长超 5 倍[N]. 搜狐网，2022-11-14.

过工厂直供、定制化产品的用户，占网络购物总体用户的比例分别达 41.9%和 13.4%。阿里巴巴财报数据显示，该季度电商平台 M2C[①]商品产生的支付商品交易总额同比增长超过 60%[②]。

（三）网上外卖

截至 2022 年 12 月，我国网上外卖用户规模达 5.21 亿，较 2021 年 12 月减少 2299 万，占网民整体的 48.8%。

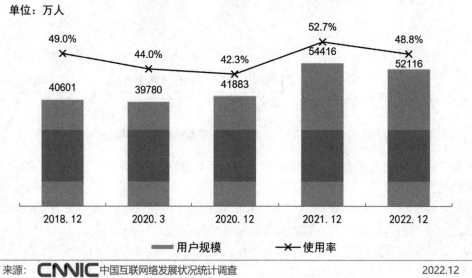

图 33　2018.12—2022.12 网上外卖用户规模及使用率

网上外卖对方便网民生活、拉动日常消费的意义凸显，已成为很多人日常生活中重要的互联网应用。

网上外卖行业稳定发展，市场规模持续扩大，平台服务能力持续增强。一是网上外卖行业营收保持上涨势头。数据显示，2022 年第三季度美团包括外卖业务在内的"核心本地商业营收[③]"同比增长 24.6%；经营利润率达到 20.1%，较 2021 年同期增长 8.9 个百分点[④]。阿里巴巴第三季度的本地生活服务整体订单同比增 5%，并通过持续提升商家服务质量、创新营销模式，持续改善饿了么的业务运营效率，实现季度 GMV[⑤]正增长[⑥]。**二是网上外卖平台服务能力持续增强。**在消费者端，网上外卖平台通过优化营销策略、精细化运营和多样化的活动，有效满足更多不同场景下的用户需求，推动平台用户黏性持续增长。在商户端，网上外

---

① M2C：指 Manufacturers to Consumer，即生产厂家对消费者的商业模式。
② 来源：阿里巴巴 2023 财年第二季度财务报告。
③ 核心本地商业营收：美团财报中的业务类别，包括餐饮外卖，美团闪购，到店、酒店及旅游业务等。
④ 来源：美团 2022 年第三季度财务报告。
⑤ GMV：指 Gross Merchandise Volume，即商品交易总额。
⑥ 来源：阿里巴巴 2022 年第三季度财务报告。

卖平台拓展早餐、下午茶、夜宵等多品类业务，并不断迭代营销工具帮助商家吸引并留存客户、提升运营效率，进而推动餐饮行业的数字化转型。

（四）在线旅行预订

截至 2022 年 12 月，我国在线旅行预订用户规模达 4.23 亿，较 2021 年 12 月增加 2561万，占网民整体的 39.6%。

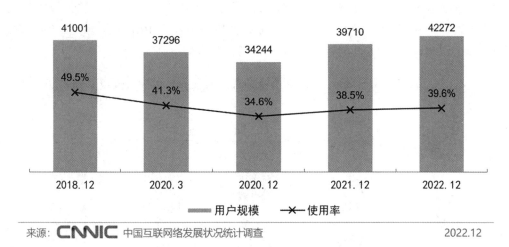

2018.12—2022.12 在线旅行预订用户规模及使用率

单位：万人

图 34　2018.12—2022.12 在线旅行预订用户规模及使用率

2022 年，各级政府相继出台各类纾困惠企政策，持续加大对旅游企业的帮扶力度，进一步激活市场主体活力；与此同时，旅行预订企业紧跟市场需求变化，不断探索产品与服务供给创新，并积极拓展海外及下沉市场，促进旅游市场回暖。

多项政策组合纾困，激活市场主体活力。2022 年，我国各级政府相继出台多项纾困措施，彰显了国家帮扶企业、服务行业的决心，提振了旅游经济恢复发展的信心。例如，国家发展和改革委员会等 14 部门印发《关于促进服务业领域困难行业恢复发展的若干政策》，持续扩大税费减免覆盖范围，积极帮助旅游行业恢复发展。随着入境航班熔断机制、跨省游熔断机制相继取消以及防控措施不断优化等，将持续释放有利出游、鼓励消费的市场预期，营造有利于中远程旅游消费的市场环境，进一步促进旅游市场回暖。

旅行预订企业积极应变，拓展各类业务增长点。一是企业紧跟市场需求变化，积极抢抓本地消费、短途旅游等市场机遇。受疫情影响，2022 年旅行预订市场整体呈现近程化特点，短途旅行成为国内旅游市场复苏的重要助力。如携程集团三季度本地酒店预订量较 2019 年同期增长约 60%[1]。二是企业积极拓展海外市场，海外业务保持高增长趋势。携程国际版Trip.com 首次跻身全球下载量排名前十的在线旅游 App 行列，携程集团在欧洲和美国市场

---

① 来源：携程 2022 财年第三季度财务报告。

的收入也超过 2019 年同期水平①。三是**企业不断挖掘下沉市场潜力，寻找新的增长点**。数据显示，截至 2022 年 9 月，同程旅行的非一线城市注册用户占比达 86.7%，微信平台上的新增付费用户约 60% 来自三线及以下城市②。

四、网络娱乐类应用

（一）网络视频

截至 2022 年 12 月，我国网络视频（含短视频）用户规模达 10.31 亿，较 2021 年 12 月增长 5586 万，占网民整体的 96.5%。其中，短视频用户规模为 10.12 亿，较 2021 年 12 月增长 7770 万，占网民整体的 94.8%。

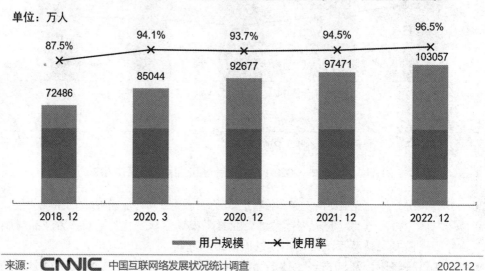

图 35　2018.12—2022.12 网络视频（含短视频）用户规模及使用率

网络视听平台不断推出高质量节目，努力讲好新时代故事。一是**通过多种形态的网络视听节目全力展现新时代历史性成就**。2022 年，爱奇艺、腾讯视频、优酷、芒果 TV 等主要网络视听平台，深入开展"奋进新征程 建功新时代"重大主题宣传和"我们的新时代"主题创作展播活动，加强"首页首屏首条"建设，统筹运用新闻、理论节目等各类形式，策划实施电视剧、纪录片等重点项目，全景式多维度多形态展现新时代历史性成就。二是**持续推出更多好节目、好作品，讲好新时代故事**。一方面，围绕重要时间节点和重大战略部署，策划推出一批高品质网络视听产品。另一方面，通过节目、纪录片、文化交流活动等形式，向世

---

① 数据截至 2022 年 6 月。
② 来源：同程旅行 2022 财年第三季度财务报告。

界讲好中国故事。

网络视听平台进一步延伸会员权益布局，推动车内移动影院场景落地。2022 年初，多家网络视听平台宣布全面升级会员权益，为付费会员提供从文娱视频内容到生活多场景的"一站式"服务，向综合服务平台转变。此外，**网络视听平台还陆续与汽车品牌合作，推动车内移动影院场景落地，将娱乐生活延伸至出行空间。**1 月，爱奇艺发布适配于车载端的 App，同时宣布与一汽大众达成合作，在车载应用商店提供下载服务。目前，爱奇艺已与 30 多家车企开展车联网业务合作，并将陆续在 80 多款车型上落地车载视频娱乐服务。6 月，芒果 TV 宣布与十余家车企品牌展开合作，共同探索车载屏视频娱乐服务，通过车载系统内的芒果 TV 客户端，让用户畅享平台热门节目[①]。

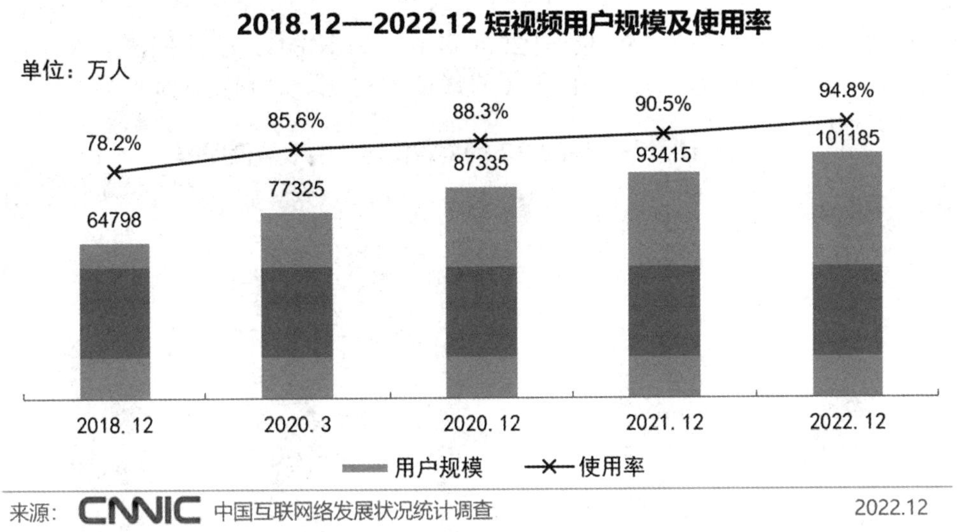

图 36 2018.12—2022.12 短视频用户规模及使用率

短视频行业两强格局持续强化，各自形成差异化竞争优势。抖音、快手作为短视频头部平台，用户规模远超其他短视频应用，且随着各自集团内部短视频应用[②]的发展，市场集中度进一步提升。近年来，尽管有其他大型互联网平台不断尝试进军短视频领域，但均未能打破"两强"的市场格局，这也无形中"劝退"新的挑战者。同时，**通过持续深耕细分垂直领域，两大平台力争形成比较竞争优势。**快手先后获得北京冬奥会、2021 美洲杯、NBA 等重要体育赛事的直播、视频点播及短视频版权，带动体育内容渗透和消费迅速增长，"短视频+体育"生态日趋成熟；抖音则不断加码布局音乐版块，搭建一站式音乐合作解决方案平台"炙热星河"，上线"汽水音乐"App，重点推进"2022 抖音看见音乐计划"等，实现与音乐的深度绑定。

短视频内容与电商进一步融合，电商产业生态逐步完善。近年来，抖音、快手等短视频平台一方面持续促进从内容引流到电商营销，另一方面加速布局在线支付业务，短视频电商产业生态逐渐形成。2022 年，两大短视频平台均上线"商城"入口，与搜索、店铺、橱窗等"货架场景"形成互通，"货找人"和"人找货"相结合，覆盖用户全场景的购物行为和需求。

---

① 爱优腾芒争夺汽车终端，车载视频娱乐成新风口[N]. 蓝鲸财经，2022-8-2.
② 内部短视频应用：指抖音、快手旗下抖音极速版、西瓜视频、抖音火山版、快手极速版等应用。

6月，抖音短视频播放量同比增长44%；用户通过内容消费产生商品消费，短视频带来的商品交易总额同比增长 161%[①]。第三季度，快手电商商品交易总额达 2225 亿元，同比增长 26.6%；依托流量和效率优势，持续吸引更多商家入驻，新开店商家数量同比增长近 80%[②]。

（二）网络直播

截至 2022 年 12 月，我国网络直播用户规模达 7.51 亿，较 2021 年 12 月增长 4728 万，占网民整体的 70.3%。其中，电商直播用户规模为 5.15 亿，较 2021 年 12 月增长 5105 万，占网民整体的 48.2%；游戏直播用户规模为 2.66 亿，较 2021 年 12 月减少 3576 万，占网民整体的 24.9%；真人秀直播用户规模为 1.87 亿，较 2021 年 12 月减少 699 万，占网民整体的 17.5%；演唱会直播用户规模为 2.07 亿，较 2021 年 12 月增长 6491 万，占网民整体的 19.4%；体育直播用户规模为 3.73 亿，较 2021 年 12 月增长 8955 万，占网民整体的 35.0%。

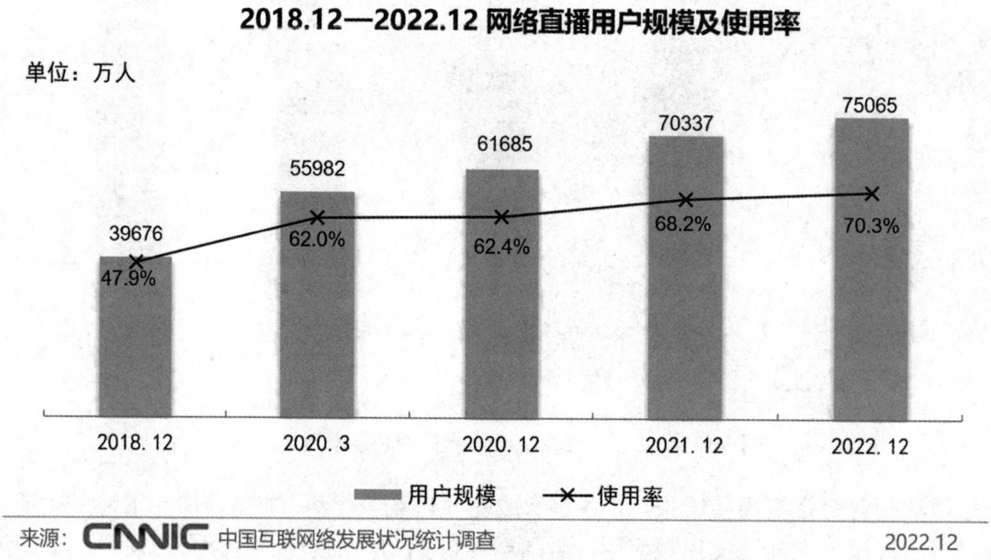

2018.12—2022.12 网络直播用户规模及使用率

单位：万人

图 37　2018.12—2022.12 网络直播用户规模及使用率

网络直播业态在 2022 年的发展主要体现在电商直播业态日趋成熟、专业化和公益化内容深受青睐、与新兴技术融合更加紧密三个方面。

首先，电商直播发展日趋成熟，拉动企业营收。一是电商直播业务成为传统电商平台营收的重要抓手。以阿里巴巴电商直播数据为例，天猫"双 11"期间，62 个淘宝直播间成交额过亿元，632 个淘宝直播间成交额在千万元以上，新主播成交额同比增长 345%[③]。二是短视频平台对电商直播业务的探索初见成效。以"双 11"期间为例，抖音电商参与"双 11"活动的商家数量同比增长 86%，7667 个直播间销售额超过百万元；快手参与活动的买家数

---

① 来源：抖音电商《用内容创造消费流行|2022 抖音电商商品发展报告》。
② 来源：快手财务报告。
③ 阿里 Q2 财报：淘宝核心用户留存率达 98%[N]. 光明网，2022-11-17.

量同比增长超过 40%[①]。

其次，网络直播内容的专业化、公益化成为重要趋势。一是专业化内容愈发受到青睐。抖音数据显示，过去一年包括戏曲、乐器、舞蹈、话剧等艺术门类的演艺类直播在抖音开播超过 3200 万场，演艺类直播打赏收入同比增长 46%，超过 6 万名才艺主播实现月均直播收入过万元[②]。二是公益化内容广受关注。数据显示，阿里公益与淘宝直播共同主办的"热土丰收节"有超过 1 万名乡村主播参与活动。2022 年 9 月以来，淘宝直播开展 20 万场村播，吸引超过 7 亿次消费者观看，带动 400 万订单量[③]。三是双语直播带货成为新热点。依托自身业务优势，新东方推出双语直播带货模式，将英语教育与电商直播进行融合，形成了新颖的直播业态，连续数月成为抖音月度直播带货榜榜首。

最后，人工智能、5G、VR[④]等新兴技术为网络直播业态的未来发展注入新的动力。一是应用于网络直播业态的数字人[⑤]产品崭露头角。百度智能云在 7 月发布数字人直播平台，实现超写实数字人 24 小时纯 AI[⑥]直播，将数字人的制作成本从百万元下降到万元级别，制作时间缩短到小时级别[⑦]。二是 5G 技术助力媒体改造直播流程。运营商推出"5G 直播背包"等商用级 5G 直播解决方案，基于 5G、云计算、人工智能等技术，通过前端信号采集、云端传输处理和远程导播制作三个环节，实现了转播设备云端化和人员服务远程化，让记者和摄像师摆脱有线束缚，做到边逛展、边采访、边直播。三是 VR 全景直播提升用户收视体验。在第五届中国国际进口博览会上，运营商通过多台 VR 全景摄像机，将现场的真实环境完整地呈现出来，观众不仅能无死角地观看视频画面，还能自主调整观看视角，以第一视角实现"云"收看。

（三）网络游戏

截至 2022 年 12 月，我国网络游戏用户规模达 5.22 亿，较 2021 年 12 月减少 3186 万，占网民整体的 48.9%。

2022 年我国网络游戏行业呈现平稳发展态势。 政策利好持续释放，支撑网络游戏行业稳定发展。与此同时，虚拟现实设备、游戏加速普及，已成为网络游戏行业的重要组成部分。自 2022 年 4 月恢复游戏版号发布以来，截至 12 月，国家新闻出版署共审批通过了 512 款游戏，类型涵盖移动端、客户端、游戏机等多个领域，对稳定网络游戏行业市场预期，保持行业持续发展起到了积极作用。

---

① 2022 双 11 新看点：告别 GMV 时代，新消费趋势涌现，淘宝直播获流量优势[N]. 蓝鲸财经，2022-11-14.

② 抖音发布演艺直播报告：近一年演出类直播超 3200 万场[N]. 中国经济网，2022-11-9.

③ "热土丰收节"阿里公益直播盛典收官，万名村播庆丰收[N]. 央广网，2022-9-26.

④ VR：指 Virtual Reality，即虚拟现实技术。

⑤ 数字人：指运用数字技术创造出来的、与人类形象接近的数字化人物形象。

⑥ AI：指 Artificial Intelligence，即人工智能技术。

⑦ 王林. 百度：AI 算法突破将使数字人制作成本降至万元级别[N]. 2022-7-6.

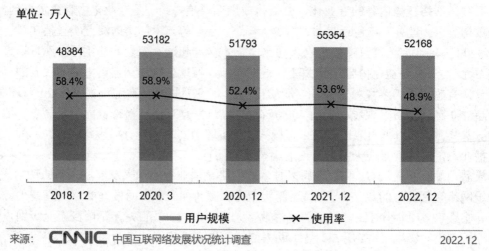

图 38　2018.12—2022.12 网络游戏用户规模及使用率

网络游戏和虚拟现实融合创新获得较快发展。近年来，随着我国虚拟现实产业的快速发展，虚拟现实游戏软件、游戏设备逐步向大众普及。使用者通过 VR 可以模拟健身、射击等活动，也能体验虚拟厨房、加油站、森林等环境。9 月，抖音集团旗下 PICO 公司发布新一代 VR 一体机——PICO4 和 PICO4 Pro，在视听感受、交互体验等方面实现全面升级。

（四）网络音乐

截至 2022 年 12 月，我国网络音乐用户规模达 6.84 亿，较 2021 年 12 月减少 4526 万，占网民整体的 64.1%。

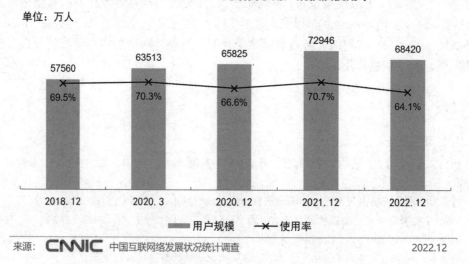

图 39　2018.12—2022.12 网络音乐用户规模及使用率

2022 年，我国网络音乐平台技术应用水平持续提升，版权秩序得到进一步规范。

网络音乐平台持续提升技术应用水平。技术创新提升用户网络音乐体验，推动音乐产业数字化升级。一是探索"音乐+元宇宙[①]"节目形式。中央电视台联合腾讯音乐，在五四青年节特别节目中实现"数实融合[②]虚拟音乐世界"节目体验；抖音集团旗下 VR 设备厂商打造元宇宙演唱会，用户通过佩戴 VR 设备可以感受全新的观演方式。二是加强人工智能技术应用。网易推出人工智能音乐创作平台"网易天音"，依托人工智能技术提高音乐创作效率；"百度元宇宙歌会"中虚拟人与真人歌手互动，共同演唱 AI 作词、编曲的作品；腾讯音乐发布虚拟人，利用 AI 技术赋能，输入歌词后即可自动识别、歌唱。

网络音乐平台版权秩序得到进一步规范。2022 年 1 月，国家版权局约谈主要唱片公司、词曲版权公司和数字音乐平台等，要求除特殊情况外不得签署独家版权协议，推动网络音乐版权秩序进一步规范。音乐版权的开放，一是将有利于形成公平的市场竞争秩序，推动版权费用合理化，搭建网络音乐版权良好生态；二是将促进网络音乐平台持续创新，在内容、技术、服务等多维度超前布局，从而推动市场繁荣健康发展。

（五）网络文学

截至 2022 年 12 月，我国网络文学用户规模达 4.92 亿，较 2021 年 12 月减少 925 万，占网民整体的 46.1%。

2018.12—2022.12 网络文学用户规模及使用率

单位：万人

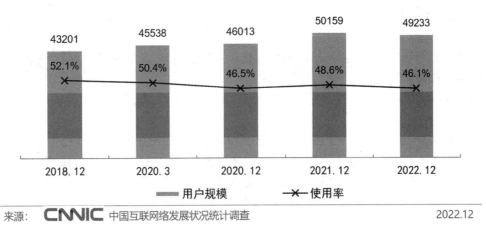

图 40　2018.12—2022.12 网络文学用户规模及使用率

---

① 元宇宙：指整合多种新技术而产生的新型虚实相融的互联网应用和社会形态，基于扩展现实技术提供沉浸式体验，基于数字孪生技术生成现实世界的镜像，基于区块链技术搭建经济体系，将虚拟世界与现实世界在经济系统、社交系统、身份系统上密切融合，并且允许每个用户进行内容生产和世界编辑。清华大学新媒体研究中心《2020—2021 年元宇宙发展研究报告》。

② 数实融合：指"数字世界"与"现实世界"融合交互。"数实融合虚拟音乐世界"指用户以虚拟形象进入数字世界，与他人实时互动，共同观看现实节目展映。

2022 年，我国网络文学持续健康发展，相关平台积极吸纳传统文化元素，并取得良好的海外影响力。

网络文学越发成为传承与弘扬传统文化的重要载体。传统文化成为网络文学的重要题材，为网络文学注入传统意趣，同时网络文学助力传统文化焕发新生。**一是网络文学对中国传统故事进行了创新性表达**。网络文学中的历史演义、玄幻、修仙、仙侠等题材以传统文化积淀为基础。中华文化给网络文学提供了丰厚的创作土壤。**二是传统文化元素逐步成为创作热点**。茶道、中医、雕塑、园林、服饰、饮食等传统文化元素逐渐成为网络文学的重要素材和表现对象，与之相关的网络文学作品屡出精品，在此基础上改编的影视作品屡获好评。

网络文学题材日渐丰富，海外受众进一步扩大。一是网络文学题材多元，市场反响良好。近年来，以网络文学为依托的影视剧、游戏、动漫佳作频出，广受市场欢迎，网络文学仍是最具改编价值的 IP[①]来源之一。**二是网络文学作品文学价值不断提高，海外影响力增强**。2022 年，《大国重工》《赘婿》等 16 本中国网络文学作品首次被收录至世界最大的学术图书馆之一——大英图书馆的中文馆藏书目中[②]。此外，大量的网络文学作品通过出版授权、连载翻译等形式触达海外用户，覆盖 200 多个国家和地区。仅阅文集团就已向海外多国授权 800 多部网络文学作品，部分海外作品阅读人次达 1.2 亿，培育超 30 万名海外原创作家[③]。海外本土作者人数的不断增加，进一步提升中国网络文学的海外影响力。

五、社会服务类应用

（一）网约车

截至 2022 年 12 月，我国网约车用户规模达 4.37 亿，较 2021 年 12 月减少 1553 万，占网民整体的 40.9%。

2022 年，我国各大互联网出行平台积极探索经营模式，不断布局自动驾驶技术，推动自动驾驶出租车商业化运营。

在市场竞争方面，互联网出行平台采取多种举措，争夺市场份额。2022 年，网约车行业的市场变化推动各个平台进行多种模式探索。**在聚合模式[④]方面**，7 月，华为在第三代鸿蒙操作系统内推出打车应用 Petal 出行。同月，腾讯出行接入微信服务栏，提供出行车服务。**在自营模式[⑤]方面**，10 月，高德在北京推出了网约车自营平台——火箭出行，进行技术创新和试验，探索下一代网约车模式。

---

① IP：指 Intellectual Property，可译为知识产权。在网络文学领域，IP 指在内容创作上具有核心价值和独特吸引力，可深度开发，且拥有相当数量级的粉丝受众，能够脱离单一平台局限实现跨媒介经营的文化产权载体。

② 曹玲娟. 大英图书馆首次收藏中国网络文学作品共 16 本[N]. 人民日报，2022-9-13.

③ 2022 网络文学十大关键词出炉，中国故事、科幻等上榜[N]. 澎湃新闻，2023-1-16.

④ 聚合模式：指聚合平台将自身流量分发给所接入的网约车平台，由获得分发的网约车平台提供客运服务的运营模式。

⑤ 自营模式：指网约车出行平台自身提供客运服务的运营模式。

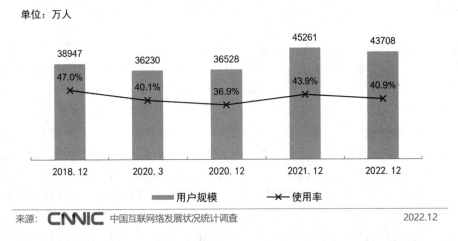

图 41　2018.12—2022.12 网约车用户规模及使用率

　　在技术应用方面，**自动驾驶出租车稳步推进。**自动驾驶出租车成为互联网出行平台的发展热点。凭借出行服务经验和海量的运营数据，互联网出行平台正在加速推进商业化自动驾驶出租车业务。2022 年 9 月，T3 出行宣布在苏州联合启动自动驾驶出租车的公开运营，将自动驾驶技术运用于网约车平台。11 月，百度阿波罗（Apollo）、小马智行两家公司正式成为首批获准进行"前排无人，后排有人"自动驾驶无人化测试的企业。

（二）互联网医疗

　　截至 2022 年 12 月，我国互联网医疗用户规模达 3.63 亿，较 2021 年 12 月增长 6466 万，占网民整体的 34.0%。

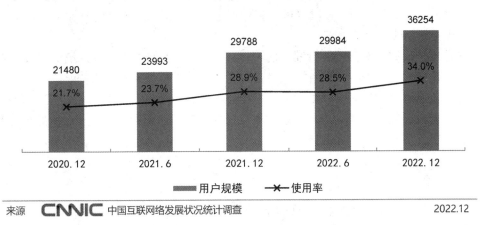

图 42　2020.12—2022.12 互联网医疗用户规模及使用率

2022 年，政策引导互联网医疗行业规范化发展，互联网诊疗和互联网药品监管框架日趋完善。在此背景下，互联网医疗企业积极开展在数字医疗、医疗器械、健康科技等领域的投资，持续拓展经营范围。

互联网医疗规范化水平持续提升。在互联网诊疗方面，2022 年 3 月，国家卫生健康委员会、国家中医药管理局联合发布《互联网诊疗监管细则（试行）》，规定了互联网诊疗全流程的质量和安全监管，明确了其在医药、医疗、技术等方面的监管要求。该细则的出台，厘清了互联网医疗的边界，明确了互联网诊疗的发展方向。随着相关监管政策的框架的日益完善，满足合规要求的优质医疗服务企业有望获取更多发展机会。在互联网药品销售方面，9月，国家药品监督管理局发布《药品网络销售监督管理办法》，对药品网络销售管理、平台责任履行、监督检查措施及法律责任等做出了规定。该办法的出台，表明了国家对网络销售药品质量安全的高度重视，推动网络售药有法可依、有章可循，有利于提升药品网络销售治理水平。

互联网企业加码医疗赛道，数字医疗、健康科技成为布局重点。监管环境的完善对互联网医疗企业提出了规范化、多元化发展的要求。在此背景下，互联网企业致力于深耕优势领域（如互联网诊疗与药品零售），并不断拓宽业务范围。互联网企业探索线上线下深度融合的经营模式，以实体医疗为基础，在数字医疗、医疗器械、健康科技等领域开展布局。2022年 8 月，抖音集团旗下小荷健康增持相关股权，对北京美中宜和医疗管理有限公司进行全资控股。9 月，京东健康与欧姆龙健康医疗达成战略合作，双方宣布将在服务模式创新和数智化营销等多领域展开深入合作[①]。

（三）线上健身

截至 2022 年 12 月，我国线上健身用户规模达 3.80 亿，占网民整体的 35.6%。其中，使用移动应用参与健身的用户比例为 18.9%，使用智能设备健身的用户比例为 17.4%，参与在线跟练的用户比例为 14.6%。线上健身的网民中，较低频次[②]健身的用户比例为 40.0%，中频次[③]健身的用户比例为 41.2%，高频次[④]健身的用户比例为 18.8%。

近年来，我国体育事业取得长足发展，全民健身已上升为国家战略。线上健身已成为拉动全民健身的重要渠道之一，在网民进行骑行跑走、体能力量、操舞展演等活动时发挥着积极作用，大量运动爱好者参与其中。

技术进步推动线上健身行业持续发展。一是随着全民参与体育运动热潮的兴起，通过可穿戴设备进行多人参与的线上健身模式崭露头角。二是随着移动通信的发展，以手机为载体的线上健身模式逐渐成形，带动了大量网民参与其中。三是 5G、大数据、人工智能技术应用结合线上平台、线下智能设备，记录运动及身体状况等数据，使得线上健身由健身跟练、运动状态分享等单一模式向个人健康综合管理方向发展。

---

① 来源：京东集团 2022 年度第三季度业绩报告。

② 较低频次：指线上健身每月 1～3 次。

③ 中频次：指线上健身每周 1～3 次。

④ 高频次：指线上健身每周 4～6 次或更多。

2022.12 使用各类方式线上健身用户规模及使用率

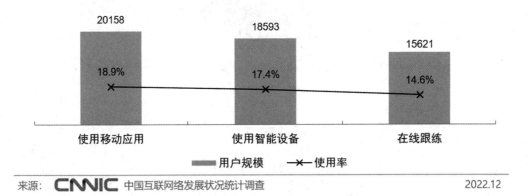

图 43　2022.12 使用各类方式线上健身用户规模及使用率

线上健身行业呈现蓬勃发展态势。随着居民对健康的重视程度日益提高，线上健身用户规模增长迅速，逐渐形成了多种线上健身运动方式。由国家体育总局发起的"全民健身线上运动会"得到各大互联网平台积极响应，截至 2022 年 7 月，直接参赛人数突破千万[①]。此外，以在线直播跟练为代表的线上健身活动吸引了大量网民参与，一些明星"线上健身教练"的粉丝数量达到数千万，直播时在线观看人数达到数百万。

六、专题：互联网助力企业发展状况

截至 2022 年 12 月，我国境内外互联网上市企业[②]总数为 159 家[③]，较 2021 年 12 月增加 4 家。其中，在沪深、香港和美国上市的互联网企业数量分别为 48 家、47 家和 64 家。

截至 2022 年 12 月，我国境内外互联网上市企业在香港上市的总市值占比最高，占总体的 58.9%；在美国和沪深两市上市的互联网企业总市值分别占总体的 34.9% 和 6.2%。

截至 2022 年 12 月，我国境内外互联网上市企业中工商注册地位于北京的互联网上市企业数量最多，占互联网上市企业总体的 33.3%；其次为上海，占总体的 19.5%；深圳、杭州紧随其后，均占总体的 10.7%。

---

① 来源：国家体育总局。

② 互联网上市企业：指在沪深两市、香港及美国上市的互联网业务营收比例达到 50% 以上的上市企业。其中，互联网业务包括互联网广告和网络营销、个人互联网增值服务、网络游戏、电子商务等。定义的标准同时参考其营收过程是否主要依赖互联网产品，包括移动互联网操作系统、移动互联网 App 和传统 PC 互联网网站等。

③ 该数据含二次上市企业，为未去重数据。

互联网上市企业数量分布

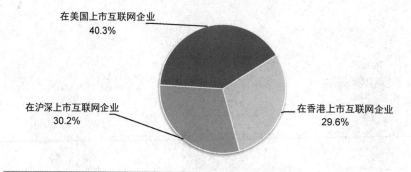

来源：根据公开资料收集整理   2022.12

图 44   互联网上市企业数量分布

互联网上市企业市值分布

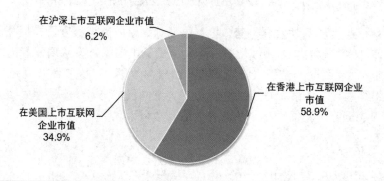

来源：根据公开资料收集整理   2022.12

图 45   互联网上市企业市值分布

互联网上市企业城市分布

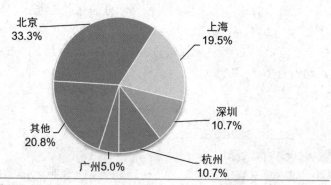

来源：根据公开资料收集整理   2022.12

图 46   互联网上市企业城市分布

　　截至 2022 年 12 月,在互联网上市企业中,网络游戏类企业数量最多,占总体的 20.8%;其次是电子商务类和文化娱乐类企业,均占总体的 15.1%。

互联网上市企业类型分布

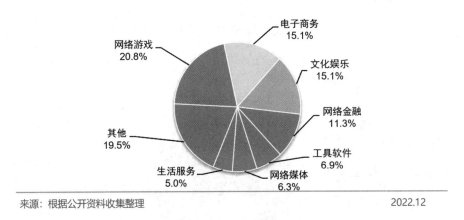

来源:根据公开资料收集整理　　　　　　　　　　　　　　　　　　2022.12

图 47　互联网上市企业类型分布

专栏　互联网相关领域投融资①

　　2022 年,工业和信息化部等有关部门出台《关于开展"携手行动"促进大中小企业融通创新(2022—2025 年)的通知》等多项政策,提出加大金融支持力度,以资金链推动产业链协同创新,促进企业特别是中小企业的健康发展。在此背景下,互联网相关领域投融资市场持续发展。

　　从产业整体来看,互联网相关领域投融资市场持续发展。2022 年,互联网相关领域投融资事件数占所有领域投融资事件总数的比重达 23.0%,投融资金额占所有领域投融资总金额的比重达 14.8%。从轮次分布来看,互联网相关领域早期投融资事件②数占该领域投融资事件总数的比重达 63.0%,较 2021 年增长 7.7 个百分点。从金额分布来看,互联网相关领域高额投融资事件③数占该领域投融资事件总数的比重达 3.0%,与 2021 年基本持平。从地区分布来看,北京、上海、广东、浙江、江苏互联网相关领域投融资热度位列全国前五,其事件数占总体的比重合计达 79.9%,其金额占总体的比重合计达 82.4%。

　　从行业细分来看,互联网相关领域投融资市场转型加速。2022 年,企业服务、工业互联网等领域持续获得资本助力,进一步体现互联网对企业特别是制造业企业数字化转型的关键作用。**一是企业服务领域**,投融资事件数占比达 34.2%,投融资金额占比达 28.1%,均位列第一,推动产业转型升级持续提速。**二是工业互联网及网络设备制造领域**,

---

　　① 互联网相关领域:本报告中的互联网相关领域包括企业服务、工业互联网及网络设备制造、电商零售、智能硬件、智慧交通、互联网文体娱乐及传媒、元宇宙、智慧物流、互联网医疗、互联网金融、本地生活服务、工具软件、在线教育,以及互联网农业、互联网房地产等。数据根据网络披露的投融资事件公开资料整理测算,并剔除了金额超过 100 亿元人民币的投融资事件。

　　② 本报告中的早期投融资事件指种子轮、天使轮及 A 轮的投融资事件。

　　③ 本报告中的高额投融资事件指金额超过 10 亿元人民币,但不超过 100 亿元人民币的投融资事件。

投融资事件数占比达 10.2%，投融资金额占比达 17.5%，均位列第二，体现高端制造业良好的发展态势。三是**电商零售领域**，投融资事件数占比达 9.1%，位列第三，保持相对较高的投融资热度。四是**智慧交通领域**，投融资金额占比达 11.6%，位列第三，体现资本市场对该领域的持续投入。

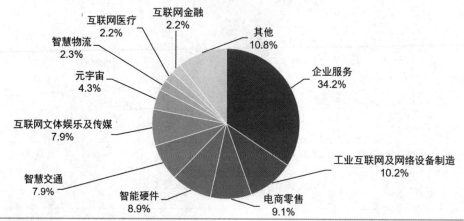

图 48　互联网相关领域投融资事件数占比

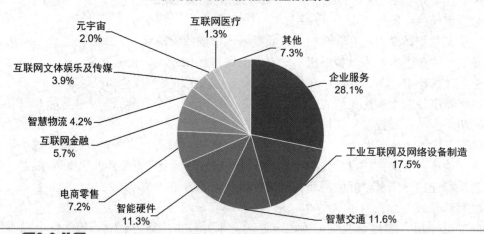

图 49　互联网相关领域投融资金额占比

第四章　工业互联网发展状况

一、工业互联网概况

党的二十大报告指出，坚持把发展经济的着力点放在实体经济上，推进新型工业化，加快建设制造强国、质量强国、航天强国、交通强国、网络强国、数字中国。近年来，随着数字经济的快速发展，新一代信息技术正在加速从消费领域向生产领域延伸，工业互联网已成为我国加快制造业数字化转型和支撑经济高质量发展的重要力量。

（一）工业互联网总体发展状况

2022 年 12 月，中共中央、国务院印发《扩大内需战略规划纲要（2022—2035 年）》，提出加快物联网、工业互联网、卫星互联网、千兆光网建设，深入实施工业互联网创新发展战略[①]。工业互联网融入 45 个国民经济大类[②]，并不断向安全生产、绿色低碳、社会治理等领域拓展，对于做强做优做大数字经济发挥着重要作用。**一是网络体系建设快速壮大**。随着网络强基行动深化推进，企业高质量内网改造、外网建设初见成效。工业互联网高质量外网覆盖全国 300 多个地市[③]，工业互联网总体网络架构国家标准正式发布。标识解析体系"5+2"国家顶级节点全面建成。**二是平台体系构建逐步完善**。"综合型+特色型+专业型"平台体系基本形成，具有影响力的工业互联网平台达到了 240 个，其中跨行业跨领域平台达到 28 个，有力促进了产品全流程、生产各环节、供应链上下游的数据互通、资源协同，加速企业数字化转型[④]。**三是安全保障能力日益增强**。工业互联网安全制度建设、技术手段、服务能力同步提升，依托试点示范、专项工程遴选一批典型场景安全解决方案，攻关一批网络安全关键技术，建设一批安全公共服务平台。国家、省、企业三级协同联动的技术监测服务体系基本建成。**四是数据汇聚初见成效**。国家工业互联网大数据中心已形成覆盖京津冀、长三角、粤港澳大湾区、成渝双城经济圈的体系化布局。国家工业互联网大数据行业分中心加快建设，面向石油、建材等行业全面开展产业链梳理工作。

（二）各地工业互联网发展状况

全国各地因地制宜，持续推动工业互联网创新发展。工业和信息化部支持长三角三省一市[⑤]、广东、山东、成渝、京津冀、湖南等地创建工业互联网示范区，鼓励先行先试、改革创

---

① 来源：中国政府网，2022 年 12 月 14 日。
② 来源：中国政府网，2023 年 1 月 19 日。
③ 来源：中国工业互联网研究院《中国工业互联网产业经济发展白皮书（2022 年）》，2022 年 11 月。
④ 来源：中国政府网，2023 年 1 月 19 日。
⑤ 长三角三省一市：指长三角地区的江苏省、浙江省、安徽省及上海市。

新，打造工业互联网创新发展高地。**在京津冀地区**，京津冀工业互联网协同发展座谈会讨论通过《京津冀工业互联网协同发展 2022 年工作方案》，确定了构建"1+3+1+1"发展体系的整体思路，明确了四个方面 9 项重点工作任务和 9 项重点合作对接活动内容，落实了京津冀三地各项工作任务的年度工作目标[①]。**在长三角地区**，上海市数字化办印发《上海市制造业数字化转型实施方案》[②]，坚持数字产业化和产业数字化协同发展，聚焦"3+6"新型产业体系，以新一代信息技术与制造业深度融合为主线，形成"链主"平台、智能工厂、超级场景、创新生态"四位一体"的制造业数字化转型发展体系。**在成渝地区**，四川省经济和信息化厅、重庆市经济和信息化委员会联合制定了《2022 年成渝地区工业互联网一体化发展示范区建设工作要点》[③]，共同打造行业型工业互联网平台，围绕电子信息、汽车制造、装备制造、食品饮料、先进材料、能源化工等重点产业和细分领域，支持产业链重点企业建设行业型工业互联网平台，带动产业链上下游企业协同发展。

二、5G+工业互联网应用[④]发展

"5G+工业互联网"的发展促进了传统工业技术升级换代的步伐，加速人、机、物全面连接的新型生产方式落地普及，成为推动制造业高端化、智能化、绿色化发展的重要支撑。"5G+工业互联网"发展已进入快车道，一大批国民经济支柱产业开展创新实践，全国"5G+工业互联网"项目超过 4000 个[⑤]。发布《5G 全连接工厂建设指南》，培育一批高水平的 5G 全连接工厂标杆。

（一）航空航天行业应用

航空航天行业，尤其是航空工业企业加强网络系统、工况检测、数字系统等技术创新，实现高效质检、保障生产稳定、提高维修效率。**一是构建智能网络系统，实现高效质检**。中国商飞与中国联通合作建成 5G 全连接工厂，实现制造过程数据共享、敏捷互联、应用云化、设计制造协同、设计试验协同，从成本、效率、质量等方面助力商飞高质量智能制造的实施。企业借助"5G+工业互联网"在飞机表面铆钉检测环节实现质检效率的提升。**二是实现工况高效监测，保障生产稳定**。中国航发南方公司与中国电信合作，实现生产单元模拟场景的应用。企业实施"5G 智能工厂"技术方案，实时监控叶盘生产过程，精准高效地掌握生产制造等流程，提高良品率。企业的工业互联网平台从智能传感器和机器控制系统收集实时数据，进行大数据分析，使设备达到最佳生产状态。**三是打造智能数字系统，提升维修效率**。中国南方航空联合中国电信，引入 AI、AR、云计算等技术，打造"数字飞机"，提升民航维修业

---

① 来源：河北省工业和信息化厅，2022 年 7 月 26 日。
② 来源：上海市经济和信息化委员会，2022 年 10 月 9 日。
③ 来源：四川省经济和信息化厅，2022 年 4 月 27 日。
④ 5G+工业互联网应用：来源于工业和信息化部第二批"5G+工业互联网"十个典型应用场景和五个重点行业实践、各地经信部门官网、电信运营商标杆案例等。
⑤ 来源：工业和信息化部，2022 年 11 月 20 日。

务的全流程精准管控水平，实现设备故障诊断场景的应用。企业构建云平台和维修设施的实时通信、海量传感器与人工智能平台的信息交互，结合 5G 网络高带宽、低时延等特性，为企业提升维修效率。

（二）石化化工行业应用

石化化工行业企业加强智能分析、智能巡检、数字孪生等技术创新，实现主动运维、提高检测效率、降低生产成本。**一是打造智能分析系统，实现主动运维。**中国海洋石油集团与中国移动合作，开展"5G 智慧海油"项目建设，实现设备预测维护的应用。企业通过独享的 5G 基站远距离实时采集、传输井口平台生产设备的温度、压力、电压、水温、电流、损耗等数据至中心平台。企业中心平台基于设备大数据和故障模型，利用人工智能等技术，实时分析设备运行参数和历史健康数据，判断设备健康状态，提前预测设备故障，变被动运维为主动运维。**二是应用智能巡检，提高检测效率。**某炼化企业与中国移动合作，建立炼化一体化智能生产管控平台，实现无人智能巡检场景的应用。企业通过 5G+机器人技术赋能炼化生产巡检，利用机器人搭载的仪器查找泄漏点和测定泄漏浓度，检测生产、输送和储存过程中 VOC[①]的泄漏情况，并对超过一定浓度的泄漏点进行修复，提高了检测效率。**三是构建数字孪生系统，降低生产成本。**江西蓝星星火有机硅有限公司与中国电信合作，打造"5G+智能化工"项目，实现生产单元模拟。企业通过智能手环、5G 工业网关等对工厂里的人、机、物等多种要素进行数据采集，汇聚到企业数据中心。企业进而将采集的数据与三维模型数据进行融合，实现虚拟设备与物理设备的联动控制、静态数据查询和运行状态的实时展示，有利于降低生产管理成本。

（三）建材行业应用

建材行业企业基于工业互联网进行数据分析、回溯管理和现场监测等技术创新，保障生产运行、降低运营成本、提高生产效率。**一是开展过程数据分析，保障生产运行。**泰山玻璃纤维有限公司与中国移动合作，开展了"5G 智慧工厂"项目的建设，实现了厂区智能理货。企业基于 5G 网络对生产过程数据进行实时采集、上传和分析处理，实现了各类型纱团的自动分拣。企业系统根据收到的出入库单据或人工指令下达出入库任务，实现了物料及产品的自动出入库，保证了拉丝、烘干、包装等重要环节的连续运行。**二是形成生产回溯系统，降低运营成本。**福建良瓷科技有限公司与中国电信合作，开展"5G 智慧工厂"项目建设，在生产过程溯源中开展应用。企业对卫浴陶瓷生产设备进行 5G 智能化升级，提高了成形、烧成、包装等环节的生产效率。企业利用 5G+MEC[②]+天翼云实现云网融合，采集生产物料的一物一码等数据，实时传输至云平台，提高了追溯效率及准确性，降低运营成本。**三是进行生产现场监测，提升生产效率。**某水泥生产企业与中国移动合作，打造水泥生产智能管控系统，实现了生产现场监测。该系统将采剥生产计划、配矿作业计划、装运卸生产调度等集为一体，可实现对生产过程的实时数据采集、判断、显示、控制与管理，实时监控和优化调度电动车、

---

① VOC：指 Volatile Organic Compounds，即挥发性有机化合物。
② MEC：指 Mobile Edge Computing，即移动边缘计算。

挖掘机等设备的运行，对水泥生产的数据进行监测及控制，实现生产效率的提升。

（四）港口行业应用

港口行业企业发展工业互联网，进行高精度测量、通信控制、设备管控等技术创新，实现无人煤料装载、远程设备操控、节能管理提升。**一是打造高精度测量，实现无人化装载。**国家能源集团黄骅港务责任有限公司与中国联通合作，开展了"5G 港口"项目建设，实现精准动态作业的场景应用。企业自主研制"5G+北斗"船舶高精度位姿测量设备，实现大型万吨级船舶航姿的连续、稳定、高精度测量。企业对测量数据进行系统化处理，实现"船岸协同"的无人自动化煤料装载闭环控制，缩短装船时间，提升泊位利用率。**二是实施通信控制，实现远程设备操控。**某港口企业与中国移动合作，开展基于 5G 的 AGV[①]远程控制试点项目建设，实现远程设备操控场景的应用。企业通过 5G 网络提升了网络承载能力，解决了过去 AGV 由于网络中断、时延过高等原因无法收到控制指令的问题，大幅提高 AGV 小车的连续作业能力与作业可靠性，提升港口整体运营效率。**三是管控生产设备，进行节能管理。**山东港口青岛港集团有限公司与中国联通合作，开展"5G 智慧港口"项目建设，实现生产能效管控场景的应用。企业通过 5G 网络将传感器采集的数据传输到数据管理平台，实现船岸两端设备的实时管控。企业通过大数据分析对船舶动力系统进行节能评估，动态调整船舶的经济航速，实现削峰填谷、节能减排。

（五）纺织行业应用

纺织行业企业进行实时信息分析、模拟系统开发、生产数据采集等技术创新，实现产品质量提升、决策效率提高和质量管理升级。**一是分析实时生产信息，提升产品质量。**艾莱依时尚股份有限公司与中国电信合作，开展"5G+工业互联网云平台"项目建设，实现了工艺合规校验场景的应用。企业通过数采模块对缝纫机实时数据进行采集，经过 5G 网络传输至5G+工业互联网云平台。企业利用云平台建模，精确分析员工、工作站、缝纫机在不同时间和地点的工作状态，计算产线的工艺精准度，及时发现异常，进一步提升产品质量。**二是开发生产模拟系统，提高工厂决策效率。**雅戈尔服装制造有限公司与中国联通合作，开展"5G+数字孪生"项目建设，实现生产单元模拟场景的应用。企业基于数字孪生技术，在地理信息、物理信息、生产运行逻辑上 1:1 虚拟还原了服装工厂，通过 5G 网络将缝纫机运行数据、AGV状态信息上传至企业系统平台进行汇总。企业通过系统平台掌握工厂生产等全局信息，提高了工厂管理层决策效率。**三是采集生产信息，实现产品质量追溯。**恒申集团化纤板块河南基地与中国移动合作，开展"锦纶长丝 5G+工业互联网平台"项目建设，实现生产过程溯源场景的应用。企业采集丝锭的生产批次、生产线别、纺位等生产信息和工艺参数实时状态、卷绕报告、断丝报告、报警信息等生产过程数据，通过 5G 网络实时传输至锦纶长丝 5G+工业互联网平台。企业可一键追溯单个产品的全生产过程，实现包括质量计划、过程控制、异常处理等环节在内的闭环控制。

---

① AGV：指 Automated Guided Vehicle，即装备有电磁或光学等自动导航装置，能够沿规定的导航路径行驶，具有安全保护及各种移载功能的运输车。

（六）家电行业应用

家电行业企业进行智能运维、生产监控、定位引擎等技术创新，实现运维能力、管控水平和仓储效率的提升。**一是实现智能运维，提高运维能力。**深圳创维-RGB 电子集团有限公司与中国电信合作，开展了"5G+8K 柔性智能工厂"项目建设，实现了虚拟现场服务的场景应用。企业利用自主研发的 8K VR 一体机设备和 5G 融合，形成"云管端"的整体解决方案。企业系统对疑似故障点进行动态跟踪，通过记录疑似故障点，自动产生复查清单列表，方便运维人员开展工作，提高工作效率。**二是监控生产状态，提升管控水平。**杭州老板电器股份有限公司与中国移动合作，开展"5G 无人工厂"项目建设，实现生产单元模拟场景的应用。通过 5G 工业网关实时上传海量生产数据、设备状态数据，实现对厂房内工艺流程和布局的数字化建模，利用 5G 网络实时呈现车间内产线生产状态和 AGV 位置信息。企业实时掌握物流效率、设备负荷、瓶颈节点等关键信息，提升生产效率。**三是部署定位引擎，提高仓储效率。**佛山市顺德区美的洗涤电器制造有限公司与中国联通合作，开展"5G+工业互联网"项目建设，实现精准动态作业的场景应用。企业本地化部署数字化定位引擎，融合 5G 蜂窝等多种定位方式，提供 5G+蓝牙 AoA①融合定位能力，并对接到企业生产系统。企业通过 5G 网络将位姿信息实时传送至仓储系统，实现与实物信息联动，降低仓库人工成本。

---

① AoA：指 Angle of Arrival，即到达角度定位。

第五章 在线政务服务发展状况

一、在线政务服务发展状况

截至 2022 年 12 月，我国在线政务服务用户规模达 9.26 亿，较 2021 年 12 月增长 515 万，占网民整体的 86.7%。2022 年，我国在线政务服务相关顶层设计更加完善，平台建设更加有效，技术应用更加普及，发展态势持续向好。《2022 联合国电子政务调查报告》显示，我国电子政务水平在 193 个联合国会员国中排名第 43 位，是自报告发布以来的最高水平，也是全球增幅最大的国家之一。其中，作为衡量国家电子政务发展水平核心指标的在线服务指数为 0.8876，继续保持"非常高"水平。

顶层设计更加完善，以数字政府建设全面引领数字化发展。 2022 年，国务院印发《关于加快推进政务服务标准化规范化便利化的指导意见》《关于加强数字政府建设的指导意见》及《全国一体化政务大数据体系建设指南》，对数字政府、政务数据体系建设等方面提出一系列指导性意见。各地区、各部门主动顺应政府数字化转型发展趋势，注重顶层设计与地方创新良性互动，形成了各具特色、职责明确、纵向联动、横向协同、共同推进的数字政府建设和管理格局。截至 2022 年 12 月，31 个省（区、市）中，29 个地区成立了厅局级的政务服务或数据管理机构，20 余个地区印发了数字政府或数字化转型相关规划文件①。总体来看，与数字政府建设相适应的管理体制正在逐步健全，协调推进有力、技术体系完备、安全管理有序、制度规范健全的发展格局正在逐步建立，形成了政府主导、企业参与、社会协同推进的良好氛围。

平台建设更加有效，以一体化政务服务促进惠企便民提速。 2022 年，全国一体化政务服务平台基本建成，"一网通办""异地可办""跨省通办"广泛实践，全国 96.68% 的办税缴费事项实现"非接触式"办理，全面数字化电子发票试点稳步推进，电子发票服务平台用户数量突破千万级②。依托全国一体化政务服务平台，各地区、各部门有力推动政务服务运行标准化、供给规范化、管理精细化，"互联网+政务服务"取得显著成效，为企业和公众获取便捷高效的政务服务提供可靠保障。

技术应用更加普及，以模式创新打造地方特色的现代政府。 2022 年，数字技术的应用广度和应用深度均有所提升，为促进政府创新发挥了显著的赋能作用。根据智慧城市技术成熟度曲线，相比 2021 年，我国对"跨行政职能的政府服务""绿色能源"和"城市级能源管理

---

① 来源：中共中央党校（国家行政学院）电子政务研究中心。
② 来源：《国务院关于数字经济发展情况的报告》，2022 年 11 月 14 日。

平台"3 项新技术进行了初步探索和尝试；同时研究发现，政务云在曲线上已经相对成熟，进入规模化应用并产生实质性效果的起始阶段[①]。在良好的技术环境支撑下，多地政府积极开展政务服务创新实践，并持续推动先进经验共享和创新模式扩散。例如，福建省政务云已承载 222 个厅局委办、1044 个项目、1697 个业务系统，持续促进网络通、应用通、数据通，提升便民服务水平[②]；广东省推出基于车载使用的移动政务服务平台"粤优行"，涵盖政务服务、资讯导航、医疗防疫、证照信息 4 个板块内容，持续提升政务服务效能[③]；甘肃省启动新型智慧能源单元在试点企业的示范应用，常态化、精细化、智能化的城市能源管理系统初见成效[④]。

二、全国一体化政务服务平台发展状况[⑤]

全国一体化政务服务平台作为政府数字化转型的"重中之重"，肩负着推进国家治理体系和治理能力现代化的重任，发挥了重要作用，平台运行平稳，成效超出预期。

一是全国政务服务"一张网"的覆盖程度不断提升。全国一体化政务服务平台以国家政务服务平台为总枢纽，连通 31 个省（区、市）及新疆生产建设兵团、46 个国务院部门平台，面向十四多亿人口和一亿多市场主体打造覆盖全国的一体化政务服务"一张网"，平台村村通、服务掌上办、全国一体化政务服务平台在推进国家治理体系和治理能力现代化的进程中发挥了重要作用，成为我国政务服务迈向以跨区域、跨部门、跨层级一体化政务服务为特征的整体服务阶段的重要标志。

二是企业和群众的认可度不断提升。通过构建普惠均等、便民高效、智能精准的全国政务服务"一张网"，政务服务平台的认知度、体验度持续提升。截至 2022 年 12 月，全国一体化政务服务平台实名用户超过 10 亿人，其中国家政务服务平台注册用户达 8.08 亿人，总使用量超过 850 亿人次，服务应用不断创新，企业和群众满意度和获得感不断增强。目前，90.5%的省级行政许可事项实现网上受理和"最多跑一次"，政务服务"一网通办"能力显著增强。

三是服务创新应用能力不断提升。各地区依托全国一体化政务服务平台，聚焦群众办事"急难愁盼"问题，聚焦短板弱项，大胆探索，因地施策，从"最多跑一次"到"一次不用跑"，从"不见面审批"到"秒报秒批"，为群众施公平之策、开便利之门，得到了广大群众的认可和赞许。典型示范的"头雁效应"全面激发了"群雁活力"，统筹协调和基层创新的互促互动，营造了互联网环境下各方面勇于持续迭代创新的良好氛围，数字化改革创新举措不断涌现，为全面推进数字政府建设积累了丰富经验。

---

① 来源：Gartner《2022 年中国智慧城市和可持续发展技术成熟度曲线》。
② 来源：福州网信，2022 年 7 月 20 日。
③ 来源：广东省政务服务数据管理局，2022 年 4 月 29 日。
④ 来源：新华网。
⑤ 来源：全国一体化政务服务平台数据来源均为中共中央党校（国家行政学院）电子政务研究中心。

四是公共支撑能力不断提升。国家平台为地方部门平台提供电子证照共享服务 79.5 亿次，身份认证核验服务 67.4 亿次，有力支撑地方部门平台高效办事。截至 2022 年底，国家政务服务平台已归集汇聚 32 个地区和 26 个国务院部门 900 余种电子证照，目录信息达 56.72 亿条，累计提供电子证照共享应用服务 79 亿次，有效支撑减证明、减材料、减跑动。

三、政府网站发展状况

（一）政府网站总体及分省状况

截至 2022 年 12 月，我国共有政府网站[①]13946 个，主要包括政府门户网站[②]和部门网站[③]。其中，中国政府网 1 个，国务院部门及其内设、垂直管理机构共有政府网站 539 个；省级及以下行政单位共有政府网站 13406 个，分布在我国 31 个省（区、市）[④]和新疆生产建设兵团。

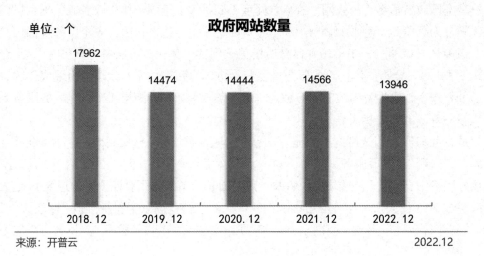

政府网站数量

单位：个

17962　14474　14444　14566　13946

2018.12　2019.12　2020.12　2021.12　2022.12

来源：开普云　　　　　　　　　　　　　　　　　　　2022.12

图 50　政府网站数量

---

① 政府网站：指各级人民政府及其部门、派出机构和承担行政职能的事业单位在互联网上开办的，具备信息发布、解读回应、办事服务、互动交流等功能的网站。

② 政府门户网站：指县级及以上各级人民政府、国务院部门开设的政府门户网站。乡镇、街道原则上不开设政府门户网站，确有特殊需求的特殊处理。

③ 部门网站：指省级、地市级政府部门，以及实行全系统垂直管理部门设在地方的县处级以上机构开设的本单位网站。县级政府部门原则上不开设政府网站，确有特殊需求的特殊处理。

④ 省（区、市）：此处指省级行政单位，包括省、自治区和直辖市，不包含港澳台。

表6　2021.12—2022.12 分省政府网站数量①

省（区、市）	2021.12	2022.12
北京	78	76
天津	88	82
河北	517	523
山西	419	420
内蒙古	551	557
辽宁	565	557
吉林	309	311
黑龙江	201	214
上海	67	65
江苏	661	674
浙江	558	546
安徽	843	841
福建	447	457
江西	528	567
山东	898	890
河南	901	892
湖北	614	607
湖南	617	620
广东	565	546
广西	542	536
海南	119	120
重庆	88	88
四川	926	804
贵州	438	437
云南	291	287
西藏	253	258
陕西	609	602
甘肃	524	387
青海	131	143
宁夏	128	101
新疆	158	157
新疆生产建设兵团	41	41
合计	13675	13406

来源：开普云

（二）各行政级别政府网站数量

截至 2022 年 12 月，国务院部门及其内设、垂直管理机构共有政府网站 540 个②，占总体政府网站的 3.9%；市级及以下行政单位共有政府网站 11761 个，占比为 84.3%。

---

① 表中数据不含各部委政府网站数量。

② 该数据包括中国政府网。

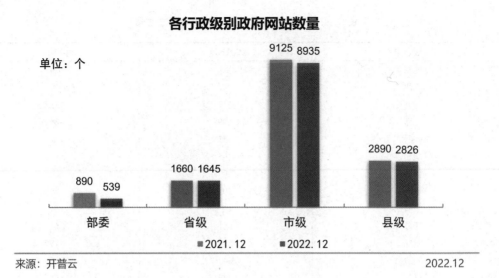

图 51 　各行政级别政府网站数量

（三）各行政级别政府网站栏目数量

截至 2022 年 12 月，各行政级别政府网站共开通栏目 30.9 万个，主要包括信息公开、网上办事和新闻动态三种类别。在各行政级别政府网站中，市级网站栏目数量最多，达 14.3 万个，占比为 46.3%。在政府网站栏目中，信息公开类栏目数量最多，为 24.2 万个，占比为 78.4%；其次为网上办事栏目，占比为 10.8%；新闻动态类栏目数量占比为 10.8%。

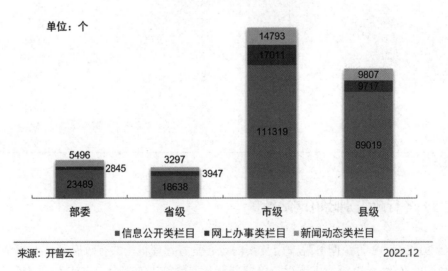

图 52 　各行政级别政府网站栏目数量①

---

① 图中各行政级别政府网站栏目数量分布只包括图示三大类，其他小栏目未包含。

（四）各行政级别政府网站首页文章更新量

2022 年，各行政级别政府网站首页文章更新量①均有所增长，截至 2022 年 12 月，总量达 3278 万篇，较 2021 年 12 月增长 6.3%。其中，市级政府网站首页文章更新量增幅最大，达 8.7%。

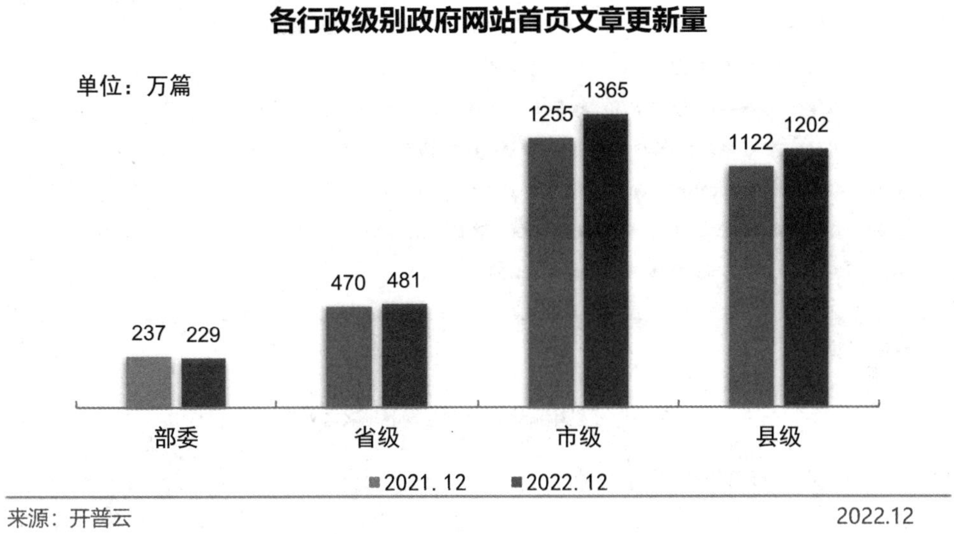

各行政级别政府网站首页文章更新量

单位：万篇

图 53　各行政级别政府网站首页文章更新量

四、政务新媒体发展状况

（一）政务机构微博发展状况

截至 2022 年 12 月，经过新浪平台认证的政务机构微博为 14.5 万个，我国 31 个省（区、市）均已开通政务微博。其中，河南省各级政府共开通政务机构微博 10017 个，居全国首位；其次为广东省，共开通政务机构微博 9853 个。

（二）政务机构微信发展状况

2022 年，政务小程序数量达 9.5 万个，同比增长 20%，超 85%的用户在日常生活、出行办事中使用政务微信小程序办理政务服务②。全国已有 30 个省（区、市）政务平台小程序提供健康码、核酸疫苗、政务便民服务，与人们一起防御新冠病毒、保障生活。2022 年有浙江"浙里办"、北京"京通| 健康宝"、上海"随申办"相继上线并转型，办事场景越来越丰富，

---

① 首页文章更新量：指各政府网站首页文章更新数量。

② 来源：微信《2023 行业突围与复苏潜力报告》。

"一码通办""智慧社区""零工超市"等服务场景更贴近人们日常生活。

我国部分省市政务机构微博数量

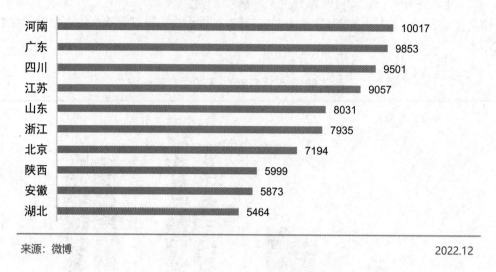

图 54　我国部分省市政务机构微博数量

2022 年，全国已有 31 个省市和地区支持通过微信支付缴纳社保，年缴费超过 8.8 亿笔，较 2021 增长超过 16%。27 个省（区、市）社保办理提供便捷高效的微信小程序渠道。在所有使用微信支付缴纳社保的用户中，通过微信小程序的占比达 62%。除社保缴费服务以外，用户还可通过微信城市服务申领电子社保卡、使用医保凭证、挂号看病、打印社保凭证。

第六章　互联网安全状况

一、网民网络安全事件发生状况

（一）网民遭遇各类网络安全问题的比例

截至 2022 年 12 月，65.9%的网民表示过去半年在上网过程中未遭遇过网络安全问题，较 2021 年 12 月提升 3.9 个百分点。此外，遭遇个人信息泄露的网民比例最高，为 19.6%；遭遇网络诈骗的网民比例为 16.4%；遭遇设备中病毒或木马的网民比例为 9.0%；遭遇账号或密码被盗的网民比例为 5.6%。

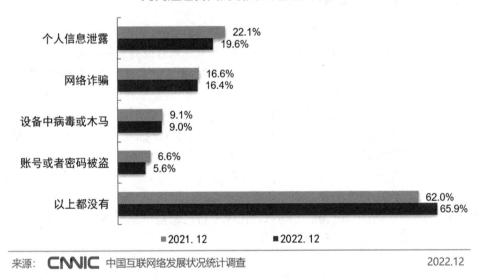

图 55　网民遭遇各类网络安全问题的比例

（二）网民遭遇各类网络诈骗问题的比例

通过对遭遇网络诈骗网民的进一步调查发现，网民遭遇过网络购物诈骗、网络兼职诈骗和利用虚假招工信息诈骗的比例均有所下降。其中，遭遇网络购物诈骗的比例为 33.9%，较 2021 年 12 月下降 1.4 个百分点；遭遇网络兼职诈骗的比例为 27.9%，较 2021 年 12 月下降 0.7 个百分点；遭遇利用虚假招工信息诈骗的比例为 19.5%，较 2021 年 12 月下降 0.3 个百分点。

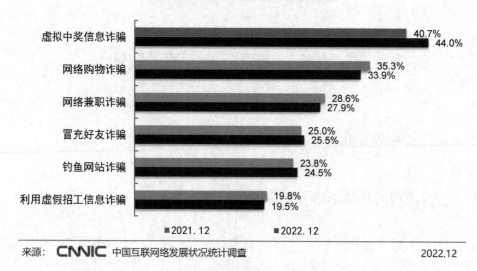

图 56　网民遭遇各类网络诈骗问题的比例

二、工业互联网安全

我国工业互联网安全体系初步建成，威胁监测和信息通报处置不断强化，企业安全主体责任意识显著增强，安全保障能力持续提升。**一是持续强化工业互联网安全防御体系建设。**2022 年，工业和信息化部印发了《关于做好工业领域数据安全管理试点工作的通知》《关于开展工业互联网安全深度行活动的通知》等文件，旨在指导各地区工业企业，加快工业互联网安全专用技术和产品创新，开展数据安全管理、工业互联网企业网络安全分类分级管理等工作，不断提升工业互联网安全防护水平。**二是持续推动工业互联网安全防御能力建设。**依托工业互联网创新发展工程，我国建设了一批国家级工业互联网安全技术平台，推动核心安全技术的研发与创新，持续完善工业互联网安全保障技术体系。基本建成国家、省、企业三级协同工业互联网安全技术监测服务体系，国家平台已覆盖汽车、电子、钢铁等 14 个重要行业领域，涉及工业企业 10 万余家[①]。

三、全国各级网络举报部门受理举报数量

截至 2022 年 12 月，全国各级网络举报部门共受理举报 17214.7 万件[②]，较 2021 年同期增长 3.6%。

---

① 来源：工业和信息化部，2021 年 9 月 29 日。
② 根据中央网信办（国家互联网信息办公室）违法和不良信息举报中心 2022 年全年月报数据加总得出。

全国各级网络举报部门受理举报数量

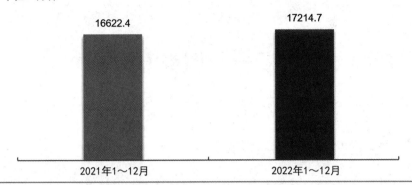

图 57　全国各级网络举报部门受理举报数量

附录一　调查方法

一、调查方法

（一）电话调查

1.1　调查总体

我国有住宅固定电话（家庭电话、宿舍电话）或者手机的 6 周岁及以上居民。

◇　样本规模

调查样本覆盖中国内地（大陆）地区 31 个省（区、市），不含中国香港、中国澳门、中国台湾。

◇　调查总体细分

调查总体划分如下：

子总体 A：被住宅固话覆盖人群【包括：住宅固定电话覆盖的居民+学生宿舍电话覆盖用户+其他宿舍电话覆盖用户】；

子总体 B：被手机覆盖人群；

子总体 C：手机和住宅固话共同覆盖人群【住宅固话覆盖人群和手机覆盖人群有重合，重合处为子总体 C】，C=A∩B。

1.2　抽样方式

CNNIC 针对子总体 A、B、C 进行调查，为最大限度地覆盖网民群体，采用双重抽样框方式进行调研。采用的第一个抽样框是固定住宅电话名单，调查子总体 A。采用的第二个抽样框是移动电话名单，调查子总体 B。

对于固定电话覆盖群体，采用分层二阶段抽样方式。为保证所抽取的样本具有足够的代表性，将中国内地（大陆）地区按省、自治区和直辖市分为 31 层，各层独立抽取样本。

省内采取样本自加权的抽样方式。各地市州（包括所辖区、县）样本量根据该城市固定住宅电话覆盖的 6 周岁及以上人口数占全省总覆盖人口数的比例分配。

对于手机覆盖群体，抽样方式与固定电话群体类似，也将中国内地（大陆）地区按省、自治区和直辖市分为 31 层，各层独立抽取样本。省内按照各地市居民人口所占比例分配样本，使省内样本分配符合自加权。

为保证每个地市州内的电话号码被抽中的机会近似相同，使电话多的局号被抽中的机会多，同时考虑到访问实施工作的操作性，在各地市州内电话号码的抽取按以下步骤进行：

手机群体调研方式是在每个地市州中，抽取全部手机局号；结合每个地市州的有效样本量，生成一定数量的 4 位随机数，与每个地市州的手机局号相结合，构成号码库（局号+4 位随机数）；对所生成的号码库进行随机排序；拨打访问随机排序后的号码库。固定电话群体调研方式与手机群体相似，同样是生成随机数与局号组成电话号码，拨打访问这些电话号码。但为了不重复抽样，此处只访问住宅固定电话。

网民规模根据各省统计局最新公布的人口属性结构，采用多变量联合加权的方法进行统计推算。

1.3 抽样误差

根据抽样设计分析计算，网民个人调查结果中，比例型目标量（如网民普及率）估计在置信度为 95%时的最大允许绝对误差为 0.35 个百分点。由此可推出其他各种类型目标量（如网民规模）估计的误差范围。

1.4 调查方式

通过计算机辅助电话访问系统（CATI）进行调查。

1.5 调查总体和目标总体的差异

CNNIC 在 2005 年末曾经对电话无法覆盖人群进行过研究，此群体中网民规模很小，随着我国通信业的发展，目前该群体的规模逐步缩减。因此本次调查研究有一个前提假设，即针对该项研究，固话和手机无法覆盖人群中的网民在统计中可以忽略不计。

（二）网上自动搜索与统计数据上报

网上自动搜索主要是对网站数量进行技术统计，而统计上报数据主要包括 IP 地址数和域名数。

2.1 IP 地址总数

IP 地址分省统计的数据来自亚太互联网络信息中心（APNIC）和中国互联网络信息中心（CNNIC）IP 地址数据库。将两个数据库中已经注册且可以判明地址所属省份的数据，按省分别相加得到分省数据。由于地址分配使用是动态过程，所统计数据仅供参考。同时，IP 地址的国家主管部门工业和信息化部也会要求我国 IP 地址分配单位每半年上报一次其拥有的 IP 地址数。为确保 IP 数据准确，CNNIC 会将来自 APNIC 的统计数据与上报数据进行比较、核实，确定最终 IP 地址数。

2.2 网站总数

由 CNNIC 根据域名列表探测得到。

".CN"和".中国"域名列表由 CNNIC 数据库提供，通用顶级域名（gTLD）列表由国际相关域名注册局提供。

2.3 域名数

".CN"和".中国"下的域名数来源于 CNNIC 数据库；通用顶级域名（gTLD）、新通用顶级域名（New gTLD），以及".CO""".TV""".CC""".ME"由国内域名注册单位协助提供。

二、报告术语界定

◇　**网民**：指过去半年内使用过互联网的 6 周岁及以上我国居民。

◇　**手机网民**：指过去半年通过手机接入并使用互联网的网民。

◇　**电脑网民**：指过去半年通过电脑接入并使用互联网的网民。

◇　**农村网民**：指过去半年主要居住在我国农村地区的网民。

◇　**城镇网民**：指过去半年主要居住在我国城镇地区的网民。

◇　**IP 地址**：IP 地址的作用是标识上网计算机、服务器或者网络中的其他设备，是互联网中的基础资源，只有获得 IP 地址（无论以何种形式存在），才能和互联网相连。

◇　**网站**：指以域名本身或者"WWW.+域名"为网址的 Web 站点，其中包括中国的国家顶级域名".CN""".中国"和通用顶级域名（gTLD）下的 Web 站点，该域名的注册者位于我国境内。例如，对域名 CNNIC.CN 来说，它的网站只有一个，其对应的网址为 CNNIC.CN 或 WWW.CNNIC.CN；除此以外，WHOIS.CNNIC.CN、MAIL.CNNIC.CN 等以该域名为后缀的网址只被视为该网站的不同频道。

◇　**调查范围**：除非明确指出，本报告中的数据指中国内地（大陆）地区，均不包括中国香港、中国澳门和中国台湾在内。

◇　**调查数据截止日期**：本次统计调查数据截止日期为 2022 年 12 月 31 日。

◇　**数据说明**：本报告中的数据多为四舍五入、保留有效位数后的近似值。

附录二 互联网基础资源附表

附表 1 各地区 IPv4 地址数

地区	地址量	折合数
中国内地（大陆）	343227648	20A+121B+66C
中国香港	12565504	169B+50C
中国澳门	337152	5B+37C
中国台湾	35692544	2A+41B+210C

附表 2 中国内地（大陆）地区按分配单位 IPv4 地址数

单位名称	地址量	折合数
中国电信集团有限公司	125763328	7A+126B+255C
中国联合网络通信集团有限公司	69866752[注1]	4A+42B+21C
CNNIC IP 地址分配联盟	63879616[注2]	3A+206B+152C
中国移动通信集团有限公司	35294208	2A+26B+140C
中国教育和科研计算机网	16649984	254B+16C
中移铁通有限公司	15796224[注3]	241B+8C
其他	15977536	243B+204C
合计	343227648	20A+121B+66C

数据来源：亚太互联网络信息中心（APNIC）、中国互联网络信息中心（CNNIC）

注 1:中国联合网络通信集团有限公司的地址包括原联通和原网通的地址,其中原联通的 IPv4 地址 6316032(96B+96C)是经 CNNIC 分配的;

注 2:CNNIC 作为经 APNIC 和国家主管部门认可的中国国家级互联网注册机构（NIR）,召集国内有一定规模的互联网服务提供商和企事业单位,组成 IP 地址分配联盟,目前 CNNIC 地址分配联盟的 IPv4 地址总持有量为 8600 万个,折合 5.1A;上表中所列 IP 地址分配联盟的 IPv4 地址数量不含已分配给原联通和铁通的 IPv4 地址数量;

注 3:中移铁通有限公司的 IPv4 地址是经 CNNIC 分配的;

注 4:以上数据统计截止日期为 2022 年 12 月 31 日。

附表 3 各地区 IPv6 地址数（以块/32[注1]为单位）

地区	地址量
中国内地（大陆）	64318
中国香港	470
中国澳门	8
中国台湾	2573

附表 4　中国内地（大陆）地区按分配单位 IPv6 地址数

单位名称	地址量
CNNIC IP 地址分配联盟	26645 [注2]
中国电信集团有限公司	16387
中国教育和科研计算机网	10258
中国联合网络通信集团有限公司	4097
中国移动通信集团有限公司	4097
中移铁通有限公司	2049 [注3]
中国科技网	17 [注4]
其他	768
合计	64318

数据来源：APNIC、CNNIC

注 1：IPv6 地址分配表中的/32 是 IPv6 的地址表示方法，对应的地址数量是 $2^{(128-32)}=2^{96}$ 个；

注 2：目前 CNNIC IP 地址分配联盟的 IPv6 地址总持有量为 28711 块/32；上表中所列 IP 地址分配联盟的 IPv6 地址数量不含已分配给中移铁通有限公司和中国科技网的 IPv6 地址数量；

注 3：中移铁通有限公司的 IPv6 地址是经 CNNIC 分配的；

注 4：中国科技网的 IPv6 地址是经 CNNIC 分配的；

注 5：以上数据统计截止日期为 2022 年 12 月 31 日。

附表 5　各省 IPv4 比例

省、自治区、直辖市	比例
北京	25.49%
广东	9.54%
浙江	6.47%
山东	4.89%
江苏	4.76%
上海	4.52%
辽宁	3.33%
河北	2.85%
四川	2.77%
河南	2.63%
湖北	2.40%
湖南	2.36%
福建	1.95%
江西	1.73%
重庆	1.68%
安徽	1.65%
陕西	1.63%
广西	1.38%
山西	1.28%
黑龙江	1.21%
吉林	1.21%

续表

省、自治区、直辖市	比例
天津	1.05%
云南	0.98%
内蒙古	0.77%
新疆	0.60%
海南	0.47%
甘肃	0.47%
贵州	0.44%
宁夏	0.28%
青海	0.18%
西藏	0.13%
其他	8.92%
合计	100.00%

数据来源：APNIC、CNNIC

注 1：以上统计的是 IP 地址持有者所在省份；

注 2：以上数据统计截止日期为 2022 年 12 月 31 日。

附表 6　分省 ".CN" 域名数、分省 ".中国" 域名数

省、自治区、直辖市	域名		其中：".CN" 域名		".中国" 域名	
	数量（个）	占域名总数比例	数量（个）	占 ".CN" 域名总数比例	数量（个）	占 ".中国" 域名总数比例
北京	7388747	21.5%	5279861	26.3%	25906	14.0%
广东	5438449	15.8%	3194969	15.9%	15872	8.6%
福建	4049711	11.8%	3369420	16.8%	5663	3.1%
贵州	1811627	5.3%	1671125	8.3%	3193	1.7%
山东	1731255	5.0%	932263	4.6%	29153	15.7%
江苏	1507336	4.4%	575655	2.9%	8313	4.5%
四川	1401929	4.1%	447007	2.2%	11904	6.4%
上海	1302602	3.8%	446026	2.2%	7522	4.1%
浙江	1282966	3.7%	379819	1.9%	7314	3.9%
安徽	983930	2.9%	245184	1.2%	3486	1.9%
河南	942026	2.7%	388674	1.9%	4156	2.2%
湖南	748376	2.2%	360059	1.8%	2411	1.3%
湖北	670339	1.9%	303423	1.5%	3197	1.7%
河北	555914	1.6%	211907	1.1%	5888	3.2%
广西	541066	1.6%	293160	1.5%	1573	0.8%
江西	481790	1.4%	245511	1.2%	2022	1.1%
陕西	426784	1.2%	170634	0.8%	7017	3.8%
重庆	379557	1.1%	170828	0.8%	5448	2.9%
辽宁	376600	1.1%	160983	0.8%	5494	3.0%

续表

省、自治区、直辖市	域名		其中：".CN"域名		".中国"域名	
	数量（个）	占域名总数比例	数量（个）	占".CN"域名总数比例	数量（个）	占".中国"域名总数比例
云南	340871	1.0%	162630	0.8%	5019	2.7%
山西	308437	0.9%	151019	0.8%	2032	1.1%
黑龙江	231305	0.7%	111636	0.6%	2233	1.2%
天津	218166	0.6%	77039	0.4%	1284	0.7%
吉林	174557	0.5%	84246	0.4%	1394	0.8%
内蒙古	163653	0.5%	104444	0.5%	1448	0.8%
海南	146346	0.4%	65187	0.3%	767	0.4%
甘肃	103035	0.3%	56093	0.3%	1200	0.6%
新疆	84108	0.2%	37644	0.2%	820	0.4%
宁夏	44469	0.1%	21978	0.1%	612	0.3%
青海	22712	0.1%	11681	0.1%	271	0.1%
西藏	13481	0.0%	7435	0.0%	478	0.3%
其他	528339	1.5%	363951	1.8%	12486	6.7%
合计	34400483	100.0%	20101491	100.0%	185576	100.0%

数据来源：CNNIC

注：以上数据统计截止日期为 2022 年 12 月 31 日。

附表 7　按后缀形式分类的网页情况

网页后缀形式	比例
html	49.81%
/	22.90%
php	6.46%
htm	4.17%
shtml	3.55%
aspx	1.96%
asp	1.18%
jsp	0.31%
其他后缀	9.66%
合计	100.00%

数据来源：百度在线网络技术（北京）有限公司

附表 8　分省网页数

省份	去重之后网页总数	静态	动态	静、动态比例
北京	131885700214	83434759634	48450940580	1.72
广东	46170854937	31122241508	15048613429	2.07
浙江	42801708843	30324081947	12477626896	2.43
上海	25536694178	18515633536	7021060642	2.64

省份	去重之后网页总数	静态	动态	静、动态比例
河南	21671183883	17135800035	4535383848	3.78
江苏	15721485295	9340550655	6380934640	1.46
河北	13681899593	10174703161	3507196432	2.90
福建	10383398655	7810398773	2572999882	3.04
山东	6959051460	4640530475	2318520985	2.00
四川	6156038225	4158626822	1997411403	2.08
天津	5979820345	3916506041	2063314304	1.90
山西	4052853908	3057483488	995370420	3.07
辽宁	3270836980	2370773907	900063073	2.63
湖北	3236358956	2069562963	1166795993	1.77
安徽	3092887070	2375967127	716919943	3.31
江西	2835548230	2321081515	514466715	4.51
广西	2608351433	1949662676	658688757	2.96
吉林	2045740535	1435782702	609957833	2.35
湖南	2032994216	1402984545	630009671	2.23
海南	1910669550	1541727327	368942223	4.18
陕西	1828362120	1119804919	708557201	1.58
云南	1812863690	1237943745	574919945	2.15
黑龙江	1802659608	1433989130	368670478	3.89
重庆	593552449	378578750	214973699	1.76
内蒙古	224539936	125413129	99126807	1.27
甘肃	193956046	95295042	98661004	0.97
贵州	138530009	95148201	43381808	2.19
新疆	92099023	49536316	42562707	1.16
青海	35881011	25766413	10114598	2.55
宁夏	20705273	15993856	4711417	3.39
西藏	4217381	3107283	1110098	2.80
全国	358781443052	243679435621	115102007431	2.12

数据来源：百度在线网络技术（北京）有限公司

附表 9　分省网页字节数

省份	总页面大小	页面平均大小（KB）
北京	12185855860647	92.40
广东	3276986973488	70.98
浙江	3265891130389	76.30
上海	2577033525759	100.91
河南	1484166907765	68.49
河北	1260239823604	92.11
江苏	1050206110182	66.80
山西	722834983496	178.35

省份	总页面大小	页面平均大小(KB)
福建	655063271094	63.09
山东	445189518922	63.97
天津	407157092594	68.09
四川	322594972184	52.40
湖北	177946809476	54.98
安徽	150997658583	48.82
辽宁	149153876404	45.60
广西	142516493514	54.64
黑龙江	126350933299	70.09
江西	124720095697	43.98
湖南	121611827627	59.82
陕西	94339829609	51.60
云南	91886358331	50.69
吉林	83650366946	40.89
海南	68833373519	36.03
重庆	39679954940	66.85
甘肃	15483602974	79.83
内蒙古	13508957367	60.16
贵州	6648607522	47.99
新疆	3997330129	43.40
青海	2924951401	81.52
宁夏	710264278	34.30
西藏	161081741	38.19
全国	29068342543482	81.02

数据来源：百度在线网络技术（北京）有限公司

附录三　调查支持单位

以下单位对本次报告的数据给予了大力支持，在此表示衷心的感谢！（排序不分先后）

工业和信息化部
中共中央网络安全和信息化委员会办公室
国家统计局
共青团中央

中央机构编制委员会办公室政务和公益机构域名注册服务中心
中共中央党校（国家行政学院）电子政务研究中心
中国信息通信研究院
中央网信办（国家互联网信息办公室）违法和不良信息举报中心（12377）
中国科学院计算机网络信息中心

中国移动通信集团有限公司	中国电信集团有限公司
中国联合网络通信集团有限公司	北京开普云信息科技有限公司
百度在线网络技术（北京）有限公司	腾讯云计算（北京）有限责任公司
北京微梦创科网络技术有限公司（微博）	北京抖音信息服务有限公司
阿里巴巴云计算（北京）有限公司	阿里云计算有限公司
北京百度网讯科技有限公司	北京东方网景信息科技有限公司
北京国旭网络科技有限公司	北京华瑞无线科技有限公司
北京金络神电子商务有限责任公司	北京首信网创网络信息服务有限责任公司
北京万维通港科技有限公司	北京新网互联科技有限公司
北京新网数码信息技术有限公司	北京中万网络科技有限责任公司
北京中域智科国际网络技术有限公司	北京卓越盛名科技有限公司
北京资海科技有限责任公司	成都飞数科技有限公司
成都世纪东方网络通信有限公司	成都西维数码科技有限公司
斗麦（上海）网络科技有限公司	泛息企业管理咨询（上海）有限公司
佛山市亿动网络有限公司	福建省力天网络科技股份有限公司
广东互易网络知识产权有限公司	广东金万邦科技投资有限公司
广东时代互联科技有限公司	广州名扬信息科技有限公司
广州云讯信息科技有限公司	贵宾互联网产业有限公司
合肥聚名网络科技有限公司	河南微创网络科技有限公司
黑龙江亿林网络股份有限公司	互联网域名系统北京市工程研究中心有限公司
环球商域科技有限公司	江苏邦宁科技有限公司
码恪御标信息科技（上海）有限公司	厦门纳网科技股份有限公司
厦门三五互联科技股份有限公司	厦门市中资源网络服务有限公司

厦门书生企友通科技有限公司　　厦门易名科技股份有限公司
商中在线科技股份有限公司　　　上海贝锐信息科技股份有限公司
上海美橙科技信息发展有限公司　上海有孚网络股份有限公司
深圳互联先锋科技有限公司　　　深圳市互联工场科技有限公司
深圳英迈思信息技术有限公司　　四川域趣网络科技有限公司
天津追日科技发展股份有限公司　万商云集（成都）科技股份有限公司
网聚品牌管理有限公司　　　　　西安千喜网络科技有限公司
烟台帝思普网络科技有限公司　　易介集团北京有限公司
浙江贰贰网络有限公司　　　　　郑州世纪创联电子科技开发有限公司
中企动力科技股份有限公司　　　中网瑞吉思（天津）科技有限公司
遵义中域智科网络技术有限公司

报告在编写和修订过程中还得到了其他单位的大力支持，在此不一一列举，我们一并表示感谢！

反侵权盗版声明